本书为国家社科基金项目“大数据与个人信息隐私安全研究”（编号：16BXW092）结项成果

平台社会：
个人信息隐私决策的困境与出路

Platform Society:
The Dilemma and Solutions of Individual Information Privacy Decision Making

申琦 著

人民出版社

目　录

前　言

一、研究问题和研究目的

大数据时代，由个人信息传播、存储、收集与使用所带来的隐私安全问题，已经成为涉及个人生活、社会乃至整个国家安全的重要问题。2016 年 11 月，《中华人民共和国网络安全法》首次从国家立法高度明确了我国网络个人信息安全保护问题。2020 年，《中华人民共和国民法典》颁布，其中人格权编明确了个体的隐私权和个人信息保护。2021 年《中华人民共和国数据安全法》《中华人民共和国个人信息保护法》的出台，不仅是对《中华人民共和国民法典》人格权编的完善，也开拓了中国在个人信息保护法领域的新篇章。[①] 法规的相继出台表明国家对公民个人信息保护的高度重视。

当前，我国以及世界主要国家和地区对个人信息隐私安全的立法保护，主要以知情同意原则为指导思想。知情同意原则指出，信息业者在收集个人信息之时，应当对信息主体就有关个人信息被收集、处理和利用的情况进行充分告知，并征得信息主体明确同意。[②] 个人信息隐私决策是指与信息隐私相关的一系列决策，包括对信息隐私披露与否的决策、披露内容的决策、是否撤回

---

① 杨立新、赵鑫：《利用个人信息自动化决策的知情同意规则及保障——以个性化广告为视角解读〈个人信息保护法〉第 24 条规定》，《法律适用》2021 年第 10 期。

② 张新宝：《个人信息收集：告知同意原则适用的限制》，《比较法研究》2019 年第 6 期。

披露的决策,以及受侵害后是否保护的决策等。个人信息隐私决策是一种风险型决策,在更多情况下是不确定性风险决策。决策者并不能够根据外部提供的信息确定信息隐私被泄露的概率,也不知道因隐私泄露带来的危害如何。面对这种情况,人们往往会寻找各种信息,希望明确信息隐私披露的可能性,或者根据自己的主观态度来作出决策。环境的不确定性和主观判断的有限理性导致了个人信息隐私决策的风险性。外部环境的不确定性,如企业对个人信息使用的情况描述不真实、不透明,阻碍了个人对不同条件下收益和损失的理性判断;同时从个人心理层面而言,同样存在损失厌恶偏见和乐观偏见等心理,影响着个人的理性决策。

知情同意原则从法律基本原则高度,意图充分保护人们的信息隐私决策,如各国立法都要求企业、机构等在收集使用个人信息前,需要向信息主体提供自身信息、数据处理的预期目的和有关处理的法律依据、数据披露的对象或对象类别、数据存储时限等一系列信息清单,信息清单必须以一种简洁、透明、易懂和易获取的方式提供。实际上,具有技术和资本优势的平台企业对个人信息使用情况的呈现常含糊不透明,个体很难做到知情,这给人们的信息隐私决策带来障碍。而从个体心理认知层面看,人们作出信息隐私决策时既有着权衡利弊的理性决策,又有着粗糙偏误的有限理性决策。人们的隐私素养水平同样影响着自己信息隐私决策的能力和水平。因而,一方面个人很难知情,另一方面即便知情也很难作出合乎心意的同意。2014 年,芝加哥大学法学院的欧瑞姆·本·沙哈尔(Omri Ben-Shahar)教授在学院门口的一次行为艺术,一定程度上说明了用户“知情同意”面临的现实困境。沙哈尔将苹果公司开发的音乐应用软件 iTunes 的用户协议用 8 号字体打印下来,竟有 55 页之多。他把这份用户协议书粘贴在芝加哥大学法学院的门厅内展示,以此表明,设立用户协议的初始用意在于保护用户的个人信息权益,然而现在它的存在更像是一份企业的免责声明。①

既有大数据环境下个人信息隐私保护研究,多将其视为法学领域的问题,从如何完善个人信息隐私的立法与司法保护展开,其中有关知情同意原则等关涉个人信息隐私决策的讨论不仅为本书提供了重要的理论参考,也成为本研究开展的一个重要逻辑起点。需要注意的是,鲜有研究能“入乎其内、出乎其外”地深入考察个人信息隐私决策的运行机制及其相关影响因素,同时站在平台社会②的大背景下考察个人信息隐私决策实现的可能性。具体而言,知情同意原则、数据可携带权、被遗忘权等核心保护的个人信息隐私决策是什么?影响个人信息隐私决策的因素为何?面对平台企业的资本与技术优势,想要保障知情同意原则有效实施,实现个人信息隐私决策的理性与自决该怎么做?

为了回应上述问题,本书综合运用传播学、认知心理学、法政治经济学、行为经济学领域中的沟通隐私管理理论、隐私计算、决策理论、保护动机理论等,通过问卷调查、内容分析等定量研究方法与深度访谈等定性研究方法,深入考察了影响个人信息隐私决策的内部因素(信息隐私决策的理性与有限理性)和外部因素(平台主导下的技术与资本鸿沟)。在此基础上,希望为我国信息隐私保护立法监管提供决策参考,为信息隐私保护研究提供理论支持与经验数据。

---

① Omri Ben-Shahar & Carl E. Schneider, “The Failure of Mandated Disclosure”, *University of Pennsylvania Law Review*, Vol. 159, No.3 (2011), pp. 647-749.

② 平台社会这一概念由荷兰学者(何塞·范·迪克)José Van Dijck 提出,她认为在当下的世界中,平台已经成为人们生活的基础设施,且对当下的社会运作与制度安排实现了深度渗透。在平台社会中,政府、平台与用户之间的关系产生新的冲突张力,这不仅包括政府与平台之间的监管之争,也涉及平台生态系统之间的市场竞争,还包括平台与用户之间围绕数据隐私归属权的争论。José Van Dijck, Thomas Poell & Martijn De Waal, *The Platform Society: Public Values in a Connective World*, New York: Oxford University Press, 2018, p.16.

二、研究背景和研究意义

近年来,我国对个人信息隐私安全的重视不仅体现在系列立法层面,也体现在持续不断的各类 App 整治等专项行动上。① 2021 年 7 月 4 日,国家网信办发文要求对“滴滴出行”App 进行下架处理,②将此类整治行动推向高潮。值得思考的是,随着立法的完备,平台企业对个人信息隐私的过度收集与使用带来的安全隐患问题一直未能得到更好的解决。本应共享大数据便利与红利的平台企业与个人用户之间,在个人信息隐私使用与保护上似乎变成了不可调和的矛盾双方。与一百多年前担心穿墙破壁的媒体对私人生活的侵扰不同,面对强势的平台企业,“独处”“隔绝”已经很难让我们在各类新技术驱动的网络空间感到安全与自由。并且,如果还是从公共领域、私人领域二元对立角度看待信息隐私,也会为个人数据实现其社会性价值设置不必要的障碍。③

从立法层面看,信息隐私决策源于法律对个人信息自决权的确认以及对个人隐私权的保护。在对上述权利进行立法保护的过程中,大致分化出了以洛克传统与康德传统为代表的两类观点:前者主张将隐私作为个人领域中的内容,与公共领域进行彻底分离;后者则强调赋权于人,重视个人对隐私的自主支配和控制能力。上述两类观点也分别体现在了美国和欧洲的立法原则之中。尽管美国和欧洲国家的立法渊源和现代发展存在较大差异,但都承认个人对隐私的控制权力,即信息隐私的归属权属于个人,个人享有对信息隐私的自决权。在此基础上,相关法案进一步增加和细化个人在实行信息隐私决策过程中的权利,其中包括不断细化的知情同意原则、新兴创设的数据可携带权

---

① 王子扬:《瑞幸咖啡、必胜客等 App 被点名涉隐私不合规行为》,2020 年 4 月 11 日,见 https://baijiahao.baidu.com/s? id=1663683318406258737&wfr=spider&for=pc。

② 《关于下架“滴滴出行”App 的通报》,2021 年 7 月 4 日,见 http://www.cac.gov.cn/2021-07/04/c_1627016782176163.htm。

③ 何鋆灿:《数据权属理论场景主义选择——基于二元论之辩驳》,《信息安全研究》2020 年第 10 期。

和被遗忘权等。

知情同意原则的重要性相当于意思自治原则在民法中的地位。[①] 无论欧盟还是美国，对个人信息隐私的保护都明确了知情同意原则，即用户作出的同意必须是明确的同意、自由的同意、特定的同意、知情的同意。差别在于，美国立法中的知情同意原则倾向于市场导向，欧盟倾向立法强制、详尽管理。知情同意原则在中国的首次提出，可以追溯到 2012 年由全国人大常委会出台的《关于加强网络信息保护的决定》（以下简称《决定》）。《决定》明确提出在企业收集、使用个人信息时，应当明示收集、使用信息的目的、方式和范围，并经过被收集者的同意。该原则赋予了个人信息主体以自决权。《决定》具备明显的开创性意义，但由于这一法案欠缺执行的配套措施，更像是为信息主体提供了纲领性的基本保障，仍然给了信息收集者利用个人信息的较大自由。2017 年 6 月 1 日正式施行的《中华人民共和国网络安全法》明确规定：收集和使用个人信息应当公开收集、使用规则，明示收集、使用信息的目的、方式和范围，并经被收集者同意。未经被收集者同意，不得向他人提供个人信息。但是，经过处理无法识别特定个人且不能复原的除外，即转让匿名化个人信息时不需要征得用户的明确同意。其在个人信息转让上放松了对信息主体的同意，但总体上仍然以其知情同意为数据活动的正当性基础。2021 年 1 月 1 日，《中华人民共和国民法典》生效，其中人格权编的第六章"隐私权和个人信息保护"明确：个人信息的处理，应当遵循合法、正当、必要原则，且需要符合下列条件：征得该自然人或者其监护人同意，但是法律、行政法规另有规定的除外。征得同意与知情同意的内涵相同。2021 年 8 月 20 日，《中华人民共和国个人信息保护法》正式通过，并于当年 11 月 1 日起施行，其中第四十四条明确规定，"个人对其个人信息的处理享有知情权、决定权，有权限制或者拒绝他人对其个人信息进行处理；法律、行政法规另有规定的除外"。这首次从立

① 齐爱民：《信息法原论》，武汉大学出版社 2010 年版，第 58 页。

法上明确了个人的知情权益、决定权益,表明尊重信息主体的意愿,并在个人信息处理的实践中贯彻信息主体的主要思想。[①]

个人信息决策在立法保护层面被赋予优先位置,并且赋予了个人更多的决策权利和决策方式。然而,在丰富且复杂的现实生活场景中,要在真正意义上实现公民的个人信息隐私决策,仍然面临着来自法律法规、机构和平台企业,乃至公民自身的诸多挑战。平台社会、技术壁垒使得个人信息隐私决策面临信息不透明、不对等、不全面等障碍,利益驱动的平台企业基于商业运作逻辑的思维方式,意图在打破数据和信息流通障碍的过程中,尽可能规避用户决策环节带来的负面作用,从而最大效率地利用个人信息数据获得盈利;[②]而信息主体自身,或是由于隐私素养不足,或是出于维系社会交往关系,或是出于获得"切实、有形、即刻"利益的考量,常常在隐私计算过程中作出放松信息隐私管理的决策。

面对具有技术与资本优势的平台企业,用户与企业之间在个人信息隐私处理方面的权力处于不对等地位。平台通过算法等设定运行的基础架构,从服务商跃升为网络规则的制定者,占领了"隐私—服务"交换中的强势地位,个人用户必须依据平台制定的规则,通过提交个人信息隐私获取相应的服务。并且,对于网络服务资源的垄断是平台资本扩张的终极追求。[③] 大的寡头型平台企业垄断了用户的数据资源,使得用户无从选择,个人即便不愿意披露自己的信息,却因服务需要和替代选择受限,不得不以披露个人信息为前提来换取服务。技术资源的不对等给予平台设计更加利己化隐私政策的空间。在实际操作中,平台常是信息隐私收集和使用规则的主导者。用户的个人信息将被如何收集和使用,由平台设计的隐私政策所控制,用户的信息自决权被放置

① 万方:《个人信息处理中的"同意"与"同意撤回"》,《中国法学》2021 年第 1 期。

② 胡凌:《探寻网络法的政治经济起源》,上海财经大学出版社 2016 年版,第 23 页。

③ 黄升民、谷虹:《数字媒体时代的平台建构与竞争》,《现代传播(中国传媒大学学报)》2009 年第 5 期。

在平台提供的选择空间中。学者胡凌指出,平台与用户关于隐私的约定仅限于那些能够直接识别出身份的信息,但是对于用户网络行为等更有价值的信息,平台无须经过用户的同意即可使用。[①] 进一步分析,可以看到平台通过"数据殖民"、对用户数据劳动的剥削,在强化这一不平等权力关系的同时,也使得这一关系逐渐合法化。用户与平台企业之间在资本、知识和技术能力上的落差为不平等权力关系的形成提供了背书。人们日渐形成的隐私倦怠、隐私无感侵害[②]正是这一现象的写照。2021 年 9 月,国家互联网信息办公室、中央宣传部、教育部等九部委发布《关于加强互联网信息服务算法综合治理的指导意见》指出,要"利用 3 年左右时间,逐步建立治理机制健全、监管体系完善、算法生态规范的算法安全综合治理格局"。有媒体结合 2021 年 8 月 27 日国家网信办发布的《互联网信息服务算法推荐管理规定(征求意见稿)》中关于算法推荐服务提供者应当遵守的规定,提出"算法更人性,用户才不'透明'"[③]。进一步地,2021 年 10 月 29 日,国家市场监管总局发布《互联网平台分类分级指南(征求意见稿)》与《互联网平台落实主体责任指南(征求意见稿)》,两个文件相互联系,进一步确立了平台分类分级的监管思路。"平台越大,责任越大"的网络平台治理思想呼之欲出。经由国家专项监管的平台治理,将有望改变在个人信息隐私保护方面平台与用户之间的权力不对等,也有可能为实现个人信息隐私决策的理性与自决从技术架构和资本运行层面减少障碍。

同时,亦需要注意,个人对信息隐私的控制意味着有权利对自己的信息隐私的处理情况作出决策,具体来说是对信息隐私披露行为和信息隐私保护行为作出决策。其中,信息隐私披露阶段的决策,主要是指个人关于是否披露个

① 胡凌:《探寻网络法的政治经济起源》,上海财经大学出版社 2016 年版,第 22 页。

② 李多、彭兰:《2019 年中国新媒体研究的八大议题》,《全球传媒学刊》2020 年第 1 期。

③ 徐益彰:《算法更人性,用户才不"透明"》,2021 年 10 月 13 日,见 https://m.gmw.cn/baijia/2021-10/13/35228942.html。

人信息、披露何种个人信息,以及将信息披露给谁等一系列问题的决策。信息隐私保护行为的决策,主要是指个人对信息隐私披露后的管理,如个人可以进行信息隐私的二次使用的决定、信息隐私的修改、信息隐私的撤回等行为的决策等。当信息隐私受到侵犯后,个人同样可以作出决策,如是否寻求法律保护、是否停止使用相关应用等。可见,信息隐私决策影响着人们如何对信息隐私的披露、管理和保护作出选择。根据既有研究以及本书的多项实证研究,尽管公众普遍认为自己拥有信息隐私的决策权,但这一决策过程受自身认知能力与外界信息干扰等因素影响,处于理性与有限理性之间的博弈之中。理性的权衡过程被称为隐私计算(Privacy Calculus),最早在 1973 年由学者玛克辛·沃尔夫(Maxine Wolfe)和罗伯特·S. 劳费尔(Robert S. Laufer)提出,指人在交往过程中进行的"成本—收益"权衡的心理过程。[①] 例如,人们进行信息披露决策前,会对提供个人相关信息可能引起的隐私风险和在社会交往中可能获取的增进关系、肯定等好处进行心理权衡。隐私计算研究常被用来解释社交媒体"隐私悖论"(Privacy Paradox)现象,即个人虽然声称担忧自己的隐私问题,但在实际行动中还是会更多地披露个人隐私。[②] 早期隐私计算研究基于"完全理性人"假设,认为隐私计算是完全理性的。然而,这与实际情况难以贴合,如阿奎斯蒂(Acquisti)等学者发现,从行为经济学的有限理性人假定看,人们的隐私计算并非完全理性的过程,往往会受到个人的启发式认知、认知偏误、外界信息不对称等因素的影响,且由于个体自身的差异、职业与教育背景不同等,每类人群的隐私计算能力与结果都存在差别。因此,有必要从个人认知心理层面探讨人们隐私计算的理性与有限理性如何影响其信息隐私决策。

基于此,本书将围绕大数据时代下个人信息安全中隐私决策的现状、困境

---

① Robert S. Laufer, Harold M., Proshansky & Maxine Wolfe, "Some Analytic Dimensions of Privacy", In *Architectural Psychology*: *Proceedings of the Lund Conference*, Rikard Küller (eds.), Pennsylvania: Dowden, Hutchinson & Ross, 1974, pp.353-372.

② Susan B. Barnes, "A Privacy Paradox: Social Networking in the United States", *First Monday*, Vol.11, No.9 (Sept 2006), pp.4-9.

与出路三方面展开讨论，具有以下两个方面的研究意义与价值：

（一）理论意义。从新闻传播学受众视角结合法学研究，明确了个人信息隐私决策的法律地位、法律归属及其在隐私保护中的重要地位，并重点对保障个人信息隐私决策的立法知情同意原则、被遗忘权、数据携带权等深入探讨，为立法进一步细化知情同意原则，落实被遗忘权、数据可携带权提供理论来源与支持。综合运用传播学、法政治经济学、认知心理学与行为经济学等学科中的沟通隐私管理理论、隐私计算、保护动机理论、决策理论、有限理性人假定等，从新闻传播学平台社会的视角观照平台企业是如何运用资本与技术优势从服务规则设定、技术底层架构设计、数据资本操控等方面形成与用户不对等的"隐私—服务"权力关系，进而影响人们的个人信息隐私决策与隐私保护行为的。这不仅为信息隐私研究提供了跨学科研究的理论支持，更为从平台监管层面解决我国信息隐私安全问题提供了新的重要理论指导，填补了既有研究的空白。

（二）现实意义。在深入考察我国信息隐私保护立法现状、平台影响与用户自身信息隐私决策问题之后，本书将有针对性地提出如下观点：1. 构建个人控制与社会控制相结合的信息隐私立法保护体系；2. 政府平台监管（分级分类管理、算法透明的尺度、平台公共价值确定）、平台隐私保护产品思维（隐私保护成为企业产品竞争力）、区块链技术应用制衡平台权力；3. 政府"助推"平台责任分级管理、提高平台建设透明度与用户参与、青少年模式与适老化隐私保护设计；等等。分别从立法保护、平台监管、平台隐私保护具体设计宏观、中观、微观三个层面提出对策建议与切实可行的办法，具有较强的现实意义与应用价值。

三、研究思路和研究内容

大数据时代，个人信息隐私的自由安全流通不仅是个人生存发展的需要，更是整个社会经济发展的必需。过于强调对个人信息隐私保护，有可能如釜底抽薪般克减平台企业发展的原动力;而如果放任企业恣意收集、使用个人信息隐私,又会导致个人信息隐私处于"裸奔"和被滥用的风险之中。如何平衡平台企业与个人之间的利益关系,从国家治理层面管好、用好个人信息隐私数据,是本书想要解决的问题。围绕这一思路,首先要找到信息隐私保护的核心——个人信息隐私决策的法理基础,这是整个研究的逻辑起点。其次,为了阐释影响信息隐私决策的原因,尝试从平台外部影响与用户个体心理认知的理性与有限理性内部影响两方面展开。最后,根据前述问题,提出对策建议。整体而言,本书将紧密围绕个人信息隐私决策是什么、面临什么问题,以及如何解决这些问题三个方面展开。

具体而言,本书内容主要包括:

(一)前言。交代本书的研究背景、研究目的、研究意义与研究方法等。

(二)世界主要国家和地区信息隐私立法保护现状,以及我国隐私权的司法保护实践。首先,梳理隐私权与信息自决权概念发展和演变的历程,剖析二者之间的区别和联系,在此基础上界定本书的核心概念"信息隐私",即第一章第一节。接着,以欧盟和美国为范本,对这两类截然不同又极具代表性的信息隐私立法保护路径进行分析,在此基础上探讨构建个人控制与社会控制相平衡的我国信息隐私保护立法体系的可行性,即第一章第二节。在历史梳理与立法探讨之后,第一章第三节,基于1999—2017年的342个"隐私权纠纷案"裁判文书的内容分析,从侵权责任认定的主观过错、违法行为、侵权内容等相关要件以及损害事实出发,实证考察我国隐私权保护的司法现状,指出司法实践中隐私权面临的问题。

(三)个人信息隐私决策在隐私保护中的地位及法律权利赋予。从心理决策角度梳理个人信息决策的含义、特点及其在个人信息隐私保护中的表现,即第二章第一节。同时,在对第一章个人信息自决权延伸讨论的基础上,将从立法中的知情同意原则对个人信息隐私决策的确权与保护,知情同意原则面临的现实困境,数据可携带权、被遗忘权对个人信息隐私决策的细节保护与落实等方面展开深入探讨,即第二章第二节。

(四)个人信息隐私决策面临的平台资本与技术鸿沟。一是,通过内容分析法,实证考察国内外主要网站和App应用的企业隐私保护政策,以了解目前我国平台企业个人信息隐私保护水平及存在的问题,为后续理论分析平台与个体用户之间的不对等关系提供经验数据,即第三章第一节。二是,依据新闻传播学平台社会理论视角,从内部市场和外部环境两个方面,对平台主导下用户面临的技术不对等(平台对网络服务规则的操控、平台与用户之间技术资源的不对等、平台对用户信息隐私边界的消解)、资本不对等(平台对网络服务市场的垄断、平台对用户的“数据殖民”、平台对用户数据劳动的剥削)问题展开理论探讨。在此基础上,从“政府监管下的平台算法公开、实现以公共价值为中心的平台服务”两个方面提出解决办法。即第三章第二节。

(五)个人信息隐私决策的理性与有限理性。用户个人是信息隐私决策的作出者,向谁展露自我,表露到何种程度,如何管理自己的信息隐私边界,这一决策过程受个体认知判断、内心利弊权衡等理性与有限理性因素的影响。因此,产生了社交媒体隐私悖论现象,即尽管人们担心自己的隐私安全却仍然不会采取有效的隐私保护行动的矛盾。为了详尽剖析个体信息隐私决策的心理过程,本部分将具体从四个方面展开,其中第四章第一节重点探讨如何从用户隐私计算研究理论视角,解释社交媒体隐私悖论现象,指出理性的隐私计算也会受到社交媒体自我表露欲望、社交媒体倦怠等非理性因素影响;同时,不仅要考虑非理性因素在理性决策中的影响,更要考虑到社交媒体隐私计算的动态性(动态撤除、隐私计算的量子特性)、不断面临的新技术挑战(未来场景的复杂化与技术遮蔽)等问题。进而,从人们更新信息隐私观(正确认识大数据时代的信息隐私、形塑合理的隐私期待)、政府与平台合力保护信息隐私(信息收集使用动态告知,给予用户选择、控制与“失联”的权利,助力差异化的信息隐私保护,建立事先规制的行业标准)、社会形成信息隐私保护共识等方面提出对策建议。第二节,依据心理学保护动机理论,以上海大学生为对象实证考察了微信社交媒体使用中个体感知到的利益、风险,以及隐私保护成本评估如何影响他们的隐私关注与隐私保护行为,通过经验数据验证了个人信息隐私决策中存在的隐私计算过程。第三节,基于行为经济学的有限理性人假定,尝试从信息不完整与不对称的外部环境、启发式的信息隐私决策认知方式、认知偏误等方面解释导致信息隐私有限理性决策的原因,并进一步提出政府"助推"、立法全面落实"知情同意"、平台有差别实施隐私保护等对策方法。第四节,通过对我国网民信息隐私素养实际的考察,结合线上与线下的半结构化访谈,进一步探究公众的信息隐私认知,如对企业信息隐私政策的知晓情况、对如何保护自己信息隐私技能的了解程度等,及其影响因素。在此基础上,我们还想要思考的是,从公众个体角度看知情同意原则能够实现的基础为何,个人信息隐私素养对其信息隐私决策可能产生什么影响。具体为,通过滚雪球抽样,对我国东中西部7座城市(上海、杭州、西安、郑州、成都、南京、昆明)的80位对象的信息隐私素养进行线上和线下访谈。

(六)探讨如何实现个人信息隐私决策的理性。将重点讨论个人信息隐私流动中立法、监管、企业的市场化竞争、平衡信息隐私的个人控制权与社会控制权等相关问题,即第五章第一节。同时,立足于平台的发展与建设、平台应当承担的社会责任,从个人信息隐私决策的助推角度,重点提出"平台分级:影响能力匹配主体责任""完善守门人制度:实现信息隐私保护制度共建""青少年模式和适老化设计:全方位的个人信息隐私决策""发展基于区块链的平台中立技术"等对策建议,即第五章第二节。

四、研究对象和研究方法

本书力图全面分析我国公众个体信息隐私决策过程的影响因素,在研究对象上,主要包括:网民个体、平台企业信息隐私保护文本、隐私司法判例文本等。研究方法上,定量与定性方法结合,其中定量研究方法主要为问卷调查、内容分析等，定性研究方法主要为深度访谈。具体如下：

（一）基于我国隐私权纠纷案裁判文书的内容分析。基于我国最高人民法院设立的中国裁判文书网、北大法宝、Open Law 和北大法意等网站 1999—2017 年公布的 342 个隐私权纠纷案的裁判文书，从侵权责任认定的主观过错、违法行为、侵权内容等相关要件以及损害事实出发，实证分析我国网络隐私保护的司法现状，以及影响判决结果的相关因素。在此基础上，提出从国家政策法规制定与宏观管理层面完善个人信息隐私决策保护的建议。

（二）基于平台企业信息隐私保护政策的内容分析。从 Alexa、艾瑞咨询公布的中外网络平台榜单中分层抽样选取社交类、浏览器搜索引擎类、休闲娱乐类、电子商务类和生活服务类等五类网络平台，按照排名，国内外各抽取 20 个共 80 个网络平台，从“一般情况的说明”“信息的收集与存储”“信息的使用与共享”“信息安全”和“未成年人”五方面对网站（40 个）和 App 应用（40 个）的隐私保护政策进行内容分析，将隐私保护政策分为一般项目、信息的收集与存储和信息的使用与共享三个方面，同时综合爱德华斯 · A. 尼沙德姆（Easwar A. Nyshadham）①和朱莉亚 · B. 厄普（Julia B. Earp）②的指标设置，就 29 个问题调查隐私保护政策，获取我国网络平台企业网络隐私保护政策在一般项目规定，以及收集、使用与共享用户信息的实际情况，考察存在的问题与不足。

（三）大学生微信社交媒体平台中的隐私悖论实证研究。大学生是一个比其他群体更容易依赖网络的群体，且他们的网络使用经验较为丰富，网络使

① Easwar A. Nyshadham, “Privacy Policies of Air Travel Web Sites: A Survey and Analysis”, *Journal of Air Transport Management*, Vol.6, No.3 (July 2000), pp.143-152.

② Julia B. Earp, Annie I. Antón & Lynda Aiman-Smith, et al, “Examining Internet Privacy Policies within the Context of User Privacy Values”, *IEEE Transactions on Engineering Management*, Vol.52, No.2 (May 2005), pp.227-237.

用行为多元,网络卷入度较高。① 与此同时,利用大学生个人信息进行网络诈骗的恶性事件频频发生,造成了严重的社会不良影响。本书以上海大学生为研究对象,通过分层抽样,将复旦大学、华东师范大学、上海大学等上海 37 所高校按"985"、"211"和一般本科院校分为三层;其中 4 所"985"高校中抽取 2 所,样本量为 202;5 所"211"院校中抽取 3 所,样本量为 216;28 所一般本科院校中抽取 14 所,样本量为 782。按各层抽取院校的住宿分布,对学生宿舍进行简单随机抽样,共收回有效问卷 1140 份,在 95%置信水平下,调查数据误差在±3%之间,样本结构接近总体结构。问卷的回收率为 95%。最后,使用调查问卷的第一和第三部分进行数据分析。研究将保护行为成本评估这一因素放入保护动机理论框架中考察利益评估、风险评估与保护行为成本评估等对大学生微信移动社交应用中的隐私关注与隐私保护行为的影响,以期解释社交媒体隐私悖论问题。

(四) 我国公众的信息隐私素养定性研究。信息隐私素养包括信息隐私认知、信息隐私反思、信息隐私陈述性知识与信息隐私程序性指导四种能力,其中后两者来自西方研究量表。既有信息隐私素养研究多沿用西方量表,少有中国语境下测量维度的增补,这显然不利于用来了解我国网民信息隐私的实际。特别是,信息隐私认知这一考量人们如何理解、评估自己信息隐私价值的指标,对解释人们信息隐私决策对信息隐私保护行为的影响十分重要。基于此,通过滚雪球抽样,于 2020 年 3 月至 6 月对我国东中西部 7 座城市(上海、杭州、西安、郑州、成都、南京、昆明)的 80 位对象进行线上和线下访谈。访谈样本中男性样本略多于女性,20—29 岁的用户占比最大,其次为 30—39 岁的用户,访谈对象的学历以初高中为主。访谈对象样本构成基本与第 47 次

① Jonathan J. Kandell, "Internet Addiction on Campus: The Vulnerability of College Students", *Cyberpsychology & Behavior*, Vol. 1, No. 1 (Jan 1998), pp. 11 – 17; Sonia Livingstone, Moira Bovill, *Children and Their Changing Media Environment: A European Comparative Study*, London: Routledge, 2013.

《中国互联网络发展状况统计报告》中我国网民属性结构统计相一致。访谈以线上访谈和线下访谈两种形式进行，线上访谈以微信、电话等形式进行，线下访谈根据实际情况在安静的环境下进行。访谈问题由信息隐私认知、信息隐私陈述性知识、信息隐私程序性知识、信息隐私反思四个维度组成。每个人的访谈时间控制在 1—1.5 小时左右，所有访谈内容都进行了记录。

第一章 隐私、个人信息与信息隐私

何为隐私？古今中外，隐私的观念随着文化、社会制度、媒介技术发展而不断变化，而人们想要保护个人信息隐私安全的决心却从未变过。本章首先梳理了从朴素的隐私观到现代数字化信息隐私概念的演化过程。其次，通过对欧盟、美国等主要国家和地区信息自决权以及隐私权相关保障立法体系的考察，分析我国信息隐私保护在个人控制与社会控制两方面的立法尝试。最后，实证分析我国隐私权保护的司法现状，以及影响判决结果的相关因素。本章对信息隐私概念与基本立法情况的讨论，是后续理解信息隐私保护的个人决策及面临的主要问题的基础。

第一节 隐私权与信息自决权

一、隐私权的概念形成与演变

（一）隐私

早在文字出现之前，人类的先民以草遮羞的行为可以被认作隐私保护的起源。那时人们会使用树叶、兽皮等编制成衣服来遮挡自己的身体，这种行为除了能够保护身体、保暖御寒，也能够保护人们的“羞耻心”：“遮掩身体的某些特定部位(如性器官)。他们已羞于在公开场合将自己的某些身体部位展示给他人(尤其是异性)。"①《圣经》中的亚当和夏娃在吃了苹果之后,开始对自己赤身裸体而感到羞愧。就像是一种本能,人类通过外在手段来保护自己的私密部位,这种与动物相区分的方式被认为是隐私意识的开端。

隐私作为哲学、心理、社会、法律、管理、社会科学等学科的综合概念,几乎所有领域的学者都对其进行了较为深入的研究,尤其在哲学层面上形成的康德传统与洛克传统,成为欧美对公民个人信息隐私保护立法范式的重要思想来源,也可以说是影响世界范围内信息隐私保护两大代表性立法流派的规范基础。洛克传统强调隐私的消极面向,主张私人生活摆脱公共之眼的注视。这一思想影响了美国在个人信息隐私保护上的立法范式。在美国隐私法中,强调"隔离""独处"以及"秘密"等概念,主要落实于侵权法,相对来说,是一种较为消极的权利。而洛克传统下的隐私和财产关联,强调隐私作为私域与公域的分离和对抗,公开则意味着对隐私的"处分"和"放弃"。② 这种隐私与财产挂钩的思想,在美国普通法中有许多具体表现。

相较之下,康德传统则注重隐私的人格自主。这一思想影响了欧洲对个人信息隐私的保护立法。例如,在欧洲隐私权被归为"人格权"范畴,抑或是德国所着重强调的"信息自决权"。欧洲的个人信息保护强调自我表达、自我发展、身份与认同,对隐私主体保护,并赋予其较大的处置自身信息的决定权,在德国更是发展成为事关人类尊严的宪法权利。③ 另外,隐私与人格的自由意志紧密相关,"对隐私的威胁似乎危及了我们作为人的完整性"④。

---

① 张新宝:《隐私权的法律保护》,群众出版社2004年版,第2页。

② 余成峰:《信息隐私权的宪法时刻规范基础与体系重构》,《中外法学》2021年第1期。

③ Mireile Hildebrandt, *Smart Technologies and the End(s) of Law*, Cheltenham: Edward Elgar Publishing, 2015, p. 79.

④ Charles Fried, "Privacy", *Yale Law Journal*, 1968, Vol.77, p.477.

（二）早期隐私的私人领域与公共领域二分法

传统隐私观强调空间概念，人们在相对封闭的私人空间中的行为，未经授权不得打扰，这种保留独处的权利对个人空间的诉求较为常见。在没有互联网的时代，这种空间隐私受到了天然保护。在物理空间架构中，包括房屋的设计与空间结构，能够在物理上保护个人隐私，使得个人拥有独处空间，并且无法轻易被偷窥与窃听，也无法受到监视与追踪。因而早期，隐私常被放置在空间维度的框架下进行讨论，学者多从"领域"角度界定隐私，把空间按照"公共领域"与"私人领域"进行划分，隐私被定位在不被他人干涉的私人领域，公共领域被排除在外。对于私人领域，可以理解为空间上"有一个界限将私人和公共区分开来"①，此界限即是隐私。对于公共领域，既可以是作为物理意义上的公共空间，也可以是不为他人所注视的含义，在更大范围内，还可以作为公共利益甚至国家主权进行理解。欧文·奥特曼（Irwin Altman）提出"隐私边界学说"，这里的隐私核心内涵正是公共领域与私人领域的二元对立。他认为："隐私是公开与关闭私人边界之间的一种张力，是个人对他人接近自己的选择性控制。"②

除了"空间隐私"，"关系理论"在传统隐私观中也有所体现。一般而言，隐私带有着较为强烈的主观色彩，这与人们对个人隐私相关信息自我披露有较大的关联。即使是同样的内容，人们对不同人的自我披露也会不尽相同，甚至大相径庭。因此，与个人信息隐私相关的内容，在不同人际关系圈层中，以不同的形式流动。在这种情况下，隐私并非纯粹个人化的东西，而是依照与他人的关系而不同，如对 A 是隐私内容，对 B 可能就不是。不难看出，隐私在此

---

① Judith Wagner DeCew, *In Pursuit of Privacy: Law, Ethics, and the Rise of Technology*, Ithaca: Cornell University Press, 1997, p. 10.

② Irwin Altman, *The Environment and Social Behavior: Privacy, Personal Space, Territory, and Crowding*, California: Brooks/Cole, 1975.

时呈现出根据社交关系而不断变化定义的特点。作为选择性分享的权利,亦或者说是能力,个人的亲密关系,以及与亲密关系有关的生活面向会极大地影响信息隐私的传递,而这也进一步地影响其控制。人们通过对自身信息隐私的控制,达到特定的生活偏好目的,自己的隐私在向谁流动、向哪里流动,都应由自身一手控制。“按照这一关系之中的共识或规范,只要某些信息在当事人的预期和选择下没有超出边界,就不算侵犯隐私(从而可以成为更加中性的‘个人信息’或‘个人数据’);而一旦流动出边界,就是侵犯了隐私。”①

(三)从物理隐私到信息隐私

随着信息技术的发展,传统隐私观念正在经历着重大的变革。新的技术隐藏着新的侵犯隐私的途径。计算机带来的自动化管理手段,在提高效率的同时,也让人们感知到了威胁。人们逐渐发现,门窗、锁具、房屋住所等物理手段已经无法很好地来保护自己的隐私,美国学者塞缪尔·D. 沃伦(Samuel D. Warren)和路易斯·D. 布兰代斯(Louis D. Brandeis)所言“独处的权利”无法在新时代得以实现,物理隐私正在不可逆地向信息隐私转变,于是人们开始面向公力寻求隐私保护。而这背后的最大推手,正是信息技术发展带来的互联网媒体时代。

互联网媒体时代,人被网格化,信息共享成为常态。在互联网上,与个人相关的名字、性别、照片、电话号码等各式各样的个人信息以更迅速、更便利的方式被第三方平台企业收集、储存、使用与交易。隐私开始面对信息流动与保护的难题。深入理解互联网在隐私向信息隐私转变过程中所扮演的角色显得尤为重要。首先,互联网作为现代化的产物,进一步促进了人的社会性。互联网使得人们不再局限于熟人社会,给了人们连接世界上任何一个陌生人的可

① Daniel J. Solove, *Understanding Privacy*, Cambridge: Harvard University Press, 2009, p. 139.

能性。人们可以在互联网上与陌生人聊天,可以查看陌生人照片,可以与陌生人交易。以脸书(Meta)、微信为代表的各式各样的社交媒体平台企业层出不穷,人们可以任意选择熟人社会或陌生人社区发表自己的观点与看法,也可以将自己的相关信息上传至网络分享自己的生活,传统的熟人社会就此被消解。其次,互联网提供大量的、免费的便利平台,使得几乎人类生活的一切都可以在互联网中进行。我们的衣食住行,可以通过淘宝、饿了么、携程等众多互联网平台解决,且这种平台的可选择性也非常多样,仿佛只要有一个可联网的终端,一切需求都能够迎刃而解。但在错综复杂的网络社会中,隐私和其他个人数据的界限也正在变得模糊不清,传统的空间隐私被打破,数字化生活环境对个人信息的收集、使用毫无止境。

前述提及,早期学者多从"领域"或者"空间"的角度来理解隐私,"公共领域"和"私人领域"是划分隐私的一个重要边界标准。互联网彻底地改变了现实世界的物理架构,公共与私人空间的二分界限在不断发生变化。即使用户多数要求,除非自己授权,第三方才能收集和储存个人信息,但在现实生活中,多数互联网协议表现为,如果不同意对信息的收集,就在事后选择退出。事实上,随着"智慧城市""数字货币"等环境的建设,没有人能够永远拒绝互联网。那么,隐私"公共领域"和"私人领域"的二分界限就被打破,出现"不仅不能指望一个健康的公共领域,也无法确保一个完整的私人领域"[①]的局面。可见,不断出现的网络新媒介技术在当下和未来都会不断重塑着人们和整个社会的隐私观。

(四) 隐私权

现代意义上("隐私"第一次成为法律概念)将隐私利益上升为一种个人权利与法律相联系,源于1890年美国学者沃伦和布兰代斯的《隐私权》一文。

---

① 胡凌:《探寻网络法的政治经济起源》,上海财经大学出版社2016年版,第257页。

该文提出,隐私应当作为一项独立的权利而存在,是“个人独处权利”(隐私权是保护个人生活不被打扰保持独处的权利)①,主要诉求享受个人生活并不被打扰的权利。这种隐私观带有强烈的个人本位的概念。文章借用防止手稿或艺术作品被他人出版一事,认为此权利无疑具有财产权的性质,但当作品价值不是通过出版而获取利益时,则很难理解为通常意义的财产权,而实际是在避免任何出版可能带给人的精神宁静或放松的威胁。因此,对私人著述等私人作品的保护,不是基于财产权,而是基于不受侵犯的人格权,用来保护的正是隐私权。② 此时的隐私,强调的是一种与世界相隔离、对抗,与“财产边界”“围墙”以及“共有财产的切断”等隐喻相联系。③

隐私权研究的成果十分丰富,然而不同学者对隐私权的理解也十分多元,有的学者从内容上做区分,有的学者根据分类的方法来研究。④ 在不同国家的宪法实践与宪法文本中,围绕信息自决权的确立与保护会以不同的法律术语表示。隐私权的概念,从沃伦和布兰代斯式消极的“不受干扰的权利”逐渐演进至当前具有积极性的“资讯隐私权”,即“免予资料不当公开之自由”或“对自己资料之收集、输入、编辑、流通、使用,有完全决定及控制之权利”。⑤ 综合各家之言梳理隐私权发展容易显得繁复,也不是本研究的重点。在此,我们主要通过隐私权概念的变迁来理解这一权利的发展过程。

早期,正如上文提到的 1890 年美国学者沃伦和布兰代斯以及他们所称“独处的权利”,主要诉求享受个人生活并不被打扰的权利。这是美国隐私权

---

① Harper F.V., “The Law of Torts”, by Thomas M. Cooley[J]. *Indiana Law Journal*, 1930, 6(2):12.

② [美]塞缪尔·D. 沃伦、路易斯·D. 布兰代斯:《论隐私权》,李丹译,载徐爱国组织编译:《哈佛法律评论·侵权法学精粹》,法律出版社 2005 年版,第 7—30 页。

③ Ari Ezra Waldman, *Privacy as Trust: Information Privacy for an Information Age*, Cambridge: Cambridge University Press, 2018, p. 13.

④ 姚岳绒:《论信息自决权作为一项基本权利在我国的证成》,《政治与法律》2012 年第 4 期。

⑤ [美]约翰·哈特·伊利:《民主与不信任——司法审查的一个理论》,张卓明译,法律出版社 2011 年版,第 35 页。

理论的早期建树，强调个人避免被打扰的权利，是一种消极性保护，强调不受侵犯。这种消极权利的保护意识可回溯到1791年美国确立的联邦宪法层面上的《宪法第四修正案》，是保护公民私人领域免受侵犯的自由。具体规定为："人民的人身、住宅、文件和财产不受无理搜查和扣押的权利不得侵犯。除依照合理根据，以宣誓或代誓宣言保证，并具体说明搜查的地点和扣押的人或物，否则不得发布搜查或扣押状。"①

此后，尤其是在沃伦和布兰代斯之后到1960年间，美国法官认可的隐私侵权行为的四种类型被著名侵权法学者威廉·L. 普罗瑟（William L. Prosser）教授总结，成为后来隐私侵权理论中广为流传的四分法：（1）对个人之独居、独处，或私人事务的入侵；（2）向公众揭露使个人难堪的私人事实；（3）将被害人置于不正确的公众理解下；（4）被告为了自己的利益，而在未获得被害人同意的情况下使用其姓名或其他特征。② 经普罗瑟的阐释，隐私权已发展成为一个集合概念，呈现出不同的内容，对隐私权的理解有了进一步深化。

这种避免个人隐私被侵犯的消极权利在20世纪60年代中期开始有所转变，美国的隐私权保护开始增添"自决"的概念，尤其是在格里斯瓦得案（Griswold）之后，涉及婚姻、生育、堕胎等一系列案件的判决表明，美国正在将上述被动的隐私权交由主体个人，使其享有更多的决定权。1967年，艾伦·F. 威斯汀（Alan F.Westin）旗帜鲜明地提出，将"个人、群体或机构对有关他们自身的资讯决定在何时、何种方式以及何种程度上传送给他人之权利"作为隐私权的定义。③ 在隐私流动的决定权层面，这一时段涌现出大量强调信息主体对个人信息流动的个人意志的研究。在隐私内容范围层面，之前隐私权的保护范围被扩展至个人信息。但囿于时代背景下技术发展的局限，《宪法第四修正案》中所列举的住宅、文件、财产等隐私保护的内容，在今天看来更偏向于

① 张千帆：《美国联邦宪法》，法律出版社2011年版，第558页。

② William L. Prosser, "Privacy", *California Law Review*, Vol.48, No.3, 1960, pp.383-389.

③ Alan F.Westin, *Privacy and Freedom*, New York: Atheneum, 1967, p.7.

上文所述的物理隐私。第五修正案增加了保护个人信息的隐私的内容,即免受自证其罪。第九修正案则认为“宪法对某些权利的列举不应被解释为否定或贬低公民保留的其他权利”。

20世纪六七十年代以后,科技、发明日新月异,世界上多数发达国家的商业机构或政府组织收集、处理个人信息隐私的手段越来越多(如使用计算机处理),范围也越来越广,侵犯隐私的成本却在不断降低,在这种情况下,人们对个人信息隐私受到侵犯的警惕性不断提高。美国之前所确立的四分法在联邦最高法院通过司法判例所建立起的隐私权类型中不断被拆解,新的隐私类型三分法出现:“自治性隐私权”(Right to Decisional Privacy)、“物理性隐私权”(Right to Physical Privacy)和“信息性隐私权”(Right to Informational Privacy),而信息性隐私权与本书探讨的信息隐私含义一致。它指“个人所享有的对其信息获取、披露和使用予以控制的权利”①。

进一步聚焦到立法实践上来看,1974年,美国国会通过《隐私权法》(Privacy Act of 1974),它通常被视为美国个人信息隐私保护的成文法之代表。在20世纪六七十年代,信息技术的发展水平尚不能够支持信息的即时传达与交换,信息传输常会先到达政府再中转至目标人手中。那么,政府可以出于各种目的,如公共社会治理等,知晓和了解掌握个人信息,这种对信息隐私的侵犯似乎有了合法性。但随着公民意识觉醒,对于政府收集、储存、使用个人信息隐私行为进行规范和限制的诉求随之产生,《隐私权法》的出台正是为了满足这种对个人信息隐私保护的诉求,对联邦政府收集、使用公民的个人信息隐私作出相关规定。“该法规定联邦政府应当尽可能直接向相关的个人收集和持有相关且必要的个人信息,应保持信息的准确和完整记录,并赋予个人查询和更正其信息记录的权利,同时采取安全措施确保个人信息的安全。”②

---

① Daniel J. Solove, Paul M. Schwartz, “Information Privacy Law”, *Wolters Kluwer*, 2017, p.36.

② Avner Levin & Mary Jo Nicholson, “Privacy Law in the United States, the EU and Canada: the Allure of the Middle Ground”, *University of Ottawa Law & Technology Journal*, Vol., No. 2 (2005).

也就是说,《隐私权法》赋予了信息主体查看与自己有关记录的权利。当信息主体提出这种记录不准确、不相关等异议时,有权要求政府部门修正信息记录。相较于《隐私法案》在规制对象方面的不足,美国对私人行业中信息隐私保护采取了行业自治加联邦立法的方法。联邦立法体现在金融、通信、医疗行业、教育行业、家庭娱乐、车辆管理等领域,以及不同的社会群体,如儿童、司机等。如 1974 年,美国国会通过的《家庭教育权和隐私权法》(Family Educational Rights and Privacy Act of 1974,以下简称 FERPA),主要用来规范学校披露学生及家长记录的行为。该法案严格限制了学校向第三方披露学生情况,如学生学习成绩相关记录。另外,学生家长的财务状况也受到保护。然而,FERPA 的适用范围还是比较狭窄,如学生的健康记录与心理记录不受它的限制。1978 年美国国会通过的《财务隐私权利法》(Right to Financial Privacy Act,简称 RFPA),对政府查询个人银行相关记录的程序进行了规范,以保护个人对银行账户记录相关信息享有的隐私权。

为了"在新的电脑和通信技术带来的巨大变化的背景下,更新和澄清联邦隐私权的保护含义及其标准"①,基于对 1968 年《全面犯罪控制和街道安全法》第三章保护范围的修正,1986 年的《电子通信隐私法》(The Electronic Communications Privacy Act,以下简称 ECPA),将保护范围扩展到通过电子手段传播的个人信息,将截取电子通信行为定为犯罪,还保护了移动通信和传呼机,并对造成此类电子通信隐私的侵犯行为,做相关民事救济。但是,网络服务提供商并不会受到 ECPA 的规制。

随后,隐私权内涵的变化被美国学者关注,学者们开始将信息主体对个人信息的控制与隐私权相结合,提出了"信息隐私"。以妇女堕胎权利为例,按照美国"罗伊案"(1973 年)的审判逻辑,妇女堕胎自由属于隐私权范畴。1992 年"凯西案"中,在大法官奥康纳、肯尼迪与苏特联合发布的堕胎权利意

① [美]阿丽塔·L.艾伦、查理德·C.托克音顿:《美国隐私法:学说、判例与立法》,冯建妹、石宏、郝倩等编译,中国民主法制出版社 2004 年版,第 235 页。

见中,进一步地表述了隐私权蕴含的个人自主,①重申了妇女在胎儿成活期之前的堕胎权受到宪法保护,②有堕胎自由权。

除此之外,美国尤为重视儿童的隐私权。随着信息技术的进一步发展,2000年之前,美国联邦政府就已经对儿童因使用互联网而面临的隐私威胁进行关切,并指出商业广告宣传、成人内容等对儿童上网将造成负面影响。同时,与成人相比,不成熟的心智、不谙世事的经历,都使得儿童面对简单游戏或奖励就有可能轻易泄露个人及家庭信息隐私。因此,2000年,美国发布《儿童网上隐私保护法》(The Children's Online Privacy Protection Act,以下简称COPPA),这是一部专门保护儿童信息隐私不被不适地披露给网络商的联邦法案,面向年龄未达到13岁的儿童。它规定"收集、使用或披露从儿童处获得的信息时,应当取得家长可确认的许可"。其对儿童"个人信息"的界定包括:姓名、电子邮件地址、电话号码以及任何其他可通过线上或线下获取的可识别信息。但是,COPPA仅适用于"直接面向儿童的网站或者网络服务的运营者或者明知自己在收集儿童个人信息的经营者",其适用范围相对较窄。

美国以外,英国也在20世纪60年代开始着手隐私权相关立法工作,如1967年里昂通过了《隐私权法案》,1969年沃顿通过了《隐私权法案》等相关法律。这些隐私权保护法律,最终促成了《数据保护法》的出台。③ 德国以基本法为依据,在人性尊严、人格权基础上,不再将个人信息是否敏感等作为标准来区分,发展出了作为人格权具体化的信息自决权来保护个人隐私。日本的《日本刑法典》中亦有关于拆开书信罪、侵入住宅罪、毁弃私用文书罪(包括电磁性记录)等与隐私权保护相关的刑事立法。

---

① [美]迈克尔·桑德尔:《民主的不满——美国在寻求一种公共哲学》,曾纪茂译,刘训练校,江苏人民出版社2008年版,第117页。

② 任东来:《司法权力的限度——以美国最高法院与妇女堕胎权争议为中心》,《南京大学学报(哲学·人文科学·社会科学版)》2007年第2期。

③ 孔令杰:《个人资料隐私的法律保护》,武汉大学出版社2009年版,第118—123页。

与同时代的西方国家不同，中国传统文化与法律保护体系中较少考虑个人隐私。“路不拾遗、夜不闭户”成为传统中国社会的理想状态。直到改革开放以后，中国社会政治经济生活发生巨大变化，西方社会价值观的传入，互联网等新技术的普及，使得人们越来越重视个人利益与权利，不再将隐私片面地视为较为隐匿的、家庭或人际关系间的“阴私”，而是拓展到了对个人住所、生活空间甚至个人信息保护等多个方面。2010 年 7 月，《中华人民共和国侵权责任法》生效，其中第二条首次将隐私权置于与名誉权和肖像权同等的位置，成为一种独立的人格权为民法所保护。2014 年 10 月 9 日，我国最高人民法院颁布《最高人民法院关于审理利用信息网络侵害人身权益民事纠纷案件适用法律若干问题的规定》，首次在司法解释层面，明确了网络侵权中的隐私保护问题。2021 年开始实施的《民法典》，明确地将隐私权纳入人格权范畴，将其与民事主体享有的生命权、身体权、健康权、姓名权、名称权、肖像权、名誉权、荣誉权等权利并列。《中华人民共和国数据安全法》《中华人民共和国个人信息保护法》等法律法规的出台与落地实施，更是让公民信息隐私保护迎来全新时代。

综上所述，可以看到隐私权是一个受到媒介技术、社会文化背景等多方面原因影响的概念，各个国家、地区和社会对其界定都不尽相同。并且隐私的内涵随着时代的发展也在不断变化、丰富。尽管各国立法确认的隐私权内涵与范围存在差异，如我国将隐私权作为具体人格权进行保护，德国等国家则是在基本法的基础上保护个人信息自决权，等等，但这些核心都是基于对每个人想要享有的生活安宁与安全的保护。

二、信息自决权

“信息自决权”，即信息主体对个人信息内容的自我决定权，个人对与自身相关的信息具有决定是否为他人所收集、处理、使用的权利。事实上，强调信息自决权，也是强调对个人信息数据的保护，是要求尊重数据主体（Data

Subject)对信息隐私个人意志的表现,集中体现了信息权利主体的积极权能。信息自决权有多种表现形式,如信息主体对个人数据在被收集、储存、使用等各个环节中的控制权、选择权,以及如在欧盟《一般数据保护条例》(General Data Protection Regulation,以下简称 GDPR)中提出的删除权或携带权。

与个人相关的数据信息,不同地区称呼不同。在欧洲立法中,一般称之为个人数据(Personal Data)。例如,根据基本法对人格尊严与一般人格权的保护,德国讨论个人信息保护时,较常使用信息自决权的说法;而在美国,个人数据常以个人可识别的信息(Personally Identifiable Information)出现,将部分个人信息称为信息隐私,对其保护通常是沿着隐私权的路径。社会政治经济与文化发展背景不同,各国法律表述存在差异。本书主要讨论的是信息隐私自决,因而采用比信息隐私更能够体现出个体权利、权能的信息隐私自决权的说法。

在我国,目前还没有法律明确规定"个人信息自决权"的相关概念,但在学界已有较多讨论,主要观点是将个人信息自决权当作一般人格权的一个种类。如著名法学家王利明认为"个人信息权具有其特定的内涵,可以单独将其作为一种具体人格权来进行规定……法律保护个人信息权,就要充分尊重个人对其信息的控制权"①。法学家王泽鉴则认为,隐私权的核心为私权利和自主权利,自主权利指"个人得自主决定如何形成其私领域的生活",隐私权则包括信息自主,"即得自主决定是否以及如何公开关于其个人的数据(信息隐私)"②。法学家高富平则在"个人信息控制权"的表述下,讨论了我国个人信息使用的个人控制论表现,指出如今我国是世界上唯一一个在立法上明示个人信息收集、使用一律须经信息主体的同意从而将同意一般化的国家。③

---

① 王利明:《论个人信息权的法律保护——以个人信息权与隐私权的界分为中心》,《现代法学》2013 年第 4 期。

② 王泽鉴:《人格权的具体化及其保护范围 · 隐私权篇(中)》,《比较法研究》2009 年第 1 期。

③ 高富平:《个人信息保护:从个人控制到社会控制》,《法学研究》2018 年第 3 期。

在立法实践方面，近年来我国在新出台的《民法典》与《个人信息保护法》等相关法律法规中也进一步加强了对个人信息的保护，如《民法典》中的"删除权"、《个人信息保护法》中的"撤回权""可携带权"等都在强调信息主体对个人信息数据的决定权。本书将在第一章第二节第三部分对此展开进一步讨论。

（一）信息自决权的欧洲传统

虽然信息自决权和隐私权都含有对公民个人信息的保护，但在追溯各自法律意义上的起源时还是要做适当区分。信息自决权的具体保护对象是信息，隐私权的保护对象则是隐私，简单地将隐私与信息画上等号显然不合适。因此，在讨论信息自决权时，依然需要先回到个人信息保护的欧洲传统中。

德国联邦宪法法院最早在 1983 年以判例形式确立了"信息自决权"（Recht auf informationelle Selbstbestimmung），将其作为宪法上的公民权利。1982 年 3 月，德国联邦政府颁布了《人口、职业、住宅与工作场所普查法》（以下简称《人口普查法》），计划以人口普查方式，收集国内公民的个人信息，包括职业、收入等众多数据。这在今天看来，似乎是没有任何问题，人口普查可以对国家人口和社会结构进行一个较为全面的调查，是了解国情的重要依据之一。但在当时有人针对德国《人口普查法》提出宪法诉讼，认为其对公民个人信息的过度收集违反德国基本法，如基本法第一条第一款"人的尊严不可侵犯"、第二条第一款"人人都有自由发展其个性的权利"、第四条第一款"信仰、良心的自由"以及第十三条"住宅不受侵犯"等。申诉者质疑《人口普查法》会调查到个人人口信息、宗教信仰等更为隐秘的信息，带来入户调查的侵扰。经过审查，1983 年德国联邦宪法法院作出关于"人口普查案"的判决，确认《人口普查法》违宪，认为该法排除基本法中所保护的关于宗教信仰、言论自由以及住宅不受侵犯等个人基本权利。该判决通过基本法一般人格权到自决权再到信息自决权的逻辑演绎,确立了案件涉及的核心权利为信息自决权。[①] 德国以基本法第一条的人性尊严与第二条的一般人格权为基础,不再将个人信息是否敏感等作为区分标准,发展出作为人格权具体化的信息自决权,是史上第一次对信息自决权的确权。

(二) 信息自决权的美国传统

欧洲将个人信息自决置于不亚于言论自由的法律地位,美国则强调个人的隐私权,并将隐私权和公开权作为个人信息权利保护的法律基础。美国最高法院最早对信息自决权作出判决是在 1977 年惠伦诉罗案(Whalen v. Roe)[②]中,这也是美国最高法院第一次对个人信息隐私作出直接判决。惠伦诉罗案涉及 1972 年纽约州议会为应对药物流入非法渠道所制定的法令。该法令规定,相关药物类别处方中应当写入病人姓名、地址和年龄;这些数据会被提交到纽约州健康部门,并在计算机内处理。一些医生针对法令要求登记病人身份的规定发起诉讼,认为这一规定违宪。最终美国最高法院认为,虽然宪法第四修正案限制各州收集个人信息的种类及手段,但纽约州涉及项目中包含了许多信息安全保护手段,能够防止收集到的信息在任一环节被滥用,并且计算机对病人信息的离线储存也并未剥夺其隐私权。最高法院最终裁定,该法令符合宪法原则,不违宪。

在这个案件中,美国最高法院指出,定性为隐私的案件需要涉及两种不同利益:第一是个人利益,要求避免个人事务被披露;第二是个体需要拥有独立作出某些重要决定的利益。据此,美国法学学者认为,惠伦案件中美国最高法院明确指出了个人信息保护中的两种利益:信息隐私的利益和个人自决的利益。[③]

① 姚岳绒:《宪法视野中的个人信息保护》,华东政法大学博士学位论文,2011 年,第 39 页。

② Whalen v. Roe,429 U.S. 589 (1977 年)。

③ [美]阿丽塔·L. 艾伦、查理德·C. 托克音顿:《美国隐私法:学说、判例与立法》,冯建妹、石宏、郝倩等编译,中国民主法制出版社 2004 年版,第 37 页。

在法学家阿丽塔 · L. 艾伦(Anita L. Allen)等看来,美国隐私法中个人自决是指个人不受制约、独立决定自己私人生活的权利,涉及个人生活中性、生育、父母、家庭、生活方式和医疗等方面的自主决定。①

三、信息隐私

如前所述,美国通过保护个人隐私权进一步发展信息隐私内涵,以德国为代表的欧洲国家习惯采用信息自决权的说法。针对隐私权与信息自决权的关系,学界已有丰富的讨论,如芦部信喜将个人信息的自我决定权与信息隐私理解为广义上的隐私权的组成部分,②丰霏等则认为"隐私与个人信息的界限常常并不清晰,隐私自治和个人信息自决内容往往相重叠。在关注个人自决权层面,隐私权说在理论本质上仍是一种个人信息权说"③。信息自决权是在隐私权保护理论的基础上发展而来的,但信息自决中非敏感信息部分也不能简单地归纳到隐私权之中。④ 综合上述关于欧盟与美国的信息自决权以及隐私权概念形成与演变历史的梳理,本书认为信息自决权与隐私权之间,无法简单地理解为包含与被包含的关系,也不是母集与子集的关系,而是一种"你中有我,我中有你"的关系。如尤金 · F. 斯通(Eugene F. Stone)等人将信息隐私定义为用户对企图获取和使用其个人信息的控制能力。⑤ 另外,就权利的上下位阶的关系而言,也无法认为当隐私权与信息自决权冲突时需要哪项权利让

---

① [美]阿丽塔 · L. 艾伦、查理德 · C. 托克音顿:《美国隐私法:学说、判例与立法》,冯建妹、石宏、郝倩等编译,中国民主法制出版社 2004 年版,第 363 页。

② [日]芦部信喜:《宪法》(第三版),林来梵、凌维慈、龙绚丽编译,北京大学出版社 2006 年版,第 109 页。

③ 丰霏、陈天翔:《"推测信息"的权利属性及其法律规制》,《人权研究(辑刊)》2020 年第 1 期。

④ 王利明:《论个人信息权的法律保护——以个人信息权与隐私权的界分为中心》,《现代法学》2013 年第 4 期。

⑤ Eugene F. Stone, Hal G. Gueutal, Donald G. Gardner, et al, "A Field Experiment Comparing Information-Privacy Values, Beliefs, and Attitudes Across Several Types of Organizations", *Journal of Applied Psychology*, Vol. 68, No. 3 (1983), pp. 459-468.

位于另一个。

姚岳绒在综合分析国内外的宪法实践与文本之后,发现围绕信息自决权的确立与保护会以不同的法律术语表示,如隐私权、个人数据等。[①] 事实上,信息隐私相关研究的兴起和发展与信息技术的发展密不可分,具体到研究主题上,我国特定的文化、法律、政策法规等情景因素,可成为国内学者们在借鉴西方研究时进行概念测量与影响机理分析时着重考虑的理论突破点。[②] 在我国法学界的讨论之中,许多法学家也并未详细区分信息自决权与隐私权,或将二者指代同一事物。如王泽鉴认为,"现在的隐私权法律体系已经变动为以个人信息自决权为中心的法律关系"[③]。甘绍平则认为,"信息自决权赋予了每一位公民自由获取信息和保护自己敏感信息的权利","信息隐私权是信息自决权的重要表现形式"。[④] 因此,本书不再区分隐私权与信息自决权,也不局限于聚焦其中一方,而是对二者同时进行讨论,并统称为信息隐私。大数据时代,信息业态出现巨变,利益多元化与冲突化的局面不断展开,从宏观上来讲,这是本研究展开的时代背景,从微观上来看,这亦是个人日常面临信息隐私抉择的时刻。张新宝针对性地提出了"两头强化,三方平衡"的个人信息保护理论,以衡量各方利益,即通过强化个人敏感隐私信息的保护和强化个人一般信息的利用,调和个人信息保护与利用的需求冲突,实现个人对个人信息保护的利益、信息业者对个人信息利用的利益和国家管理社会的公共利益之间的利益平衡。[⑤] 王利明进一步提出,大数据时代的数据开发和再次利用很大程度上依赖数据共享,在受益于其对经济发展带来的基础性意义的同时,更要

---

① 姚岳绒:《论信息自决权作为一项基本权利在我国的证成》,《政治与法律》2012 年第 4 期。

② 刘子龙、黄京华:《信息隐私研究与发展综述》,《情报科学》2012 年第 8 期。

③ 王泽鉴:《人格权的具体化及其保护范围 · 隐私权篇(中)》,《比较法研究》2009 年第 1 期。

④ 甘绍平:《信息自决权的两个维度》,《外国哲学》2019 年第 3 期。

⑤ 张新宝:《从隐私到个人信息:利益再衡量的理论与制度安排》,《中国法学》2015 年第 3 期。

妥当平衡数据产业发展与个人信息、数据权利保护之间的关系，实现在保护个人信息权利的前提下规范数据共享行为。①

在媒介环境变革的当下，信息隐私保护也正在面临一些挑战。余承峰认为信息隐私规范的基础止在不断瓦解，因为大数据与信息隐私权的个人本位形成了冲突，并腐蚀信息隐私权的传统规范基础，冲击了信息隐私权空间、事物与主体的维度假设，瓦解了信息隐私权的核心概念。② 接下来，本章第二节将进一步梳理欧美对信息隐私的立法规范，进一步在国家、地域与文化层面上理解大数据时代个人信息隐私的不同立法导向。

第二节　信息隐私的立法保护

论及信息隐私的立法保护，势必绕不开欧盟和美国，因为这两者分别形成了当前个人信息隐私保护两类不同且极具代表性的立法保护路径。前者是保护以个人尊严为主的人格权，认为隐私是人权的重要组成部分，数据保护法所保护的正是数据所有人的“基本权利和自由”；后者以保护个人自由的隐私权为目的，对隐私权的保护分散在宪法、隐私权法以及行业立法中。本节将在回顾欧盟、美国个人信息隐私保护发展脉络、主要立法以及重点判例的基础上，辨析两者在立法目的、保护范围、具体法条等方面的异同，为本书第五章构建“平衡个人控制与社会控制”的我国信息隐私保护立法体系提供参考。

一、欧盟

欧洲国家对个人信息隐私的保护历来都以历史悠久、要求严格著称。早在 20 世纪 70 年代，还未组建欧盟的欧洲国家就已开始陆续制定信息隐私保护相关法律法规。比如，1970 年德国黑森州制定的《黑森州数据法》是世界上

① 王利明：《数据共享与个人信息保护》，《现代法学》2019 年第 1 期。

② 余承峰：《信息隐私权的宪法时刻：规范基础与体系重构》，《中外法学》2021 年第 1 期。

第一部专门性个人数据保护法;1973 年的《瑞典数据法》是世界上第一部全国性个人数据保护法,要求成立一个专门个人信息保护机构,未经该机构批准,任何人不得私自处理个人信息;①1977 年德国也制定了全国性的《联邦数据保护法》;1978 年法国制定《信息、档案与自由法》;1981 年冰岛制定《有关个人视觉处理法》;1984 年英国制定《英国数据保护法》;1988 年爱尔兰制定《个人数据保护法》;等等。

迄今为止,在信息隐私保护方面欧盟已正式出台《数据保护指令》(Data Protection Directive,以下简称 DPD)、《电信领域的个人数据处理和隐私保护指令》(Directive 97/66/EC,以下简称《97 电信指令》)、《一般数据保护条例》(以下简称 GDPR)等诸多法律法规,大致经历了以下三个阶段:

一是早期注重个人物理数据隐私的 DPD(1995 年)。DPD 是一个处理欧盟内部个人数据的指令,被认为是欧盟隐私与人权法的重要组成部分。DPD 前言第(2)条中说明:“鉴于数据处理本质是为服务人类而设置的;无论自然人的国籍和住所,必须尊重他们的基本权利和自由,特别是隐私权;并促进经济和社会进步、贸易扩展以及个人福利的提高。”②可以看出,在欧盟,隐私权被作为个人的基本权利和自由来看待。DPD 并没有对数据隐私进行一刀切式的管理,指令第一条就体现了 DPD 信息隐私保护与流动兼有的思想:(1)为了与本指令一致,各成员国应当保护自然人的基本权利和自由,特别是他们与个人数据处理相关的隐私权。(2)各成员国不得以与第 1 款规定相关的保护理由来限制或禁止成员国之间个人数据的自由流动。③

DPD 中列举了“当事人已明确表示同意、为了遵守个人信息控制人应承担的法律义务而处理”等 7 条个人数据处理条件,并规定“个人数据处理”与

---

① 齐爱民:《大数据时代个人信息保护法国际比较研究》,法律出版社 2015 年版,第 211—213 页。

② 发布于 1995 年的 DPD 前言第二条内容。

③ [德]克里斯托弗·库勒:《欧洲数据保护法——公司遵守与管制(第二版)》,旷野、杨会永等译,法律出版社 2008 年版,第 364 页。

"特殊类别数据的处理"原则。

DPD 被认为是当今世界上第一个全面保护数据的法律制度，对所有部门和所有类型信息数据的处理都产生法律效力。学者们认为，1995 年的《数据保护指令》在各个层面上都具有里程碑意义，对全球范围内个人信息隐私保护相关立法都有重要的推动作用。它为后续欧洲在保护个人数据安全方面奠定了基础，在欧盟范围内树立了个人数据处理作为一种基本权利的价值观。①

二是中期从物理隐私转向信息隐私的《97 电信指令》。为了适应电信行业的飞速发展，欧盟又推出了一系列指令弥补 DPD 的不足。如 1997 年的《97 电信指令》与 2002 年的《关于电子通信领域个人数据处理和隐私保护的指令》（Directive 2002/58/EC，以下简称《2002 电信指令》或《隐私和电子通信指令》）依次取代之前的指令。

1997 年，欧盟有越来越多新的先进数字技术引入公共电信网络中，引起有关保护个人数据和用户隐私的特定要求。《97 电信指令》指出信息社会发展不可避免地带来新服务，这些服务如视频点播等，交互式电视的成功开发，部分取决于用户对他们隐私不会受到威胁的信心。因而，《97 电信指令》主要涉及处理电信业个人数据和保护隐私，通过制定特定法律、法规和技术规定，以保护在欧盟的自然人的基本权利和自由以及法人的合法权益。

2000 年前后，互联网逐渐成为基础设施，为全球提供更为广泛、便利的电子通信服务，颠覆与重塑了传统的通信与信息流动市场环境。互联网上公开可用的电子通信服务为用户带来更加便捷的体验与更加高效的反馈，信息流动更加实时性，这也为个人数据和隐私安全带来新风险。为应对保护个人数据和隐私安全的新要求，欧盟通过《2002 电信指令》以防止在处理电子通信部门和个人数据方面对基本权利和自由的侵扰。《2002 电信指令》填补了 DPD 在保密性、处理业务资料、垃圾电邮和储存在用户本地终端上的数据保护等多

---

① ［德］克里斯托弗·库勒：《欧洲数据保护法——公司遵守与管制（第二版）》，旷野、杨会永等译，法律出版社 2008 年版，第 36 页。

方面的不足。从两次电信相关指令内容中,不难发现立法在不断弥补着科技发展可能带来的隐私安全漏洞。

2006 年通过的以义务性规则为主的《欧盟数据留存指令》(Directive 2006/24/EC)主要面向欧盟成员国内的电子通信服务商,为他们收集、处理、留存个人信息数据制定标准、树立准则,同时要求此类商业机构掌握的用户数据信息,能被用于侦破影响恶劣的刑事案件与危害国家安全罪的犯罪活动。[①]然而,其具体体现的保留通信服务用户的呼入呼出电话号码、通话时长以及电子邮件活动细节等要求,反而对通信服务用户的信息隐私造成威胁。因此该指令也受到了广泛的批评,认为其未能将用户信息隐私保护纳入考虑。2009 年颁布的《Cookie 指令》(Directive 2009/136/EC),进一步补充和细化《2002 电信指令》,强化了用户对网站收集与储存用户信息行为的知情权,并要求禁止网站滥用个人数据信息,禁止使用不安全的方式收集与处理用户个人数据信息。

这一阶段形成的种种指令,在一定程度上对欧盟为保护个人信息隐私建立基本的制度性法律体系有着重要推动作用。然而,也存在一定的局限性,如面对诸位成员国的约束力、技术发展速度与法律更迭等诸多问题与矛盾时,这些立法呈现出碎片化特征。这种数据保护法之间缺乏一定连贯性与协调性的短板也逐渐显现出来。《欧盟运作条例》第 288 条规定,指令对成员国的约束力,是指成员国必须制定相应国内法,将指令内容转化为国内法,才能够对成员国公民适用。因此,对于各个成员国来说,即使欧盟指令下达,还有一定的缓冲期。它考验着不同成员国行政与立法系统的效率、各国在保护个人信息隐私上的努力与决心。在这种情况下,欧盟对进一步整合立法的需求大大增加,对各成员国的统一立法与监管,不仅能够更有效地保护个人信息隐私,还能够提高数据流通效率。

---

① 郭瑜:《个人数据保护法研究》,北京大学出版社 2012 年版,第 47 页。

三是后期严格保障个人信息隐私的GDPR。"条例"与指令的法律渊源相同，均为派生性法律渊源（Secondary Sources），[①]但条例的立法形式适用于所有欧盟成员国，并有着更加全面的约束性。通过制定条例，一体化规制数据保护的经典尝试即为2016年通过、2018年开始实施的GDPR。2016年4月，经历欧洲议会4年时间的商讨，号称"史上最严"的GDPR正式通过。相较1995年的《数据保护指令》作了较大调整。从立法层级上来看，GDPR的法律效力优于欧盟成员国的国内法。这无疑能保障条例适用于所有成员国，不再需要各成员国通过国内立法转化。如果说面对指令，欧盟各成员国还有权斟酌决定数据保护法实际上如何落地生效，那么GDPR的实施就是通过欧盟地区统一数据和隐私法规而简化监管框架。

具体而言，在GDPR第一章"一般条款"中，最先提出GDPR的主要目标之一[②]正是：

> 制定关于处理个人数据中对自然人进行保护的规则，以及个人数据自由流动的规则。本条例保护自然人的基本权利与自由，特别是自然人享有的个人数据保护的权利。

适用范围为："全自动个人数据处理、半自动个人数据处理，以及形成或旨在形成用户画像的非自动个人数据处理。"在条例适用的地域范围方面规定："本条例适用于在欧盟内部设立的数据控制者或处理者对个人数据的处理，不论其实际数据处理行为是否在欧盟内进行。"可见保护力度之大。

与指令相比，GDPR详细规定了"个人数据""基因数据""生物性识别数

---

① 欧盟法的法律渊源，可以分为基础性法律渊源（primary sources）和派生性法律渊源（secondary sources）。前者主要包括欧盟的基础条约及后续条约、欧洲法院通过司法实践形成的一般法律原则；后者主要包括欧盟部长理事会和欧盟委员会的条例、指令、决定以及建议或意见。在欧盟法整个法律体系中，指令是最为独特的一种立法形式。来源：https://www.chinacourt.org/article/detail/2005/07/id/168667.shtml。

② GDPR中文全文翻译来自丁晓东译：《一般数据保护条例》，2018年6月23日，见https://www.sohu.com/a/232879825_308467；https://www.sohu.com/a/233009559_297710。

据”“和健康相关的数据”,以及企业利用大数据挖掘技术获取的基于用户个人信息生成的用户画像。条例十分详尽地列举各种分类情况,举例覆盖范围广泛,尤为重视保护特殊数据。例如,GDPR 依据敏感性对个人数据进行分类,包括种族、民族、政治观点、宗教信仰、工会成员资格、基因数据、生物特征数据等,以及涉及健康、性生活、性取向的数据被视为特殊类型个人数据,其处理要求更为严格。我国 2020 年出台的《信息安全技术个人信息安全规范》也借鉴了 GDPR,对个人敏感信息进行了举例。

GDPR 第一章第 4 条第(1)款规定:

> “个人数据”指的是任何已识别或可识别的自然人(“数据主体”)相关的信息;一个可识别的自然人是一个能够被直接或间接识别的个体,特别是通过诸如姓名、身份编号、地址数据、网上标识或者自然人所特有的一项或多项的身体性、生理性、遗传性、精神性、经济性、文化性或社会性身份而识别个体。

第(13)款规定:

> “基因数据”指的是和自然人的遗传性或获得性基因特征相关的个人数据,这些数据可以提供自然人生理或健康的独特信息,尤其是通过对自然人生物性样本进行分析而可以得出的独特信息。

第(14)款规定:

> “生物性识别数据”指的是基于特别技术处理自然人的相关身体、生理或行为特征而得出的个人数据,这种个人数据能够识别或确定自然人的独特标识,例如脸部形象或指纹数据。

第(15)款规定:

> “和健康相关的数据”指的是那些和自然人的身体或精神健康相关的、显示其个人健康状况信息的个人数据,包括和卫生保健服务相关的服务。

条例还对企业和网络平台如何处理个人数据作出相关规定,如第一章第

4 条第(2)款规定:

> “处理”是指任何一项或多项针对单一个人数据或系列个人数据所进行的操作行为,不论该操作行为是否采取收集、记录、组织、构造、存储、调整、更改、检索、咨询、使用、通过传输而公开,散布或其他方式对他人公开,排列或组合、限制、删除或销毁而公开等自动化方式。

第(3)款规定:

> “限制处理”是指对存储的个人数据进行标记,以限制此后对该数据的处理行为。

这些规定严格限制企业对个人信息的随意处理,较大程度上保护了个人信息数据,减少其被侵犯的风险。

值得注意的是,条例还对如何规范那些网络企业通过自己的算法、数据挖掘与统计分析后形成的新型个人数据作出明确界定。如不少平台企业会对个人信息隐私进行处理,生成一些与个人相关的“标签”,市场上,人们将其称为“用户画像”,这些在条例中也有明确规定。

第一章第 4 条第(4)款规定:

> “用户画像”指的是为了评估自然人的某些条件而对个人数据进行的任何自动化处理,特别是为了评估自然人的工作表现、经济状况、健康、个人偏好、兴趣、可靠性、行为方式、位置或行踪而进行的处理。

并且,在第二章“原则”中,第 9 条“对特殊类型个人数据的处理”第 1 款明确规定:

> 对于那些显示种族或民族背景、政治观念、宗教或哲学信仰或工会成员的个人数据、基因数据、为了特定识别自然人的生物性识别数据以及和自然人健康、个人性生活或性取向相关的数据,应当禁止处理。

对个人信息隐私的收集、保存和处理等行为,只有在数据主体明确“同意”的情况下,才是合法;若数据主体并没有授权给数据处理方,则被视为侵犯信息隐私的行为,在 GDPR 中被称为“个人数据泄露”。

第一章第4条第(11)款规定:

> 数据主体的“同意”指的是数据主体通过一个声明,或者通过某项清晰的确信行动而自由作出的、充分知悉的、不含混的、表明同意对其相关个人数据进行处理的意愿。

第(12)款规定:

> “个人数据泄露”是指由于违反安全政策而导致传输、储存、处理中的个人数据被意外或非法损毁、丢失、更改或未经同意而被公开或访问。

GDPR保护力度大,适用范围广,执行水平严格。其高标准、严要求对于规范欧盟各国个人信息隐私保护起到很大作用。最直观的表现应当是GDPR生效后,各国所开出的巨额罚单。有媒体报道,GDPR在欧洲自2018开始实施至2019年一年间,依据该条例共产生了20余万起调查。值得一提的是2021年社交软件基达(Grindr)因违反GDPR特殊类型个人数据保护相关条例被处罚事件。在这起事件中,凸显了特殊类型个人数据是GDPR重点保护对象的特点。下文将具体展开分析:

案例1:社交软件因违反GDPR特殊类型个人数据保护遭处罚

> 2021年1月,挪威数据保护局(Data Privacy Authority,简称DPA)对一款约会应用程序基达开出了约1000万欧元的罚单,原因是基达涉嫌违反了GDPR关于特殊类型个人数据保护的相关规定。基达是一个全球最大的面向同性恋、双性恋、跨性别和酷儿的互联网社交平台,它能够基于位置信息实现与附近的人聊天。基达的总部位于美国,在挪威有数千名用户。
>
> 根据挪威数据保护局的初步结论,认为基达在没有法律依据的情况下,即用户没有被特别询问的情况下,将他们的数据共享给许多第三方。值得注意的是,与其他社交平台不同,基达是面对同性恋等群体的社交软件,能够基于位置信息进行在线聊天,因此只要手机里装载该程序,就表示出该用户的性取向,而性取向信息属于GDPR明确规定禁止处理的

"特殊类型个人数据"。因此,基达对用户数据的处理方式及其商业模式引起数据保护局注意。基达在用户协议中要求用户同意其对用户信息处理的相关条文涉及特殊类型个人数据,是被欧盟明确规定禁止处理的数据类型。这种用户协议,即使用户同意,也被认为是"无效同意"。

事实上,基达在欧洲被投诉检举并非偶然,这也不是其第一次因涉嫌违规或违法收集用户信息隐私而被投诉。2020 年挪威消费者委员会(Norwegian Consumer Council)出具的一份报告显示:包括基达在内的十几家公司都与第三方共享了包括 IP 地址、位置距离信息、个人属性(包括性别、年龄)等在内的多种个人信息数据。基达将部分数据共享给自己的广告合作伙伴,这些广告合作伙伴处理用户信息时,并没有遵守 GDPR,而是按照自己制定的隐私政策进行处理。①

同时,基达上的用户数据还有可能面临着被无数第三方再次泄露的风险。挪威数据保护局报告指出,推特(Twitter)公司下的 MoPub 就是与基达共享数据的广告技术公司之一,而 MoPub 又与 180 多个商业合作伙伴共享用户数据。MoPub 这类广告公司通过标签化等复杂技术追踪手段达到精准广告投放目的,这都有可能严重侵犯个人信息隐私。此外,早在 2018 年,Buzzfeed 与挪威一家非营利组织 SINTEF 也谴责,基达曾与另外两家公司分享用户是否感染 HIV 病毒的数据,严重违反 GDPR 明确保护的个人特殊数据。②基达上述做法明确违反 GDPR 所保护的"和健康相关的数据""特殊类型个人数据"等禁止处理或受到严格保护的个人信息

---

① Forbrukerrådet,"Out of Control: How Consumers are Exploited by Online Advertising Industries",Jan 14,2020,https://fil.forbrukerradet.no/wp-content/uploads/2020/01/2020-01-14-out-of-control-final-version.pdf.

② Azeen Ghorayshi,Sri Ray,"Grindr Is Letting Other Companies See User HIV Status And Location Data",April 2,2018,https://www.buzzfeednews.com/article/azeenghorayshi/grindr-hiv-status-privacy#.jqjNXBm2Pv.

隐私,因而受到社会广泛批评和相应处罚。①②

欧盟各国运用GDPR保护个人信息隐私十分严格,无论是处理个人数据的私人组织,还是公权力机构,都应当遵循GDPR。需要注意的是,伴随着政府数字化转型,国家不应再以超脱于企业与个人利益关系之外的治理者角色出现,也应遵循个人信息保护的通用原则。③ 政府对个人数据采集与不透明使用,实际上有可能带来更大、后果更严重的危害。我们将通过案例2分析欧洲一些国家政府违反个人隐私保护法律条例被处罚的情况,帮助进一步理解GDPR是如何规范政府对公民个人信息隐私的收集与使用行为的。

案例2:荷兰政府利用算法检查公民信息违反ECHR

SyRI(System Risk Indication)是荷兰政府用来侦查各种形式欺诈行为的法律工具,其基于算法AI利益欺诈检测系统,能够根据已被抓获的从事过社会保障欺诈行为人员的资料制作专门的风险档案。这一系统通过算法分析将此类人群单独归档,扫描"类似"的公民档案,将归入风险档案的人视为潜在欺诈者展开进一步调查。

2020年2月5日,荷兰海牙地方法院裁定SyRI违反《欧洲人权公约》(European Convention on Human Rights,以下简称ECHR)立法。ECHR第8条第2款规定,公共机构不得干预私人和家庭生活、住所、通信等隐私。法官认为,SyRI系统没有充分正当的侵犯人们私生活之理由,属于非法。

SyRI这款调查社会福利欺诈的算法系统,通过一个不对外公开的

① "Norwegian DPA: Intention to Issue € 10 Million Fine to Grindr LLC", Jan 26, 2021, https://edpb.europa.eu/news/national-news/2021/norwegian-dpa-intention-issue-eu-10-million-fine-grindr-llc_en#:~:text=Although%20Grindr%20does%20not%20have%20any%20establishments%20within,monitor%20the%20behaviour%20of%2C%20people%20in%20the%20EEA.

② Jon Porter, "Grindr Shares Personal Data with Ad Companies in Violation of GDPR, Complaint Alleges", Jan 15, 2020, https://www.theverge.com/2020/1/14/21065481/grindr-gdpr-data-sharing-complaint-advertising-mopub-match-group-okcupid-tinder.

③ 许可:《欧盟"一般数据保护条例"的周年回顾与反思》,《电子知识产权》2019年第6期。

“风险模型”分析收集到的中央和地方政府多个数据库。而这一做法事实上是扫描“类似”的公民档案，会对荷兰低收入者、移民以及少数族裔人口比例高的社区人群产生歧视与无端推测。法院认为，这毫无疑问是对社会中贫穷底层群体个人隐私的侵犯。最终法院审理裁定，SyRI 法律工具在收集和使用个人数据时相关隐私保护措施不足，运作方式严重缺乏透明度，涉及侵权，下令荷兰政府停止使用该系统。

上述各类指令、条例都清楚展现了欧盟对个人信息隐私安全的重视，将个人信息隐私安全置于不亚于言论自由的法律地位。在欧盟个人信息隐私保护实践中，任何希望获得、储存、使用或处理个人信息的一方，都面临着高门槛的“同意”。这个同意，是指“需要信息主体积极、明确地作出意思表示，并且在个人选择之外，权威规制当局也更倾向于根据立法中包含的实体标准和规范对个人信息收集、使用和披露的行为加以直接干预”①。

GDPR 第二章“原则”第 7 条“同意的条件”，从四个方面解释了何为数据主体对数据控制者处理自身数据的同意原则。第一，控制者需要能够证明，数据主体已经同意对其个人数据进行处理。第二，如果数据主体的同意是在涉及其他事项书面声明的情形下作出的，请求获得同意应当完全区别于其他事项。这种区分不同情况的同意声明，还必须是以通俗易懂的方式，不能为数据主体设置语言障碍，而是要使用清晰平白的语言。第三，数据主体应当有权随时撤回其同意，并且数据主体在表达同意之前，还应该被告知这种随时撤回的权利。第四，需要分析这种同意是否是数据主体自由作出的选择。可以看到，GDPR 中数据主体对自身数据处理的决策权之大，前所未有。

此外，GDPR 对数据主体相关权利的赋予也体现了对个人信息隐私决策的重视。如，第三章第三部分“更正与擦除”中，GDPR 规定了数据主体的“被遗忘权”（又译“可擦除权”）（Right to Erase/Right to be Forgotten）和“数据携

---

①　戴昕：《自愿披露隐私的规则》，《法律和社会科学》2016 年第 1 期。

带权"(Right to Data Portability)。被遗忘权即数据主体在某些情况下,有要求数据收集、使用、控制者擦除关于其个人数据的权利。并且,可擦除的条件很容易形成,比如:当个人认为其数据被收集或处理之相关目的不再必要时,即可申请被遗忘。数据携带权是指,数据主体有权获得其提供给数据控制者的相关个人数据,并且获得个人数据应当是经过整理的、普遍使用的和机器可读的。那么在这种情况下,如果用户希望更换使用的平台时,携带自己的数据直接到目标平台上,就会变得更加方便,只需将自己的信息交付另一个数据控制者即可。这种新型权利为个人用户带来很大便利,也是充分尊重数据主体决策其个人信息如何使用与流动的具体体现。

如果将数据可携带权理解为所有权,我们可以更形象地理解其在个人信息决策中的促进作用。法律上确认数据的可携带权,理想情况应当是用户主动提出将个人信息数据携带转移,然后数据控制相关服务商给出转移方案。这一过程将极大地提升信息主体对个人信息数据的自控意识与能力。此外,可携带权还为用户挑选自己需要的、满意的服务商提供更多选择与机会,这点尤为重要。我国 2021 年出台的《个人信息保护法》中同样规定了数据的"可携带权",这充分体现我国个人信息保护方面对个人意志、决策与自决的尊重。这点将在第二章展开深入讨论。

欧盟个人信息隐私保护突出人格权理念,将信息隐私视为一种自决权,认为隐私是人权的重要组成部分。GDPR 明确指出,数据保护法保护的是数据所有人的"基本权利和自由"。然而,也有不少学者质疑,以 GDPR 为代表的欧盟个人信息隐私保护相关法律法规过于严格,一定程度上会阻止个人信息流动,提高企业合规成本,抑制信息数据行业创新与发展,进而影响信息经济发展。①

① 林凌、李昭熠:《个人信息保护双轨机制:欧盟〈通用数据保护条例〉的立法启示》,《新闻大学》2019 年第 12 期;冉从敬、张沫:《欧盟 GDPR 中数据可携权对中国的借鉴研究》,《信息资源管理学报》2019 年第 2 期;胡云华:《大数据时代下的被遗忘权之争——基于在搜索引擎中的实践困境》,《新闻传播》2021 年第 7 期。

人们在网络空间中的各种行为活动与记录，包括但不限于信息浏览痕迹、社交痕迹、购物痕迹等个人信息隐私，被企业和政府收集的同时，也在被飞快地计算和处理，通过一行行代码，加速成为具有经济价值的数据，像土地、劳动力等其他生产要素一样，成为信息经济发展的关键要素。也有学者对此表示乐观，认为“GDPR 的核心内容是根据技术发展调整数据保护规则，规制个人数据处理，促进个人数据自由流动，强化数据主体权利，确立单一监管机构的企业监管‘一站式’原则，促进交易便利化”[①]。实际上，GDPR 第一章第 1 条“主要事项与目标”中也明确指出，条例制定关于处理个人数据中对自然人保护规则的同时，也是对个人数据自由流动的保护；不得以保护处理个人数据中相关自然人为由，对欧盟内部个人数据的自由流动进行限制。GDPR 的意义在于保护个人信息隐私安全的同时，促进信息经济的健康、有序发展，这也是多年来欧盟与欧洲各国在平衡个人信息隐私保护与推动经济发展之间努力探索的结果。[②]

二、美国

美国是隐私制度的发源地。1967 年，在卡茨诉讼美国案（Katz v. United States）[③]中，美国最高法院第一次提出根据宪法第四修正案，判断隐私权的标准为：是否具有实际的、主观的隐私期待和社会是否认为这一期待合理。这个隐私保护史上经典的卡茨诉讼美国案，主要诉因是，联邦调查局特工对公共电话安装监听录音设备，以监测卡茨是否通过公共电话非法传递赌博信息。这种非法取证，有可能侵害公民隐私权。大法官哈兰（Harlan）提出隐私期待的两个要求，就此确立隐私合理期待原则：第一，个人对信息拥有实际的主观期

① Daniel Rücker and Tobias Kugler, *New European General Data Protection Regulation, A Practitioner's Guide, Ensuring Compliant Corporate Practice*, C.H.Beck, 2018, p.4.

② 高富平：《个人信息保护：从个人控制到社会控制》，《法学研究》2018 年第 3 期。

③ 389 U.S. 347(1967).

待;第二,这种隐私期待为社会公众所认可。可以看出,隐私合理期待原则是相对开放的,需要依靠公众判断来认定,这也给法官裁决留下较大的法律解释空间,是一个主客观相结合的标准。

在个人信息隐私保护方面,美国是以部门立法配合行业自律的方式为主,其中部门立法为主,强调何为个人信息的正常使用,以及注重行业自律与民事救济相结合的监管模式。[①] 这种隐私保护模式不免显得有些"支离破碎"。美国隐私权理论主要经历了一个从"个人独处的权利"发展到公开权,[②]从物理空间隐私权发展到自治性隐私权,[③]再到信息隐私权的发展过程,并且将个人信息保护纳入了隐私权范畴。这导致对隐私权的定义显得比较模糊。比如,美国学者丹尼尔·J. 索洛夫(Daniel J. Solove)将既往研究中的隐私权定义归纳为六种,分别为:第一,个人独处的权利理论;第二,限制接触理论,即禁止不受欢迎的人接近自己的权利;第三,秘密理论,即对他人隐瞒自己私人事务的权利;第四,个人信息的自我控制理论;第五,保护个人的人格、个性、尊严的人格权理论;第六,控制或限制行为人接触个人亲密关系或个人生活的亲密关系理论。[④] 他同时指出,现有上述六类关于隐私权的定义方式都不够全面,要么失之过宽、要么失之过窄。[⑤] 在侵权法领域,美国学者普罗瑟根据隐私侵害的四种类型归纳隐私权,主要认为,隐私权是为保护隐私不受来自公权力的侵害,如上述提到的卡茨案中美国联邦最高法院认定隐私权是宪法上未列明的基本权利。也有理论认为,隐私权是一种人格权,是一切有关人之所以为人的权利。还有理论认为它是个人自治权的组成部分,个人有权沉醉于自己的世

---

① 齐爱民:《大数据时代个人信息保护法国际比较研究》,法律出版社 2015 年版,第 158—176 页;郭瑜:《个人数据保护法研究》,北京大学出版社 2012 年版,第 48、53 页;石佳友:《网络环境下的个人信息保护立法》,《苏州大学学报(哲学社会科学版)》2012 年第 6 期,第 85—96 页。

② 王泽鉴:《人格权保护的课题与展望——人格权的性质及构造:精神利益与财产利益的保护》,《人大法律评论》2009 年第 1 期。

③ Paul v. Davis,424 U.S. 693,713(1976).

④ Daniel J.Solove,"Conceptualizing Privacy",*California Law Review*,Vol.90,2002,p.1088.

⑤ Daniel J.Solove,"Conceptualizing Privacy",*California Law Review*,Vol.90,2002,p. 1154.

界里，有权自主作出决定。[①] 总之，美国对隐私权的界定、确权与保护存在于宪法、侵权法和各类成文法中，其含义根据其所在背景和语境的不同而不断变化。[②] 有美国学者甚至将隐私权比喻为变色龙，“它的含义根据其所在背景和语境的不同而不断变化”[③]。关于美国隐私权的相关研究国内已非常丰富，本节希望在概述美国早期隐私保护观念、美国联邦政府颁布的信息隐私保护法案的基础上，重点理解其对个人决策的重视，为理解第二章内容作铺垫。同时，在分析美国主要州立法以及新近案例的基础上，为第五章第一节提出的构建我国平衡个人控制与社会控制的信息隐私保护立法体系提供参考。

（一）美国州政府有关保护信息隐私权的法案

美国联邦政府层面的《隐私权法》部分条文与规定已经在本章第一节有所论述。它是美国第一个用来规范对个人信息隐私收集、处理和传播的综合性联邦立法，对美国隐私保护后续立法产生深刻影响。[④] 虽然《隐私权法》促进了联邦政府对公民信息隐私保护，减少因不当披露或滥用等行为侵害公民个人信息隐私，但值得注意的是，《隐私权法》仅适用于联邦政府对个人信息的处理，不适用于州政府，更不用说各类企业组织。它的规范对象过于狭窄，很大程度上限制了法条功效的发挥。也就是说，联邦法只是美国信息隐私保护的开始，仅仅赋予个人较小范围内对抗公权力与企业机构对其信息隐私侵犯的控制权。因而在具体操作中，较难发挥重要作用。有鉴于此，美国各州依据自身实际需求尝试通过州立法，或者要求在地企业行业自律等方式更好地保护地方公民的信息隐私权益。管窥这些州立法对我国个人信息隐私立法体

① Henkin L.,“Privacy and Autonomy”, *Columbia Law Review*, Vol.74, 1974, p.1425.

② 张新宝:《从隐私到个人信息:利益再衡量的理论与制度安排》,《中国法学》2015 年第 3 期。

③ Deckle Mclean, *Privacy and Its Invasion*, Connecticut: Praeger Publishers, 1995, p. 3.

④ 姚建宗等:《新兴权利研究》,中国人民大学出版社 2011 年版,第 114 页。

系建设大有裨益。

加州消费者隐私法 CCPA

21 世纪的第二个十年,信息技术发展之迅猛超乎人们想象,各式各样信息技术开始运用到人们的日常生活中,这也对个人信息隐私安全带来各种威胁。2015 年之后,美国各地对信息隐私保护加快速度的同时,也加大了力度,其中以加利福尼亚州的表现最为突出,值得关注。

加利福尼亚州位于美国西海岸,经济发达。世界著名的高科技产业区硅谷也坐落于此,其中不乏各大巨头科技公司:谷歌、脸书、苹果、甲骨文、特斯拉、英特尔等,从硬件到软件,从互联网到制造业,从行业巨头到初创公司,可以说是众多全球领先科技公司、行业龙头聚集的重镇。加州对隐私权的保护因此走在最前列,加州各类个人信息隐私保护法规的影响也不言而喻。2000 年以后,加州已经通过《在线隐私保护法 2003》(Online Privacy Protection Act of 2003,简称 OPPA)、《数字世界加利福尼亚未成年人隐私法》(Privacy Rights for California Minors in the Digital World,2013)等法案,率先对互联网相关领域的在线隐私进行保护,并不断深化对未成年人信息隐私的保护。

其中最值得关注的是 2018 年通过、几经修改、于 2020 年 1 月 1 日正式生效的《加州消费者隐私法案》(The California Consumer Privacy Act,以下简称 CCPA),为加利福尼亚消费者各类信息隐私提供保护。它出台之目的就是当科技公司收集和使用数据时,需要赋予人们更多的信息和数据控制权。作为一部州立法,CCPA 使得加州成为美国第一个具有完整用户隐私法律的州。

首先,CCPA 的适用范围十分广泛。它从年度收入、信息收集规模和信息收入占比三个方面来划定法案适用企业,具体为:(1)年收入超过 2500 万美元的;(2)拥有超过 5 万个消费者/家庭/设备的商业数据的;(3)消费者个人数据的销售额(即出售消费者个人信息)占年收入一半以上的。符合以上三条任何一条的企业,都适用 CCPA。其次,CCPA 界定的“个人信息”概念也较为宽泛,指“识别、关联、描述、能够与特定消费者或家庭直接或间接关联或合理关联的信息”，比如以指纹、血型为代表的生物识别数据、家庭成员信息、位置信息、财务信息等，进一步地，还包括各类商业信息、IP 地址、教育水平、搜索记录，连“音频、电子、视觉、热量、嗅觉或类似信息”也包含在内。另外，“法律定义包括一系列特定种类的个人信息；但同时个人信息不包括公开的政府记录”。最后，CCPA 对消费者进行界定。作为州立法，CCPA 法案中的“消费者”概念，保护的是居住在加州的自然人，或定居在加州但暂时不在加州境内的人，但也包括临时在加州居住的人。

在信息隐私权益保护上，CCPA 赋予消费者即信息主体较大的信息控制权，包括但不限于知情权、访问权、删除权以及选择权。CCPA 规定，企业对个人信息进行采集时，无须取得消费者授权，但是需要在采集之前或者采集中告知消费者，以保障其知情权。虽然看起来不需要获得消费者同意再收集，采集事先与事中告知，实际已经要求企业在整个信息收集流程中要充分征得用户同意。因而，众多科技公司在法案生效前后就纷纷着手采取相关措施以保证信息采集合规。比如谷歌针对 CCPA 推出 Chrome 浏览器插件，允许人们禁止谷歌分析（Google Analytics）收集个人信息。

特别值得注意的是，CCPA 也借鉴了欧盟 GDPR 中提出的部分权利，如删除权（或被遗忘权），如前文所述，这也是消费者对个人信息隐私决策控制的重要体现。作为信息主体有权要求企业向自己明示收集了哪些相关个人信息，若自己发现信息有误或者不相关、不满意，作为消费者的信息主体可以要求企业删除采集的个人信息与生成的数据，还可以要求企业指示“任何服务提供商”删除相关记录。这种可删除权概念，之前并未在美国宪法或普通法中出现并被确立，因而也是 CCPA 的一个特色。还有选择权，是指虽然企业收集了个人信息，但是若想出售个人信息，必须要告知消费者，若消费者不同意企业出售其个人信息，那么出售行为就是违法的，这体现出尊重与保护消费者的“选择退出权”。虽然 CCPA 借鉴了 GDPR 的部分理念，但与之不同的是，前者呈现出较强的美国信息隐私法保护特色，即将信息隐私作为一种经济发展元素来看待,鼓励企业通过经济手段来平衡对用户个人信息隐私的保护与企业自身发展之间的利益关系。简单来说,CCPA 鼓励企业购买用户个人信息,这样用户个人信息隐私被征得同意后使用时,可以得到相应的经济补偿,企业也能够通过个人信息数据使用获益。此外,"CCPA 明确消费者的诉讼权和获得赔偿权,强调对消费者个人经济性损害赔偿在约束数据滥用和保护消费者权益中的主导作用"①。参照本章第三节研究发现的,我国司法实践中隐私权被侵犯受害者难以实际获取经济赔偿这一现实,通过立法提前明确企业侵犯个人信息隐私的赔偿义务,这点无疑特别值得我国参考借鉴。

加州隐私法(CPRA)

2020 年 11 月,加利福尼亚州选民投票通过了《2020 年加州隐私法》(California Privacy Rights Act,以下简称 CPRA),该法案于 2023 年 1 月 1 日生效。CPRA 修正并扩展了加州里程碑式的 CCPA。在个人信息隐私保护方面,CPRA 可被视作是"CCPA2.0"版本,它在 CCPA 基础上进行改写与补充,进一步强化加州消费者作为信息主体对个人信息隐私的控制权,对企业增加了新的义务与责任,并创建了一个独立的数据监管机构,授权其实施加州隐私法并起诉违规行为。

有 CCPA 作为参照,CPRA 的特点较容易把握,有几大亮点,主要体现在:第一,CPRA 适当缩小了适用范围,规定在加州开展业务并涉及加州消费者个人信息处理的企业,满足以下任一条件,将受到该法案管理:(1)年度总收入超过 2500 万美元,如果企业在加州地区总收入未达到 2500 万美元,但全国各州总收入已达到该数额,未进行说明解释的,也属于适用;(2)年度购买、出售或其他商业性地处理个人信息涉及至少 10 万个消费者/家庭/设备的;(3)年收入 50% 来自出售个人信息的。满足上述三个条件之一的企业,即需要遵守 CPRA。CPRA 将企业处理个人信息涉及消费者/家庭/设备数量起点从"5

① 唐要家:《中国个人隐私数据保护的模式选择与监管体制》,《理论学刊》2021 年第 1 期。

万”提升到“10 万”，可以明显看出，CPRA 监管的重点在大型平台企业而对规模相对较小的企业适当放宽了要求。

第二，CPRA 对个人信息“出售行为”进行更宽泛界定。其中“分享行为”也被纳入“出售行为”的范畴中。如法案指出，“无论是否出于金钱或其他目的考虑，企业以书面、电子、口头或其他方式将已持有或掌握的消费者个人信息分享、出租、发布、披露、传播、提供、转移给第三方用于定向智能广告投放的行为，都属于分享行为”。

第三，CPRA 要求企业对个人信息的收集和储存必须最小化到为实现收集或储存目的，而不能为了不公开之目的进行处理。此外，用户有权知道他们的个人信息在收集之后的储存时长，企业在收集个人信息时必须告知用户相关内容。

第四，CPRA 增设个人敏感信息作为特殊类别的个人数据集。个人敏感信息，包括个人基本信息、个人相关物理信息、社会信息等。个人基本信息如个人身份证信息、个人护照信息、驾照信息、金融账号信息、短信信息等；个人相关物理信息如基因及生物识别信息、健康信息、性取向信息等；社会信息如宗教信仰信息、受教育信息等。既然界定个人敏感信息，那么依据法案消费者有权要求个人敏感信息的使用受到严格限制。在操作层面上，相较于 CCPA 在收集个人信息之前明示“禁止出售我的个人信息”，CPRA 要求企业须明示“限制使用我的个人敏感信息”。

第五，CPRA 将设立独立的数据监管机构。加州政府于 2021 年开始，设置“加州隐私保护署”，作为独立的隐私保护监督机构，加州政府每年都会通过财政拨款来维持其运行。加州隐私保护署有权对违法行为加以罚金处罚，还拥有传唤证人、调查取证、现场合规检查等多项执法权。但需要注意的是，从其权力关系和资金来源来看，加州隐私保护署也并不是真正意义上完全“独立”的监管机构。

从 CCPA 到 CPRA，两年的时间内，拥有众多大型科技平台企业的加州在个人信息隐私保护立法方面不断推进,充分表明美国对平台型企业个人信息利用方面的规制不断重视,并对标欧盟趋于严格。2021 年,我国国家市场监督管理总局组织起草了《互联网平台分类分级指南(征求意见稿)》《互联网平台落实主体责任指南(征求意见稿)》,向社会征求意见,[①]依据平台的连接对象和主要功能,意将平台分为"超级平台""大型平台""中小平台"三类平台。互联网平台需要依据相关级别定位与要求承担起相应的责任与义务,实现数据管理安全,这都符合国际趋势。

(二)行业自律保护模式

除了国家级和各州立法保护,通过行业自律的模式保护个人信息,是美国信息隐私保护的特殊之处。美国企业信息隐私保护行业自律从 1995 年开始实行,距今已有二十多年历史。"所谓行业自律模式是指由公司或者行业内部制定行业的行为规章或者行为指引,为行业的隐私保护提供示范的行为模式。"[②]行业自律性规范包括企业自身制定的隐私权政策和中立组织的"认证制度"。

在个人信息保护上,美国行业自律在形式上主要包括以下几种:一是由政府或行业团体通过提供行业指引,向商业机构提出建议。如 1998 年由 46 家企业和团体组成的"美国隐私在线联盟"(Online Privacy Alliances,简称 OPA)公布的联盟隐私保护指引,其内容主要为企业需保护从互联网上收集到的个人信息,参加该组织的成员都须承诺遵守保护网络隐私权的指导原则。二是在网络上推行隐私认证行动。这种隐私认证通常由第三方来评估与认证一个网站是否遵循信息隐私保护相关规定,并服从监管。符合认证要求的网站有

---

① 国家市场监督管理总局:《关于对〈互联网平台分类分级指南(征求意见稿)〉〈互联网平台落实主体责任指南(征求意见稿)〉公开征求意见的公告》,2021 年 10 月 29 日,见 https://www.sac.gov.cn/cms_files/filemanager/samr/www/samrnew/hd/zjdc/202110/t20211027_336137.html。

② 李春芹、金慧明:《浅论美国个人信息保护对中国的启示——以行业自律为视角》,《中国商界》2010 年第 2 期。

隐私戳(Privacy Seal)的标志并可以公示在自己的网站上,类似于一种商标许可,是用户可以辨别拥有隐私政策并执行较好商家的特殊标识。三是推广技术保护标准的应用,即采取 Opt-In(选择加入)和 Opt-Out(选择退出)两种机制。在 Opt-In 模式中,只有经过用户明确同意后网站才能收集和使用用户个人数据。

在政府大力扶持下,行业自律已然成为美国个人信息保护的主要方式之一。行业自律尽管缺乏强制力,自律范围也具有一定局限性,但通过自律模式规制,一定程度上既可以防止完全市场自由调控造成的经济无序发展,又能防止法律滞后制约网络行业快速发展的风险。① 在上述论及的种种美国信息隐私保护立法思想中,将个人信息数据作为经济发展的动力十分常见,这点在行业自律中亦得到充分体现。因此,美国的行业自律保护模式主张政府不应该过于干预个人信息的保护,而应该将精力放在维护市场的公平竞争方面。②

前述论及,加州保护公民信息隐私走在全美前列,其《加州消费者隐私法》和《加州隐私法》成为各州学习对象。事实上,美国另一个州伊利诺伊州也在保护个人信息隐私上做出很大努力,与加州不同的是,伊利诺伊州更加注重保护公民生物识别信息。下文将通过案例具体分析《伊利诺伊州生物识别信息隐私法》(以下简称 BIPA)如何保护州内公民的个人生物识别信息隐私,为我国相关个人信息隐私保护立法提供借鉴。

案例 3:伊利诺伊州立法对生物识别信息保护的案例

美国在有可能会对个人信息隐私造成侵犯的新技术方面也作了较为前沿的规范。例如,近年来发展迅速的"人脸识别"技术,是美国各地立法规范的重要对象之一。2020 年初,美国《纽约时报》报道称,可进行人脸识别的互联网公司 Clearview AI(以下简称 Clearview)从推特、脸书和

① 李春华、冯中威:《欧盟与美国个人数据保护模式之比较及其启示》,《社科纵横》2017 年第 8 期。

② 肖志锋:《公共部门信息再利用中的个人信息法律保护》,《图书与情报》2013 年第 3 期。

其他公司等抓取了三十亿张照片,创建了一个脸谱(Faceprint)数据库,并出售给了美国各地警察部门及其他企业。① 报道一出,引起了社会上极大反响,针对 Clearview 及两名创始人霍安·同—代特(Hoan Ton-That)和理查德·施瓦茨(Richard Schwartz)的联邦集体诉讼也逐步增多。

目前,至少有八起针对 Clearview 公司的诉讼。这些案件的被告都直指 Clearview 公司,起诉内容主要包括以下三个方面:第一,Clearview 公司从互联网上搜集了数十亿张人类面部图像;第二,Clearview 公司对这些面部图像进行了扫描;第三,Clearview 公司创建了一个生物特征数据库,使用该数据库的用户仅需通过上传一个人的图像到数据库,即可以识别到图像所属人的身份。这些诉讼中,至少有五起都多少援引了 BIPA。

BIPA 于 2008 年颁布,是美国最早处理企业收集生物识别数据的州法律之一。BIPA 旨在保护个人的生物识别器和信息,为收集本州居民生物识别数据的公司制定了一套全面规则。它规定:“生物识别技术,与其他用于获取财务或其他敏感信息独特标识的技术不同。例如,社会安全相关号码一旦泄露可以更改,然而生物识别技术对个人来说是针对生物上的独特性,一旦泄露,个人将无权追索,身份被盗的风险就会增加,并且有可能退出以生物识别为基础的交易。”[《740 ILCS §14/5(c)》]。这里对“生物识别信息”的定义是,“任何信息……基于个人的生物识别标识符,用于识别个人身份”。(《740 ILCS §14/10》)

即使 Clearview 公司在追踪犯罪嫌疑人方面作出过贡献,Clearview 的核心——面部识别(Facial Recognition)技术在西方国家仍一直存在争议。一般来说,面部识别技术可以通过照片或者视频中的人物器官来识别人,并将选定的面部特征与数据库中的面部进行比较。事实上,如今面部识别技术已广泛应用于日常生活中:社交媒体平台利用面部识别技术

① Kashmir Hill, “The Secretive Company That Might End Privacy as We Know It”, Jan 18, 2020, https://www.nytimes.com/2020/01/18/technology/clearview-privacy-facial-recognition.html.

为用户提供不同的美颜滤镜,政府和执法机构借助面部识别技术追捕犯罪分子,电子设备借助面部识别技术使用和解锁设备,企业借助面部识别技术进行个性化营销……虽然面部识别技术在生活中能够带来诸多便利,甚至能够提高交易安全性,但隐私问题是面部识别技术无法绕过的一个门槛。面部识别技术是否会侵犯个人隐私?面部识别背后的数据库是否会被泄漏?面部识别技术的精准性又如何?这些也都是 Clearview 公司备受质疑之处,而 Clearview 公司显然没有交出让公众满意的答卷:它在用户不知情的情况下收集并使用照片,为有色人种提供错误率更高的匹配,等等。

到目前为止,美国并非所有的州都禁止使用面部识别技术或者接受禁止使用面部识别技术的法律条文,因而与 Clearview 公司相关的诉讼极为复杂。在上述案件中,有许多并非伊利诺伊州居民,不适用 BIPA,也不在 Clearview 公司总部所在地纽约。起诉书如何处理,是否移交给其他地区的法院,是否对多案进行合并审理,都是问题。Clearview 公司以及其他运用面部识别技术类似企业的法律纠纷,也注定是一条很长的战线。在美国,目前并没有强大、适用范围广的联邦法来保护隐私,那么 Clearview 公司也一定不是最后一个被指控违法的公司。正如斯坦福大学法学院的隐私保护研究学者艾尔·吉达里(Al Gidari)所言,“他们(Clearview)正在做的事情令人毛骨悚然,但会有更多这样的公司。如果没有一个非常强大的联邦隐私法,我们都会完蛋”①。在《纽约时报》对 Clearview 公司报道之后,新泽西州的司法部长古比尔·格鲁瓦尔(Gurbir S. Grewal)于 2020 年 1 月 24 日对所有 21 个县的州检察官表示,警察应

① Robert Kyte,“Facial Recognition Startup Clearview AI Defends Use of Its Controversial Technology on Grounds of Free Speech”,Feb 16,2020,https://freespeechproject.georgetown.edu/tracker-entries/facial-recognition-startup-clearview-ai-defends-use-of-its-controversial-technology-on-grounds-of-free-speech/.

该停止使用 Clearview AI 应用程序。[①]

事实上,纷涌而来的诉讼并非仅仅针对 Clearview 一家公司,面部识别技术的应用在美国一直存在争议。2019 年 5 月,旧金山市成为美国第一个禁止警察使用面部识别的城市,这是美国首次禁止此类技术。市监会(The City's Board of Supervisors)以 8∶1 的票数通过了禁止使用面部识别的《停止秘密监视条例》(Stop Secret Surveillance Ordinance)命令,以寻求在保护公民权利与公民自由(包括隐私和自由表达)中保持"明智的平衡"。《停止秘密监视条例》指出,"人脸识别技术危害公民权利和公民自由的倾向,大大超过了其声称的好处,这项技术将加剧种族不平等,并威胁到我们不受政府长期监控的生活能力"[②]。该条例全面禁止旧金山当地政府部门使用人脸识别技术,包括在此之前使用该技术抓捕犯罪嫌疑人的警察局与治安办公室,追捕违反交通法规的交管部门等。除此之外,与识别、监控技术相关的一些产品和服务也被限制使用,购买类似的新监控设备如自动识别车牌号系统、带有摄像机的无人机等,都需要得到市政府的许可。旧金山也因此成为全美第一个禁止使用人脸识别技术的城市。

案例 4:美国脸书公司违反 BIPA 赔偿 6.5 亿美元达成和解案

2021 年 2 月 26 日,美国联邦法院批准针对脸书违法收集人脸信息的集体诉讼和解。这场集体诉讼,可以说是一场"持久战"。早在 2016 年,集体诉讼就在伊利诺伊州发起,指控脸书在未经用户许可下,通过人脸识别技术扫描了个人的生物信息,并加以利用,而这侵犯了个人隐私。事实上,有关人脸识别技术的控诉案例并非 2016 年才出现。2010 年,脸

---

① "New Jersey Bars Police From Using Clearview Facial Recognition App", Jan 24, 2020, https://www.nytimes.com/2020/01/24/technology/clearview-ai-new-jersey.html.

② 杨婕:《2019 年美国隐私保护立法最新动态》,2019 年 5 月 17 日,见 https://www.secrss.com/articles/10728。

书就推出了“标签建议”功能。该功能能够通过人脸识别技术扫描用户上传到脸书中的照片,并且将照片中的人物标出,建议用户可以对照片中人物进行标注。实际上我国主要社交媒体平台企业之一腾讯公司开发的聊天软件QQ,其QQ空间也有类似为照片打标签的功能。不管是脸书还是QQ空间,这项功能都是被默认允许使用,不需用户再作选择。

伊利诺伊州公民将脸书告上法庭,控诉脸书在没有明确告知和征得用户书面同意的情况下收集使用个人生物数据。接下来的几年中,拉锯战艰难进行。直到2019年9月,脸书关闭人脸识别默认开启功能,这场保卫信息隐私的战役才暂告一个段落。根据相关报道,当时约有690万名伊利诺伊州脸书用户被列入和解之列,截至当年11月,有约160万名用户提交了索赔表。

最终在当地时间2021年2月26日,联邦法官批准通过了和解协议,脸书支付伊利诺伊州160万用户共计6.5亿美元。在这场集体诉讼中,除了律师费和诉讼开销,集体诉讼提交索赔表的用户至少每人获得345美元赔偿。这个赔偿总金额之大,接受赔偿人数之多,可谓是史上少有,对于个人信息隐私保护有着重大意义。法官詹姆斯·多纳托(James Donato)也表示,“此次和解是消费者在数字隐私这一备受争议的领域取得的重大胜利”,“具有里程碑意义”。①

通过对美国联邦与州各个层级法律条文和案例的梳理,不难发现,美国对公民个人信息隐私保护呈现出宽松灵活与开放的特点。美国强调信息数据的自由流动,并在全社会范围内鼓励信息元素促进经济发展。信息隐私相关利益纠纷中,以信息流通效率为代表的社会利益的重要性与优先级都被认为是大于信息主体的控制和决策。即使美国在一定程度上鼓励企业通过经济手段

① Nicholas Iovino,“Judge Approves Historic $650M Facebook Privacy Settlement”,Feb 26, 2021,https://www.courthousenews.com/judge-approves-historic-650m-facebook-privacy-settlement/.

合理收集和利用公民个人信息,但一些隐私救济力度仍然有限。除了一些法律层面的规制,美国主要以通知和默认同意等程序性个人选择机制作为规制手段,并信任行业自律能够为随着市场和技术发展不断演变的信息隐私问题找到最优解决方案。尽管美国各州,如加利福尼亚州《消费者隐私法》、BIPA等通过分散立法形成了相互独立且较为严格的信息隐私保护制度,但这些是较为独立的制度,法院判例亦不承认信息自决权,而通过解释将个人信息自决纳入隐私权中。因此,美国对个人信息隐私的保护虽然在某些州立法中力度较大,表现较为突出,但整体来说并没有留下太多保护个人信息自决的空间。

三、信息隐私保护的个人控制权与社会控制论

2021年8月,十三届全国人大常委会第三十次会议正式通过《个人信息保护法》。作为我国第一部专门针对个人信息保护的系统性、综合性法律,《个人信息保护法》的出台无疑对我国构建更为全面的信息隐私保护立法体系具有重大推动作用。在大数据时代,随着数据驱动、信息经济的蓬勃发展,信息数据赋能经济社会高效率发展的同时,个人信息也越来越多以电子数据的形式被记录,网络浏览偏好、购物信息、社交聊天都已留下印记并上传至云端,人们越来越担心个人信息隐私遭到泄露。通过对个人碎片化信息的组合,足以勾勒出信息主体的3D画像。有学者将个人数据比作人的"第二肉身",且虽然自然肉身随着有机体的新陈代谢最终离开这个世界,但是个人数据却呈现出了重复性和时空重置性的特点。① 这个停留在网络虚拟空间的"第二肉身"不仅很难被遗忘,更难彻底消失。它依附于自然肉身之上,又似乎超脱于自然肉身之外,既难以被自然肉身控制,又无法随之共同消逝。因而,关于信息隐私的保护并非只是法律上的概念,还成为一个普遍意义上的道德主体

---

① 高兆明、高昊:《第二肉身:数据时代的隐私与隐私危机》,《哲学动态》2019年第8期。

均要考虑的权益。①

本节将就信息隐私的个人控制权和社会控制论两方面展开讨论，在前述探究欧盟、美国等国家和地区不同立法体系信息隐私保护个人决策与控制历史渊源的基础上，进一步讨论我国公私立法中的信息隐私个人控制与社会控制；据此，将在第五章第四节部分，探讨构建我国平衡个人控制与社会控制信息隐私立法保护体系的可行性与具体路径。

（一）信息隐私立法保护的个人控制权

在2020年之前，我国个人信息保护的法律还分散在《民法总则》《消费者权益保护法》《网络安全法》《电子商务法》等法律规范中。但信息隐私的个人控制权，在我国相关立法中已有所体现，并确立了收集、储存、使用个人信息须经过信息主体同意的原则。

从时间上来看，《消费者权益保护法》较早提出信息收集须征得消费者同意这一原则："经营者收集、使用消费者个人信息，应当遵循合法、正当、必要的原则，明示收集、使用信息的目的、方式和范围，并经消费者的同意。"2017年之后陆续生效的两部法律则进一步强化了该原则。如《网络安全法》中第四十一条规定："网络运营者收集、使用个人信息，应当遵循合法、正当、必要的原则，公开收集、使用规则，明示收集、使用信息的目的、方式和范围，并经被收集者同意。"而《民法总则》第一百一十一条规定："自然人的个人信息受法律保护。任何组织或者个人需要获取他人个人信息的，应当依法取得并确保信息安全，不得非法收集、使用、加工、传输其他人个人信息，不得非法买卖、提供或者公开他人个人信息。""同意"原则贯穿了个人信息保护立法的方方面面，个人信息是否能够使用需要经过信息主体的事先同意，赋权个人控制成为

① 张虹、熊澄宇：《用户数据：作为隐私与作为资产？——个人数据保护的法律与伦理考量》，《编辑之友》2019年第10期。

个人信息处理活动最重要的合法性基础。

1.《民法典》中的信息隐私个人控制权

2020 年 5 月第十三届全国人民代表大会第三次会议通过的《民法典》,将“隐私权和个人信息保护”纳入“人格权”的范围之中,同生命权、肖像权、名誉权并列。这与十余年前通过的《侵权责任法》中仅对隐私权进行规定而没有对个人信息明确加以规定的模式作出重大改变,充分体现出我国立法对个人隐私和个人信息保护力度的不断增强。

《民法典》第四编第六章“隐私权和个人信息保护”中,共有八个法条来保护公民个人信息隐私。在第一千零三十二条中,对隐私作如下表述:“隐私是自然人的私人生活安宁和不愿为他人知晓的私密空间、私密活动、私密信息。”而在第一千零三十四条中,则定义个人信息是以电子或者其他方式记录的能够单独或者与其他信息结合识别特定自然人的各种信息。如姓名、出生日期、生物识别信息、健康信息、行踪信息等都属个人信息的范畴。在合法、正当、必要的原则之下,个人信息中的私密信息,适用有关隐私权的规定;没有规定的,适用有关个人信息保护的规定。事实上既是强调了私密信息的个人控制,又保护了一般信息的社会控制。

《民法典》中的“删除权”是赋权个人信息控制权的又一重要体现。第一千零三十七条规定:“自然人发现信息处理者违反法律、行政法规的规定或者双方的约定处理其个人信息的,有权请求信息处理者及时删除。”与之类似,如前所述,欧盟 2018 年出台的 GDPR 也做过删除权(被遗忘权)的相关规定。不同的是,在我国删除权得以实现的前提是信息确实有错误或违反相关法律法规以及双方约定。而在 GDPR 中,如果出现主体认为该信息不完全的情况,也可以提出改正要求来完善信息或记录下补充声明。

2.《个人信息保护法》中的信息隐私个人控制权

2021 年十三届全国人大常委会第三十次会议通过的《个人信息保护法》,是我国第一部专门针对个人信息保护的系统性、综合性的法律。其总则第一条作了“根据宪法，制定本法”的表述，意味着个人信息上升为公民的一项基本权益。《个人信息保护法》通过“撤回权”“可携带权”等规定，进一步强化了个人决策自决、控制权在信息隐私保护中的法律地位。

其中，“撤回权”来源于《个人信息保护法》的第十五条：“基于个人同意处理个人信息的，个人有权撤回其同意。个人信息处理者应当提供便捷的撤回同意的方式。个人撤回同意，不影响撤回前基于个人同意已进行的个人信息处理活动的效力。”举例来说，个人下载 App 应用程序，会涉及 App 方提供产品或服务的问题，但若用户开始同意一些条款，但随后反悔，可撤回其之前同意的内容。此时 App 应用程序不能因不同意撤回而拒绝提供产品或服务。此规定在法律上也被称为“禁止强制收集”。以往一些用户不愿提供信息或者授权收集信息，某些 App 应用程序就拒绝提供产品和服务，这是一种变相的强制使用行为，此次《个人信息保护法》对这一现象充分注意并作出明确限制。面对强势的互联网平台企业，用户个体终于可以依法与其进行对话，个人信息主体行使“撤回权”时，平台企业不能借此停止服务。

《个人信息保护法》第四十五条新设了个人信息“可携带权”，即“个人有权向个人信息处理者查阅、复制其个人信息……个人请求查阅、复制其个人信息的，个人信息处理者应当及时提供。个人请求将个人信息转移至其指定的个人信息处理者，符合国家网信部门规定条件的，个人信息处理者应当提供转移的途径。”也就是说，在不损害公共与其他个人利益的情况下，个人信息主体可以将信息进行复制与转移。可携带权并非中国首创，欧盟 2018 年出台的 GDPR 已作过相关规定，即数据主体有权获取个人相关的结构化的、机器可读的数据并传输给其他数据控制者。毫无疑问，数据可携带权是对信息隐私个人控制的再增强，互联网平台等服务商将从信息数据管理的强势主动位置退居到被动位置，用户即信息主体本身将成为信息隐私管理的主要决策者。

(二)信息隐私立法保护的社会控制论

信息主体能够完全自由地决定自身信息的收集、储存、使用等环节并非百利而无一害,也并不现实。以个人信息识别功能为代表的个人信息的公共性,是当代信息社会发展的一个重要动力来源。社会中个体身份、个性特征等识别,是一个人区别于他人、进入社会并充分社会化的前提。事实上,信息因成本低、非排他性等特征,被视为一种公共资源。① 数据可以为社会产生效益,但个人并不对数据拥有所有权。通常来说,所有权是针对有形物,解决资源稀缺性的问题。而数据被用于公共目的处理之后,个人数据并不会消失或减少,所以数据不具备稀缺性,也不应完全被个人私有。因而,社会控制论能够增强个人信息的公共价值,弥补个人控制论过度强调个体意志而产生的数据不充分利用之缺憾。

社会控制论强调个人信息的社会价值与公共价值,可以从政治、经济两个方面进行理解。在政治方面,个人信息通过人口普查等方式,被统一联网化管理,对公民个人信息的分析,成为政府决策、社会治理的一个重要参考来源。对公民信息的大数据分析在推动国家治理决策和提高国家治理能力方面具有积极价值,特别是在提供公共服务方面。② "信息隐私应当被理解为民主社会的基准,获取和限制访问个人信息有助于我们构建我们所生存的社会性质以及塑造个人身份。"③在经济方面,个人在互联网上的偏好类别、浏览内容、消费偏向信息数据化,通过个人信息的匿名化、去关联性等技术手段,结合大数

① Joseph E. Stiglitz, "The Contributions of the Economics of Information to Twentieth Century Economics", *Quarterly Journal of Economics*, Vol. 115, No. 4 (Nov 2000), pp. 1441-1478.

② 唐皇凤、陶建武:《大数据时代的中国国家治理能力建设》,《探索与争鸣》2014 年第 10 期。

③ Edward J. Janger, Paul M. Schwartz, "The Gramm-Leach-Bliley Act, Information Privacy, and the Limits of Default Rules", *Social Science Electronic Publishing*, Vol. 86, No. 6 (2001), pp. 1219-1261.

据分析方法，能够在不侵犯个人隐私的前提下实现个人数据的公共价值，促进社会经济发展。

有鉴于此，有学者提出了个人信息保护的社会控制模式，认为个人信息控制论容易导致个人信息的私权化，并且其实现的社会基础已不复存在，而社会控制模式中，个人信息的使用由社会习惯或法律规定，社会成为个人信息的主要责任主体，能够更好地达到保护个人信息权益的目的。① 即使是上文提到的首个确立信息自决权的德国，也并不意味着个人对自己信息的无限制控制。个人是社会群体中的一员，其资料信息也是社会背景下的个体写照，因而个人信息必不能只是属于个人所有。

如何实现个人信息隐私的社会控制，法学学者胡凌指出，就立法活动本身而言，针对公民信息的大数据分析要尽可能地获得利益相关方的想法和意见，使立法起草者获得更加准确的一手数据，从而避免利益相关人基于自身利益而对立法目标进行扭曲或忽视，这将成为个人信息社会控制科学决策的有力补充。② 我国现有立法中，已经充分体现出社会控制的立法设计思路。《个人信息保护法》总则中第十一条正是从社会控制角度作出规范："国家建立健全个人信息保护制度，预防和惩治侵害个人信息权益的行为，加强个人信息保护宣传教育，推动形成政府、企业、相关社会组织、公众共同参与个人信息保护的良好环境。"可以看出，立法思路上体现出全局统筹、高度协调社会各利益主体的安排。同样，《民法典》的相关规定也表明，国家相关职能部门在个人信息与隐私的处理中扮演重要角色。如第一千零三十八条规定，信息处理者发生或者可能发生个人信息泄露、篡改、丢失的，应当及时采取补救措施，按照规定告知自然人并向有关主管部门报告。这回应了国家机关为履行法定职责或者法定义务处理个人信息的诉求，从单一个人控制赋权模式向多元保护模式转变，充分发挥各环节与利益方的功效，从而最大化实现社会利益。

---

① 高富平：《个人信息保护：从个人控制到社会控制》，《法学研究》2018 年第 3 期。

② 胡凌：《探寻网络法的政治经济起源》，上海财经大学出版社 2016 年版，第 229 页。

以上通过信息隐私的个人控制权和社会控制两方面的讨论,提示我们对个人信息隐私的立法保护,不是对个人信息隐私控制权的争夺或者零和博弈的结果。综合考量现有法律体系以及社会经济生活发展的现实需求,我国亟须构建平衡个人控制与社会控制的隐私保护立法体系,这点将在第五章展开具体论述。

第三节 我国司法实践中的信息隐私保护

如前文所述,隐私权在我国经历了从司法解释上升到法律规定,从不保护、间接保护到直接保护的过程。然而,有研究指出,尽管立法逐渐完备,现实中人们明知隐私权遭受侵害,却较少通过司法诉讼主张权益。① 甚至即便诉讼,也有可能"同案不同判"。② 这一问题引人深思。

事实上,运用法律与制定法律同样重要。③ 隐私权诉讼中,法官主要援引了哪些法律,重点考虑了哪些影响因素,参照标准是什么?这些因素某种程度上决定了隐私权能否主张,起诉人能够实际获得多少救济。司法实践作为整个立法体系的一部分,客观反映了法的执行情况。因而,考察隐私权保护问题,需要回归到司法实践。

本节将基于我国最高人民法院设立的中国裁判文书网等④ 1999—2017

---

① 王利明:《使人格权在民法典中独立成编》,《光明日报》2017 年 11 月 15 日。

② 根据中国互联网网络信息中心(CNNIC)《2013 年中国网民信息安全状况研究报告》,中国有 74.1%的网民在过去半年内遇到过信息安全问题,绝大多数网民对于个人信息安全的保护仍处于无助状态。有将近九成的网民在信息泄露后没有任何办法处理,只剩下不到 10%的网民会向政府部门、媒体投诉,以及到法院起诉。

③ 张礼洪:《隐私权的中国命运——司法判例和法律文化的分析》,《法学论坛》2014 年第 1 期。

④ 还包括北大法宝、OpenLaw 和北大法意等网站。北大法宝 1985 年诞生于北京大学法律系,是目前最成熟、专业、先进的法律信息全方位检索系统之一。OpenLaw 2014 年成立于上海,是面向律师、法官、检察官、法学教师、学者、学生以及从事法律相关的工作人员的开放型平台。北大法意网是由北京大学实证法务研究所等研发和维护的法律数据库网站,专门为司法机构、各行业、各领域的法律、法学工作者,以及法学院的师生提供专业系统的法律信息服务。

年公布的342个隐私权纠纷案的裁判文书，从侵权责任认定的主观过错、违法行为、侵权内容等相关要件以及损害事实出发，实证分析我国隐私权保护的司法现状，以及影响判决结果的相关因素。希望能够在此基础上，为进一步完善我国信息隐私保护提供经验数据和理论参考。

需要说明的是，作为本书的阶段性研究成果，本部分内容完成于2018年，选取了自1999年11月至2017年11月中国裁判文书网等可检索到的关于隐私权纠纷且具有完整裁判文书的所有判例。2020年5月，历经五次编纂的《民法典》出台，废止了已有的侵权责任法。侵权责任法作为侵权责任编成为《民法典》的组成部分。《民法典》对隐私权有了一定发展，但对侵犯隐私权的归责原则、构成要件等方面并无根本性修改。因而，我们认为，虽然我们未能分析2018年至今的隐私权纠纷判例，但结果依然能够描述目前我国关于司法实践中有关隐私权的保护问题。同时，本书没有分析关于民事纠纷中对于个人信息保护的相关判例。2021年1月1日起正式施行的《民法典》人格权编第一千零三十四条将个人信息正式确立为一项民事权益，并规定个人信息中的私密信息优先适用隐私权的保护进路。具体的司法实践中，在《民法典》个人信息保护的具体规则正式适用之前，个人信息私法保护仍然主要依附隐私权，并依靠《民法总则》《侵权责任法》等相关法律来实现。① 事实上，学者王秀哲在中国裁判文书网上以个人隐私和个人信息为案由检索了2010—2018年的相关判例，发现有民事案由317个，而根据判决内容，基本上是对个人隐私侵权的救济。②学者张新宝指出，我国目前对个人信息的司法保护主要还是刑事的保护。自然人个人请求法院对其受到侵害的个人信息提供民事司法保护的案件还比较少。③ 因而，本研究只分析了中国裁判文书网等有关隐私侵

① 杨帆、刘业：《个人信息保护的“公私并行”路径：我国法律实践及欧美启示》，《国际经济法学刊》2021年第2期。

② 王秀哲：《大数据时代个人信息法律保护制度之重构》，《法学论坛》2018年第6期。

③ 张新宝：《〈民法总则〉个人信息保护条文研究》，《中外法学》2019年第1期。

权纠纷的判例。

一、考察隐私权司法实践的重要性

国内新闻传播学者对隐私权的研究,早期多聚焦于知情权和隐私权的冲突与协调。[①] 近年来,相关研究多关注:探讨借鉴欧盟模式保护网络个人信息;[②]从传播伦理角度讨论对隐私主体和隐私数据分级保护的可行性[③];讨论大数据时代隐私权的新特点、使用与保护;[④]从受众角度考察网络隐私关注、网络素养、沟通隐私管理与隐私保护行为之间的关系,以及社交网络"隐私悖论"等问题。[⑤] 已有研究从概念界定、权利属性、立法保护范围,[⑥]以及个人信息权和个人数据权等方面对信息隐私保护作出深入探讨,成果丰硕,值得借鉴。但是对于具体民事诉讼中隐私权如何认定、保护和救济情况如何的研究尚付阙如。当前我国已在立法上明确隐私权的概念和权利范围,那么司法实践中法官是如何认定和保护这一权利的,值得我们探讨。

从整个立法保护体系看,法律的制定与实施是一个有机整体。法不是刻

---

① 魏永征:《英国:媒体和隐私的博弈——以〈世界新闻报〉窃听事件为视角》,《新闻记者》2011年第10期;魏永征:《杨丽娟名誉权案与知情权》,《国际新闻界》2009年第10期。

② 吴飞:《名词定义试拟:被遗忘权(Right to Be Forgotten)》,《新闻与传播研究》2014年第7期;郑文明:《个人信息保护与数字遗忘权》,《新闻与传播研究》2014年第5期。

③ 王敏:《大数据时代如何有效保护个人隐私?——一种基于传播伦理的分级路径》,《新闻与传播研究》2018年第25期;姚瑶、顾理平:《对隐私主体分级理论缺陷的修正——兼与王敏商榷》,《新闻与传播研究》2019年第10期。

④ 顾理平:《无感伤害:大数据时代隐私权的新特点》,《新闻大学》2019年第2期;顾理平:《整合型隐私:大数据时代隐私的新类型》,《南京社会科学》2020年第4期;顾理平,杨苗:《个人隐私数据"二次使用"中的边界》,《新闻与传播研究》2018年第9期。

⑤ 申琦:《风险与成本的权衡:社交网络中的"隐私悖论"——以上海市大学生的微信移动社交应用(App)为例》,《新闻与传播研究》2017年第8期;申琦:《自我表露与社交网络隐私保护行为研究——以上海市大学生的微信移动社交应用(App)为例》,《新闻与传播研究》2015年第4期;申琦:《利益、风险与网络信息隐私认知:以上海市大学生为研究对象》,《国际新闻界》2015年第7期;申琦:《网络信息隐私关注与网络隐私保护行为研究:以上海市大学生为研究对象》,《国际新闻界》2013年第2期;李兵、展江:《英语学界社交媒体"隐私悖论"研究》,《新闻与传播研究》2017年第4期。

⑥ 王利明:《隐私权内容探讨》,《浙江社会科学》2007年第3期。

板的条文和规章，它是为“贯彻实施而存在”[①]。只有在具体实施中，法律才能真正体现其作用，具有意义。观察司法实践中法官对相关法律事实的认定和裁判，也能够为未来完善立法提供经验支持。我国是成文法国家，立法机关制定的成文法形成了我国法律体系的基本框架。[②] 具体司法中，法官并不是简单照搬法律，会根据自己的认知、经验、态度、价值观，以及对法律规范的理解对案件作出判决。[③] 这使得法官可以“在原有法律的空隙间，进行立法”[④]，对隐私权的最终落实产生影响。

张礼洪通过分析三个典型隐私权案件的裁判文书，发现法官对隐私权的认定存在差异；公共利益与个人利益的冲突，可能是影响法官决定是否支持隐私权的重要因素。[⑤] 针对少数案件的思辨分析，无法客观考察我国隐私侵权诉讼的现状，却为我们提供了从裁判文书的文本角度研究隐私权司法保护的方法。进一步地，李许坚考察了北大法宝案件库中 313 个涉及隐私权纠纷案件的裁判文书。研究发现，侵害内容、是否采取必要措施、诉讼标的和扩散范围对隐私侵权判决结果产生影响。[⑥] 研究主要参照最高人民法院 2014 年公布的《关于审理利用信息网络侵害人身权益民事纠纷案件适用法律若干问题的规定》，确定了上述侵权认定因素。而实际案件中既有线上又有线下的隐私侵权行为，参照这些案件确定侵权责任要件与相关影响因素是否合适？这需要进一步验证。

裁判文书是记载人民法院审理过程与审理结果的文本，通常包括案由

---

① Rodolfo Sacco, “Legal Formants: A Dynamic Approach to Comparative Law”, *The American Journal of Comparative Law*, Vol. 39, No. 1 (Winter 1991), pp. 1–34.

② 参见《中华人民共和国立法法》(2015 年修正)。

③ 江必新：《论司法自由裁量权》，《法律适用》2006 年第 11 期。

④ 秦旺：《法理学视野中的法官的自由裁量权》，《现代法学》2002 第 1 期。

⑤ 张礼洪：《隐私权的中国命运——司法判例和法律文化的分析》，《法学论坛》第 29 卷第 1 期。

⑥ 李许坚：《隐私权侵害行为分级研究——基于我国隐私案例的实证分析》，《中南大学学报(社会科学版)》2016 年第 6 期。

(案件所涉及的法律关系)、诉讼请求、争议的事实和理由、判决认定的事实和理由、适用的法律和理由以及判决结果等内容,[①]能够帮助我们了解案件的审判过程与主要内容。2016 年 10 月 1 日实施的《最高人民法院关于人民法院在互联网公布裁判文书的规定》第二、三条明确指出,中国裁判文书网是各级人民法院公布裁判文书的统一平台。凡是可以公开的案件,原则上均可在中国裁判文书网获取。

本书将以中国裁判文书网等以隐私权纠纷为案由的裁判文书为分析对象,考察我国隐私权司法保护的基本情况。

研究问题一:已有隐私权纠纷案裁判文书中呈现的我国隐私侵权诉讼的基本情况如何?

二、认定要件与侵权内容

我们从对 342 个隐私权判决文书的初步分析中获知,从判决援引的法律来看,主要为《中华人民共和国侵权责任法》(占比 28.8%)、《中华人民共和国民法通则》(占比 12.8%)和《最高人民法院关于确定民事侵权精神损害赔偿责任若干问题的解释》(占比 7.6%)。可以看到《侵权责任法》是隐私侵权民事诉讼主要援引的法律。

2010 年 7 月实施的我国《侵权责任法》指出,"隐私权"作为一项民事权益,适用该法保护。根据第六条释义[②],"过错责任原则"是认定行为是否侵犯民事权益的基本归责原则,主要包括:主观过错、违法行为、损害事实、违法行为和损害事实之间的因果关系等四个侵权责任构成要件。判定隐私侵权行为是否成立,适用"过错责任原则"。

根据《侵权责任法》规定,一般认为因果关系是指"违法行为和损害事实之间的因果关系"。但是,如果认为造成损害的都是违法行为,势必会扩大违

① 参见《人民法院民事裁判文书制作规范》。

② 王胜明:《中华人民共和国侵权责任法释义(第 2 版)》,法律出版社 2013 年版,第 42 页。

法行为的概念，显失公平。司法实践中，我们也发现涉及因果关系认定的案件较少（仅占5.0%）。考虑到因果关系这一侵权责任的构成要件涉及法理、哲学等诸多问题，在认定上存在较大争议、实际司法较少被法官考虑，本书暂不考察其与判决结果之间的关系。

隐私权内容，是指隐私权具体包含哪些方面。虽然《侵权责任法》没有对隐私权概念进行明确规定，结合《民法典》关于隐私权的规定，一般认为侵犯隐私权的侵权内容可以分为私人信息、私人活动和私有领域三个方面，本节将从这三个方面展开相关研究。

综上，我们将以中国裁判文书网等以隐私权纠纷为案由的裁判文书为分析对象，重点考察主观过错、违法行为、侵权内容等侵权责任认定要件等因素对判决结果的影响。

（一）主观过错

“过错”是我国侵权责任法侵权责任构成要件之一。过错对侵权责任的构成、共同侵权连带责任的构成、赔偿责任的免除与减轻等具有决定性意义。[①] 过错分为主观过错（故意和过失）和客观过错。根据《侵权责任法》第六条司法解释，“主观过错”分为“故意”和“过失”。其中，“故意”是典型的应当受到制裁的心理状态，必须通过一定的行为表现出来；“过失”是指行为人因疏忽或者轻信而使自己未履行应有注意义务的一种心理状态。故意和过失对于侵权判决结果影响不同。[②] 例如，2008年我国网络人肉搜索第一案《王某与张某、北京凌云互动信息技术有限公司、海南天涯在线网络科技有限公司侵犯名誉权纠纷》系列案[③]中，法院认为被告“明知披露对象已超出了相对特

① 张新宝：《侵权责任构成要件研究》，法律出版社2007年版，第427页。

② 王胜明：《中华人民共和国侵权责任法释义（第2版）》，法律出版社2013年版，第45页。

③ 北京的一位女白领姜岩因认为丈夫和另外一位女性有不正当关系于2009年跳楼自杀，在其自杀后，其生前记载自杀前两个多月心路历程的博客被公开，其丈夫王某受到了网民大量的谴责并遭到人肉搜索。

定人的范围,而且应当能够预知这种披露行为在网络中可能产生的后果……应属预知后果的有意为之”,认定侵权人主观上有过错,属于故意,判定其侵犯隐私权。

(二) 违法行为

在侵权责任认定上,违法行为亦是一个重要构成要件。它是指在没有合法依据或者法律授权的情况下,损害他人权益的行为。有学者认为“违法行为”和“主观过错”存在交叉,违法行为即是一种故意或过失,可以并入“主观过错”中。也有学者指出,两者并无交叉。[①]“主观过错”是一种违反自身内心道德规范,在预见到可能发生的后果时依然实施行为的心理状态,而“违法行为”更强调实施“违法行为”,不看重行为是故意还是过失。本节采用后者观点,“违法行为”与“主观过错”是两个独立的侵权要件。

“违法性”的本质在于,行为违反法律规定的作为或者不作为义务。作为是指违反法律规定,与一定的法律秩序直接或间接冲突,[②]在法律和事实上都违法;不作为是指违反道德或是社会良善风俗,虽然在法律上不违法,但是在事实上违法。例如,最高人民法院2014年公布的《蔡继明与百度公司侵害名誉权、肖像权、姓名权、隐私权纠纷案》中,认为“百度公司在收到梁文燕投诉后未及时采取相应措施……怠于履行事后管理的义务”,[③]即属于“违法行

---

① 王利明:《侵权行为法归责原则研究》,中国政法大学出版社1992年版,第407页,转引自曹险峰:《侵权责任法总则的解释论研究》,社会科学文献出版社2012年版,第103页;张新宝:《中国侵权行为法(第二版)》,中国社会科学出版社1998年版,第83页;杨立新:《侵权法论》,吉林人民出版社1998年版,第177页。

② 张新宝:《侵权责任构成要件研究》,法律出版社2007年版,第52页。

③ 蔡继明作为政协委员公开发表假日改革提案后,引起社会舆论关注。网络用户于百度贴吧中开设的“蔡继明吧”内,发表了具有侮辱、诽谤性质的文字和图片信息,且蔡继明的个人手机号码、家庭电话等个人信息也被公布。百度公司在“百度贴吧”首页分别规定了使用“百度贴吧”的基本规则和投诉方式及规则。其中规定,任何用户发现贴吧帖子内容涉嫌侮辱或诽谤他人,侵害他人合法权益的或违反贴吧协议的,有权按贴吧投诉规则进行投诉。蔡继明委托梁文燕以电话方式与百度公司就涉案贴吧进行交涉,但百度公司未予处理,梁文燕又申请做“蔡继明

为"当中的"不作为",百度公司应当承担相应侵权责任。[①] 在法律和事实上都不违法的"无违法行为",依照《侵权责任法》规定,不承担侵权责任。因此,可以将"违法行为"分为"无违法行为""不作为"和"有违法行为"三类。

(三) 侵权内容

根据前文所述,侵权内容虽不属于侵权责任认定的四个要件,却是隐私侵权诉讼中主要考虑的问题,也就是说,到底侵犯了哪些隐私。已有大量研究指出,现实生活中,人们虽担心隐私安全却也会权衡各方面利益,主动表露出一些自己认为不那么重要的隐私。[②] 这说明,人们对自己的隐私认知存在差异,实际诉讼中主张的内容也会不同。

根据《民法典》关于隐私权的内容,个人信息是指自然人的重要隐私,刺探、宣扬、泄漏个人信息,都构成对于隐私权的侵犯;私人活动是指除了与公共利益有关的个人活动,侵害他人的私人活动,以窥视、窃听、跟踪等形式损害私人活动,都构成对于隐私权的侵犯;侵害私有领域,侵入卧室、居室、手包等具体空间、日记等思想空间和侵害生活安宁,都构成对于隐私权的侵犯。[③] 例如,在《朱烨与百度网讯公司隐私权纠纷案》中,法院认为"网络用户或者网络

吧"管理员,未获通过,后梁文燕发信息给贴吧管理组申请删除该贴吧侵权帖子,但该管理组未予答复。2009 年 10 月 13 日,蔡继明委托律师向百度公司发送律师函要求该公司履行法定义务、删除侵权言论并关闭"蔡继明吧"。百度公司在收到该律师函后,删除了"蔡继明吧"中涉嫌侵权的网贴。蔡继明起诉百度公司请求删除侵权信息,关闭"蔡继明吧",披露发布侵权信息的网络用户的个人信息以及赔偿损失。

① 杨立新:《侵权责任法(第二版)》,复旦大学出版社 2016 年版,第 68 页。

② Hai Liang, Shen Fei, King-wa Fu, "Privacy Protection and Self-Disclosure Across Societies: A Study of Global Twitter Users", *New Media & Society*, Vol. 19, No. 9 (Sept 2017), pp. 1476-1497; Sonia Livingstone, "Taking Risky Opportunities in Youthful Content Creation: Teenagers' Use of Social Networking Sites for Intimacy, Privacy and Self-Expression", *New Media & Society*, Vol. 10, No. 3 (June 2008), pp. 393-411; Mina Tsay-Vogel, James Shanahan, Nancy Signorielli, "Social Media Cultivating Perceptions of Privacy: A 5-year Analysis of Privacy Attitudes and Self-Disclosure Behaviors Among Facebook Users", *New Media & Society*, Vol. 20, No. 1 (Jan 2018), pp. 141-161.

③ 杨立新:《侵权责任法(第二版)》,复旦大学出版社 2016 年版,第 225 页。

服务提供者利用网络公开自然人基因信息、病历资料、健康检查资料、犯罪记录、家庭住址、私人活动等个人隐私和其他个人信息,造成他人损害,被侵权人请求其承担侵权责任的,人民法院应予以支持"。[①] 据此,我们将以个人信息、私人活动和私有领域为主,考察法官所认定的哪些隐私权内容是侵权内容,进而对判决结果产生什么样的影响。

(四) 损害事实

损害是我国侵权责任法认定的构成要件之一,是指行为人的行为对受害人的民事权益造成的不利后果。损害的本质在于"可救济性",救济哪些损害、采用何种方式,都需要法官根据损害事实的认定来判断。对于损害事实的分类,主要从"量"与"质"(加害行为的不法性、结果的不法性等)两个方面来划分。实际案件中,常用"量"中的"严重程度"来划分,分为损害事实小和损害事实大两种情况。[②] 例如,2010 年《曹某与孔某、刘某、北京百度网讯科技有限公司(以下简称百度公司)名誉权、隐私权纠纷案》中[③],法官认为"……在网络上登载后,意味着这一信息都暴露在网络之上,对该隐私进行了不当扩大,任何人都可以获取这些信息",认定损害事实较大,此时的判决结果会比

---

① 朱烨诉称:其在家中和单位上网浏览相关网站过程中发现,利用百度搜索引擎搜索"减肥""丰胸""人工流产"等关键词,并浏览相关内容后,在 www. 4846. com、www. paolove. com、www. 500kan. com 等一些网站上就会相应地出现"减肥""丰胸""人工流产"的广告。北京百度网讯科技公司未经朱烨的知情和选择,利用网络技术记录和跟踪了朱烨所搜索的关键词,将朱烨的兴趣爱好、生活学习工作特点等显露在相关网站上,并利用记录的关键词,对朱烨浏览的网页进行广告投放,侵害了朱烨的隐私权,使朱烨感到恐惧,精神高度紧张,影响了正常的工作和生活。

② 张新宝:《侵权责任构成要件研究》,法律出版社 2007 年版,第 125 页。

③ 2010 年 7 月 25 日,曹某在浏览百度公司网站时发现 2009 年 7 月 21 日登载了由孔某和刘某发表的题为"为生命背后那种神圣的使命感而活着"、副题为"全国新长征突击手马双庆勤政廉政风范"的文章。该文章中称曹某是"新中国成立以来金坛市常州最牛的最头疼的上访户","气焰嚣张","先后上访 160 多次","市政府 9 次为其召集会议","要求驱逐安利公司出境","大闹奥运会",等等,采用捏造与扩大事实的方法,侵害了曹某的名誉权;文章中称曹某的女儿曹洋是抱养女,对于抱养一事曹洋至今未知晓,这是曹某的隐私,未经其同意在网站发表,侵害了曹某的隐私权;文章又称曹某"在常州钟楼区法院向安利公司提起上诉","将安利公司和曹某调解先期补偿款称为曹某抓把柄",等等,侵犯了曹某的人身自由权。故曹某将两被告告上法庭。

较重，反之结果则较轻；而若无损害事实则不用承担相应的侵权责任，损害事实的不同程度认定将获得不同的判决结果。因此将损害事实分为无损害事实、损害事实小和损害事实大三个方面。

研究问题二：已有隐私权纠纷案裁判文书中呈现的主观过错、违法行为、侵权内容、损害事实等要件与判决结果之间的关系如何？

假设1：不同的主观过错对判决结果的影响不同。

假设2：不同的违法行为对判决结果的影响不同。

假设3：不同的侵权内容对判决结果的影响不同。

假设4：不同的损害事实认定对判决结果的影响不同。

三、基于342个隐私权纠纷案的实证分析

（一）数据来源

为回应上述问题，本书采集我国最高人民法院设立的中国裁判文书网以及北大法宝、Openlaw和北大法意等网站上以“隐私权纠纷”为案由的所有525份裁判文书，时间从1999年11月到2017年11月。需要注意的是，原告主动撤诉的裁定书、执行申请书等，裁判文书并无诉讼请求和争执的事实，仅仅是对于撤诉的准许，难以完全窥探到案件的全貌。剔除上述内容，我们最终选择了有完整裁判文书的342个案件进行统计分析。

（二）测量

1. 判决结果

我们将判决结果分为“驳回”“停止侵害”“赔礼道歉”与“损害赔偿”。“驳回”是指法官驳回被侵权人的全部诉讼请求。“停止侵害”是指要求隐私权侵权人停止对起诉人的侵害。法官支持原告诉求时，最通常的做法是要求侵权人立即停止侵害。“赔礼道歉”是指法官依照原告要求判决侵权人进行

口头或书面赔礼道歉的侵权救济行为。“损害赔偿”是指全部或部分支持被侵权人的诉讼请求,法院判令侵权人给予被侵权人一定的赔偿金额。救济是指保护受害人,弥补受害人的实际损害赔偿。① 救济程度有深浅之分,“停止侵害”认定侵权事实成立,其救济程度大于“驳回”;“赔礼道歉”在“停止侵害”的基础上反省认错,其救济程度大于“停止侵害”;“损害赔偿”依次类推,属于有序分类。因此,我们将“驳回”原告所有诉讼请求的案件赋值为0,将认定侵权事实成立、判决结果为“停止侵害”的案件赋值为1,将认定侵权事实成立、判决结果为“赔礼道歉”的案件赋值为2,将认定侵权事实成立、判决结果为“损害赔偿”的案件赋值为3。

2. 主观过错

故意是行为人注意、预见自己行为的结果却仍然希望它发生或者听任它发生的主观心理状态,②过错是一种不注意的心理状态,③并无第三种心理状态。根据《侵权责任法》第6条,我国采用过错责任归责,即行为人因过错承担侵权责任;若行为人不存在过错,则不承担侵权责任。因此,主观过错自变量为类别变量,将“过失”赋值为0,“故意”赋值为1。

3. 违法行为

将违法行为分为“无违法行为”“不作为”和“有违法行为”三类:“无违法行为”指行为人并无违法行为或是并无证据证明行为人有违法行为;“不作为”是指违背良善风俗、法定义务和保护他人为目的的法律,其在现实中并无违法行为而在实质上“违法”;“有违法行为”是指行为人违反法律规定实施违法行为。实际案件中,多数案件(占比53.2%)被认定为“无违法行为”,我们将“无违法行为”设为参照组,“不作为”与“有违法行为”为虚拟变量,其中

---

① 王利明:《我国侵权责任法的体系构建——以救济法为中心的思考》,《中国法学》2008年第4期。

② 参见《中华人民共和国侵权责任法第六条释义(第2版)》。

③ 杨立新:《侵权责任法(第二版)》,复旦大学出版社2016年版,第81—83页。

“不作为”赋值为 1,其他为 0,“有违法行为”赋值为 1,其他为 0。

4. 侵权内容

我们将侵权内容分为三类:“个人信息”、“私人活动”和“私有领域”。“个人信息”是指足以识别特定自然人的信息,“私人活动”是指与公共利益无关的个人活动,“私有领域”是指具体空间、思想空间和个人生活安宁。① 如前所言,不同的侵权内容会获得不同的救济赔偿,三类侵权内容不存在交叉,为类别变量,采用虚拟变量赋值。随着个人信息逐渐具有财产属性,个人信息安全越来越受到人们的重视,有关个人信息立法保护也一直被法学界所呼吁,② 成为焦点;同时,大量(占比 54.4%)隐私权的案件只能被笼统地归结到个人信息,其范围过广。因此,在此以“个人信息”为对照组,令“私人活动”为 1,其他为 0;令“私有领域”为 1,其他为 0。

5. 损害事实

以损害的严重程度划分,损害事实主要可以分为“损害事实小”和“损害事实大”两种,无损害事实则不承担侵权责任。被侵权人主张《侵权责任法》上的救济,损害事实必须是确定的或是相对确定,有明确的范围。③ 大量的案件(占比 58.8%)显示,实际判决中多被认定为“无损害事实”,是否都不在损害事实范围之内? 这一现象引人深思。因此,我们将“无损害事实”设为参照组,变量视为虚拟变量,其中令“损害事实小”赋值为 1,其他为 0,“损害事实大”赋值为 1,其他为 0。

(三) 研究发现

1. 已有隐私权纠纷案裁判文书呈现的我国隐私侵权诉讼的基本情况

我们的研究从判决结果、案件类别、侵权行为认定、审判地、被起诉人身

---

① 周友军:《侵权责任认定》,法律出版社 2010 年版,第 123 页。

② 齐爱民:《论大数据时代数据安全法律综合保护的完善——以〈网络安全法〉为视角》,《东北师大学报(哲学社会科学版)》2017 年第 4 期。

③ 张新宝:《侵权责任构成要件研究》,法律出版社 2007 年版,第 121 页。

份、救济情况等六个方面梳理了当前我国隐私侵权诉讼的基本情况,发现:

从判决结果看,多数隐私权案件难以胜诉。342 个案件中,绝大部分被"驳回"(245 个,占比 71.6%),"停止侵害"的案件有 21 个(占比 6.1%),判决结果为"赔礼道歉"的案件有 21 个(占比 6.1%),判决结果为"损害赔偿"的案件有 55 个(占比 16.1%)。

从案件的类别来看,多数案件诉讼周期较长,为二审。342 个案件中,二审和再审为 189 个(占比 55.3%)。大量案件(182 个,占比 53.2%)因原告更愿庭外和解而撤诉。

从案件判决地来看,在全部可以搜索到的 525 个案件中,案件中判决地主要为北京市(121 个)、上海市(84 个)、江苏省(49 个)、山东省(45 个)和广东省(37 个);从东中西部的划分来看,判决地为东部(415 个)的案件远远高于判决地为中部(59 个)和西部(51 个)的案件。因目前 525 个案件并不足以代表全部案件,因此只能大致推测经济较发达的地区人们维护自身隐私权的意识更强,更愿诉诸法律手段保护自身的隐私安全。

在隐私侵权救济上,在 342 个案件当中,267 个案件(占比 78.1%)没有得到赔偿;75 个案件(占比 21.9%)明确给予被侵权人以赔偿的救济,赔偿金额多在 10 万元以下。被侵权人起诉申请赔偿救济,而实际获得支持的比例与金额偏低,无疑对被侵权人的维权产生消极影响。

2. 已有隐私权纠纷案裁判文书中呈现的主观过错、违法行为、侵权内容、损害事实等要件与判决结果之间的关系

我们对 342 个案件中法官主要认定的主观过错、违法行为、侵权内容与损害事实等因素与判决结果做交叉列联表分析,发现(见表 1-1):

"主观过错"与隐私侵权判决结果之间存在显著相关($p<.001$)。其中,主观过错中"过失"案件为 190 个(占比 55.6%)。在 190 个"过失"案件中,"驳回"的案件有 183 个(占比 96.3%),"停止侵害"的案件有 4 个(占比 2.1%),"赔礼道歉"的案件有 1 个(占比 0.5%),"损害赔偿"的案件有 2 个(占比

1.1%）。主观过错中“故意”案件为152个（占比44.4%）。在152个“故意”案件中，“驳回”的案件有62个（占比40.8%），“停止侵害”的案件为17个（占比11.2%），“赔礼道歉”的案件有20个（占比13.2%），“损害赔偿”的案件有53个（占比34.9%）。

表1-1　各影响因素与隐私权案件判决结果之间的交叉影响分析

判决结果 影响因素		驳回		停止侵害		赔礼道歉		损害赔偿	合计		卡方检验
		频数	百分比（%）	频数	百分比（%）	频数	百分比（%）	频数	百分比（%）	频数	
主观过错	过失	183	96.3	4	2.1	1	0.5	2	1.1	190	.000***
	故意	62	40.8	17	11.2	20	13.2	53	34.9	152	
违法行为	无违法行为	178	97.8	2	1.1	1	0.5	1	0.5	182	.000***
	不作为	3	33.3	1	11.1	0	0	5	55.6	9	
	有违法行为	64	42.4	18	11.9	20	13.2	49	32.5	151	
侵权内容	个人信息	133	71.5	3	1.6	19	10.2	31	16.7	186	.001***
	私人活动	52	59.8	16	18.4	1	1.1	18	20.7	87	
	私有领域	10	52.6	2	10.5	1	5.3	6	31.6	19	
损害事实	无损害事实	192	95.5	4	2.0	3	1.5	2	1.0	201	.000***
	损害事实小	50	42.4	17	14.4	15	12.7	36	30.5	118	
	损害事实大	3	13.0	0	0	3	13.0	17	73.9	23	
合计		245		21		21		55	342		

注：* p<.05，** p<.01，*** p<.001。

“违法行为”与隐私侵权判决结果之间存在显著相关（p<.001）。其中，违法行为中“无违法行为”案件为182个（占比53.2%）。在182个“无违法行为”案件中，“驳回”的案件有178个（占比97.8%），“停止侵害”的案件有2个（占比1.1%），“赔礼道歉”的案件有1个（占比0.5%）。“损害赔偿”的案件有1个（占比0.5%）。违法行为中“不作为”案件有9个（占比2.6%）。在

9个“不作为”案件中,“驳回”的案件有3个(占比33.3%),“停止侵害”的案件有1个(占比11.1%),“赔礼道歉”的案件有0个(占比0),“损害赔偿”的案件有5个(占比55.6%)。违法行为中“有违法行为”案件有151个(占比44.2%)。在151个“有违法行为”案件中,“驳回”的案件有64个(占比42.4%),“停止侵害”的案件有18个(占比11.9%),“赔礼道歉”的案件有20个(占比13.2%),“损害赔偿”的案件有49个(占比32.5%)。

“侵权内容”与隐私侵权判决结果之间存在显著相关($p<.001$)。其中,侵权内容中“个人信息”案件有186个(占比54.4%)。在186个“个人信息”案件中,“驳回”的案件有133个(占比71.5%),“停止侵害”的案件有3个(占比1.6%),“赔礼道歉”的案件有19个(占比10.2%),“损害赔偿”的案件有31个(占比16.7%)。侵权内容中“私人活动”案件有87个(占比25.4%)。在87个“私人活动”案件中,“驳回”的案件有52个(占比59.8%),“停止侵害”的案件有16个(占比18.4%),“赔礼道歉”的案件有1个(占比1.1%),“损害赔偿”的案件有18个(占比20.7%)。侵权内容中“私有领域”案件为19个(占比5.6%)。在19个“私有领域”案件中,“驳回”的案件有10个(占比52.6%),“停止侵害”的案件有2个(占比10.5%),“赔礼道歉”的案件有1个(占比5.3%),“损害赔偿”的案件有6个(占比31.6%)。

“损害事实”与隐私侵权判决结果之间存在显著相关($p<.001$)。其中,损害事实中“无损害事实”案件有201个(占比58.8%)。在201个“无损害事实”案件中,“驳回”的案件有192个(占比95.5%),“停止侵害”的案件有4个(占比2.0%),“赔礼道歉”的案件有3个(占比1.5%),“损害赔偿”的案件有2个(占比1.0%)。损害事实中“损害事实小”案件为118个(占比34.5%)。在118个“损害事实小”案件中,“驳回”的案件有50个(占比42.4%),“停止侵害”的案件有17个(占比14.4%),“赔礼道歉”的案件有15个(占比12.7%),“损害赔偿”的案件有36个(占比30.5%)。损害事实中“损害事实大”案件有23个(占比6.7%)。在23个“损害事实大”案件中,

“驳回”的案件有3个(占比13.0%),“停止侵害”的案件有0个(占比0),“赔礼道歉”的案件有3个(占比13.0%),“损害赔偿”的案件有17个(占比73.9%)。

进一步地,通过次序逻辑斯蒂回归分析,我们考察了主观过错、违法行为、侵权内容、损害事实等因素对隐私权案判决结果的影响(见表1-2)。

表1-2　各侵权要件对判决结果的影响分析

		回归系数	标准误	发生比率	显著性
主观过错	故意	1.742	0.529	5.709	.001***
违法行为	不作为	1.857	1.065	6.404	.082
	有违法行为	1.614	0.527	5.023	.002**
侵权内容	私人活动	.259	.331	1.296	.435
	私有领域	1.977	.773	7.221	.011*
损害事实	损害事实小	1.620	.431	5.053	.000***
	损害事实大	3.714	.705	41.018	.000***

注:* p<.05, **p<.01, ***p<.001。

侵权责任认定要件的“主观过错”中,“故意”比“过失”对法官作出更重的隐私侵权判决结果的概率更高,为5.71倍,具有统计意义上的显著性。也就是说,当法官认为侵权人主观过错为“故意”时,起诉人更有可能获得支持或救济。

当控制“主观过错”要件的影响,“违法行为”侵权要件中的“不作为”与“无违法行为”相比,得到较重侵权审判结果的概率更高,为6.4倍,但不具有统计意义上的显著性。而认定“有违法行为”比“无违法行为”对法官判定侵犯隐私权甚至给予相应救济的可能性显然更大,为5.02倍,研究假设2得到部分支持。

当控制“违法行为”要件的影响,“侵权内容”中的“私有领域”与“个人信息”相比,得到更重侵权审判结果的概率更高,为7.22倍,具有统计意义上的显著性。也就是说,当法官认为侵权人侵犯的是受害人的“私有领域”时,被判定为侵犯隐私权进而给予救济的可能性更大。“私人活动”与“个人信息”相比对法官认定侵权的影响的概率更大,是1.30倍,但不具有统计意义上的显著性。研究假设3得到部分支持。

当控制“侵权内容”因素的影响,“损害事实”中的“损害事实小”与“无损害事实”相比,得到更重的隐私侵权判决的概率更高,为5.05倍,具有统计意义的显著性;“损害事实大”与“无损害事实”相比,得到更重的隐私侵权判决的概率则显然更高,为41倍。也就是说,当法官认为侵权人的侵权带来的损害事实越大时,受害人隐私权越容易得到主张和救济。研究假设4得到支持。

3. 结论与讨论

隐私权,这一帮助我们划定公共领域与私人空间,维系心理与生理安全的权利,在今天变得越来越珍贵和重要。如何保护,不仅关乎立法、公众的理解与安全意识,还应下沉到司法实践中去。我们的研究实证考察了我国裁判文书网等公开的关于隐私权民事诉讼案的判决文书,分析了隐私权保护的司法现状,认为:

首先,总体看来目前我国隐私权的司法保护整体上不容乐观。中国裁判文书网等公开的342个隐私权纠纷案件中,七成以上的判决结果是“驳回”,绝大部分被侵权人的权益未能主张。在得以成诉的案件中,又有七成以上难以胜诉获得赔偿和救济。在侵权要件的认定中,法官更倾向于“过失”和“无违法行为”,从而作出较轻的判决结果甚至驳回。大量的案件选择撤诉,被侵权人更愿庭外和解而不愿接受法院判决。仅有两成多一点的案件给予被侵权人赔偿的救济,赔偿金额较低。这印证了已有研究中指出的,隐私权难以被救济是影响我国隐私权保护的现实困境,①也在提醒着我们,对隐私权的保护应

① 齐爱民:《论大数据时代数据安全法律综合保护的完善——以〈网络安全法〉为视角》,《东北师大学报(哲学社会科学版)》2017年第4期;王利明:《论个人信息权的法律保护——以个人信息权和隐私权的界分为中心》,《现代法学》2013年第4期。

放入立法、执法与司法的整体法律制度内建设，缺少司法环节的有力支持，保护网络隐私权或若画饼充饥。同时，政治或公共选择方面的因素对立法者、执法者和裁判者行为的影响也可能是深刻的。①

其次，隐私权的侵权主体、侵权事实与侵权责任大小难以界定，直接导致了个体权益实际上难以主张。以判例中关于网络隐私侵权案为例，在这 46 个案件中，我们发现，侵权主体大多是现实可以明确的主体，才能够立案成诉。而多数案件因难以说明实施侵权的个人、网络服务商、黑客等的侵权主观存在故意，对被侵权人的实际生活和精神造成了严重的后果等，而因证据不足被驳回。同时，即便得到法官的支持与认定，赔偿金额也较低，多数集中于 100 元至 1.5 万元之间，这与当事人的诉求相去甚远。例如，2016 年《赵黎与白云龙隐私权纠纷案》中当事人的诉求是赔偿 2.3 万元，实际只给予了 4000 元赔偿。参照 2014 年实施的《最高人民法院关于审理利用信息网络侵害人身权益民事纠纷案件适用法律若干问题的规定》中“被侵权人因人身权益受侵害造成的财产损失或者侵权人因此获得的利益无法确定的，人民法院可以根据具体案情在 50 万元以下的范围内确定赔偿数额”这一条款，显见，我们的判决在就低不就高。这与已有研究发现的，“在隐私权侵权案件中，赔礼道歉、消除不利影响是多数案件的责任方式，涉及实质性赔偿的精神损害抚慰金占案件数量的极少数”②结果一致。“网络隐私权不等同于传统隐私权，兼具身份属性和财产属性。”③缺少经济赔偿或者是显著较低的抚慰金既不利于对权益受损人的保护，也很难彰显对侵害人的违法追责。近年来，公众对于网络隐私安全呼声高涨，最高人民法院连续发布利用信息网络侵害人身权益的典型案例（2014 年 10 月）、侵犯公民个人信息犯罪典型案例（2017 年 5 月）和第一批涉

① 陈柏峰：《基层社会的弹性执法及其后果》，《法制与社会发展》2015 年第 5 期。

② 史永升、范玮娜：《侵犯公民隐私权民事判决实证研究——以 2017—2019 年 243 份生效判决为样本》，《上海法学研究》集刊 2020 年第 20 卷。

③ 王利明：《论个人信息权在人格权法中的地位》，《苏州大学学报（社会科学版）》2012 年第 6 期。

互联网典型案例(2018 年 8 月),产生了一定的社会影响力,对网络隐私权保护起到了示范效应。但是,由于判决实际上并没有对受害人的权益进行补偿,未能对实施侵害的个人或者网络服务商产生足够的威慑。联系 2014 年 5 月,欧盟法院在对《谷歌诉冈萨雷斯被遗忘权案》的判决中明确支持的"被遗忘权",这无疑为个人主张网络隐私权提供了重要支持和鼓励。而 2018 年 5 月正式实施的欧盟《通用数据保护条例》(GDPR),在生效的第一天,脸书和谷歌就遭到起诉,被指控强迫用户同意共享个人数据。如果欧洲监管机构同意这一诉讼,他们将分别面临 39 亿欧元和 37 亿欧元(共计约 88 亿美元)的罚款。高额罚款带来的警示效应不言自明。

再次,司法实践中的隐私权更重视保护现实空间中的"私有领域"而不是流动于网络和现实空间的"个人信息"。与已有的研究结果一致,那么,兼具身份和财产属性的信息隐私是否还适合通过民法的"人格权"进行保护,值得商榷。我们发现,在隐私侵权判决中法官考虑到"个人信息"时更倾向于作出较轻的判决结果。这反映出法官在侵权认定上更关心现实物理空间的隐秘和安全,与人们亟须的保护网络个人信息安全的诉求存在矛盾。① 隐私权属于人格权。人格权是使人"成为一个人"的权利,是主体为维护其独立人格而固有的基于自身人格利益的基本权利,不具备财产属性。但是,网络生活需要个人信息交往支撑,个人信息已成为个人财产的一部分,公私需求强烈。未来是参照人格权的多元论进行保护,还是将区分一般个人信息与敏感个人信息,单独进行立法保护?个体的损失如何进行科学赔偿和救济?这都亟待我们回应。

最后,需要发布更多的典型案例具体指导隐私侵权特别是网络隐私侵权案的判决,简化法律适用过程,填补法律空白。截至 2021 年 11 月,最高人民

① 齐爱民:《论大数据时代数据安全法律综合保护的完善——以〈网络安全法〉为视角》,《东北师大学报(哲学社会科学版)》2017 年第 4 期;王利明:《论个人信息权的法律保护——以个人信息权和隐私权的界分为中心》,《现代法学》2013 年第 4 期。

法院发布的30批指导性案例中，尚无直接涉及隐私权和个人信息保护的案例，实属遗憾。应看到，立法作为一种严格规范的活动，具有保守性和谦抑性，并不能应对社会转型中的所有问题。我国是成文法国家，成文法具有滞后性，为了维护其稳定性、权威性和可预期性，不能被频繁修改。① 具体而言，我们可以通过典型案例的价值引领进行特殊化个案救济。司法的功能不只是定纷止争。当裁判疑难或典型案件时，发挥典型案例的价值指引作用是司法治理的重要方式之一。面对当今信息化社会大数据时代背景下的信息侵权和不平等保护，借助典型个案的"标杆"效应，强化对公民个人信息隐私的平等保护，无疑将是一种重要方式。② 此外，根据案例指导制度，发布更多的典型案例具体指导隐私侵权案的判决，简化法律适用过程，有效填补法律漏洞，③不失为一种有效路径。同时，也要注意司法解释，规则清晰明确，而标准总有模糊之处，在适用于具体情形时需要事后做进一步解释，但也可能由于解释活动本身生出更多不确定性。④

本节的研究尚存以下不足：一是由于一些裁判文书因为不具示范性或是不宜公开等原因，并未在网上公布，因此我们未能完整搜集我国隐私侵权案件的相关裁判文书，因而无法全面梳理、分析隐私侵权案件。二是实际案件中的判决比我们从裁判文书中看到的更为丰富和复杂，仅以主观过错、违法行为、侵权内容、损害事实等因素考察对判决结果的影响，尚不充分。事实上，隐私本身就是一个丰富且充满变化的概念。

---

① 王利明：《我国案例指导制度若干问题研究》，《法学》2012年第1期。

② 宋保振：《"数字弱势群体"权利及其法治化保障》，《法律科学（西北政法大学学报）》2020年第6期。

③ 王利明：《我国案例指导制度若干问题研究》，《法学》2012年第1期。

④ 戴昕、申欣旺：《规范如何"落地"——法律实施的未来与互联网平台治理的现实》，《中国法律评论》2016年第4期。

第二章　个人信息隐私决策

前已述及，在信息隐私保护方面，欧洲模式和美国模式有各自的政治、经济、文化和法律传统，但都重视个人对信息隐私的控制与自决。个人对信息隐私的控制意味着个人有权利对自己信息隐私的处理情况作出决策。个人信息隐私决策是指与信息隐私相关的一系列决策，包括对信息隐私披露与否的决策、披露内容的决策、是否撤回披露的决策，以及受侵害后是否保护的决策等。本章将首先从心理学决策角度梳理个人信息隐私决策的含义、特点和表现，并从立法角度梳理个人信息隐私决策在信息隐私保护中的法理地位。此外，本章还讨论了信息隐私决策的权利归属，并分析了知情同意原则、被遗忘权、数据携带权等如何具体实现个人信息隐私决策的自决。

第一节　个人信息隐私决策的定义与表现

一、个人信息隐私决策的定义

决策活动是人类的基本活动，人类的一切行为都是决策的结果。决策涉及人类生活的方方面面，关于信息隐私的决策影响着人们如何对信息隐私的披露和保护作出选择。广义的决策包含判断与决策两种成分。美国决策研究专家瑞德·黑斯蒂(Reid Hastie)给决策下了一个定义:判断与决策是人类(及动物或机器)根据自己的愿望(效用、个人价值、目标、结果等)和信念(预期、知识、手段等)选择行动的过程。[①] 这一定义包含三个组成部分;(1)行动方案(选项及其他备选方案);(2)对事物或现象的客观状态及过程(包括结果状态、获取成功的手段等)的信念,通常以概率的形式表述;(3)对每种行动方案结果的愿望、价值评价,常以"效用"表示。一个好的决策就是那些在给定条件下有效选择手段以达到目的的决策。

现代社会中,人们作出信息隐私相关的决策,通常是在信息收集者给定的选择之间进行权衡,比较哪一个选择带给自己更大的收益和更小的伤害,以及带来收益和伤害的概率如何,从而作出选择。个人信息隐私决策是指与信息隐私相关的一系列决策,包括对信息隐私披露与否的决策、披露内容的决策、是否撤回披露的决策,以及受侵害后是否保护的决策等。

根据决策时的客观情况,可以将决策分成确定型决策和风险决策,风险决策又可以进一步分为确定型风险决策和不确定型风险决策。[②] 其中,确定型决策基于以下四个稳定的条件:(1)决策者有明确的目的;(2)决策者面对的客观环境条件完全确定,即存在或不存在;(3)决策者面临着两个或两个以上的备选方案;(4)每一个备选方案的效用值都能精确计算。确定型决策的特点在于问题的状态是完全确定的,可以通过计算手段如盈亏平衡分析法、线性规划法等得出结论。

对于风险决策而言,决策者面对的客观环境条件并不确定,即上述第二点并不是简单的"是"或"否",而是概率问题。若决策者可以根据自身经验以及事情过去发生的情况估计各事件发生的概率,则属于确定型风险决策;若决策

① 张雪纯:《合议制与独任制优势比较——基于决策理论的分析》,《法制与社会发展》2009年第6期。

② 黄文强、杨沙沙、于萍:《风险决策的神经机制:基于啮齿类动物研究》,《心理科学进展》2016年第11期。

者对情况一无所知,无法判断各事件出现的概率,则属于不确定型风险决策。在风险决策的时候,决策者通常会寻找各种信息将不确定型决策转换为确定型决策,或者根据自己的主观态度来作出决策。

根据上面的分类,信息隐私决策是一种风险型决策,在更多情况下是不确定型风险决策。决策者并不能够根据外部提供的信息确定信息隐私被泄露的概率,也不知道因隐私泄露带来的危害如何。面对这种情况,人们往往会寻找各种信息,希望明确信息隐私披露的可能性,或者根据自己的主观态度来作出决策。环境的不确定性和主观判断的有限理性导致了个人信息隐私决策的风险性。外部环境的不确定性,如企业对使用个人信息的使用情况描述不真实、不透明,则妨碍了个人对不同条件下收益和损失的理性判断;同时从个人心理层面而言,同样存在损失厌恶偏见和乐观偏见等心理,影响着个人的理性决策。

二、个人信息隐私决策的表现

根据处理信息隐私的时间划分,可以将信息隐私决策分为信息隐私披露阶段、信息隐私披露后的管理阶段以及信息隐私被侵犯后的维权阶段。

(一) 信息隐私披露阶段的决策

信息隐私披露阶段的决策主要是指个人关于是否披露个人信息、披露何种个人信息,以及将信息披露给谁等一系列问题的决策。通常情况下,个人信息隐私决策的结果可以分为以下四种情况:完全拒绝、有选择的披露、欺骗性披露和完全放任。

其中,有选择的披露和欺骗性披露最为常见。有选择的披露是指个人对披露的信息隐私的类型、数量、程度、披露对象和披露范围等是有选择的,而不是一概而论。例如,如果按敏感信息和一般信息对信息隐私类型进行区分,相比起一般信息,人们往往对敏感信息的披露更加慎重,披露意愿也更低;又如,人们在使用社交网络时,通常会设置朋友圈、个人空间的访问权限,允许部分好友查看，这是基于披露对象的有选择的披露；再如，通常情况下人们不愿意提供位置信息，但在一些应用场景中，人们愿意提供位置信息来获取本地化服务，这是基于时间范围的有选择的披露。

欺骗性披露是指个人通过披露伪造的个人信息或者提供非本人的个人信息来获得相应服务。有时，个人进行信息披露是出于对信息隐私的保护。例如，在许多非实名制的信息提供场景中，个人往往会提供虚假的姓名、手机号码、邮件地址等信息，避免真实信息泄露。在其他情况下，个人也会为了获取更多的利益而使用他人的信息。如在一些"新客户优惠活动"中，部分用户会使用他人的信息来注册新账号，获取特定优惠。总体而言，在信息收集无序的环境中，欺骗性披露能在一定程度上保护个人信息隐私，但也会造成他人的信息隐私遭泄露。此外，虚假的信息被收集之后，无利于信息的合理分析和使用，损害了信息流通的价值。

信息披露决策也存在完全拒绝的情况，即拒绝披露任何信息。例如，一些老年用户出于对网络环境的过分担忧，以及自身互联网技能的不足，可能会选择拒绝使用相关服务来避免披露信息。然而，拒绝披露信息并不意味信息隐私泄露的隐患消失。2021 年央视"3·15"晚会曝光不少手机 App 存在恶意手机广告，诱导用户尤其是老年用户跳转下载垃圾应用的行为。这些垃圾应用打着"清理手机"的幌子，实则是在偷偷大量获取手机里的信息，如应用列表、位置信息等。比如，经专家检测，在"手机管家 PRO"App 中，不到 10 秒内，软件就读取应用列表信息近千次，读取地理位置信息 50 余次，获取用户国际移动设备身份识别码 IMEI 多达 900 多次……更严重的是，这类恶意软件会基于大量获取的数据信息，对老年人形成用户画像，打上容易被误导、被诱导的群体标签，进而导致老年人接收到各种低俗、劣质，甚至带有欺骗套路的广告及内容的概率大幅提升，使得一些老年人上当受骗。①

---

① 许隽：《"3·15"晚会曝光手机清理软件泄露隐私，老年人如何保护自己？》，2021 年 3 月 16 日，见 https://www.163.com/dy/article/G574AR9I055004XG.html。

信息披露决策还存在完全不在意的情况,即个人对信息隐私的公开没有心理上的担忧和行为上的干预。例如,有人认为自己的隐私没有价值,或是认为自己没有办法控制隐私的泄露,故而不会因为考虑到信息隐私的问题来作出有关决策。

(二)信息隐私披露后的阶段

在信息披露之后,进入个人信息隐私决策的下一阶段,即信息隐私披露后的管理阶段。当信息隐私披露后,个人并没有完全失去对信息隐私的控制。例如,个人可以进行信息隐私的二次使用的决定、信息隐私的修改、信息隐私的撤回等行为的决策。

信息隐私的二次使用是相对于一次使用而言。信息隐私的一次使用,是指个人或企业直接获得信息隐私;而二次使用,是指个人或企业对上述信息隐私进行加工和处理后,再重复加以利用,包括将处理后的信息隐私使用在其他场景中,或者将其贩卖给其他使用者。例如,网络平台企业可以根据用户的浏览信息向其推荐;企业可以向用户好友展示用户使用某一功能如看视频、玩游戏的动态,以达到吸引其他用户参与的目的。信息二次使用的价值远远超乎想象,这也是信息隐私成为数据资本的重要原因。特别是在电子商务领域内,对消费者的数据加以分析从而获得更多的商业价值已经变成各个商家的重要竞争手段。个人隐私数据已不仅是数据本身,通过二次使用,隐私数据能转换为增值服务或者某种商品。① 个人隐私数据二次使用行为的普遍存在、公共领域与个人领域交织、技术发展的悖论、隐私保护法律体系的缺失等导致公民的人身权甚至财产权常处在潜在的或现实的被侵害状态。

《最高人民法院、最高人民检察院关于办理侵犯公民个人信息刑事案件适用法律若干问题的解释》第三条第二项规定,“未经被收集者同意,将合法

① 顾理平、杨苗:《个人隐私数据“二次使用”中的边界》,《新闻与传播研究》2016年第9期。

收集的公民个人信息向他人提供的，属于刑法第二百五十三条之一规定的‘提供公民个人信息’，但是经过处理无法识别特定个人且不能复原的除外”。《个人信息保护法（草案）》第二十四条规定，“个人信息处理者向第三方提供其处理的个人信息的，应当向个人告知第三方的身份、联系方式、处理目的、处理方式和个人信息的种类，并取得个人的单独同意。接收个人信息的第三方应当在上述处理目的、处理方式和个人信息的种类等范围内处理个人信息。第三方变更原先的处理目的、处理方式的，应当依照本法规定重新向个人告知并取得其同意”。2021 年 8 月 20 日颁布的《个人信息保护法》第十四条规定，“基于个人同意处理个人信息的，该同意应当由个人在充分知情的前提下自愿、明确作出。法律、行政法规规定处理个人信息应当取得个人单独同意或者书面同意的，从其规定。个人信息的处理目的、处理方式和处理的个人信息种类发生变更的，应当重新取得个人同意”。这些立法思想与具体规定表明，用户可以根据自己的需求和意愿对信息的二次使用作出决策。

具体司法实践中已有相关判例。2020 年 7 月 30 日，市民黄女士诉腾讯旗下“微信读书”App 涉嫌侵犯隐私案，于北京互联网法院公开宣判。法院认定，“微信读书”强制用户将微信好友关系授权给“微信读书”App、“微信读书”App 为用户自动添加关注微信好友、“微信读书”App 默认向未关注用户公开用户读书信息的行为侵害了用户个人信息，要求：腾讯应立即停止微信读书收集、使用原告微信好友列表信息的行为；删除“微信读书”软件中留存的原告的微信好友列表信息；解除原告及其微信好友的相互关注关系；停止向微信好友展示原告使用“微信读书”生成的信息（包括读书时长、书架、正在阅读的读物）；书面赔礼道歉并连带赔偿原告公证费。[1]

最近提出的“反自动化决策”概念就是用户对二次使用个人信息作出决策的一个生动例子。我国《个人信息保护法》第七十三条第二款指出，“自动

---

① 杨婕：《我国个人信息保护立法完善路径分析——以微信读书、抖音侵犯个人信息权益案件为例》，《中国电信业》2021 年第 6 期。

化决策,是指通过计算机程序自动分析、评估个人的行为习惯、兴趣爱好或者经济、健康、信用状况等,并进行决策的活动”。简言之,自动化决策是在没有人工干预的情况下,计算机自动处理个人信息而产生的对个人有影响力的决策。那么,相应的,反自动化决策就是为了强化大数据背景下的自然人的个人数据保护权,协调个人与企业之间的不平等地位,为自然人争取机会,参与到有关自身的个人数据自动化处理的过程中去,同时尽量地保持与企业的平等地位。虽然该权利有例外规定,但数据控制者同样有义务给数据主体提供渠道,以便数据主体行使参与、表达意见的权利,促使个人数据的合规处理。例如,胡女士以上海携程商务有限公司采集其个人非必要信息,进行“大数据杀熟”等为由诉至法院,要求“携程旅行”App 退一赔三,并增加不同意“服务协议”和“隐私政策”时仍可继续使用的选项,以避免被告采集其个人信息,掌握原告数据。“携程旅行”App 的“隐私政策”还要求用户授权携程自动收集用户的个人信息,包括日志信息、设备信息、软件信息、位置信息,要求用户许可其使用用户信息进行营销活动,形成个性化推荐,同时要求用户同意携程将用户的订单数据进行分析,从而形成用户画像,以便携程能够了解用户偏好。上述信息超越了形成订单必需的要素信息,属于非必要信息的采集和使用,其中用户信息分享给被告可随意界定的关联公司、业务合作伙伴进行进一步商业利用更是既无必要性,又无限加重用户个人信息使用风险。据此,法院当庭作出宣判,判决被告上海携程商务有限公司赔偿原告胡女士投诉后携程未完全赔付的差价 243.37 元及订房差价 1511.37 元的三倍支付赔偿金共计 4777.48 元,且被告应在其运营的“携程旅行”App 中为原告增加不同意其现有“服务协议”和“隐私政策”仍可继续使用的选项,或者为原告修订“携程旅行”App 的“服务协议”和“隐私政策”,去除对用户非必要信息采集和使用的相关内容,修订版本须经法院审定同意。[①]

---

① 余建华、徐少华:《浙江一女子以携程采集非必要信息“杀熟”诉请退一赔三获支持》,《人民法院报》2021 年 7 月 13 日。

除了可以决定信息隐私的二次使用，个人还能够对信息隐私的修改作出决定。在用户提交信息隐私后，可以对其进行调整。例如，用户可以更改自己的账户信息。对信息隐私的修改体现了个人对信息隐私决策的动态过程。信息隐私决策的动态过程具体表现为其隐私计算的动态性与量子化，这点将在本书第五章第一节展开具体论述。

个人信息隐私披露后的决策还包括对信息的删除，其中很常见的是个人的自我撤除（Self-Withdrawal）。自我撤除是用户直接删除已经发布和提交的信息，例如删除已经发布的朋友圈，注销停用的账号等。自我撤除也是用户一种积极的隐私决策，通过删除用户数字痕迹或降低其可见性，保护个人信息隐私。

托比亚斯·迪恩林（Tobias Dienlin）等在2016年的研究中，关注到了脸书中的自我撤除现象，同时加入隐私自我效能的变量，调查了1156位年龄在18—86岁之间的美国公民，涵盖各个族裔以期结果的普适性。① 研究显示，隐私关注和自我效能都正向影响自我撤除，感知收益与自我撤除之间没有明显关联。对于自我披露来说，感知收益的作用要强过隐私关注；对于自我撤除来说，隐私关注比自我效能和感知收益作用都强。三个因素合起来解释了37.87%的脸书自我披露及27.58%的自我撤除。与迪恩林等一样，国内新闻传播学者董晨宇等关注到了社交媒体中的自我撤除现象，将自我撤除视为一种易被忽略却普遍存在的自我呈现策略，通过访谈的方法研究了分手后用户的自我撤除现象。从符号角度来看，消除行为可以理解为一种空符号（Zero Sign），它不是具体的物质，而是物质的缺失，这种刻意的“留白”表现出了用户积极的隐私决策：社交媒体中的“撤除”可能是传播者在交往行为开始前界定的自我披露规则，社交媒体用户会通过隐私内容的界定、用户分组、可见性设置等方式，

① Tobias Dienlin, Miriam J. Metzger, “An Extended Privacy Calculus Model for SNSs: Analyzing Self-Disclosure and Self-Withdrawal in a Representative US Sample”, *Journal of Computer-Mediated Communication*, Vol. 21, No. 5 (Sept 2016), pp. 368-383.

来进行选择性的自我披露;也可能是“反悔”的表现,在数据化的世界里,用户的自我披露可能是出于瞬间的情绪宣泄或即兴表演,事后可能会因为不妥而采取积极的补救。[①] 在社交媒体时代,“删除”对于用户自我数字痕迹的管理具有更加重要的意义,让他们可以相对简便地及时清理不符合当下自我需求的信息,以避免表演崩溃。[②] 上述研究充分地说明,当人们作出信息隐私相关的决策时,不仅是出于保护信息隐私的目的,同样是为了维护自己的公共形象。

(三) 信息隐私被侵犯后的阶段

当个人信息隐私受到侵犯后,个人同样可以作出决策,如是否寻求法律保护,是否停止使用相关应用等。近年来,个人用户起诉互联网平台的案件日渐增多。例如,2019 年,用户韩先生针对百度“有钱花”收集了其个人信息却未提供借款服务的行为、侵犯隐私权及肖像权等,将北京百度网讯科技有限公司、北京百付宝科技有限公司、温州银行股份有限公司诉至法院,要求判令百度公司删除服务器中有关其个人的一切资料和信息,百度公司、百付宝公司、温州银行删除储存在公司电脑及其他储存媒介中涉及其个人的一切资料和信息。[③] 2021 年,“豆瓣”App 用户龚某在使用该软件过程中,发现“豆瓣”App 可根据其所处的地理位置向其推送所处区域的广告信息,但龚某并未授权该 App 收集其个人位置信息。龚某诉称,其为“豆瓣”App 用户,在使用“豆瓣”过程中发现,尽管从未授权该软件获取其地理位置信息,但“豆瓣”总能根据

---

① 董晨宇、段采薏:《反向自我呈现:分手者在社交媒体中的自我消除行为研究》,《新闻记者》2020 年第 5 期。

② Xuan Zhao, Niloufar Salehi, Sasha Naranjit, et al, “The Many Faces of Facebook: Experiencing Social Media as Performance, Exhibition, and Personal Archive”, in Proceedings of the SIGCHI Conference on Human Factors in Computing Systems (CHI '13), Paris: ACM, 2013, pp. 1-10.

③ 张倩蓉:《用户起诉侵犯隐私权“度小满金融”惹官司》,2019 年 2 月 27 日,见 https://www.163.com/dy/article/E91HTS810514TTKN.html。

其所处位置向其定向推送广告。比如，其从湖北武汉来到陕西神木后，“豆瓣”向其推送陕西榆林和神木的广告；其从神木返回武汉后，“豆瓣”又向其推送武汉地区的广告。龚某认为，地理位置信息属于个人敏感信息，具有隐私属性，“豆瓣”App 未经许可获取前述信息，并依据获取的信息定向推送广告，侵犯了其隐私权和个人信息。因此，龚某诉至法院，请求判令“豆瓣”App 停止侵害、赔礼道歉、提供退出定向推送选项，并赔偿损失 1 元。“豆瓣”在 2021 年 4 月 16 日已经更新了其隐私保护政策，更新的版本增加了“基于位置权限的附加功能”这一条款，说明关闭定位仍有可能被推送当地广告是因为“豆瓣”的第三方合作伙伴也可能根据用户的网络信息进行推送。

第二节　个人信息隐私决策的地位

个人能够决定，且有权决定自己的信息隐私，是个人信息隐私保护的重要前提，保障公民的个人决策对于维护其信息隐私安全具有重要的意义。以欧盟和美国为代表，许多国家和地区的法律政策均明确了个人享有对信息隐私的自决权。在此基础上，知情同意原则、被遗忘权、数据携带权作为个人信息隐私决策的相关权利被进一步细化，个人信息隐私保护的立法路径业已逐渐明确，并呈现出公法和私法并行的特征。本节将主要从权利归属、相关权利和私法诉讼三个方面阐述个人信息隐私决策的法理基础。

一、权利归属的划定

前文内容已经提到，欧洲模式和美国模式将隐私视作不同的权利，但无论何种渊源都承认了个人对隐私的控制。威斯汀在 1967 年的专著《隐私与自由》(*Privacy and Freedom*)中将隐私定义为“个人对自我信息是否公之于他人的决定权”①。

① 马特：《隐私权研究》，中国人民大学出版社 2014 年版，第 366 页。

在个人信息保护发展的初期阶段,这一论断未能在司法实践中落实。美国早期对个人信息的保护集中在对隐私造成损害的事后救济,20 世纪 90 年代以后的美国立法,力图赋予个人对自我信息的控制权利,而不管是否导致了损害。从美国联邦宪法来看,隐私权的内容扩展到人们在避孕、堕胎、抚养和教育孩子、同性恋等方面的自决权利。①

欧洲大陆视“隐私权”为个人的基本权利,其核心是尊重人的尊严和内心自治。1950 年颁布的《欧洲人权公约》被视作是欧洲第一代个人信息保护法。《欧洲人权公约》第 8 条规定:“任何人享有私人、家庭生活及其住宅被尊重的权利。”其核心内涵,就是尊重人的内心自治,使每个人得以在行为和决定上得以自决,它是与个人的尊严紧密联系的。从它保护的对象看,它涉及的范围非常广泛,覆盖多个领域——包括个人身体、个人住所、个人信息、肖像、姓名、性取向和性行为、私人生活和家庭生活等与个人私生活利益直接相关的方面。而且在某些方面,它的保护范围甚至超出了私人领域——比如,保护工作场所中的个人通信不受窃听,不得随意搜查工作场所,等等。②

从美国和欧洲国家的立法渊源和现代发展来看,不论实际保护状况如何,信息隐私权都强调以个人为中心,信息隐私的归属权属于个人,个人享有对信息隐私的自决权。基于个人意愿的信息隐私决策具有决定性地位,可以说是规定了信息隐私保护的元规则,在此基础上才得以衍生出知情同意原则、被遗忘权或数据携带权。

理论上,个人能够决定、应该决定自己的信息隐私,是一种社会共识,也是一种法律确认。然而,随着大数据时代的到来,越来越多的学者开始担忧这种视角背后潜在的风险。如有不少学者指出,从二元对立的角度看待信息隐私的权属问题,是犯了前提性错误。数据归用户个人所有的二元理论不仅会损

---

① 曾尔恕、陈强:《社会变革之中权利的司法保护:自决隐私权》,《比较法研究》2011 年第 3 期。

② 程啸:《论我国民法典中个人信息权益的性质》,《政治与法律》2020 年第 8 期。

害数据企业的应有权利，也会为数据实现其社会性价值设置不必要的障碍。① 从法经济学视角看，企业是经济利益驱动的主体，当以合法手段获取数据资源的成本过高时，就有可能转向非法路径收集与使用数据，加强对数据资源的垄断，减少合作的可能。信息已成为信息社会中重要的“生产资料”，且任何生产资料只有被开发、利用和流转才能实现其价值，因此，信息的充分、自由流动以及数据的共享和互连成为信息社会的基本需求。

根据上述讨论不难看出，法律对信息隐私自决权的确认，对个人信息隐私决策带来了前提确认和保障。但是，随着时代和外部技术环境的发展，这种确认也将发生变化，而对个人决策的影响也会带来变化。这点将在本书第四章展开具体讨论。

二、个人信息隐私决策权利的赋予

法律上对个人自决权的肯定确立了个人决策在信息隐私保护中的前提地位，关于个人决策的制度框架则起到了维系个人决策在现实场景中实施的重要作用。近年来立法表现出进一步增加和细化个人的权利、明确企业的义务的倾向。其中，令人瞩目的有不断细化的知情同意原则、新兴创设的数据可携带权和被遗忘权。

（一）知情同意原则

知情同意（Informed Consent）是指信息业者在收集个人信息之时，应当对信息主体就有关个人信息被收集、处理和利用的情况进行充分告知，并征得信息主体明确同意的原则。② 这一原则最早出现于英美法系中，是医疗卫生领域的产物。在两千多年以前，医师被要求“冷静、熟练地履行自己的职责并且

① 何鋆灿：《数据权属理论场景主义选择——基于二元论之辩驳》，《信息安全研究》2020年第10期。

② 张新宝：《个人信息收集：告知同意原则适用的限制》，《比较法研究》2019年第6期。

不能向患者揭示其现在或未来的病情"①。随着近代个人自治观念的形成，过去被禁止参与到医疗决策中的患者，逐渐拥有了"我的身体我做主"的权利。回顾知情同意原则的发展，实际经过了从同意原则到知情同意原则的过渡。该原则的早期发展可以追溯到1914年的舒伦多夫诉纽约医院案（Schloendorff v. New York Hospital）②。在该案中，患者的医师未经患者同意切除了她的恶性肿瘤。法院认为，外科医师在没有患者同意的情况下侵犯患者的"身体完整"，同意原则得以确立，即医院在提供救治患者前必须取得患者本人的同意。进一步地，1957年萨尔戈诉斯坦福大学董事会案（Salgo v. Leland Stanford Jr. University Board of Trustees）中，由于医院未经患者明确同意而将肿瘤切除，致使该案进一步明确了医师在手术前必先充分告知患者关于该医疗程序的一切必要信息，否则其将对此承担法律责任。由此，医师告知与患者同意被视作患者决策中两个不可或缺的必要环节，患者的同意行为被明确为知情后的同意。

知情同意原则从医疗领域走入人们的日常生活，这源于国家对个人信息收集和个人信息权益主张之间的冲突。20世纪60年代起，第二次世界大战的结束推动了国家政府在职能上的转变，政府开始致力于完善公民的社会生活待遇和福利体系，而这需要采集大批量的公民个人信息作为基础。与此同时，各国解放运动的兴起，包括反战运动和消费者权益运动等，使得公民的个人权利意识高涨，个人信息成为个体自由和尊严的象征，由此，政府机关采集个人信息的行为引发了公众的抗议。信息主体要求法律对其个人信息利益的保护乃是基于对其人格利益完整性之维护，至此，个人信息自决权逐渐作为人格权利中的一部分受到法律的保护。知情同意原则也开始作为信息自决权的集中体现，被引入个人信息保护领域相关法律法案的实践中。

---

① Ruth Macklin, *Enemies of Patients*, New York: Oxford University Press, 1993.

② 孙健、孙也龙：《知情同意原则在美国法中的发展——兼论我国〈侵权责任法〉》，《中国医学人文》2018年第4期。

在这样的背景下，有学者主张将个人信息保护领域和医疗领域中的两个概念进行区别，由此形成了告知同意与知情同意两类表述，分别指代两个领域中信息主体的同意权。① 有学者认为，在医疗保护领域可以使用知情同意的表述，涉及的个体利益也仅仅指代个人的身体自决权；②而在个人信息保护领域，告知同意的表述则更为恰当。③ 持有此观点的学者认为，尽管个人信息保护中的告知原则与医疗领域的知情同意权在形式上有诸多相似之处，但鉴于二者并非同根同源，因而可以对其加以区分。而告知同意所涵盖的信息主体的利益则更为多元。另一些学者则认为，个人信息保护领域采用知情同意的表述更为妥当。④ 因为从语义上来看，告知同意更强调告知行为，而知情同意则更偏重信息主体是否知悉信息处理者处理行为的目的、途径等。相比较而言，知情同意的表述以信息主体为主体，更加符合知情同意原则的设立目的。

本节认为，知情同意和告知同意在形式和意义上并无太大的差异，可以考虑将告知同意与知情同意理解为同一概念。同时，本节将不对医疗卫生领域的知情同意原则进行深入探究，而是对个人信息隐私保护领域的知情同意原则展开讨论。

1. 个人信息保护领域知情同意原则溯源

回顾知情同意原则在个人信息保护领域的发展，不难发现这一原则和个人信息自决权的确存在着紧密关联。在法律依据上，信息自决权是知情同意在个人信息保护领域的法律基础和根源。⑤ 从内涵上来看，信息自决权的概

---

① 宋亚辉：《个人信息的私法保护模式研究——〈民法总则〉第111条的解释论》，《比较法研究》2019年第2期。

② 万方：《隐私政策中的告知同意原则及其异化》，《法律科学（西北政法大学学报）》2019年第2期。

③ 张新宝：《个人信息收集：告知同意原则适用的限制》，《比较法研究》2019年第6期。

④ 高富平：《个人信息使用的合法性基础——数据上利益分析视角》，《比较法研究》2019年第2期；范海潮、顾理平：《探寻平衡之道：隐私保护中知情同意原则的实践困境与修正》，《新闻与传播研究》2021年第2期。

⑤ 宋亚辉：《个人信息的私法保护模式研究——〈民法总则〉第111条的解释论》，《比较法研究》2019年第2期。

念最早由德国学者施泰姆勒提出,他认为信息自决权是“人们有权自由决定周遭的世界在何种程度上获知自己的所思所想以及行动的权利”[①]。这一权利使得公民能自由决定如何利用自己的个人信息以及谁可以利用他的个人信息,知情同意原则正是德国法出于保护公民的这一权利而被提出的。

需要再次强调的是,本研究不再区分隐私权和信息自决权,而是用信息隐私这一概念指代两者。尽管信息自决权脱胎于德国,在表述与内涵上和隐私权存在一定差异,但在实际权利行使与保护中,隐私权的实现也有自己个人决定“保持其生活和个人事务不受公众关注的权利”[②]。进一步地,从意思表示上看,根据德国联邦宪法法院的解释,信息自决权常表现为动静两态。一方面,其作为一项被动的防御权,静态地排除外界对其的侵害;另一方面,信息自决权也表现为积极作为的权利,要求对个人数据的流转进行自我决定和控制。[③] 这也和知情同意中的两类意思表示:默示的意思表示和明示的意思表示不谋而合。

在法律实践中,知情同意又是公民维护其信息自决权的主要方式和手段。德国作为最早确立个人信息保护法案的国家之一,率先确立了知情同意原则对公民信息自决权的重要保护作用。而颁布于 1970 年的《德国黑森州信息法》亦是世界上第一部专门性的个人数据保护法。作为知情同意原则的源头,《德国黑森州信息法》通过限制公权力对个人信息保护作出了基础规范。[④] 这正是基于个人信息自决权的确立提出的,但是该法囿于时代的局限性,并未对私权力进行制约。1977 年,德国联邦政府颁布了首部《联邦数据保护法》,

---

① Steinmüller W.,“Grundfragen des datenschutzes”,转引自万方:《隐私政策中的告知同意原则及其异化》,《法律科学(西北政法大学学报)》2019 年第 2 期。

② 谢远扬:《信息论视角下个人信息的价值——兼对隐私权保护模式的检讨》,《清华法学》2015 年第 3 期。

③ 蔡星月:《数据主体的“弱同意”及其规范结构》,《比较法研究》2019 年第 4 期。

④ 金晶:《欧盟〈一般数据保护条例〉:演进、要点与疑义》,《欧洲研究》2018 年第 4 期。

对公共机构和私人机构的数据行为都作出了规范，[1]进一步拓宽了知情同意的适用范围。

2. 各国知情同意原则的运用情况

“知情同意原则作为个人信息保护法的一项基本原则，其重要性相当于意思自治原则在民法中的地位。”[2]各国的立法机构也大多将知情同意作为基本的传统原则写入个人信息保护领域的相关法案中。不过信息主体的信息自决权与信息处理者的信息处理权如同天平的两端，如若对信息主体形成过度保护，则不利于相关行业和市场的发展；放任信息处理者的越轨行为，又会引发机构随意侵犯个人隐私权的乱象。因此，各国基于不同的国情、法律体系和发展规划，对于知情同意的尺度把握也各有不同。

20 世纪 70 年代以来，以欧盟和美国为代表的发达国家与地区积极推动个人信息保护立法，并形成了国家主导和行业自律两种代表性模式。欧盟倾向于通过立法的强制手段限制公权与私权，在最大程度上保护公民的信息安全。而美国尽管通过统一立法的方式对公权力进行了限制，但对私权力推崇行业自律的模式，力争在保护公民个人信息的同时，给予相关行业和机构最大程度上处理、利用信息的自由。相较于美国和欧盟，我国在个人信息保护领域的立法较为滞后，但是伴随着 2016 年《网络安全法》、2020 年《民法典》和 2021 年《个人信息保护法》的陆续出台，中国特色的个人信息隐私保护法律体系开始逐渐形成，对于知情同意原则的落实也逐渐明晰和强化。

欧盟是最早关注个人信息保护的区域性组织之一，[3]知情同意原则在欧盟法中的发展也经历了多个阶段的改良和变迁。1980 年经济合作与发展组

① 杨芳：《德国一般人格权中的隐私保护——信息自由原则下对“自决”观念的限制》，《东方法学》2016 年第 6 期。

② 齐爱民：《信息法原论》，武汉大学出版社 2010 年版，第 58 页。

③ 项定宜：《比较与启示：欧盟和美国个人信息商业利用规范模式研究》，《重庆邮电大学学报（社会科学版）》2019 年第 4 期。

织(Organization for Economic Co-operation and Development,简称 OECD)提出的个人信息使用八项原则,作为知情同意原则的雏形开始初显。该原则对于个人的信息收集采取的是知情或同意原则(不是知情同意原则),且强调“情形允许时”。[①] 按照该原则,知情或同意都是收集个人信息的合法性基础,知情并不一定需要同意,让主体知晓也是对主体权益的尊重或保护。这样的规则可以很好地平衡个人信息主体和信息处理者的利益,让信息处理者可以方便地获取信息,但这也使得它对个体信息自决权的保护力度较弱,且并未给予信息主体知情拒绝的权利。

1995 年欧盟颁布了《个人数据保护指令》(以下简称《指令》),旨在进一步提升欧洲个人信息保护法律的统一程度。[②]《指令》对信息主体的权利和信息处理者的义务进行了双重规范,其中包括信息主体的拒绝使用权,即信息主体有权拒绝对个人信息进行处理和利用,包括以直接营销为目的的使用;以及信息处理者的告知义务:信息处理者应当向信息主体告知其身份、利用目的、不同意利用的后果、信息主体的权利等。上述两条规定明确信息主体有机会拒绝或反对之后使用人侵害其权益的滥用行为,这是对知情同意原则的进一步补充和完善。自此,传统的个人信息保护框架基本构建起来,相关法案对个人信息保护的力度也进一步加大。然而随着数据产业的发展,《指令》对用户的保护逐渐疲软,无法保障信息主体对其个人信息的控制权,不再适应社会发展的需要。

在大数据时代的背景下,欧盟 2016 年 4 月 27 日通过的《一般数据保护条例》(以下简称 GDPR)对《指令》中的知情同意原则进行了系统性修改,不仅进一步完善和细化了信息主体的权利,也明确并强调了信息处理者所需承

① 高富平:《个人信息使用的合法性基础——数据上利益分析视角》,《比较法研究》2019 年第 2 期。

② 张新宝:《从隐私到个人信息:利益再衡量的理论与制度安排》,《中国法学》2015 年第 3 期。

担的各项义务。其中,信息主体的许可同意权被重点提及,GDPR 第 7 条规定,信息主体有权许可同意他人利用个人信息,但同意必须是明确的意思表示,不能是沉默或默示方式。信息主体也可以撤销许可,许可不具有溯及力。与此同时,GDPR 也对青少年儿童的信息安全问题作出了特别规定,其中第 8 条强调:使用未满 16 岁儿童的个人信息必须征得监护人的同意。值得注意的是,GDPR 除了明确用户的知情同意权以外,还在此基础上明确了一系列用户的其他权利,作为对知情同意权的补充,如个体访问权、被遗忘权、反对权等信息主体权利。具体来看,被遗忘权也被称为"删除权",这一权利明确了用户能够要求数据控制者删除或清除其个人数据的几种情形,包括数据收集和处理的目的非必要、数据主体撤回了处理其数据所依据的同意、数据收集与向儿童提供信息社会服务有关等。而个体访问权赋予了信息主体从数据控制者处确认自己的个人数据是否正在被处理的权利。通过个体访问权,信息主体可以知悉数据所属的类别、数据被处理的目的、数据的接收对象和数据的存储时限等信息。反对权指的是信息主体有权反对在若干情形下对其数据的处理,包括用于直接营销目的的数据处理,以及以数据控制者或第三方权益为目的的数据处理。总的来说,GDPR 将知情同意作为基本框架,在此基础上拓宽了信息主体的范围,进一步框定了"同意"表示的方式。同时,在原有的基础上对信息主体的其他相关权利进一步明确,给予了信息主体行使上述各项权利的主动权,强化了知情同意作为法理基础的现实意义。

而针对信息的收集和利用方,GDPR 第 4 条首先对"数据控制者"和"数据处理者"进行区分并明确了两个概念之间的差异:数据控制者决定数据处理的目的和方式,数据处理者则代表数据控制者来处理个人数据,以便于明确不同行为主体所担负的义务和责任,前者具有对数据的直接控制权,因此承担主要责任。此外,与信息主体的知情同意权相对应,GDPR 也明确了信息处理者所须承担的告知义务,这一义务重点体现在 GDPR 第 12 条、第 13 条、第 14 条规定中:信息处理者须向信息主体提供自身信息、数据处理的预期目的和有关处理的法律依据、数据披露的对象或对象类别、数据存储时限等一系列信息清单,且信息必须以一种简洁、透明、易懂和易获取的方式提供(免费)给数据主体,并使用清楚、平实的语言。同时,GDPR 也规定:信息控制者向信息主体履行告知义务,但是在信息泄露风险较低时除外。这一举措在明确信息处理机构告知义务的同时,也给予政府和商业机构处理数据较高程度的自由。

综上,GDPR 通过国家立法的方式,基于各项条款明确了信息主体的各项权利属性以及信息处理收集和使用方的责任义务,从而进一步明确了知情同意原则,即用户作出的同意必须是明确的同意、自由的同意、特定的同意、知情的同意。

与欧盟不同,美国针对公权力和企业私权力的规范模式存在较大差异。针对国家机关,美国法出台了统一的法案,通过立法手段限制政府权力,不仅有效避免了国家和政府等公权力过度膨胀对公众自由利益的侵犯,也有助于政府获取民众信任。1973 年美国政府成立的"关于个人数据自动系统的建议小组"发布"信息正当运用原则"报告(Fair Information Principles),基本确立了美国个人信息保护的基本框架。① 其中的五项准则规定:个人信息处理必须确保"个人了解其被收集的档案信息是什么,以及信息如何被使用","个人能够阻止未经同意而将其信息用于个人授权使用之外的目的,或者将其信息提供给他人,用作个人授权之外的目的"。这五项准则基本涵盖了知情同意原则的内涵,在此后美国个人信息保护立法中具有关键性作用。

而在对企业私权的限制方面,美国立法中的知情同意原则倾向于市场导向。这就对该原则在立法上的相对平衡提出要求,既要具备保护信息主体权益的基本能力,也要为相关信息处理机构的市场运作留存一定的空间。美国

① 丁晓东:《论个人信息法律保护的思想渊源与基本原理——基于"公平信息实践"的分析》,《现代法学》2019 年第 3 期。

针对个人信息商业利用的立法，主要采取分散立法和纲领性规范的立法原则①，在金融、消费者保护、教育和互联网通信等各个领域均有所体现。在金融领域，1970 年由美国国会制定的《公平信用报告法》是美国个人数据保护立法的开端，它旨在促进征信机构档案中消费者信息的准确和保障其隐私不受侵犯。依据该法，信用报告机构只有征得消费者同意才可以披露信用报告，但是为消费信用贷款等合法目的可以直接披露报告。在消费者保护领域，1992 年通过并开始施行的《有线电视消费者保护和竞争法》规定，消费者同意是有线电视系统收集个人信息的必要条件。但该法允许转让消费者名单，消费者有机会拒绝参与这个名单。在教育领域，1974 年的《家庭教育权和隐私法》规定，教育机构未经未成年学生家长的书面同意或成年学生本人的同意，不得披露学生的个人信息。在互联网和通信领域，2000 年开始施行的《儿童网上隐私保护法》针对美国部分网站收集和分析儿童个人信息的行为，强制要求网站告知隐私政策，并且征得 13 岁以下未成年人家长的同意。值得注意的是，美国是第一个率先将知情同意引入儿童信息保护领域的国家。

知情同意在中国的起步要晚于欧盟和美国，但在对个人信息保护的立法实践中，“中国模式”博采众长，平衡了欧美两地立法模式的优缺点，形成了国家立法与行业自律模式相结合的综合模式。回顾知情同意原则在中国的首次提出，可以追溯到 2012 年由十一届全国人大常委会第三十次会议通过的《关于加强网络信息保护的决定》（以下简称《决定》）。《决定》明确提出在企业收集、使用个人信息时，应当明示收集、使用信息的目的、方式和范围，并经过被收集者的同意。该原则赋予了个人信息主体以自决权。《决定》具备明显的开创性意义，但由于这一法案欠缺执行的配套措施，更像是为信息权利主体提供了纲领性的基本保障，仍然给予信息收集者等义务主体利用个人信息的较大自由。

---

①　姚朝兵：《个人信用信息隐私保护的制度构建——欧盟及美国立法对我国的启示》，《情报理论与实践》2013 年第 3 期。

2013 年,中国首个个人信息保护国家标准——《信息安全技术 公共及商用服务信息系统个人信息保护指南》(以下简称《指南》)出台。《指南》明确了数据处理的基本原则:目的明确原则、最少够用原则、个人同意原则、质量保证原则、安全保障原则、诚信履行原则、责任明确原则。① 这些原则为信息利用者的数据采集行为建立了行为规范准则,具有强大的事先引导和保障功能。同时,《指南》也将知情同意原则具体化,强调在信息收集、加工、转移、删除的四个环节都应当保障数据主体的知情同意。不过需要明确的是,尽管《指南》确立了知情同意等相应个人信息保护的事先机制,然而其仍旧是对数据采集和利用行为的温和指引,尚不具备成文法的强制力。这表明彼时我国在个人信息保护的问题上仍然对行业的自律存在较高的期待。

伴随着数字技术的不断发展,面对个人信息泄露、信息安全堪忧的情况,司法机关开始发布一系列成文法,以弥补我国在个人信息保护立法上的不足,知情同意原则成为公民个人信息的“安全锁”。同时,这也标志着我国的个人信息保护模式开始了从行业自律到国家立法的过渡。2016 年 11 月 7 日,十二届全国人大常委会第二十四次会议通过《中华人民共和国网络安全法》。该法区分了个人信息的收集、使用和转让分别适用不同的规则:收集和使用个人信息必须满足知情同意原则的要求,转让匿名化个人信息时则不需要征得用户的明确同意。其在个人信息转让上放松了对信息主体的同意,但总体上仍然以其知情同意为数据活动的正当性基础。

2021 年 1 月 1 日《中华人民共和国民法典》生效,其中人格权编的第六章“隐私权和个人信息保护”明确规定:个人信息的处理,应当遵循合法、正当、必要原则,且需要符合下列条件:征得该自然人或者其监护人同意,但是法律、行政法规另有规定的除外。虽然征得同意与知情同意的内涵大致相同,然而现行法中依然使用的是“征得同意”而非“知情同意”的表述。

---

① 张新宝:《个人信息收集:告知同意原则适用的限制》,《比较法研究》2019 年第 6 期。

2021年8月20日,《中华人民共和国个人信息保护法》(以下简称《个人信息保护法》)正式通过并于2021年11月1日起施行。其中第四十四条明确规定,“个人对其个人信息的处理享有知情权、决定权,有权限制或者拒绝他人对其个人信息进行处理;法律、行政法规另有规定的除外”。这首次从立法上明确了个人的知情同意权益,表明尊重信息主体的意愿,并在个人信息处理的实践中贯彻信息主体的意图。[①] 从信息主体的权利上看,《个人信息保护法》明确规定了信息主体的知情权、同意权、撤回同意权、拒绝权、限制处理权、删除权等主体权利,这些权利分布在信息主体授权同意的各个环节中,共同构建起了信息主体的知情同意权。具体而言,个人的知情同意权益包括以下内容:(1)事前的知情同意。个人在选择服务的过程中,应当知道信息处理者的相关信息和信息处理的方式。《个人信息保护法》第十七条规定,应该告知“个人信息处理者的名称或者姓名和联系方式”。(2)事中隐私协议变更重新取得个人同意。《个人信息保护法》第十四条规定“重新取得个人同意”,意味着一旦隐私政策发生变更,须由个人和个人信息处理者重新进行协议,重新取得个人的同意。(3)事后信息删除结果的告知。事后告知,即信息处理者在停止信息处理后应当履行的义务,仍然是个人知情同意权的具体内容。《个人信息保护法》第四十七条第(一)款规定,在合同目的实现之后,信息处理者应及时删除信息,并对储存在信息处理者控制终端内的信息删除事项进行告知。这也是对《民法典》第一千零三十七条的补充。告知事项包括但不限于:删除内容、删除时间、储存信息的终端和查询、复核渠道等。总的来说,作为个人信息保护领域的公用规则,知情同意原则在《个人信息保护法》中的重要地位充分得以彰显,它不仅是对《中华人民共和国民法典》中人格权编第六章“隐私与个人信息保护”的完善,也开拓了中国在个人信息保护法领域的新篇章。[②]

---

① 万方:《个人信息处理中的“同意”与“同意撤回”》,《中国法学》2021年第1期。

② 杨立新、赵鑫:《利用个人信息自动化决策的知情同意规则及保障——以个性化广告为视角解读〈个人信息保护法〉第24条规定》,《法律适用》2021年第10期。

3. 知情同意原则的实践困境

知情同意原则存在的意义之一,就是保护信息主体对个人信息的自决权益,以捍卫自身人格尊严和自由利益。只有用户作出授权同意的意思表示,自愿进入包含行为信息采集内容的契约关系时,其他个体或机构采集和处理用户信息的行为才具备了正当化基础。① 不难发现,信息主体的知情同意须具备三个环节:一是信息处理者的充分告知;二是用户充分了解涉及的信息内容以及信息用途;三是用户同意。通过对信息处理者告知的责任义务作出规范,对信息主体决策的权利进行明确,知情同意在保障个人信息安全的过程中,致力于达成信息主体和信息处理者两者之间关于信息权益问题的相对平衡。

知情同意在约束组织和机构的信息采集行为,保障信息主体对其个人信息的控制方面起到了重要作用。② 不过,我国现有的个人信息保护规则采取的是单一的知情同意制度,它理想化地认为信息主体可以有效地对个人信息进行自我管理,从而维护信息主体自身的利益。在实践中,由于平台企业的资本和技术霸权、个人作出信息隐私决策的有限理性等内外因素,使得知情同意原则的落地与生效存在诸多困难。基于此,在讨论我国的知情同意制度时,多数学者都倾向于将知情同意置于公共领域和私人领域两种不同的语境下进行讨论。这些讨论也证明了个体对个人信息安全的担忧并非来源于想象。本节也将通过场景构建来讨论公共领域与私人领域中知情同意原则的应用,期望在知情同意原则的基础上讨论其他权利、权益、制度等可能对个人信息隐私保护产生的裨益。

(1)公共领域个人信息保护中的知情同意

美国前总统特朗普曾在推特上发文炮轰苹果公司:“我们一直在贸易和很多其他问题上帮助苹果,但他们却拒绝解锁杀手、毒贩和其他暴力犯罪分子

① 郑佳宁:《知情同意原则在信息采集中的适用与规则构建》,《东方法学》2020 年第 2 期。

② 丁晓强:《个人数据保护中同意规则的“扬”与“抑”——卡 · 梅框架视域下的规则配置研究》,《法学评论》2020 年第 4 期。

使用的手机。”近几年来苹果与美国政府和联邦调查局多次在公共利益与用户个人隐私上发生争议。

争议的开端事件是2015年12月，赛义德·法鲁克(Syed Farook)和塔什芬·马利克(Tashfeen Malik)夫妇在美国加利福尼亚州圣贝纳迪诺的一家社会服务中心发动恐怖袭击，造成14人死亡、22人受伤。两名袭击者随后在与警察的枪战中丧生，死前销毁了他们的个人电话，但法鲁克留下了他为之工作的县公共卫生局发给他的工作电话，一部运行iOS 9操作系统的iPhone 5C，不过已用四位密码锁定，并且，根据苹果的设置，在尝试10次密码失败以后，手机将自动清除所有数据。2016年，当国家安全局无法解锁该设备时，联邦调查局要求苹果公司开发一个手机操作系统的新版本，将其安装并运行于手机的随机存取存储器中，以禁用某些安全功能，从而可以打开手机，查看恐怖活动的线索。

这一要求为苹果公司所拒绝，它声称自己奉行从不破坏其产品安全功能的政策。联邦调查局成功申请到美国地方法院法官谢里·皮姆(Sherri Pym)的一纸法院命令，强令苹果公司创建并提供所需的软件。

苹果公司再次宣布反对该命令，理由是创建后门会对广大苹果用户构成安全隐患。苹果的加密系统不只是保护一台设备，它保护每一部手机。国家和互联网公司之间的法律大战一触即发。在此关键时刻，联邦调查局宣布他们找到了能够协助解锁iPhone的第三方，因此撤回了原请求。①

苹果的隐私保护政策之所以在社会上引发争议，就在于它在用户利益与公共利益之间作出了选择。一方面，解锁犯罪分子的电子设备能为政府抓获犯罪分子提供莫大支持，维护公共安全的同时既能减少人们对未知危险的焦虑，又能防止更多人受到伤害。但是另一方面，苹果一旦打开了这个“闸门”，就可能面临用户隐私“决堤”的困境，将更大范围的用户拉进信息泄露的

① 胡泳:《危机时刻的公共利益与个人隐私》,《新闻战线》2020年第7期。

深渊。

政府对个人信息隐私的获取乃至披露,是出于对公众负责的考虑,但是在对公民的个人信息进行披露的过程中,公民的信息自决权常常与公共利益形成冲突。在某些特定的情况下,公民的同意甚至不再成为机构收集、处理个人信息的必要条件,在这样的语境中,单一的知情同意原则已不足以支持公法体制下的个人信息保护,在知情同意原则的基本框架下,应该引入其他原则进行补充。有学者从公共利益的角度出发,认为公共利益优先的原则应作为知情同意的补充,当公共利益与个人知情同意权发生冲突,个人应当基于公共利益优先的原则,牺牲或让渡部分私权。依据我国相关法律,这一原则的触发主要包含以下两大情形:当个人的知情同意与公众的知情权发生冲突;当政府或公共机构出于维护公共安全、公共卫生、重大公共利益的目的,对个人信息进行采集和处理,导致与信息主体的知情同意权发生冲突。

为了确保基于公共利益所进行的个人信息收集、使用具有当然的合法性,无须再征得信息主体的同意,我国出台了相关法律法规,以确保公共利益的优先级。在《个人信息保护法》颁布以前,一般主要以《信息安全技术 个人信息安全规范》(GB/T 35273—2017)中第5.4条对相关事件进行裁定。该条明确规定了收集和使用个人信息时,应当优先考虑公共利益的情形:“与国家安全、国防安全直接相关的”,“与公共安全、公共卫生、重大公共利益直接相关的”,“与犯罪侦查、起诉、审判和判决执行等直接相关的”,“为新闻单位且其在开展合法的新闻报道所必需的”,“为学术研究机构,出于公共利益开展统计或学术研究所必要,且其对外提供学术研究或描述的结果时,对结果中所包含的个人信息进行去标识化处理的”,等等,属于“征得授权同意的例外”。《个人信息保护法》也对国家机关处理个人信息的活动作出专门规定,特别强调“国家机关处理个人信息的活动,适用本法”,并且“处理个人信息,应当依照法律、行政法规规定的权限、程序进行,不得超出履行法定职责所必需的范围和限度”。

然而,上述法律法规并未明确法定职责的范围和限度,也没有对公共利益进行明确的定义。由于公共利益的内涵和外延具有很强的不确定性,且公共利益并不必然具有逻辑上的优先性。[①] 因此,在立法上应对公共利益的概念进行严格的界定,否则公共利益的边界模糊将极易触发"公共利益对个人利益的侵蚀"。对此,德国基本法采取的做法是:当公共利益与个人权益产生冲突时,必须就个案进行利益权衡,只有社会公共利益远大于个人人格权利益时,个人才需要让渡自身权益。诚然,针对个案进行判罚能够在最大程度上实现法的公正性,但是对于我国这样的人口大国而言,此举将会增加巨额的社会成本,可行性较低。

我国的法律可以考虑借鉴欧盟的 GDPR 对人格权保护的方法和态度,对各个行为主体的相关权利进行优先级的排序,如 GDPR 第 17 条规定:个体的被遗忘权被置于企业/机构的言论自由权、公众的公共利益以及个体应承担的法定义务之后。我国法律可以在此基础上,通过判例和司法解释对可能存在矛盾的情形进行指导。这一做法既在一般情况下保障了公民的信息自决权,也为特定情况下个人权益为公共利益的让渡留出了司法解释的空间。

也有学者基于人格利益的视角,提出个体的知情权在特定情形下应置于其他人格权的重要性之后。在国际社会中,生命权、生存权、平等权、财产权公认地属于基本人权的范畴。[②] 而个人对于自身信息的自决权,也与生命权等权利一样,伴随自然人主体而生,同样拥有民法上的绝对权。[③] 正如前文所论述,知情同意原则不仅是公民用以维护自身人格权利的基本手段,也是信息自决权的集中体现,理应受到保护。

法律保护个人的尊严,一方面意味着要维护生命健康,另一方面要确保个

---

① 梁上上:《公共利益与利益衡量》,《政法论坛》2016 年第 6 期。

② 高富平:《个人信息使用的合法性基础——数据上利益分析视角》,《比较法研究》2019 年第 2 期。

③ 王利明:《人格权法研究》,中国人民大学出版社 2018 年版,第 789 页。

人人格的独立自主。在具体个案的语境中,各基本人权之间的位阶存在不确定性,但毋庸置疑的是,生命权作为人权法律保障的基点,居于首要地位。①例如,当公民遭遇火灾、地震等突发安全事件,个人信息处理者应优先考虑和保护自然人的生命健康和财产安全。对于这一点,《个人信息保护法》第十八条也已有了明确的规定:个人信息处理者处理个人信息,有法律、行政法规规定应当保密或者不需要告知的情形的,可以不向个人告知前条第一款规定的事项。紧急情况下为保护自然人的生命健康和财产安全无法及时向个人告知的,个人信息处理者应当在紧急情况消除后及时告知。这遵循了公民生命权至上的原则,在人格权涵盖的各项权益中,生命权拥有至高无上的地位。因此,当个体的生命安全受到威胁和侵犯,法律至少可以确保,当信息主体的生命利益,或是与生命相关的其他同等利益受到威胁时,政府、其他机构和个人出于保护信息主体的目的,对其个人信息进行处理时具有正当性,而无须经过信息主体的同意。事实上,《个人信息保护法》在立法中已经明确了信息处理方在处理个人信息前应获得信息主体的同意,但又列举了与公共利益和个人权益相关的六类例外情形,在一定程度上实现了个体信息自决权和公共利益的相对平衡。

(2)私人领域个人信息保护中的知情同意

“提醒我明天中午12点出门买菜。”“这点小事就交给我吧!我会在明天中午12点准时提醒你出门。”

“我的快递到哪儿了?”“查询到你有两个快递,它们已经被寄存到楼下快递柜,别忘了签收哦!”“好的,我现在下去拿。”

“给我讲个故事吧!”“好的,从前有一个可爱的小姑娘,谁见了她都喜欢,但最喜欢她的是她的奶奶。一次,奶奶送给小姑娘一顶红色的小帽子,大家便叫她‘小红帽’……”

---

① 沈春晖:《法源意义上行政法的一般原则研究》,《公法研究》2008年第00期,第50—102页。

这些场景都发生在一个平常的夜晚，一个普通的三口之家，女主人预备在次日白天出门购物，男主人迫不及待地想要领回新购的两件商品，而小婴儿在温柔的故事声中渐渐睡着了……

上述场景并无甚特别，仿佛是再正常不过的对话。不过，在智能技术迅猛发展的今天，这些对话已不再需要两位家庭成员的同时参与，像家人一样回应你、帮助你、关心你的，或许只是一台搭载了人工智能技术，学习和模拟人类声音的智能音箱。依托于技术，以天猫精灵、小爱同学为代表的智能音箱产品开始取代传统的音箱，并走进千家万户。虽然与他们进行交互的音箱看起来只是一个平平无奇的长方体摆件，但只要通过对话下达指令，这个小精灵不仅能够完成播放音乐、注意事项提醒等基础功能，它还能控制家中的智能家居，模仿人声，甚至自动检测全家人的健康状态。

对于不少家庭来说，智能音箱早已成为家庭成员生活中不可或缺的帮手和伙伴。不过，他们或许不知道，智能音箱为他们的生活提供诸多便利的前提，是依靠技术获取了他们的个人信息甚至敏感的个人信息。多数情况下，如果信息主体拒绝提供个人信息，则无法使用对方的产品和服务。这造成了信息主体天然的弱势地位，最终导致信息主体并非基于自由意志作出同意。这也意味着，信息主体的同意行为可能并非是基于知情的前提，而是出于对信息处理一方提供便利的强烈需求或者是对信息处理者的充分信任。由此，私人领域中的个人信息保护，实际上遵循着两个其他的理念和原则，作为对知情同意的支持和补充，即“风险导向”理念和“信赖授权”原则。

“风险导向”指的是信息处理方对个人信息授权中的风险进行评估，“在具体的场景中对个人信息处理行为的风险做具体判断，根据风险等级采取不同的管理措施”①。本质上，风险导向理念就是对信息主体的个人权益和信息处理者可能对信息主体造成的威胁和侵害进行动态的评估，如果经过评估的

① 范为：《大数据时代个人信息保护的路径重构》，《环球法律评论》2016年第5期。

信息处理行为不会对相关信息主体的人格尊严和自由造成威胁或侵害,或所造成的影响明显小于信息主体由此获得的收益,那么可以认定信息处理者的合法利益具有相对优先性,他们可以直接基于该合法利益进行该个人信息处理。① 美国于2015年出台的《消费者隐私权利法案(草案)》和欧盟的GDPR都引入了这一原则。以GDPR为例,GDPR第19条、第33条、第34条规定,当信息主体的个人信息泄露风险较低时,信息控制者不必向信息主体履行告知义务。

在大数据时代,由于作为数据处理者的网络服务商和作为信息主体的自然人之间存在着强弱地位上的显著差异,相较于"全有全无"的知情同意原则,风险导向理念承认了风险的不可避免性,并通过一系列的程度性评估,将风险降低至信息主体的承受范围内,更加灵活地控制信息主体与信息处理者之间的动态平衡,实现个人信息保护和大数据发展的共赢。不过,风险导向理念仍然存在一定局限,由于这一理念默许了信息处理者对用户个人信息进行采集和处理时,可以在信息使用风险较低的情境下不经由用户的同意,这使得信息收集利用者成为控制和应对风险的主要主体,拥有了处理信息的极大自由权利,这极有可能导致信息处理者随意篡改信息风险等级,滥用用户个人信息以谋取商业利益的最大化。

而"信赖授权"指的是用户基于信任,对信息处理者的信息收集和处理行为进行同意授权。由于信赖授权的基础在于信息主体对于被授权者的信任,因此"信赖授权"原则常常发生在熟人社会。而在信息时代,在互联网开展社会活动的用户,更多的是与互联网平台形成交互关系。这意味着信赖授权的实质主体开始由"人—人"向"人—平台"过渡,企业和平台作为法律意义上的行为主体,成为法律上信息主体信赖的对象。当信息主体对平台形成信任,用户将相应风险的掌控交由平台经营者,同时平台又基于此种授权而从事一种

---

① 王成:《个人信息民法保护的模式选择》,《中国社会科学》2019年第6期。

可信赖的数据收集与利用活动。[①] 理想状态下的信赖授权模式不仅能够为信息主体提供尽可能完备的数字化服务，平台也能够在法律允许的范围内进行各项数字服务的开发和试验，从而推动数字经济的发展。而实际上，信赖授权存在的基础是需要用户通过签订线上协议为平台经营者的信息采集和处理行为进行法律背书，因而信赖授权无疑在程序上给予平台背后的信息处理者更高权限的信息处理自由。

不过，我们也可以看到，用户理想状态下的信赖授权模式与实际操作中存在着相当大的差异。能否践行该模式的一个重要问题在于，平台是否值得用户信任？现实中，有相当多比例的 App 存在涉嫌过度收集用户个人信息的情况，平台通过贩卖用户个人信息不当得利的案例更是屡见不鲜，[②]信息主体对平台的授权更像是一种不得已而为之的、以获取便利为目的的授权，在实际操作中，知情同意已经成为一种事实上的信赖授权原则。

基于对风险导向理念和信赖授权原则的分析，或许已经找到了在私人领域中用户信息安全问题频发的诱因。不难发现，风险导向和信赖授权原则作为实际操作中对单一知情同意原则的补充，理想化地将平台作为把控风险、维护信息主体个人利益的主体对象，然而二者不仅无法弥补知情同意原则存在的固有缺陷，甚至将知情同意作为随意收集、利用个人信息的保护伞，在用户出于对平台的信任让渡了个人信息的自决权益之后，其维护自身信息安全的过程将举步维艰。事实上，自用户将个人信息进行同意授权后，信息主体无法实际控制自己的信息被用于何种目的，也无法控制个人信息的流通，信息处理者在黑箱之中如何处理和利用数据，将全然不在信息主体的知悉和控制范围之内。因此，如果无法确保信息的收集和使用方能够为信息主体的可能承担

---

① 姚佳：《知情同意原则抑或信赖授权原则——兼论数字时代的信用重建》，《暨南学报（哲学社会科学版）》2020 年第 2 期。

② 中国消费者协会：《100 款 App 个人信息收集与隐私政策测评报告》，2018 年 11 月 28 日，见 http://www.cca.org.cn/jmxf/detail/28310.html。

的风险或损失的利益负责,风险导向理念和信赖授权原则只能沦落为乌托邦式的虚空主义。

(二)数据可携带权

GDPR 第 20 条创设了数据可携带权(Data Portability)。数据可携带权,指数据主体以结构化、通用和机器可读(Structured, Commonly Used, Machine Readable)的形式接受他们提供给数据控制者的个人数据,而且不受阻碍地将这些数据传输给另一个数据控制者。[①] 数据可携带权是个人有意将其数据携带或传输到另一平台从而带来强制性的数据转移。数据可携带权和数据权属问题密切相关,这一权利的理论证成和确立是建立在个人数据财产权保护路径上的延伸和拓展。[②] GDPR 序言第 68 条就明确了个人对数据的所有权关系,数据可携带权的目的就在于"进一步强化数据主体对他的/她的数据的控制"。

数据可携带的具体内容是什么?就数据可携带权的范围而言,它限定于数据控制者处理的基于用户同意和用户协议而收集的那部分信息。欧盟第 29 条工作组于 2017 年 4 月 5 日发布了修正版的《关于数据可携带权的指引》,对 GDPR 第 20 条进行了进一步的阐述。具体来说,可携带权可以分为副本获取权(Right to Obtain a Copy)、数据传输给第三方和数据在控制者之间的转移。副本获取权是指数据主体可以从数据控制者处下载个人数据的权利。数据控制者应当提供一种结构化、通用和机器可读的方式,以及一个自动化工具帮助数据主体获得副本。数据主体有权将数据传输到第三方。而通常实现这一权利的方式是数据主体请求将它的数据从一个控制者直接传输到另

---

① 卓力雄:《数据携带权:基本概念、问题与中国应对》,《行政法学研究》2019 年第 6 期。

② Daria Kim, "No One's Ownership as the Status Quo and a Possible Way Forward: A Note on the Public Consultation on Building a European Data Economy", *Gewerblicher Rechtsschutz und Urheberrecht Internationaler Teil*, Vol. 66, No. 8/9 (2017), pp. 697-705.

一控制者。如果数据控制者基于数据主体的同意或基于合同处理数据，而且这种处理是采取自动化的方式时，数据主体就可以行使副本获取权和请求将数据传输给第三方的权利。数据可携带权好似“一叶扁舟”，部分地让互联网世界回归其互联互通的本质。[①]

在我国《个人信息保护法》[②]出台之前，法律法规并没有对数据可携带权问题进行直接的规定，然而，相关司法判例和企业实践都流露出了一定的数据可携带色彩。

携号转网是数据可携带权的实践先驱，这一问题在世界范围内都具有普遍意义。携号转网在用户切换运营商、打破网络效应方面的效果对于建立一般性的可携带权具有重要借鉴意义。[③] 携号转网是指在同一本地网范围内，蜂窝移动通信用户可以在保留其原有号码的情况下改变基础电信的运营者。手机号码可携带意味着手机号不再属于基础电信的运营者，而和用户有了更为密切的联系。携号转网作为数据可携带权的具体形式，已在全球八十多个国家实施。2019 年 11 月 11 日，工信部印发《携号转网服务管理规定》，规定自 2019 年 12 月 1 日起施行。同年 11 月 27 日，工信部召开携号转网启动仪式，正式在全国提供携号转网服务。中国移动、中国联通和中国电信三大基础运营商随之发布携号转网服务细则。携号转网包括固定号码携带和移动号码携带两种。携号转网是数据可携带权的具体表现形式，这一举措强化了用户的信息控制权，打破现有电信运营商的优势地位，从而促进市场竞争，优化市场结构。如果无法携号转网，用户将被锁定在某一特定的电信运营商。用户

---

① 汪庆华：《数据可携带权的权利结构、法律效果与中国化》，《中国法律评论》2021 年第 3 期。

② 2021 年 8 月 20 日，十三届全国人大常委会第三十次会议表决通过《中华人民共和国个人信息保护法》，其中第四十五条第三款规定：“个人请求将个人信息转移至其指定的个人信息处理者，符合国家网信部门规定条件的，个人信息处理者应当提供转移的途径。”

③ 汪庆华：《数据可携带权的权利结构、法律效果与中国化》，《中国法律评论》2021 年第 3 期。

更换运营商,将失去和朋友们的联系。

2015 年,阿里云发布《数据保护倡议书》。该倡议书提出,“任何运行在云计算平台上的开发者、公司、政府、社会机构的数据,所有权绝对属于客户,客户可以自由安全地使用、分享、交换、转移、删除这些数据”①。

毋庸讳言,数据是一种重要的商业资源。用户实现数据的可携带等同于与平台企业“虎口夺食”,并且是从几只老虎面前掌握住信息的主动权的行为,正有力地体现了数据的归属。数据可携带权意味着企业对数据的收集与加工可能是为他人作嫁衣,这在一定程度上可以遏制企业对数据的过分收集和不当使用。并且,这种充分基于用户知情同意,也就是遵循数据主体的意愿的数据转移,或许能应对锁定效应,②对推动数据的流动和共享起到十分重要的作用。不过,尽管数据可携带权规定了个人可以对数据的携带作出有意义的决策,但从理论到实践还有诸多问题亟待解决。

首先,一个必须解决的问题是“数据主体”。我们笼统地将数据主体视作用户,但也很容易发现,信息隐私往往并不属于单一的数据主体。例如,和朋友的合照,关系到朋友和自己的隐私,数据的转移也应该经过所有数据主体的同意。但显然,这在实际操作中非常困难。以及在社交媒体中,个人页面,和朋友的互动,共享的照片,究竟该由谁来决定这些信息的去向,数据携带权未能指明。数据的携带和转移推动了数据的流动,遏制了数据的垄断,但却未能禁止数据不合理、不合规的流动,甚至可能加剧数据流动的风险。数据控制者可以在明处允许数据主体携带走自己的个人数据,同样也可以在暗处泄露、买卖个人的数据。此外,谁又该对信息转移中的数据安全负责呢?当数据、信息隐私打包在一起,面临着更加容易被转移和出卖的风险。特别是在当前我国隐私权是法律认定的权利,个人信息是一种权益时,两者交杂在一起流通,产

① 阿里云:《数据保护倡议书》,2015 年 7 月,见 https://security.aliyun.com/data。

② 谢琳、曾俊森:《数据可携权之审视》,《电子知识产权》2019 年第 1 期。

生的法律认定与保护问题，也存在困难。[①] 并且，值得注意的是，当数据并没有成为一个可供携带的、通用的、机器可读的其个人信息的副本，单条数据的泄露或许并不危险，但当数据被要求更加易转移、易识别，一旦泄露，带给个人的潜在风险会更大。

其次，数据可携带权对于企业投资数据驱动的行业具有反向激励的作用，削弱了个人和企业投资数据驱动的服务和产品的意愿。[②] 有学者指出，数据可携带权未充分考虑到实践中数据可携带权的双向性缺陷，即数据传输的请求既可以向垄断企业提出，也可以向非垄断企业提出，致使没有市场主导地位、市场占有份额小的普通企业也成为反垄断的对象。由于 GDPR 对数据传输格式和"技术可行条件"的模糊规定，数据可携带权不仅不能实现冲击垄断结构以促进市场自由竞争的立法目的，对于通常使用非结构化和非通用数据副本格式的初创企业和中小规模企业来说，这反而会加重其法律义务，增加其在商业运作上的成本。

最后，在实践层面上，数据的可携带困难重重。赖以执行的"结构化、通用、机器可读的格式"尚未形成统一可行的数据传输框架。在数据财产价值已无法被忽视的当下，想要承认数据的财产属性就必须确立数据可携带权。数据可携带权使数据主体可自由选择个人数据的数据控制者，以有效对抗数据控制者在同一数据主体上享有的独占利益。[③] 但目前，我国数据可携带权中数据的范围与传输形式、权利主体的责任承担等概念都尚不明确，甚至该权利的落实还存在着可能侵犯隐私、与知识产权相冲突等难题。数据可携带权的具体司法解释、其应用场景与携带方式、谁是支撑数据携带的费用的承担者等问题都还需要在实践中完善。此外，数据可携带必须形成统一可行的数据

① 周汉华：《平行还是交叉 个人信息保护与隐私权的关系》，《中外法学》2021 年第 5 期。

② Peter Swire，Yianni Lagos，"Why the Right to Data Portability Likely Reduces Consumer Welfare：Antitrust and Privacy Critique"，*Maryland Law Review*，Vol. 72，No. 2（2012），pp. 335-380.

③ 郭江兰：《数据可携带权保护范式的分殊与中国方案》，《北方法学》2022 年第 5 期。

传输框架,以达到数据“无障碍”传输的标准,这就要求企业提升自身数据传输的技术与数据系统。然而我国中小互联网企业普遍面临资金、技术短缺的劣势,强制其提高数据传输技术并不可行。

(三)被遗忘权

GDPR最引人注目的莫过于设计了数据的被遗忘权。早在1978年,《法国隐私法》第40条就规定了数据主体享有要求控制者删除与其相关的“不准确、不完整、模糊、过期”或被非法处理的信息的权利。1995年欧洲《95/46/EC号指令》规定了数据处理的目的限制,还规定了数据主体有权删除违规处理的数据。“数据控制者消除数据如此尽力,以至于这个数据必须在网络世界中被遗忘。”①

记忆成为常态,遗忘成为例外。被遗忘权的立法规定无疑成为应对新挑战,保护个人数据的重要手段。GDPR详细构筑了被遗忘和删除权的构成要件,包括主体、客体、适用条件、例外情况及不遵守被遗忘和删除权的处罚措施。大数据的风靡、云计算以及人工智能技术发展的尚不成熟增加了个人信息隐私的不确定风险。在技术创新的同时,法律保护成为必不可少的方式。对存在故意或者过失违反被遗忘和删除权的人员,监管机构可对个人和企业处理高额罚款,加大了个人数据窃取的惩罚力度,对违法犯罪和恐怖行为起到预防作用。

GDPR第17条将被遗忘权成文化,数据主体享有“要求控制者移除关于其个人数据的权利”。数据控制者不仅负有“及时移除”的义务,还负有告知义务,即“应当考虑可行技术与执行成本,采取包括技术措施在内的合理措施告知正在处理个人数据的控制者们,数据主体已经要求他们移除那些和个人数据相关的链接、备份或复制”。其适用范围具体包括目的不再必要、数据主

① 夏燕:《“被遗忘权”之争——基于欧盟个人数据保护立法改革的考察》,《北京理工大学学报(社会科学版)》2015年第2期。

体撤回同意、数据主体反对处理、已经存在非法处理、履行法律责任、已经收集了提供信息社会服务相关数据等六种情形。该条还设有除外条款，主要包括表达自由/信息自由、执行公共任务（基于公共利益或法律授权）、公共健康、科研/统计目的、法律主张需要等五种情形。①

与“被遗忘权”相类似，我国对于信息保护的“删除权”正在日趋完善。2012年12月通过的《全国人大常委会关于加强网络信息保护的决定》第八条规定：“公民发现泄露个人身份、散布个人隐私等侵害其合法权益的网络信息，或者受到商业性电子信息侵扰的，有权要求网络服务提供者删除有关信息或者采取其他必要措施予以制止。”2017年6月1日，《中华人民共和国网络安全法》正式施行，其中规定了删除权：“个人发现网络运营者违反法律、行政法规的规定或者双方的约定收集、使用其个人信息的，有权要求网络运营者删除其个人信息……网络运营者应当采取措施予以删除或者更正。”②

然而需要注意的是，被遗忘权在实际落地时也有可能带来的一些问题：一是，被遗忘权的建立代表了互联网时代对个人信息、个人隐私保护的立法尝试，但也有可能带来数据流通的控制与障碍。从社会发展的公共利益角度来看，如果个人对于发布在公共空间中的信息都具有控制权，那么这种权利无疑会阻碍公共空间内信息的合理流通。③ 并且，虽然被遗忘权从其含义上来说只会处理那些“过时的信息”，但删除“过时的信息”也是一种信息的删除行为，也会导致信息的封闭。二是，目前尚未能建立起具体的行为模式和救济方式以确保被遗忘权的行使。被遗忘权在运行过程中争议最大的是涉及搜索引擎运营商的案件，被遗忘权所涉及的被“处理”的数据主要是公开的数据，被遗忘权涉及的利益平衡问题尚未得到彻底解决，这有待于判例的发展。

---

① 薛丽：《GDPR生效背景下我国被遗忘权确立研究》，《法学论坛》2019年第2期。

② 王恬：《域外法治｜谷歌与CNIL“被遗忘权”之争》，2019年4月11日，见https://mp.weixin.qq.com/s/mU6uW4x0gEy9CfjuMWTF_A。

③ 胡云华：《大数据时代下的被遗忘权之争——基于在搜索引擎中的实践困境》，《新闻传播》2021年第7期。

有学者认为,被遗忘权与言论自由之间存在着紧张关系,“谷歌西班牙案”确立的被遗忘权会对哈贝马斯提出的“社会交往行为”造成侵蚀。被遗忘权制度内含着数据因“特定目的”而被收集和使用的工具理性逻辑,但是公共领域的特征是交往行为,而非工具理性。只有在公共领域中允许主体性而非工具性的公共商谈,才能形成民主制度所必需的言论自由。① 因此,我国有学者建议,应当通过规则公开、给予被请求删除的原始网页抗辩机会、公共利益代表、个案决定透明化以及政府监督等要求促进正当程序,以弥补私主体裁决的正当性不足问题。② 我国在引入被遗忘权制度时,应当借鉴欧盟立法运行的得失,在立法时做好价值衡量,设计更为精细且兼顾程序正义的规则,并借助司法积累案例,发展场景化规则。

三、个人信息隐私决策权的困境

随着 GDPR 的生效,个人信息隐私保护的私法保护路径越来越显著。这主要和信息隐私的收集者、处理者的变化有着直接关联。过去,收集、处理和使用信息的主要是政府等公权力机构,因此,早期对信息隐私的保护尤其注重对公权力的规制。而如今,互联网平台企业成了收集、处理和使用个人信息的巨头,立法和司法实践出现了重视规制私权力的趋势。有学者指出,当代个人信息保护法的主要使命从约束公权力机构的传统目标转向约束超级平台等私法主体,以规制互联网企业等私法主体为主要任务,而对国家机关处理个人信息设定某些特别法规则。③

GDPR 指出,“本条例保护自然人的基本权利与自由,特别是其个人信息

① Robert C. Post,“Data Privacy and Dignitary Privacy:Google Spain,the Right to be Forgotten,and the Construction of the Public Sphere”,*Duke Law Journal*,Vol. 67,No. 5 (Feb 2017),pp. 981-1072.

② 蔡培如:《被遗忘权制度的反思与再建构》,《清华法学》2019 年第 5 期。

③ 石佳友:《个人信息保护的私法维度——兼论〈民法典〉与〈个人信息保护法〉的关系》,《比较法研究》2021 年第 5 期。

受保护的权利”。并且，与欧盟《数据保护指令（DPD）》多处援引隐私权不同，GDPR 明显以“个人信息保护权”的概念替代了隐私权。显而易见，GDPR 特意将个人信息保护权与隐私权加以区分，强调个人信息保护权与隐私权一样，是一项独立的基本权利及民事权利。[①] 再如 CCPA，将损害赔偿一事授予了个人，规定了私人诉讼权。同时，建立了个人信息保护集体诉讼机制，为个人提供更多的救济渠道。现代信息社会中，个人与互联网企业等网络运营商在信息能力方面存在巨大差异，以致造成公民个人信息保护举证困难、维权困难。单一个体或消费者很难对企业等信息收集者与处理者进行监督，但各类公益组织和政府机构可以成为消费者集体或公民集体的代言人，对个人信息保护进行有效监督。[②]

在我国，以新近实施的《个人信息保护法》和《民法典》为代表，我国个人信息保护的实践已经发展出公法和私法并行的路径，即以行政机关执法为主的公法救济和以权利人私力诉讼为主的私法救济并存的二元模式。[③]

司法实践中，在《民法典》个人信息保护的具体规则正式适用之前，个人信息的私法保护与“隐私权”通过《民法总则》《侵权责任法》《消费者权益保护法》等相关法律实现。有学者通过中国裁判文书网搜索总结，从 2010 年到 2018 年间与个人信息和隐私相关的案件仅计 317 件，且基本上是对个人隐私侵权的救济。[④] 本书第二章第三节，也通过对中国裁判文书网等网站 1999—2017 年公布的 342 个隐私权纠纷案的裁判文书，从侵权责任认定的主观过错、违法行为、侵权内容等相关要件以及损害事实出发，实证分析我国网络隐

---

① 高富平：《论个人信息处理中的个人权益保护——“个保法”立法定位》，《学术月刊》2021 年第 2 期。

② 魏书音：《从 CCPA 和 GDPR 比对看美国个人信息保护立法趋势及路径》，《网络空间安全》2019 年第 4 期。

③ 杨帆、刘业：《个人信息保护的“公私并行”路径：我国法律实践及欧美启示》，《国际经济法学刊》2021 年第 2 期。

④ 王秀哲：《大数据时代个人信息法律保护制度之重构》，《法学论坛》2018 年第 6 期。

私权保护的司法现状,发现342个隐私权纠纷案件中,七成以上的判决结果是“驳回”,绝大部分被侵权人的权益未能主张。同时,即便得到法官的支持与认定,赔偿金额也较低,多数集中于1000元至1.5万元之间。参照2014年实施的《最高人民法院关于审理利用信息网络侵害人身权益民事纠纷案件适用法律若干问题的规定》中“被侵权人因人身权益受侵害造成的财产损失或者侵权人因此获得的利益无法确定的,人民法院可以根据具体案情在50万元以下的范围内确定赔偿数额”这一条款,显见,我们的判决明显就低不就高。

而从立法上看,于2020年5月28日通过、2021年1月1日开始实施的《民法典》,在私法保护个人信息方面,明确了自然人对个人信息享受保护的民法利益。

2021年8月20日颁布、2021年11月1日开始实施的《个人信息保护法》从规范的数量来看,明显以私法规范为主,占比三分之二多,而公法性质的规范约占三分之一。作为主体的私法规范大多为完全法条(第44条可携带权等除外),具有很强的可操作性,可以在司法中直接援引适用。①

个人信息法律保护凸显的公私混合的特征体现了“以个人信息为核心的‘数字人权’概念逐渐被学界所主张”②。然而,在具体司法实践中,信息隐私的司法保护还面临着许多困境。例如,个人是否享有请求立法、行政机关采取措施保护其个人信息权益免受第三方侵害的权利,在立法、行政机关不履行或未充分履行其法定职责时,是否存在诉诸法律之救济的可能?在一则案例中,原告在去哪儿网购买了东方航空公司机票,后该用户收到由尾号为0529号码发来的短信,该短信中列明了姓名、航班号等个人隐私信息,并告知所购航班因机械故障取消。原告诉称,对方泄露了其个人隐私信息,侵犯了其隐私权。然而,审理这起案件的法院在确认两被告存在极大的泄露原告个人信息可能

① 石佳友:《个人信息保护的私法维度——兼论〈民法典〉与〈个人信息保护法〉的关系》,《比较法研究》2021年第5期。

② 郭春镇:《数字人权时代人脸识别技术应用的治理》,《现代法学》2020年第4期。

性，且也应当承担侵权责任的情况下，依然拒绝了原告的全部诉讼请求，理由是“现有证据无法证明原告因此次隐私信息被泄露而引发明显的精神痛苦，故对该诉讼请求，法院不予支持”。[①] 总的来说，当前法院对个人信息的隐私权属性认定严格，除非个人信息的泄露造成了实质性的损害，或触及了传统意义上的精神利益，否则法院尽管确认侵权事实存在，但判决倾向于不让被告承担任何侵权责任。

学界关于“侵犯个人信息罪”究竟保护的是个人法益还是超个人法益一直莫衷一是。一类是个人法益说，持此类观点的研究者认为个人信息立法保护的是个人的人格尊严和自由，或者是个人的“信息自决权”。[②] 另一类是超个人法益说，该类观点从现实出发，指出大数据技术下的个人数据信息具有数量大、价值密度低、智能处理以及信息获得和其使用结果之间相关性弱等特征，使得个人无法以私权制度为工具实现对个人数据信息的产生、存储、转移和使用进行符合自己意志的控制。因而私权制度在大数据技术下正逐步失去作用，所以，应该放弃以私权观念来规制个人数据信息的立法意图，而将大数据下的个人数据信息作为公共物品加以治理。[③] 还有一类是个人法益与超个人法益综合说，该类观点认为“公民个人信息”首先是个人法益，“公民个人信息权”是公民个人自决权范围内的个人权利，因此，合法与非法的界限在于公民是否许可、同意。但个人信息处理行为的规制原则是防止滥用，而非严格保护，出于公共利益和公共安全的需要，可以无须个人同意，实现个人数据信息的自由共享。[④] 还有学者提出，在我国，“公民个人信息”长期处于附属保护模

---

① 《以案释法丨涉互联网纠纷面面观》，2019 年 12 月 13 日，见 https://m.thepaper.cn/baijiahao_5244293。

② 雷丽莉：《权力结构失衡视角下的个人信息保护机制研究——以信息属性的变迁为出发点》，《国际新闻界》2019 年第 12 期。

③ 吴伟光：《大数据技术下个人数据信息私权保护论批判》，《政治与法律》2016 年第 7 期。

④ 曲新久：《论侵犯公民个人信息犯罪的超个人法益属性》，《人民检察》2015 年第 11 期；任龙龙：《论同意不是个人信息处理的正当性基础》，《政治与法律》2016 年第 1 期。

式,依附于国家法益、社会法益以及公司商业秘密等相关法益进行“连带”的保护,从我国刑法关于“公民个人信息”保护的立法、司法思路来看,无不体现着对其他相关犯罪的预防性、前置性立法思维,而非单纯对“公民个人信息”的保护。①

个人信息隐私决策虽然在立法保护层面被赋予优先位置,并且赋予了个人更多的决策权利和决策方式。然而,在丰富且复杂的现实生活场景中,我们发现与法律赋予个人信息隐私决策理论上重要地位不同的是,尊重个人信息隐私决策自决自治的立法精神与相关权利,实际上难以实现。一方面,个人作出的同意是否真实意思的明确表示?个人信息隐私决策的自决是否足够赋权个体保护其个人信息隐私?另一方面,面对强大的网络平台方,个人又是否真的能获得知情?所谓的个人信息隐私自决是一种真实保障,还是一种责任推脱?在接下来的章节中,本书将从个人信息隐私决策遇到的平台权力不对等、技术与资本鸿沟,以及个人信息隐私决策的认知心理过程等内外两个层面深入探究影响个人信息隐私决策的主要原因。

---

① 于冲:《侵犯公民个人信息罪中“公民个人信息”的法益属性与入罪边界》,《政治与法律》2018 年第 4 期。

第三章　失控的自决:企业主导的信息隐私交换

平台企业作为公民个人信息的采集和处理者,在个人信息隐私保护问题上承担着重要的责任。平台企业对公民的信息隐私保护水平,较为明显地体现在其隐私保护政策中,这不仅是企业自律的体现之一,也是立法知情同意原则的具体实践。然而,随着平台权力的扩张,其垄断性特征日益显著,使得用户与平台之间呈现出权力、技术和资本等多方面的不对等。如何构建更公平、更有效的信息隐私决策环境成为需要政府和平台携手解决的问题。

本章内容主要分为两个部分:第一部分为实证研究,主要基于内容分析法,通过对中外网站和 App 隐私保护政策的文本分析,比较分析国内外平台企业隐私保护政策的现状,指出我国主要网站与 App 信息隐私保护政策的不足与问题;第二部分则从平台企业的权力优势、技术优势和资本优势三个方面,深入探讨平台企业主导下的不对等的个人信息隐私交换环境,及其对个人信息隐私决策产生的影响,并从"政府监管下的平台算法公开、实现以公共价值为中心的平台服务"两方面提出对策建议。

第一节　网络平台企业信息隐私保护政策分析

隐私保护政策,主要是阐述网络企业如何收集、存储、使用消费者个人信息隐私的文本,①作为网络企业的自律体现之一,能够在一定程度上反映出网络企业个人信息隐私保护水平。② 研究网络企业个人信息隐私保护政策,对了解网络企业个人信息隐私保护水平以及用户了解个人权利并保护个人隐私,具有重要意义。③

本节将从 Alexa④、艾瑞咨询⑤公布的中外网络平台榜单中分层抽样选取社交类、浏览器搜索引擎类、休闲娱乐类、电子商务类和生活服务类共五类网络平台,按照排名,国内外各抽取 20 个共 80 个网络平台企业,从“一般情况的说明”“信息的收集与存储”“信息的使用与共享”“信息安全”和“未成年人”五方面对网站和 App 应用的隐私保护政策进行内容分析,以了解目前我国网络企业个人信息隐私保护水平现状与存在的问题。

一、考察企业隐私保护政策的重要性

当前个人信息隐私保护成为各国所共同面临的问题,目前国际上网络企业个人信息保护主要呈现出两种模式:以欧盟为代表的“统一立法保护模式”和以美国为代表的“行业自律模式”。⑥

---

① 周涛:《基于内容分析法的网站隐私声明研究》,《杭州电子科技大学学报(社会科学版)》2009 年第 3 期。

② 申琦:《我国网站隐私保护政策研究:基于 49 家网站的内容分析》,《新闻大学》2015 年第 4 期。

③ 徐敬宏、赵珈艺、程雪梅等:《七家网站隐私声明的文本分析与比较研究》,《国际新闻界》2017 年第 7 期。

④ Alexa 是国际知名专业发布网站世界排名的网站,总部位于美国加利福尼亚州旧金山市。Alexa 是当前拥有 URL 数量最庞大、排名信息发布最详尽的网站。

⑤ 艾瑞咨询(iResearch),是国内权威的发布互联网数据的第三方网站。iResearch 2002 年成立于上海,每年发布中国网络经济研究报告。

⑥ 申琦:《我国网站隐私保护政策研究:基于 49 家网站的内容分析》,《新闻大学》2015 年第 4 期。

欧盟从1981年的《保护自动化处理个人数据公约》、1995年的《个人数据保护指令》到2018年5月25日生效的GDPR,一直秉持统一立法的个人信息隐私保护模式,由各成员国转化为国内法的具体实施。作为欧盟个人信息隐私法律保护的集大成者,GDPR以"知情同意"为基本原则,规定企业对个人信息的收集、分享等所有处理过程应建立在同意的基础之上,且若是以书面声明的形式,则应注意使用清晰平白的语言,使个人容易理解。①

美国的个人信息隐私保护在原有《隐私权法》的基础上制定总体原则,各行业根据总原则制定符合本行业的行业规定,同时,美国政府在一些特殊行业单独立法作为补充,如儿童隐私保护领域的《儿童在线隐私保护法案》等。②美国个人信息保护行业自律模式主要包括四种形式:一是建议性的行业指引(Suggestive Industry Guidelines);二是网络隐私认证(Online Privacy Seal);三是技术保护(Technological Protection);四是设置首席隐私官(Chief Privacy Officer)。③ 总体看来,欧盟模式强调由国家和政府主导,以法律手段保证企业达到一定的个人信息保护水平;美国模式强调由行业主导,依靠自我约束和行业协会的监督,使得企业达到一定的个人信息保护水平。④

我国的个人信息隐私保护偏向美国模式,立法较为分散,更多的仍需依赖企业自律进行保护。目前我国涉及个人信息保护方面的法律有将近40部,还包括30部法规和大量的部门规章以及地方性立法。⑤ 从2012年《全国人大常委会关于加强网络信息保护的决定》,到《网络安全法》《消费者保护法》,再

---

① 参见《一般数据保护条例》(GDPR)第5—11条。GDPR中文全文翻译来自丁晓东译:《一般数据保护条例》,2018年6月23日,见https://www.sohu.com/a/232879825_308467;https://www.sohu.com/a/233009559_297710。

② 赵秋雁:《网络隐私权保护模式的构建》,《求是学刊》2005年第3期。

③ 徐敬宏、赵珈艺、程雪梅等:《七家网站隐私声明的文本分析与比较研究》,《国际新闻界》2017年第7期。

④ 华劼:《网络时代的隐私权——兼论美国和欧盟网络隐私权保护规则及其对我国的启示》,《河北法学》2008年第6期。

⑤ 李欣倩:《德国个人信息立法的历史分析及最新发展》,《东方法学》2016年第6期。

到2021年《个人信息保护法》出台,我国对个人信息的保护水平逐步提高。[①] 其中,《个人信息保护法》第五条规定:“处理个人信息应当遵循合法、正当、必要和诚信原则,不得通过误导、欺诈、胁迫等方式处理个人信息。”

从国家、企业和个人三个层面出发进行个人信息隐私保护为世界各国所普遍采用。[②] 对企业层面的个人信息隐私保护研究主要集中于三方面:一是在宏观层面上通过国家监管或者立法对企业个人信息隐私保护进行规范;[③] 二是从网络企业的信息隐私保护政策等方面了解网络企业的个人信息隐私保护意识和保护政策;[④]三是从信息技术层面加强网络企业的个人信息隐私保护。[⑤] 已有研究指出,中外国情、文化环境、企业发展状况等不同,企业隐私保护政策存在较大差异。[⑥] 然而较少有研究综合考察网站与App等主要平台企

---

① 韩朔:《〈个人信息保护法〉对App隐私政策的影响研究》,《知识管理论坛》2022年第6期。

② 史卫民:《大数据时代个人信息保护的现实困境与路径选择》,《情报杂志》2013年第12期。

③ Pamela Samuelson,“Privacy as Intellectual Property”, *Stanford Law Review*, Vol. 52, No. 5 (May 2000), pp. 1125–1174; Bettina Berendt B, Sören Preibusch, Maximilian Teltzrow,“A Privacy-Protecting Business-Analytics Service for On-Line Transactions”, *International Journal of Electronic Commerce*, Vol. 12, No. 3 (2008), pp. 115–150; 史卫民:《大数据时代个人信息保护的现实困境与路径选择》,《情报杂志》2013年第12期。

④ Joanne Kuzma, Kate Dobson, Andrew Robinson,“An Examination of Privacy Policies of Global Online E-pharmacies”, *European Journal of Research and Reflection in Management Sciences*, Vol. 4, No. 6 (Sept 2016), pp. 23–28; Aleecia M. McDonald, Robert W. Reeder & Patrick Gage Kelley, et al,“A Comparative Study of Online Privacy Policies and Formats”, in *International Symposium on Privacy Enhancing Technologies Symposium*, Ian Goldberg, Mikhail J. Atallah (eds.), Berlin: Springer, 2009, pp. 37–55; Chang Liu, Kirk P. Arnett,“An Examination of Privacy Policies in Fortune 500 Web sites”, *American Journal of Business*, Vol. 17, No. 1 (April 2002), pp. 13–22; 申琦:《我国网站隐私保护政策研究:基于49家网站的内容分析》,《新闻大学》2015年第4期。

⑤ Giulio Galiero, Gabriele Giammatteo,“Trusting Third-Party Storage Providers for Holding Personal Information. A Context-Based Approach to Protect Identity-Related Data in Untrusted Domains”, *Identity in the Information Society*, Vol. 2, No. 2 (Nov 2009), pp. 99–114; 袁勇、王飞跃:《区块链技术发展现状与展望》,《自动化学报》2016年第4期。

⑥ 刘娇、白净:《中外移动App用户隐私保护文本比较研究》,《汕头大学学报(人文社会科学版)》2017年第3期; 唐远清、赖星星:《社交媒体隐私政策文本研究——基于Facebook与微信的对比分析》,《新闻与写作》2018年第8期。

业的隐私保护政策。为此,本节将抽取国内外企业的网站与 App 的隐私保护政策,进行综合对比分析,了解我国企业隐私保护政策现状,找出问题与不足,为本章第二节深入分析平台技术资本优势控制下的信息隐私保护不对等,以及本书第四章第四节公众信息隐私素养研究提供经验数据支持。

二、隐私保护政策研究现状

隐私保护政策,又称"隐私权保护声明"和"隐私协议"(Privacy Policies)等,主要阐述企业如何收集、存储、使用消费者隐私信息,是消费者了解企业政策、进行消费决策的参考依据。① 网络平台是用户隐私决策中的重要主体,一方面,隐私保护政策是企业保护用户隐私的自律措施之一,能够更精确地理解用户的隐私需求、提供更佳的隐私保护;另一方面,消费者更信任、也更愿意将个人信息提供给隐私保护政策更完备的企业,隐私保护政策成为企业赢得消费者信任、获取利润的重要环节。②

目前,网站和 App 成为用户主要使用的网络平台。③ 对于网站的隐私保护政策研究主要集中于图书馆学、情报学、法学、新闻传播学和计算机科学等方面,主要可以分为两方面:对于其文本的内容分析研究和对于其技术保护的分析研究。④

---

① 周涛:《基于内容分析法的网站隐私声明研究》,《杭州电子科技大学学报(社会科学版)》2009 年第 3 期。

② 李凯、于艺:《社会化媒体中的网络隐私披露研究综述及展望》,《情报理论与实践》2018 年第 12 期。

③ 因网站和 App 在界面交互操作方式、设备尺寸等方面存在诸多不同,在此分开进行探究。中国互联网络信息中心:《第 43 次中国互联网发展状况统计报告》,2019 年 2 月 28 日,见 http://www.cac.gov.cn/wxb_pdf/0228043.pdf。

④ Easwar A. Nyshadham,"Privacy Policies of Air Travel Web Sites: A Survey and Analysis", *Journal of Air Transport Management*, Vol. 6, No. 3 (July 2000), pp. 143-152; Rocky Slavin, Xiaoyin Wang, Mitra Bokaei Hosseini, et al, "Toward a Framework for Detecting Privacy Policy Violations in Android Application Code", in *Proceedings of the 38th International Conference on Software Engineering*. (eds) New York: Association for Computing Machinery, 2016, pp. 25-36; 王国霞、王丽君、刘贺平:《个性化推荐系统隐私保护策略研究进展》,《计算机应用研究》2012 年第 6 期。

其中,对于文本的分析主要集中于网站隐私保护政策的内容分析①和与隐私保护政策相关的因素上②。对于App应用中的隐私政策研究主要集中在计算机、情报、信息安全与通信保密和新闻传播等方面,主要可以分为两方面:一是从计算机技术角度对于App应用隐私保护和泄露的途径进行探析;③二是通过实证调查、文本分析或者对比等方式,从情报、信息安全与通信保密和新闻传播角度对App应用隐私保护行为进行分析。④

在网站隐私保护政策研究方面,刘(Liu)等对于《财富》500强企业的隐私保护政策(Privacy Policy)进行内容分析,结果发现超过50%的《财富》500强企业具有隐私保护政策,但并不完全覆盖美国联邦贸易委员会(简称FTC)所要求的保护维度。⑤ 申琦以我国6类49家网站公布的隐私保护政策为对象,运用内容分析法,从"一般项目规定""信息的收集与存储""信息的使用与共享"三个方面考察了我国网站隐私保护政策的现状与不足。⑥ 范慧茜等以百

---

① David Gefen,Detmar W. Straub,"Managing User Trust in B2C E-Services",*E-Service*,Vol. 2,No. 2(Jan 2003),pp. 7-24; Ramendra Thakur,John H. Summey,"E-Trust:Empirical Insights into Influential Antecedents",*Marketing Management Journal*,Vol. 17,No. 2(Jan 2007),pp. 67-80; 申琦:《我国网站隐私保护政策研究:基于49家网站的内容分析》,《新闻大学》2015年第4期;徐敬宏、赵珈艺、程雪梅等:《七家网站隐私声明的文本分析与比较研究》,《国际新闻界》2017年第7期。

② 周拴龙、王卫红:《中美电商网站隐私政策比较研究——以阿里巴巴和Amazon为例》,《现代情报》2017年第1期;范慧茜、曾真:《搜索引擎企业隐私政策声明研究——以百度与谷歌为例》,《重庆邮电大学学报(社会科学版)》2016年第4期。

③ Namje Park, Marie Kim, "Implementation of Load Management Application System Using Smart Grid Privacy Policy in Energy Management Service Environment", *Cluster Computing*, Vol. 17, No. 3 (Match 2014) pp. 653-664; 郝森森、许正良、钟喆鸣:《企业移动终端App用户信息隐私关注模型构建》,《图书情报工作》2017年第5期。

④ Anja Bechmann,"Non-Informed Consent Cultures:Privacy Policies and App Contracts on Facebook",*Journal of Media Business Studies*,Vol. 11,No. 1 (2014) pp. 21-38; 刘雷、詹一虹、李晶晶:《我国公共信息资源App隐私侵犯风险比较研究——基于9所公共图书馆与9所高校图书馆的对比》,《贵州社会科学》2017年第12期。

⑤ Chang Liu,Kirk P. Arnett,"An Examination of Privacy Policies in Fortune 500 Web sites",*American Journal of Business*,Vol. 17,No. 1 (April 2002),pp. 13-22.

⑥ 申琦:《我国网站隐私保护政策研究:基于49家网站的内容分析》,《新闻大学》2015年第4期。

度和谷歌为例探析搜索引擎企业隐私保护政策声明。①

在 App 隐私保护政策研究方面,刘娇等通过筛选,对 55 个中文 App 应用和 20 个英文 App 应用的用户隐私声明进行文本分析,主要从用户隐私声明的名称、张贴位置、文本内容详细程度、App 应用获取用户权限数量、文本是否包含告知用户"与第三方分享"内容表述、是否包含告知用户"数据加密技术"内容表述、是否包含"未成年使用问题"表述等七个方面进行分析,且对中文和英文的用户隐私声明进行了对比。② 李卓卓、马越等提出数据生命周期概念,包括数据生产、采集、组织、加工、共享和利用等阶段。调查选取 iOS 平台不同类别的 50 个 App 应用,运用内容分析法,按照数据生命周期建立分析类目,对于移动互联网服务协议个人隐私信息保护内容进行分析并提出个人信息保护的建议。③

然而在现实生活中,隐私保护政策的阅读率非常低,大多数用户并不仔细阅读便会直接选择"同意"。甚至连美国联邦法院的罗伯茨大法官都坦承不会阅读平常遇到的隐私保护政策。④ 为此,已有大量的研究对影响人们阅读隐私保护政策的因素进行探究,⑤结果可分为两方面:一是从隐私保护政策的

① 范慧茜、曾真:《搜索引擎企业隐私政策声明研究——以百度与谷歌为例》,《重庆邮电大学学报(社会科学版)》2016 年第 4 期。

② 刘娇、白净:《中外移动 App 用户隐私保护文本比较研究》,《汕头大学学报(人文社会科学版)》2017 年第 3 期。

③ 李卓卓、马越、李明珍:《数据生命周期视角中的个人隐私信息保护——对移动 App 服务协议的内容分析》,《情报理论与实践》2016 年第 12 期。

④ Joshua A.T. Fairfield, *Owned*: *Property*, *Privacy*, *and the New Digital Serfdom*, London: Cambridge University Press, 2017; Tony Vila, Rachel Greenstadt, David Molnar, "Why We Can't be Bothered to Read Privacy Policies Models of Privacy Economics as a Lemons Market", in *Proceedings of the 5th international conference on Electronic commerce*, (eds), New York: Association for Computing Machinery, 2003, pp. 403-407.

⑤ David Gefen, Detmar W. Straub, "Managing User Trust in B2C E-Services", *E-Service*, Vol. 2, No. 2(Jan 2003), pp. 7-24; Ramendra Thakur, John H. Summey, "E-Trust: Empirical Insights into Influential Antecedents", *Marketing Management Journal*, Vol. 17, No. 2(Jan 2007), pp. 67-80; Sanjay Goel, InduShobha N, Chengalur-Smith, "Metrics for Characterizing the Form of Security Policies", *The Journal of Strategic Information Systems*, Vol. 19, No. 4(Dec 2010), pp. 281-295; Tatiana Ermakova, Annika Baumann A & Benjamin Fabian et al, "Privacy Policies and Users' Trust: Does Readability Matter?" in *Twentieth Americas Conference on Information Systems*, (eds), Savannah, 2014.

内容来看,通俗易懂、易于用户理解的内容阅读率较高,具体表现为文本的长度、使用词汇的复杂性和一致性等。① 如,Sheng 等人对五家美国金融行业企业的隐私保护政策进行内容分析,基于单词、句子和段落的长度等测量内容的可读性并评分,发现由于隐私保护政策包含大量的法律词语和行业用语,使得用户必须具有大学阅读水平才能够充分理解,隐私保护政策的可读性较差。② 二是从隐私保护政策的形式来看,明晰、标准化的隐私保护政策阅读率较高,具体表现为标题与副标题的使用、图表的使用和所处的位置是否容易被看到等。③ 如 McDonald 等通过在线询问用户问题,对三种隐私保护政策的格式进行探究,分别是分层格式、隐私查找器(Privacy Finder,以简短的项目符号格式标准化文本内容)格式和传统的格式。研究发现,与传统的隐私保护政策格式相比,标准化格式的可读性更好,表明改进格式能够有效提高用户的阅读率。④

已有研究成果丰富,为我们从隐私保护政策的类目、涵盖内容、文本设计等方面考察隐私保护政策在实现个人信息隐私保护中的实际作用提供参考。然而需要注意的是,既有研究对象的范围选择略为狭窄。大多只集中于本国相应的网站或是 App 应用,甚至仅集中于网站,中外对比分析不足,对用户已

---

① Erik Paolo S. Capistrano, Jengchung Victor Chen, "Information Privacy Policies: The Effects of Policy Characteristics and Online Experience", *Computer Standards & Interfaces*, Vol. 42, No. (Nov 2015), pp. 24-31; Turkington RC, Allen A L, *Privacy Law: Cases and Materials*, West Academic Publishing, 2002; Milne GR & Culnan MJ & Greene H, "A Longitudinal Assessment of Online Privacy Notice Readability", *Journal of Public Policy & Marketing*, Vol. 25, No2. (Sept 2006), pp. 238-249.

② Xinguang Sheng, Lorrie Faith Cranor, "An Evaluation of the Effect of US Financial Privacy Legislation through the Analysis of Privacy Policies", *A Journal of Law and Policy for the Information Society*, *SJLP*, Vol.2, 2005, p.943.

③ Xinguang Sheng, Lorrie Faith Cranor, "An Evaluation of the Effect of US Financial Privacy Legislation Through the Analysis of Privacy Policies", *A Journal of Law and Policy for the Information Society*, *SJLP*, Vol.2, 2005, p.943.

④ Aleecia M. McDonald, Robert W. Reeder & Patrick Gage Kelley, et al, "A Comparative Study of Online Privacy Policies and Formats", in *International Symposium on Privacy Enhancing Technologies Symposium*, Ian Goldberg, Mikhail J. Atallah (eds.), Berlin: Springer, 2009, pp. 37-55.

普遍使用的 App 的隐私保护政策研究不够。有鉴于此,本节将综合运用内容分析法,从 Alexa、艾瑞数据的网站和 App 应用中文和全球榜单前 50 中抽取样本进行全面梳理,比较分析国内外隐私保护政策的现状。

研究问题一:国内外网络平台隐私保护政策中的一般项目的制定情况如何?

研究问题二:国内外网络平台隐私保护政策中的信息收集与存储的制定情况如何?

研究问题三:国内外网络平台隐私保护政策中的信息使用与共享的制定情况如何?

三、基于国内外网站和 App 的隐私保护政策文本分析

(一) 数据来源①

从 Alexa 中获取全球网站排名前 50 和中国网站排名前 50 榜单,为保证样本代表总体的有效性,以网站类别分层抽取。参考申琦②和 Irene Pollach③的研究,综合 Alexa 排行榜单,将网站分为社交类、电商类、搜索引擎、门户类和休闲娱乐五类。在全球网站排名前 50 中,剔除重复后在不同网站类别中按比例分层抽取,共抽取 20 个网站:一是社交类,包括脸书、推特、Live、MSN、LinkedIn、Vk、Instagram 和 Blogspot;二是电商类,包括亚马逊(Amazon)购物、eBay 和 Paypal;三是搜索引擎,包括谷歌、雅虎、维基百科和必应;四是门户

① 数据选取截至 2019 年 3 月 1 日。为保证网站和 App 选取的权威性和代表性,选取方法为:先将榜单中的网站和 App 进行分类,按照各类所占比例进行分层抽取,因此在同一类型中,中外网站、中外 App 的数量会有所不同。

② 申琦:《我国网站隐私保护政策研究:基于 49 家网站的内容分析》,《新闻大学》2015 年第 4 期。

③ Irene Pollach, "Privacy Statements as a Means of Uncertainty Reduction in WWW Interactions", *Journal of Organizational and End User Computing* (*JOEUC*), Vol. 18, No. 1 (2006), pp. 23-49.

类,包括 Yandex、微软和苹果官网;五是休闲娱乐类,包括油管(YouTube)和网飞(Netflix)。[①] 以同样的方法从中国网站排名前 50 中抽取,共抽取 20 个网站:一是社交类,包括微博、天涯、豆瓣和知乎;二是电商类,包括淘宝和支付宝;三是搜索引擎,包括百度、搜狗、好搜和好 123;四是门户类,包括腾讯、搜狐、人民日报、新华网、环球网、CCTV 和网易;五是休闲娱乐类,包括优酷、土豆和哔哩哔哩。

从艾瑞数据中获取海外 App 指数和国内 App 指数,为保证样本代表总体的有效性,以 App 类别分层抽取。参考 Irene Pollach[②] 和刘娇等[③]的研究,综合艾瑞榜单,将 App 分为社交类、电商类、搜索引擎、生活服务类和休闲娱乐类五类。在海外 App 指数中,剔除重复后在不同 App 类别中按比例分层抽取,共抽取 20 个 App:一是社交类,包括脸书、Messenger、WhatsApp Messenger、Instagram、Snapchat、Pinterest、推特;二是电商类,包括亚马逊、Wish;三是搜索引擎,包括谷歌浏览器(Google);四是生活服务类,包括 Yahoo 邮箱、News Break、Flipboard Briefing、茄子快传、1Weather;[④]五是休闲娱乐类,包括油管、网飞、Spotify、糖果传奇、MX Player。[⑤] 以同样的方法从国内 App 指数中抽取,共抽取 20 个 App:一是社交类,包括微信、新浪微博;二是电商类,包括京东、拼多多;三是搜索引擎,包括百度、UC 浏览器;四是生活服务类,包括支付宝、

---

① 因下文抽取中国网站排名前 50,所以在此抽取时不选取中国网站,避免重复。

② Irene Pollach,"Privacy Statements as a Means of Uncertainty Reduction in WWW Interactions", *Journal of Organizational and End User Computing* (*JOEUC*), Vol. 18, No. 1 (2006), pp. 23-49.

③ 刘娇、白净:《中外移动 App 用户隐私保护文本比较研究》,《汕头大学学报(人文社会科学版)》2017 年第 3 期。

④ 在生活服务类中,因大部分 App 都为系统自带(如计算机、手电筒等),所以减少抽取。"茄子快传"属于中国 App,在中国榜单中,同时在全球榜单上榜,较有代表性,因此在此选取其考察。

⑤ 因全球社交 App 等存在垄断的趋势,如脸书垄断了全球大部分知名社交 App,抽取时难以避免选择同一家公司的 App。在按照一定比例分层抽取的前提之下,尽量选择非中国公司、非同一家公司、不同类别的 App,隐私保护政策尽量选择英文版本,尽量避免重复。

搜狗输入法、高德地图、Wi-Fi 万能钥匙、360 手机卫士、今日头条、墨迹天气、讯飞输入法;五是休闲娱乐类,包括爱奇艺、优酷、抖音短视频、酷狗音乐、网易云音乐、王者荣耀。

(二) 测量

本节将采用内容分析法,对国内外 40 个网站和 40 个 App 的隐私保护政策文本进行分析。在我国,2013 年通过的《电信和互联网用户个人信息保护规定》第二章和第三章明确了"信息收集和使用规范""安全保障措施",提出:电信业务经营者、互联网信息服务提供者收集、使用用户个人信息的,应当明确告知用户收集、使用信息的目的、方式和范围,查询、更正信息的渠道以及拒绝提供信息的后果等事项……电信业务经营者、互联网信息服务提供者应当采取措施防止用户个人信息泄露、毁损、篡改或者丢失。2016 年 6 月颁布的《移动互联网应用程序信息服务管理规定》第七条第二款中指出:建立健全用户信息安全保护机制,收集、使用用户个人信息应当遵循合法、正当、必要的原则,明示收集使用信息的目的、方式和范围,并经用户同意。申琦(2015)①和周涛(2009)②将网站隐私保护政策的条款分为一般项目、信息的收集与存储和信息的使用与共享三个方面,据此建立指标体系进行测量。

在国外,美国联邦贸易委员会(Federal Trade Commission,简称 FTC)出台公平信息实践(Fair Information Practice,以下简称 FIP),要求网站从五个方面遵守隐私原则,并体现在隐私保护政策中。五个方面分别是:告知与了解(Notice and Awareness):消费者有知道信息是如何被收集和使用的权利;选择与同意(Choice and Consent):消费者可选择用于某种用途信息能否用作其他

---

① 申琦:《我国网站隐私保护政策研究:基于 49 家网站的内容分析》,《新闻大学》2015 年第 4 期。

② 周涛:《基于内容分析法的网站隐私声明研究》,《杭州电子科技大学学报(社会科学版)》2009 年第 3 期。

用途,消费者也可选择信息是否同第三方共享;访问与参与(Access and Participation):消费者有访问和改正信息的权利;完整与安全(Integrity and Security):网站应确保信息在存储与传输的过程中不受到非授权的访问;执行与赔偿(Enforcement and Redress):消费者有权通过外部规章或认证程序来确保网站遵守上述隐私原则。① 欧盟 GDPR 第三章详细规定了用户的权利,包括对于个人信息的收集使用(知情权)须征得个人同意;个人可随时访问(访问权)、反对(反对权)、删除(被遗忘权)、转移个人信息(个人数据可携带权),涵盖个人信息流转的各个环节和流程。企业在收集信息时须就上述问题征得用户的同意,同时,若是以书面方式,则应写入相关文本协议中。②

尼沙德姆对航空公司网站隐私保护政策进行内容分析,根据 FIP 的告知、选择、访问、安全和联系信息五个原则提出相应问题进行分析;③厄普等查看了近 50 个网站的隐私保护政策、调查了 1000 多名互联网用户,以探究互联网用户对网站隐私的主要期望。其将网站隐私保护政策分为 12 个方面,包括:告知/注意、选择/同意、访问/参与、完整/安全、强制/改正、信息监测、信息聚合、信息存储、信息传输、信息收集、个性化信息和联系。④

本节将参考申琦和周涛的研究,将隐私保护政策分为一般项目、信息的收集与存储和信息的使用与共享三个方面,同时综合尼沙德姆和厄普等的指标设置,就 29 个问题调查隐私保护政策。同时,在实际调查中,大部分网络公司网站和 App 应用的隐私保护政策保持一致,并未加以详细区分,有些甚至直接跳转网站的隐私保护政策界面。因此,将网站与 App 应用隐私保护政策确

---

① 周涛:《基于内容分析法的网站隐私声明研究》,《杭州电子科技大学学报(社会科学版)》2009 年第 3 期。

② 《一般数据保护条例》(GDPR)第三章。

③ Easwar A. Nyshadham,"Privacy Policies of Air Travel Web Sites:A Survey and Analysis", *Journal of Air Transport Management*, Vol. 6, No. 3 (July 2000), pp. 143-152.

④ Julia B. Earp, Annie I. Antón & Lynda Aiman-Smith, et al,"Examining Internet Privacy Policies within the Context of User Privacy Values", *IEEE Transactions on Engineering Management*, Vol. 52, No. 2 (May 2005), pp. 227-237.

定为同一标准测量(见表3-1)。

表3-1　内容分析的类目

分类	序号	项目
一般项目	1	是否有专门关于“隐私保护”的相关声明?
	2	如果没有关于“隐私保护”的声明,是否在别的条款中存在?
	3	如果有关于“隐私保护”的声明,文档的题目是什么?
	4	隐私保护政策位于什么位置?
	5	隐私保护政策需要从主页开始经过几次点击才能到达?
	6	隐私保护政策最近一次更新是何时?
	7	隐私保护政策会变化吗?
	8	隐私保护政策是否提供了相关的联系方式?
	9	隐私保护政策中有免责内容吗?
	10	隐私保护政策是否有专业名词解释?
	11	隐私保护政策的适用范围是否做了说明?
	12	是否说明对用户的个人信息泄露有相应的补救措施?
信息的收集与存储	13	收集了用户的哪些个人信息?
	14	隐私保护政策是否说明收集、存储个人信息的目的?
	15	用户能否查看、更新、更正、删除他们的个人信息?
	16	是否使用了 Cookie?
	17	Cookie 能否被禁用?
	18	是否说明了禁用 Cookie 带来的后果?
	19	是否使用了网络信标(Web Beacon)?
	20	是否说明了确保个人信息的安全?
	21	是否说明了保护个人信息安全所采取的步骤?
	22	是否说明了对未成年个人信息的保护?

续表

分类	序号	项目
信息的使用与共享	23	是否说明使用、共享个人信息的目的?
	24	是否说明使用、共享个人信息的方式?
	25	是否与附属机构共享个人信息?
	26	是否同第三方共享个人信息?
	27	是否说明他们将不会出售数据?
	28	用户能否选择退出(Opt-out)? 网站定制的服务(如促销邮件等)?

四、研究发现

(一)中外网站和App隐私保护政策中一般项目基本情况

本节从Alexa和艾瑞数据中抽取中外网站和中外App各40个,对其隐私保护政策进行内容分析。① 整体来看,在网站中,国外榜单中社交类网站占比最高,而国内榜单中门户类占比最高,在App中出现了同样的情况,相比于社交类App,国内休闲娱乐类占比较高。虽然我国社交应用使用率达到83.4%,但与国外相比,我国社交类网络平台主要集中于微信朋友圈、QQ空间和微博三大平台,出现了使用率高、大平台高度垄断的现象。②见表3-2、表3-3。

① 数据收集时间为2019年2月22日至3月1日。同一个公司每个国家的隐私保护政策也有所不同,在此主要选取美国、英文版的。具体计算时,保留小数点后一位。

② 中国互联网络信息中心:《第43次中国互联网发展状况统计报告》,2019年2月28日,见http://www.cac.gov.cn/wxb_pdf/0228043.pdf。

表 3-2　中外网站和 App 隐私保护政策基本情况(一)①

		文件名称 (个数)	最近更新时间 (个数)	联系方式 (个数)	收集信息内容 (个数)
网站	国外	Privacy 1 Privacy &Cookie 4 Privacy Notice 1 Privacy Policy 9 Privacy Statement 2 User Privacy Notice 1 Data privacy 2	2017 年 1 2018 年 15 2019 年 3	地址 12 电话 6 在线反馈 17 邮箱 2 论坛 3	账户信息 14 用户使用服务时提供的信息 11 使用 Cookie 收集的信息 7 第三方得到的信息 12
	国内	隐私保护指引 1 隐私权政策 4 隐私使用说明 1 隐私条款 1 隐私条例 1 隐私政策 8	2017 年 1 2018 年 7 2019 年 1	地址 3 电话 4 在线反馈 8 邮箱 8 诉讼 4	账户信息 14 用户使用服务时提供的信息 5 使用 Cookie 收集的信息 0 第三方得到的信息 8
App	国外	Privacy Policy 14 Data privacy 3 隐私声明 1	2016 年 2 2018 年 12 2019 年 2	地址 12 电话 1 在线反馈 13 邮箱 6 诉讼 0 论坛 2	账户信息 10 用户使用服务时提供的信息 9 使用 Cookie 收集的信息 6 第三方得到的信息 10
	国内	个人信息保护政策 1 移动应用隐私政策 1 隐私保护声明 1 隐私保护指引 2 隐私权政策 4 隐私声明 1 隐私协议 1 隐私政策 8	2018 年 14 2019 年 2	地址 7 电话 8 在线反馈 12 邮箱 14 诉讼 2	账户信息 16 用户使用服务时提供的信息 9 使用 Cookie 收集的信息 0 第三方得到的信息 11

① 单位均为平台个数,未填的类目即代表没有。

表 3-3 中外网站和 App 隐私保护政策基本情况(二)①

		网站		App	
		国外	国内	国外	国内
一般项目	具有关于“隐私保护”的相关声明	20	17	20	19
	说明了最近一次隐私保护政策更新的时间	19	9	16	16
	隐私保护政策会进行更新	18	18	16	17
	隐私保护政策提供了相关联系方式	20	20	18	19
	隐私保护政策具有免责内容	18	19	18	19
	隐私保护政策是有专业名词解释	5	11	3	9
	说明了隐私保护政策适用范围	16	15	13	15
	说明了信息泄露具有相应的补救措施	5	8	7	12
信息的收集与存储	隐私保护政策说明了收集、存储信息的目的	20	15	20	19
	能够查看、更新、更正和删除个人信息	20	16	16	17
	隐私保护政策说明使用了 Cookie	20	16	17	16
	用户能够禁用 Cookie	17	15	16	14
	隐私保护政策说明了禁用 Cookie 的后果	17	15	16	11
	隐私保护政策说明使用了网络信标	6	11	7	12
	隐私保护政策承诺保护个人信息安全	19	18	14	19
	说明了保护个人信息安全采取的步骤	8	16	5	17
	说明了对未成年个人信息的保护	16	16	17	18
信息的使用与共享	说明了使用、共享个人信息的目的	20	9	18	14
	说明了使用、共享个人信息的方式	20	12	17	15
	说明了与附属机构共享个人信息	17	11	14	12
	说明了与第三方共享个人信息	20	17	18	17
	说明了将不会出售数据	3	0	2	0
	用户能够选择退出网站定制的服务	14	3	16	2

① 单位均为网络平台的个数。

总体看来,多数(36 个,90%的网站;37 个,92.5%的 App)网络平台都有专门的隐私保护政策,即使没有专门隐私保护政策的网站和 App 也会在相关用户协议等当中对隐私进行保护。从隐私保护政策本身来看,即使是同一家公司旗下,不同领域的隐私保护政策也会有所不同,如百度在“隐私保护政策总则”之外,“百度地图”“百度网盘”和“百度贴吧”等还拥有不同的隐私保护政策。

从隐私保护政策的更新情况来看,①多数网络平台都会进行更新并标明最近更新时间(28 个,70%的网站;32 个,80.0%的 App)。网络平台最近更新时间最大相差 2—3 年,其中网站的最近更新时间集中于 2018 年 5 月(8 个)和 11 月(7 个),App 的最近更新时间集中于 2018 年 5 月(6 个)和 10 月(7 个)。

2018 年 5 月 25 日,欧盟 GDPR 正式生效,与以往不同的是,此项法律适用于为欧盟提供服务的全球所有主体,因其严苛的条款和巨额的赔偿金额被称为“史上最严”的个人信息保护法律,在全世界范围内产生深刻影响。因此,在 GDPR 生效之前,全球诸多企业对于自身隐私保护政策进行更新,以符合 GDPR 的要求。同时,我国《信息安全技术个人信息安全规范》于 2018 年 5 月 1 日正式实施,规范了信息控制者在收集、使用和共享个人信息等方面的行为;2018 年 11 月 30 日,公安部发布《互联网个人信息安全保护指引(征求意见稿)》进一步建立健全个人信息安全保护制度和技术措施。与 2018 年 6 月生效的《网络安全法》相比,两部法规对于个人信息的保护更为细致,与国际逐渐接轨。可以推测,受到国内外法律法规的推进,2018 年 5 月、10 月和 11 月成为网络平台更新隐私保护政策的高峰期。

从隐私保护政策的联系方式上来看,网络平台普遍提供联系方式,在线反馈(25 个网站、25 个 App)是最普遍被使用的联系方式。所有(40 个)网站、

---

①　最近更新以最终生效时间为准。

92.5%(37 个)的 App 都提供了联系方式,包括在线反馈、地址、电话、邮箱、论坛和诉讼等方式①,其中,中国网络平台并无“论坛”这种联系方式。虽然在线反馈具有跨地域、跨时间等优势,但也存在容易失联的风险,为隐私保护带来一定的威胁。

从隐私保护政策的可读性上来看,网络平台多数能够考虑到适用范围,但对于是否真正能够为用户所理解考虑不够,使得隐私保护政策有流于形式之嫌。仅有 40%(16 个)的网站、30.0%(12 个)的 App 对于专业名词作出解释,但有 77.5%(31 个)的网站、70.0%(28 个)的 App 对于隐私保护政策的适用范围作出说明。值得注意的是,支付宝 App 的隐私政策在使用范围中特别说明适用 GDPR 的情况,与其他网络平台相比,更加与国际接轨。

从个人信息泄露问责来看,免责与补救措施同时存在,但免责内容更为网络平台所看重。92.5%(37 个)的网站、92.5%(37 个)的 App 隐私保护政策中存在着免责的内容,仅有 32.5%(13 个)的网站、47.5%(19 个)的 App 说明个人信息泄露后会提供相应的补救措施。

(二) 中外网站和 App 隐私保护政策中信息收集与存储的基本情况

从收集个人信息的内容上来看(见表 3-2、表 3-3),网络平台主要通过用户的账户信息、使用服务时提供的信息、Cookie 技术和第三方等方式来收集个人信息。70%(28 个)的网站、65%(26 个)的 App 通过用户的账户信息收集个人信息,通常包括手机号码、电子邮箱、性别、地址等,是收集个人信息最为普遍的方式。随着相关技术的发展,网站平台收集个人信息的范围在不断扩大,指纹、面部识别信息等生物特征个人信息亦被纳入其中。如王者荣

① 因同一家网站可能提供多种联系方式,此处的数字是指提供了联系方式的网站、App 数量,而非表 3-2 中数据的加总。

耀 App 要求收集可穿戴设备的信息以提供"防沉迷系统"服务。这让人忧虑。

从用户管理信息的权利上来看,虽然在多数网络平台上用户能够管理个人信息,但存在着"强制同意"的现象。82.5%(33 个)的网站、97.5%(39 个)的 App 会向用户说明收集、存储信息的目的;90%(36 个)的网站、82.5%(33 个)的 App 允许用户查看、更新、更正和删除他们的个人信息。但有大量的 App 在用户使用时,如若不点击"同意隐私保护政策"选项,应用将会自动退出终止使用。①

从 Cookie 及同类技术的使用上来看,使用 Cookie 及同类技术成为常态,虽然给予用户选择使用与否的权利,但也同时详细说明禁用后果。90%(36 个)的网站、82.5%(33 个)的 App 使用了 Cookie,42.5%(17 个)的网站、47.5%(19 个)的 App 使用了同类技术网络信标(Web Beacon)。其中,80.0%(32 个)的网站允许用户禁用 Cookie 并向用户说明禁用 Cookie 所带来的后果,75.0%(30 个)的 App 允许用户禁用 Cookie 且有 67.5%(27 个)的 App 向用户说明了禁用 Cookie 所带来的后果。

从个人信息安全上来看,网络平台在文本中明确声明保护用户的个人信息,但缺乏有效的监管。92.5%(37 个)的网站、82.5%(33 个)的 App 承诺会保护用户的个人信息安全,并且,60%(24 个)的网站、55.0%(22 个)的 App 详细说明了保护个人信息安全所采取的步骤。除此之外,80%(32 个)的网站、87.5%(35 个)的 App 特别说明了对于未成年人个人信息安全的保护。然而,网络平台是否真正做到了声明中所言,目前并没有透明、有效的监管机制,具体做法与效果不得而知。

① 这些 App 包括:百度、UC 浏览器、高德地图、Wi-Fi 万能钥匙、360 手机卫士、墨迹天气、爱奇艺、王者荣耀、谷歌浏览器等。

(三)中外网站和App隐私保护政策中信息使用与共享的基本情况

整体来看(见表3-2、表3-3),多数网络平台都会向用户说明个人信息使用与共享的基本情况。72.5%(29个)的网站、80.0%(32个)的App向用户说明了个人信息使用与共享的目的,80%(32个)的网站、80.0%(32个)的App向用户说明了个人信息使用与共享的方式。

从个人信息使用上来看,42.5%(17个)的网站、45.0%(18个)的App允许用户退出网站定制的服务,这些定制的服务主要是针对广告服务。与国外(14个网站,16个App)相比,国内平台(3个平台,2个App)很少允许用户退出网站定制的服务。同时,仅有7.5%(3个)的网站、5.0%(2个)的App明确说明不会售卖用户的个人信息。

从个人信息共享上来看,与"附属机构"相比,隐私保护政策中更常使用"关联公司"这一表述,表明各网络平台间错综复杂的关联关系,但主观上有扩大共享范围之嫌。70%(28个)的网站、65.0%(26个)的App声明将与附属机构共享用户的个人信息,92.5%(37个)的网站、87.5%(35个)的App还声明将与第三方机构共享信息。

最后,对中外网站和App隐私保护政策进行方差分析(见表3-4)。[①] 除中外网站间无显著差异外,其余两者间都有着显著差异。国外网站和App间差异最大,进一步分析发现,在信息的收集、存储、使用和共享方面,国外网站比国外App整体更为详细,如在"能够查看、更新、更正和删除个人信息"和"说明了使用、共享个人信息的方式"等类目上。而在国内网站和App间同样存在着较大的差异,不同的是,国内App比国内网站整体说明更为详尽。比较中外App,国外App比国内App说明更为详尽。

---

① 分析对象为内容分析类目中除文件名称、更新时间、联系方式和收集信息内容四项无法量化的项目。

表 3-4　中外网站和 App 隐私保护政策的方差分析

		平方和	自由度	均方	F	显著性
中外网站	组间	536.986	11	48.817	2.758	.053
	组内	194.667	11	17.697		
中外 App	组间	459.909	10	45.991	3.210	.030
	组内	171.917	12	14.326		
国外网站和 App	组间	693.986	9	77.110	26.613	.000
	组内	37.667	13	2.897		
国内网站和 App	组间	484.667	10	48.467	8.244	.001
	组内	70.550	12	5.879		

（四）结论与讨论

网络平台企业构筑了新的社会环境,其所提供的便利很大程度上建构在人们所提供的个人信息上,这使得隐私安全从未如今日一般令人们感到忧虑。[①] 隐私保护政策作为网络企业自律保护个人信息的一种方式,既是网络企业对用户的一种承诺,亦是用户管理自身隐私的重要参考。[②] 本节从 Alexa、艾瑞数据的网站、App 前 50 名榜单中分层抽样,共选取 80 个网络平台,对其隐私保护政策内容进行分析,考察网络平台的个人信息保护程度,希冀对本书后续讨论个人信息隐私保护中平台与用户个人之间的权力不对等提供经验数据,并提出有针对性的对策建议。

整体来看,国内外网络平台的隐私保护政策各项条款已较为完备,对于一般项目、信息的收集与存储和信息的使用与共享等内容都作出了明确的说明,

---

① 中国互联网络信息中心:《第 43 次中国互联网发展状况统计报告》,2019 年 2 月 28 日,见 http://www.cac.gov.cn/wxb_pdf/0228043.pdf。

② 申琦:《我国网站隐私保护政策研究:基于 49 家网站的内容分析》,《新闻大学》2015 年第 4 期。

用户也较为满意,但仍存在着避重就轻、逃避责任等问题。与其他条款的完备相比,只有少数网络平台承诺"具有补救措施"(32 个,占比 40.0%)和"将不会出售数据"(5 个,占比 6.3%)。与之相反的则是多数网络平台(74 个网络平台,占比 92.5%)都具有"免责"条款。即虽然网络平台对于收集数据的内容、如何收集和使用数据作了详细的说明,但在真正涉及用户维权、救济等问题时,更多地谋求自身的权利,采取了回避的态度。①

从国内外网络平台的隐私保护政策对比来看,国外网络平台隐私保护政策较为详尽,但总体来看差异较小,反映出国内外渐进一致的趋势。对国内外网络平台的隐私保护政策进行方差分析,发现国内外网站并无差异,而网站与 App 之间的差异较大。值得注意的是,国外网站比国外 App 详尽,国内 App 比国内网站详尽,原因可能是国外用户倾向于电脑上网、办公,而国内用户更青睐于手机联网,因用户关注度的不同而导致了网站和 App 制定隐私保护政策的详细程度不同。②

从隐私保护政策的一般项目上来看,隐私保护政策的命名较为混乱,且用户不易理解。国外网络平台存在"Privacy""Privacy &Cookie"和"Privacy Notice"等 7 种名称,国内网络平台存在"隐私保护指引""隐私权政策"和"隐私条款"等 10 种名称。而名称的统一,很大程度上仍需要国内外法律的规定与实施。③ 同时,用户难以理解隐私保护政策,更遑论利用隐私保护政策保护自身的合法权益。从隐私保护政策本身来看,只有较少的网络平台向用户说明隐私保护政策的"适用范围"(59 个,占比 73.8%),并进一步对专有名词作出解释(28 个,占比 35.0%)。这要求用户具有较高的教育水平或者信息隐私素养,才能真正理解隐私保护政策。

① 徐敬宏、赵珈艺、程雪梅等:《七家网站隐私声明的文本分析与比较研究》,《国际新闻界》2017 年第 7 期。

② 何晓兵等:《网络营销》,人民邮电出版社 2017 年版,第 353 页。

③ 肖雪、曹羽飞:《我国社交应用个人信息保护政策的合规性研究》,《情报理论与实践》2021 年第 3 期。

从隐私保护政策中信息的收集与存储来看,大部分网站对收集用户何种信息、如何收集和 Cookie 的使用等都作了详细的说明,表明网络平台与时俱进的隐私保护意识。从隐私保护政策中信息的使用与共享来看,多数网络平台都会向用户说明个人信息使用和共享的基本情况。同时,未成年人的保护受到了网络平台的普遍重视。80%以上的网络平台对于未成年人的保护都作出了特别的说明。究其原因,一方面,互联网的急遽发展催生出隐私保护的需求,对未成年人的保护也愈加重视;另一方面,由于本书只选取了 40 个 App,可能存在放大个体的情况。未成年人的保护也是用户的需求,成年用户普遍认为未成年人心智较为不成熟,应给予特殊保护,而未成年用户则认为是其合法权益而应加以重视。这些问题,在本书第四章第四节会进一步展开讨论。

最后仍需要注意两点:一是,尽管研究分析的绝大部分(80%)的网站、(87.5%)App 的隐私保护政策都特别说明了对未成年人个人信息隐私安全的保护。但是,这些平台实际是否真正履行了相关责任,具体操作办法与效果如何,目前并没有向公众公开,政府也没有公布对这一问题的监管与核实。二是,"不同意即退出"依然是 App 等平台强势获取用户个人信息隐私的利器,一定程度上也是我们担心的,知情同意原则有可能名为保护个人信息隐私决策,而实际沦为平台逃避责任、强行获取个人信息隐私的工具。这一点,我们将在下一节具体展开讨论。

第二节　平台主导:个人信息隐私决策面临的资本与技术鸿沟

平台企业的信息隐私保护政策不仅是落实个人信息隐私自决的具体体现,更是保护用户个人信息隐私安全的重要保障。然而,在实际操作中,由于不同平台企业的隐私保护政策存在较大差异,且隐私保护政策的设置存在着避重就轻、逃避责任、甚至"强制同意"的现象,致使用户对隐私保护政策的基本理解存在难度,更遑论利用隐私保护政策保护自身的合法权益,这在上一节的实证研究中已得到了验证。本节将继续就这一现象背后的成因展开讨论,总结并分析用户与平台之间存在的三道鸿沟:权力鸿沟、技术鸿沟与资本鸿沟;在此基础上,提出从“政府监管下的平台算法公开、实现以公共价值为中心的平台服务”两个方面平衡平台与用户个人信息隐私交换服务中的权力不对等问题,助力实现个人信息隐私决策自决。

一、不同意即退出:知情同意原则的黑箱效应

平台是指基于一定的规则或介质(如通用协议、数字技术、网络),双边(或多边)主体相互交换的场域。[①] 平台的发展中垄断性特征明显,欧盟《数字市场法》(Digital Market Act,简称 DMA)将平台发展中具有显著网络效应的大型平台界定为“守门人”(Gatekeepers),这些平台同时还具有对内部市场有重大影响,经营着一个或多个接触消费者的重要渠道,在经营中享有或预期享有牢固而持久的市场地位的特点。以垄断地位出现的平台不再是单纯的网络服务商,而更多地因技术和资本的优势,成为能够制定网络使用规则的专业机构。在信息隐私问题上,这一点尤为突出。用户与平台之间因专业知识、技术信息等方面的悬殊,平台成为用户信息收集规则的制定者,而用户则只能服从平台制定的规则。比如,隐私政策常常是由平台制定的,用户作为“乙方”仅有权在个人信息是否出售的问题上选择同意或拒绝,而不能够自行草拟一份政策,询问平台是否以此为条件提供服务。同时,个人的选择往往受限,面临着“不同意即退出(Take it or Leave it)”的处境,往往会因对于平台服务的需要,而选择同意平台制定的信息收集规则。

为保障个人信息在网络平台上的自由安全流动,我国推出了以知情同意为基础的个人信息隐私保护法律。知情同意要求平台在收集信息前,应当确

---

① 黄升民、谷虹:《数字媒体时代的平台建构与竞争》,《现代传播(中国传媒大学学报)》2009 年第 5 期。

保用户对于个人信息如何收集、使用知情,并征得用户的同意。《个人信息保护法》特别强调了个人信息指“以电子或者其他方式记录的与已识别或者可识别的自然人有关的各种信息”,并且对于需要单独征求用户知情同意的五种情况进行了明确规定,即:公开个人信息,向第三方提供个人信息,向境外提供个人信息,处理敏感个人信息以及并非出于维护公共安全目的而使用公共场所收集的图像和身份识别信息。然而,在实际操作中,因用户与平台之间在信息技术、知识等多方面的不对等,知情同意常常面临重重困难。

一是用户面向平台的信息收集需求存在“不同意即退出”困境。“不同意即退出”指用户在使用应用时面临的如若不同意平台信息收集的需求,则不能享受平台提供的服务这一现象,表明了用户做信息隐私决策时所处的被动处境。有媒体报道,在 1971 名受访者中 66.1%的受访者因“不同意即退出”现象只能被迫接受平台信息收集的需求。[1] 这表明“不同意即退出”已严重影响用户的信息隐私决策,威胁用户对其个人信息的控制权。我国新颁布的《个人信息保护法》第十六条规定,个人信息处理者不得以个人不同意处理其个人信息或者撤回同意为由,拒绝提供产品或者服务。但是,《个人信息保护法》的相关规定依旧较为笼统,难以落地。在很多情况下,个人信息常常是平台提供产品或者服务的重要依据,这足以使“不同意即退出”表现出合理性,若想真正杜绝“不同意即退出”现象,政府还应当继续落实相关细则,规定不同类型的服务所需要的最小信息范围,并落实相关的行政处罚手段。

二是用户和平台存在信息拥有量上的不对等。一方面,用户在信息如何收集、使用等方面存在知识和处理能力的有限性。在平台使用中,更高的知识和信息处理能力会提升个人的信息隐私安全。[2] 申琦等对 1587 位上海市大

---

① 王品芝:《79.2%受访者觉得个人信息被过度收集了》,《中国青年报》2020 年 11 月 23 日。

② 张学波、李铂:《信任与风险感知:社交网络隐私安全影响因素实证研究》,《现代传播(中国传媒大学学报)》2019 年第 2 期。

学生进行问卷调查发现,上海市大学生的信息知识和处理能力一般,正确分析和评价网络信息的能力有限,且在隐私保护中多采用消极的隐私保护手段,如提供不完整信息、离开网站等,而积极隐私保护行为,如更改密码、认真阅读隐私政策等少有,表明网络用户在平台使用中知识和信息处理能力的有限性以及进一步提升我国公众网络素养的必要性。① 另一方面,平台对于信息收集和算法技术的不公开使得用户根本不知情,也不懂得自己的个人信息是如何被收集和使用的,难以在日常生活中通过调整自己的行为以避免个人信息为平台收集和使用。大数据时代,信息隐私往往在隐私主体不知情的情况下被留存和使用,而信息收集的普遍性和便捷性使他人在使用隐私主体的隐私时,常常不会被当事人知晓,直到伤害形成后不断发酵时,大多数隐私主体才会如梦初醒,意识到侵权行为的存在。② 政治学者克罗蒂亚·阿拉杜(Claudia Aradau)等指出信息收集和算法技术的不公开可能会带来黑箱效应,人们并不了解不透明的信息技术如何影响了人们的社会生活,严重威胁了人的自由与民主权利。③ 因而,与其呼吁平台在信息收集后,"傻瓜式"地提供反馈机制,通知用户其信息隐私已被收集和使用,不如在事前通过信息收集和算法规则的公开培养用户的隐私素养,让用户明确应当在平台使用中如何调整其行为以更好地作出信息保护的反应。

三是信息删除权难以保障。我国《网络安全法》第四十三条和《个人信息保护法》第四十七条已明确提出用户拥有要求平台删除或更正个人信息的权利。但是,相关法律仅明确了用户在何种场景下拥有信息删除权,却并未明确信息删除权以怎样的方式行使,导致信息删除权依旧难以落地。信息删除权

---

① 申琦:《网络素养与网络隐私保护行为研究:以上海市大学生为研究对象》,《新闻大学》2014年第5期。

② 顾理平:《无感伤害:大数据时代隐私侵权的新特点》,《新闻大学》2019年第2期。

③ Claudia Aradau, Tobias Blanke & Giles Greenway, "Acts of Digital Parasitism: Hacking, Humanitarian APPs and Phantomization", *New Media & Society*, Vol. 21, No. 11-12 (June 2019), pp. 2548-2565.

在实际操作中面临的个人不知情、企业不明示、手续烦琐等困难难以解决。[①] 比如，国家计算机病毒应急处理中心就在互联网监测中发现“叮叮易建”“儿童学英语”等平台涉嫌“未提供有效的更正、删除个人信息及注销用户账号功能，或注销用户账号设置不合理条件”。[②] 与此同时，在平台使用中，个人信息隐私的泄露不仅限于个人主动披露的信息，他人在发布相关内容或复制、转发中也可能涉及个人信息隐私。如今，信息技术十分发达，在公开场合，人们无意间的举动遭遇图片和视频形式的传播和转发就可能带来个人行为的无限扩大和个人信息的广泛曝光，导致“家丑”遭遇社会围观，带来当事人“社会性死亡”的尴尬局面。但是在司法行为中，这种侵权仅能以名誉权侵犯为由，要求对方删除个人信息，这将信息删除权置于个人权益受损后才能实施的被动位置，导致个人信息删除权的后置和适用情境的缩小。因而，确定信息删除权的边界时，我国立法还应当考虑推动信息删除权相关行政手段的落地，同时扩大个人信息删除权的适用情境。[③]

有鉴于此，本节将从用户与平台之间权力不对等的分析入手，通过政府监管下的平台算法公开、实现以公共价值为中心的平台服务、发展基于区块链的平台中立技术等手段，探讨如何将用户信息隐私决策置于更公平的环境中，以实现更有效的隐私保护。

二、权力不对等：影响个人信息隐私决策的交换不公平

权力关系是社会各领域之间最根本的社会关系形式，也是社会结构和社

---

① 卢家银：《论隐私自治：数据迁移权的起源、挑战与利益平衡》，《新闻与传播研究》2019年第8期；徐磊：《个人信息删除权的实践样态与优化策略——以移动应用程序隐私政策文本为视角》，《情报理论与实践》2021年第4期。

② 杨子晔、杨尚东：《协同构建保护个人信息删除权的治理体系》，《民主与法制时报》2021年8月18日。

③ 范海潮：《作为“流动的隐私”：现代隐私观念的转变及理念审视——兼议“公私二元”隐私观念的内部矛盾》，《新闻界》2019年第8期。

会动态的最主要来源。[①] 传播学者简·梵·迪克(Jan Van Dijk)在《网络社会:新媒体的社会层面(第二版)》一书中指出,平台并非是一个静止的社会机构,而是一组动态协商的社会关系。[②] 在网络空间中,因技术和资本的优势地位,平台占领了"隐私—服务"交换中的强势地位,从服务商身份跃升为网络规则的制定者,用户需以平台制定的规则为依据享受服务。实际上,对于平台企业和个人而言,在"隐私—服务"的交换中,交换双方获取的利益并不均等。个人通过提供数据仅能够获得暂时的企业服务,而企业却可以从数据交换中获得永久且无限地利用数据的权力。数据的聚合和深度分析为企业拥有更大更稳定的市场地位奠定了基础。与此同时,企业凭借在信息技术上的优势地位,以更利己化的隐私协议、更隐蔽的数据收集形式等进一步加深了企业和用户之间的不对等关系。

权力的本质就在于社会关系中强势一方与弱势一方的不对等地位。马克斯·韦伯(Max Weber)将权力定义为"一种社会关系里哪怕遇到反对也能贯彻自己意志的任何机会,不管这种机会是建立在什么基础之上"。[③] 马克斯·韦伯的定义指出了在权力不对等下,强势一方对于弱势一方的支配力量,这种支配力量具有单向性和强制性。[④] 单向性是指,强势一方对于弱势一方的影响是单向的、非对称的。强制性是指,作为权力不对等的结果,弱势一方会受到强势一方的影响,按照有利于强势一方的意志、利益和价值观行事。[⑤] 用户使用平台时,不对等的权力关系使其常被迫接受平台信息收集的需求,个人信息难以自决。隐私悖论现象指出,很多时候,即便网络用户感知到隐私风险的

---

① 曼纽尔·卡斯特尔、贺佳、刘英:《权力社会学》,《国外社会科学》2019 年第 1 期。

② [荷]简·梵·迪克:《网络社会:新媒体的社会层面(第二版)》,蔡静译,清华大学出版社 2014 年版,第 26 页。

③ 陈成文、汪希:《西方社会学家眼中的"权力"》,《湖南师范大学社会科学学报》2008 年第 5 期。

④ 陈成文、汪希:《西方社会学家眼中的"权力"》,《湖南师范大学社会科学学报》2008 年第 5 期。

⑤ 曼纽尔·卡斯特尔、贺佳、刘英:《权力社会学》,《国外社会科学》2019 年第 1 期。

存在,却也不会采取有效的隐私保护行动。[①] 大量研究发现,这一现象的背后,因个人与平台之间不对等的权力,个人常处于信息隐私保护失控的状态,大量的隐私泄露事件使得人们存在隐私倦怠心理,表现出对于个人隐私控制的失望,以及对于平台的信息需求全盘接受的倾向。[②] 隐私倦怠心理的存在表明个人与平台之间权力不对等的关系。使用平台时,平台成为网络使用规则的制定者,即便个人原本存在信息隐私保护的意愿,也会无力对抗平台在知识和技术能力上的优势地位和平台服务的垄断,依从平台的信息收集需要,被迫作出隐私披露的决策。

平台与用户之间的资本差异是导致用户与平台之间权力不对等的重要原因。帕森斯指出,权力始终处于无休止的流转与增减中,权力本身并无价值,而只具备一种交换性的价值。[③] 权力交换的前提在于一方拥有另一方所需要的资源,并且这种资源以垄断性的形式存在。[④] 平台之间竞争的实质是基于双边市场规模化的替代性竞争。"由于平台的异质同构,其实现的基本功能将逐步趋同,当不能通过差异化来建立核心竞争优势的时候,规模化成了唯一的手段",因此对于网络服务资源的垄断是平台资本扩张的终极追求。[⑤] 在我国网络经济快速且粗放的初期发展中,网络服务市场以平台垄断的局面存在也已成为现实。微信、百度、淘宝不仅占据了我国即时通信、信息搜索、电子商务市场的垄断地位,其母公司腾讯、百度和阿里巴巴更是垄断了我国网络服务

---

① 李兵、展江:《英语学界社交媒体"隐私悖论"研究》,《新闻与传播研究》2017 年第 4 期。

② Steven Furnell, Kerry-Lynn Thomson, "Recognising and Addressing 'Security Fatigue'", *Computer Fraud & Security*, Vol. 2009, No. 11 (Nov 2009), pp. 7-11; 张大伟、谢兴政:《隐私顾虑与隐私倦怠的二元互动:数字原住民隐私保护意向实证研究》,《情报理论与实践》2021 年第 7 期。

③ [美]塔尔科特·帕森斯:《现代社会的结构与过程》,梁向阳译,光明日报出版社 1988 年版,第 34—36 页。

④ [美]彼得·布劳:《社会生活中的交换与权力》,李国武译,商务印书馆 2008 年版,第 175—187 页。

⑤ 黄升民、谷虹:《数字媒体时代的平台建构与竞争》,《现代传播(中国传媒大学学报)》2009 年第 5 期。

中身份认证、线上支付、信息搜索、地图服务等基础服务,成为我国网络服务平台生态系统的支配者,中小型平台企业在进入市场时需要依附于垄断平台提供的基础服务才能够生存。垄断平台的出现导致用户即便不愿意披露个人信息,却因网络服务的需要和替代选择的受限,不得不以披露个人信息为前提以换取服务。

知识和技术能力的不对称也是导致用户与平台权力不对等的重要原因。美国学者曼纽尔·卡斯特(Manuel Castells)曾指出,知识和信息一直是生产力和权力的重要来源。[①] 知识和信息的不对称给予了强势的一方影响弱势一方的权力,主要体现为对于选择权的影响。[②] 由于平台和用户之间在信息和知识上的不对称,用户的信息隐私决策常常屈从于平台的意旨,无法体现个人的隐私期望。作信息隐私决策时,用户对于平台如何收集、使用个人信息的不了解致使用户选择权的受限。[③] 虽然平台以隐私政策的形式告知用户信息收集的内容和方式,但是大量学者的研究表明平台在告知义务时并不积极,隐私政策常存在可读性差、全面性不足等问题,[④]用户的知情程度依旧不充足。这使得用户难以作出符合其隐私期望的决策。同时,相较于用户而言,拥有大数据技术的平台对于信息技术和专业知识的掌握程度更完全,更加清楚透过隐私政策,哪些信息可以被平台所合法收集。这使得在信息不对称下,用户的隐私期望难以实现,而平台却易将隐私政策转变成为确保平台收集个人信息合法性的自保性条款和信息收集的绿卡。

用户与平台之间在资本、知识和技术能力上的落差为不平等的权力关系

---

① [美]曼纽尔·卡斯特:《网络社会:跨文化的视角》,周凯译,社会科学文献出版社 2009 年版,第 46 页。

② 周辉:《技术、平台与信息:网络空间中私权力的崛起》,《网络信息法学研究》2017 年第 2 期。

③ 周辉:《技术、平台与信息:网络空间中私权力的崛起》,《网络信息法学研究》2017 年第 2 期。

④ 赵静、袁勤俭、陈建辉:《基于内容分析的 B2C 网络商家隐私政策研究》,《现代情报》2020 年第 4 期。

的形成提供了背书。在用户使用平台时,个人的隐私保护难以实现,隐私控制屡屡失灵,并且即便个人拥有相应的知识和技术能力,面对网络服务日益垄断的现状,个人也不得不接受平台的信息隐私政策以满足网络服务的需求。面对平台,用户知识和技术能力的落差以及平台网络服务的垄断正是平台与用户之间利用技术和资本力量实现权力不对等的具体体现。下文将进一步分析,平台如何利用这种技术和资本上的优势实现权力不对等。

三、难以逾越的鸿沟:技术和资本共同操纵下的权力不对等

(一)以利己化为目的的平台技术架构

1. 平台企业对于平台规则的操控

平台规则指平台企业设计制定并主要以格式契约/用户协议为形式、通过技术手段实施的平台使用规范。[①] 在用户使用平台时,平台规则具有一定的强制性。用户使用平台必须以同意平台制定的平台规则为前提,并且用户一旦使用了应用就会被默认为同意平台规则。法学学者刘银霜指出,用户使用网络服务通常遵循对于平台规则的"使用即同意"规则,也就是说,"网络用户只有完全同意遵守网络服务提供者制定的规则,才能使用网络服务提供者提供的服务。网络用户不接受网络服务提供者的制定规则,或是部分接受或部分不接受网络服务提供者制定的规则,就不能'使用'网络服务提供者提供的服务。用户的'使用'行为包含点击行为、安装行为、下载行为、转发行为、发表行为、复制行为、注册行为等"。[②] 比如,在使用微信平台前,用户需要同意微信平台的《腾讯微信软件许可及服务协议》,并且除非用户"已阅读并接受协议所有条款",否则用户"将无权下载、安装或使用"微信软件及相关服务。

---

① 戴昕:《重新发现社会规范:中国网络法的经济社会学视角》,《学术月刊》2019年第2期。

② 刘迎霜:《"使用即同意"规则与网络服务提供者的法律规制》,《社会科学》2015年第7期。

用户的“下载、安装、使用、获取微信账号、登录等行为”即视为用户“已阅读并同意上述协议的约束”。[①] 在网络的不断发展中,平台借助技术上的优势掌握了平台规则操纵者的地位。

在技术的不断更迭中,平台的发展进步为人们的生活创造了诸多可能,但是平台发展造成的技术困局也同样触目惊心。不论是外卖平台、网约车平台等对于骑手、司机的算法剥削,还是社区、电商平台对于用户的弹窗轰炸,都表明在平台规则下,用户被困于技术的牢笼中,面临着使用困境。在使用平台的过程中,人们不可避免地被平台所制定的使用规则和技术逻辑所操纵。在现代社会中,技术从帮助人们开发和呈现世界,转变为促逼人们在其平台规则设定的关系中生活。[②] 18 世纪法国学者拉·梅特里(La Mettrrie)在《人是机器》一书中使用“驯顺”这一概念,旨在说明技术让人的身体变成可解剖和可操纵之物。[③] 在现实世界中,依旧常见算法、大数据等现代科技产物通过对于人的行为、位置、社会关系相关数据的深度收集和挖掘,实现对人的个人爱好、身体等各个维度的解剖,引导人的行为实践和思维方式,平台被赋予了无限的操纵人的可能。信息科学学者马蒂亚斯·舒茨(Matthias Scheutz)在研究中发现,在人与拟人化智能平台交往的过程中,与平台对人的“无感”相反,人更易于与智能平台形成情感上的连接关系,并表现出了人在与智能平台的交互中被智能平台操纵的可能性。在研究中,学者以扫地机器人洛姆巴(Roomba)的真实案例表明,“随着时间的推移,人类会对洛姆巴产生一种强烈的感激之情,

---

① 《腾讯微信软件许可及服务协议》,见 https://weixin.qq.com/cgi-bin/readtemplate? lang=zh_CN&t=weixin_agreement&s=default。

② 胡翼青:《为媒介技术决定论正名:兼论传播思想史的新视角》,《现代传播(中国传媒大学学报)》2017 年第 1 期。

③ [法]拉·梅特里:《人是机器》,顾寿观译,商务印书馆 1959 年版,第 27—44 页。

因为它能清洁他们的家”。[①] 还有研究表明，采用人性化设计的社交机器人拥有取得更多的人类信任，诱导其更多地作出披露信息隐私的选择。[②]

值得进一步思考的是，技术对于人的影响本质上而言依旧来源于技术强势一方，即平台所制定的规则。在探究技术与人的关系时不可忽视的是技术背后隐藏的平台与用户之间的权力关系。我国法学学者戴昕指出：“因为大型商业互联网平台不仅在水平层面上协调用户之间的多边交易关系，更借助对数据和算法形成了对用户和资源的纵向控制。平台规则因此具有更多自上而下的治理属性，其内容和实施机制均有较强的中心化特征，甚至被一些研究者直接指称为‘法律’。”[③]对于普通用户而言，从技术的发明伊始，平台就以技术知识和技术能力的优势地位，为技术的使用制定了“游戏”的规则，表现出了自上而下的治理可能。普通用户在接受技术和养成习惯中，事实上是完成了对于平台规则的屈从。比如，腾讯新开发的电子签平台用户协议表明，一旦用户同意使用其服务就意味着需要接受平台“已经发布的或者将来可能发布的各类规则”，“腾讯电子签有权根据需要不定时地制定、修改本协议或各类规则……经修订的协议、规则一经公布，立即自动生效，对新协议、规则生效之后注册的用户发生法律效力。对于协议、规则生效之前注册的用户，若用户在新规则生效后继续使用网站提供的各项服务，则表明用户已充分阅读并认可和同意新的协议或规则。若您拒绝接受新的协议和规则，您必须放弃使用

---

① 王亮：《社交机器人“单向度情感”伦理风险问题刍议》，《自然辩证法研究》2020 年第 1 期；Matthias Scheutz, “The Inherent Dangers of Unidirectional Emotional Bonds Between Humans and Social Robots”, in *Robot Ethics: the Ethical and Social Implications of Robotics*, Patrick Lin, Keith Abney & George A. Bekey (eds.), Massachusetts: The MIT Press, 2012, pp. 205–222.

② Ramnath K. Chellappa, Raymond G. Sin, “Personalization Versus Privacy: An Empirical Examination of the Online Consumer's Dilemma”, *Information Technology & Management*, Vol. 6, No. 2–3 (April 2005), pp. 181–202.

③ 戴昕：《重新发现社会规范：中国网络法的经济社会学视角》，《学术月刊》2019 年第 2 期。

腾讯电子签提供的各项服务”。[①] 这份用户协议表明,如若用户同意使用该网站的服务,则必须同意接受平台制定的规则,其不仅需要接受当前的规则,还要被自动默认为同意腾讯公司未来在用户协议上可能发生的变化,并且如若不同意,则需要退出该项服务。法学学者刘银霜指出,“网络服务提供者通过制定平台规则赋予了自身一系列新的权力——规则制定权、规则单方修改权、用户信息特别许可权、纠纷裁决权、责任限制或免除权等,远远超过了合同法应有的‘权利义务对等’意蕴。其所享有的这些权力,也不是私法上的‘权利’可以涵盖的,而应是有权支配他人之‘权力’”[②]。平台规则成为平台达成与用户之间不对等权力,实践其优势地位的重要手段:在平台规则下,技术本身不能再体现为一种中立的技术,而是一种有偏向的技术,仅体现技术强势一方的意志和目的。而普通用户与平台之间在技术能力和技术资源上不对等更进一步决定了普通用户始终不能成为平台规则的创立者和技术演进的推动者。

2. 平台与用户之间技术资源的不对等

在网络空间中,技术资源主要是指对技术工具的占有、对技术知识的掌控和对技术架构的支配能力。[③] 在以技术为主要支撑的网络空间中,对于技术基本的操作和掌握是必要的素养,对于技术资源的掌握程度决定了个人在网络空间中的行为能力。在平台使用中,不管是对于覆盖日常生活的打车、买菜、支付等平台的使用,还是在社交媒体平台的参与,都要求人们掌握平台使用的技巧。技术资源的弱势地位则为人们的日常生活难以避免地带来了麻烦,比如街头扬招在打车方式中逐渐失效、疫情期间健康码的无法获取导致老年群体出行困难等。

---

① 《腾讯电子签用户注册与使用协议》,见 https://rule.tencent.com/rule/27e59edf-25aa-43b5-97f2-b9dfa5e68806。

② 刘迎霜:《“使用即同意”规则与网络服务提供者的法律规制》,《社会科学》2015 年第 7 期。

③ 周辉:《技术、平台与信息:网络空间中私权力的崛起》,《网络信息法学研究》2017 年第 2 期。

个人信息安全的保护则对于个人的技术知识和技术能力提出了更高的要求。从已有的调查结果来看,我国用户对于信息隐私相关的技术认知和掌握都较为有限。在注册平台时,为防止个人账号陷入不安全的境地,用户必须设置"字母+字符"的强密码来保护账号安全。在使用平台中,为避免个人信息泄露,用户只能以避免披露或者虚假披露等形式来保障个人的位置、性别、联系方式等信息的安全。在"弃用"平台后,用户还可以通过注销账号等方式来保护个人信息安全。虽然用户已经采取了力所能及的手段来保护个人隐私,但是这却远远不够。2018 年,骇人听闻的滴滴私家车司机杀人事件发生后,多家媒体报道称,滴滴车司机在后台可以看到乘客的性别、年龄等个人信息,甚至其他司机车主对乘客的个性化评价标签,而乘客本人对此并不知情。[①] 科技媒体平台 36 氪也发表了一则视频深度解析未匿名化处理的快递单可以泄露多少个人信息。在视频中,36 氪指出,仅凭快递单号上的用户手机号、姓名、地址就可以让"有心人"查找到用户的交易明细、真实姓名、全部的社交账号信息以及身份证账号信息,个人信息隐私的全面崩塌也就此开始。[②] 科技的发展和进步速度如此之快,对于信息技术能力和知识有限的普通用户而言,信息隐私泄露的发生难以预测,信息隐私泄露的程度难以预估,更难以预防。已有的案例表明,信息隐私泄露的危害已经不仅限于用户的信息安全、财产安全,更是上升到了用户的生命安全高度。用户信息安全的保障不再应当仅以用户的信息自决权的形式体现,强调用户的责任,更是需要平台企业和政府主动承担起保障用户信息安全的责任和义务。

即便互联网为用户提供了充分的信息平台,让用户可以借助这一平台了解如何保护个人信息隐私,但在实践中,用户似乎也难成为保障个人信息安全

---

① 薛星星:《滴滴致命顺风车:整改后仍有漏洞可钻 可看乘客性别》,《新京报》2018 年 8 月 26 日。

② 36 氪:《10 条实用指南,保护你的互联网隐私》,2021 年 4 月 25 日,见 https://36kr.com/video/1197205678156681。

的“能者”。因为面对体系更加健全、人员分工更加专业化的大数据平台,用户的力量微不足道。有研究发现,即便是技术熟练或受过教育的用户,他们对隐私保护的技术或法律形式也同样缺乏了解。有学者研究发现,在技术熟练和受过教育的样本中,也有许多受访者无法命名或描述匿名浏览互联网的活动或技术,以防止其他人识别他们的 IP 地址(超过 70%);无法在完成在线支付时保持匿名(超过 80%);或者无法保护电子邮件,以便只有预期的收件人可以阅读它们(超过 65%)。与此同时,54%的受访者无法准确描述与隐私相关的法律。受访者对隐私相关的法律概念了解十分模糊。例如,当被要求解释公平信息原则①时,有些用户错误地说,这些原则包括针对不法行为和个人数据报酬的诉讼(分别为 34.2%和 14.2%)。②

技术资源的不对等给予平台设计更加利己化的隐私政策的空间。在实际操作中,平台常是信息隐私收集和使用规则的主导者。用户的个人信息将被如何收集和使用,由平台设计隐私政策所控制,用户的信息自决权被放置在平台提供的选择空间中。我国学者胡凌指出,平台与用户关于隐私的约定仅限于那些能够直接识别出身份的信息,但是对于用户网络行为等更有价值的信息,平台无须经过用户的同意即可使用,③这进一步提示了用户信息自决的有限性。对于用户而言,当人们使用外卖、打车、网络购物、即时通信等平台时,人们虽然同意平台收集家庭住址、相册信息、通讯录等以提供服务,并不表明人们期望这些信息在未脱敏处理的情况下就为后台技术人员所获取和被超出服务内容之外广泛收集和使用。在使用智能家居,如家用摄像头时,人们同意平台短暂记录生活动态,却并不想生活动态被后台的陌生人存储、分析。美团

① 公平信息原则(The Fair Information Practices)是由经济合作与发展组织(OECD)在 1980 年发布的用户信息隐私收集和处理指南,包含用户参与、安全保障、使用限制、目的说明等八项原则,旨在保障用户信息的公平收集和有序共享。

② Alessandro Acquisti, Jens Grossklags, “Privacy and Rationality in Individual Decision Making”, *IEEE Security & Privacy*, Vol. 3, No. 1 (Jan-Feb 2005), pp. 26-33.

③ 胡凌:《探寻网络法的政治经济起源》,上海财经大学出版社 2016 年版,第 22 页。

平台被曝光以5分钟为间隔、24小时持续索取用户定位信息的问题；拼多多平台可以远程删除用户手机照片；微信平台在后台反复读取用户相册；家用摄像头账号、密码被窃取从“家庭安全卫士”变成了“偷窥神器”。[①] 这都表明，虽然随着立法的推进和相关规范的落地，用户拥有选择个人信息是否披露给平台的权力，但是事实上用户对于个人信息隐私的控制并不充分。个人图像、声音、位置等敏感信息被平台在一次问询后一视同仁地收集、存储、分析，如若打开了平台收集某一类个人信息的权限，则这类信息将可能处于失控状态，为平台所最大化利用。对于技术资源贫乏的用户而言，如何脱离平台制定的隐私政策枷锁，真正与平台实现在信息收集和分享上的平等协商，值得进一步思考。

3. 平台对于信息隐私边界的消解

从传统观念上看，隐私指“不受打扰的权利（Right to be Alone）”[②]。个人通过设定隐私的边界以划分出公共空间与私人空间的界限，保护其私人空间不受侵犯，“隐私是公开与关闭私人边界之间的一种张力，是个人对他人接近自己的选择性控制”[③]。长期以来，围绕着“公私”边界开展的隐私讨论面向两个议题：一是“是否公开揭露与私人有关的事实/信息（Public Disclosure of Private Facts）”，二是“是否对于独处的干涉（Intrusion on Seclusion）”。[④]

随着信息技术的不断发展，这种原有的信息隐私公私讨论已无法覆盖信息技术发展下隐私保护面临的新问题，公私二元边界逐渐消解。一方面，数字技术的发展泛化了原本隐私所承载的信息范围。在信息技术发展初期，个人

① 刘舒：《居家隐私变“网络直播”？警惕家用摄像头被非法操控！》，《信息新报》2021年10月30日。

② 路易斯·D.布兰代斯等：《隐私权》，宦盛奎译，北京大学出版社2014年版，第3页。

③ 徐敬宏、张为杰、李玲：《西方新闻传播学关于社交网络中隐私侵权问题的研究现状》，《国际新闻界》2014年第10期。

④ Daniel J. Solove, “Introduction: Privacy Self-Management and the Consent Dilemma”, *Harvard Law Review*, Vol. 126, No. 7 (May 2013), pp. 1889-1893.

的信息隐私仅指以数字形式记录的个人身份信息,如电话号码、地址、身份证号等,而随着数字技术的发展,个人的私人活动信息,比如社交行为、网络购物数据等也以公共的数字资源形式呈现。① 原本的隐私边界已无法涵盖信息技术发展下的个人信息隐私范畴。另一方面,信息技术的发展冲击了原本空间上的公私领域划分边界。在原本的空间意义上,公共领域和私人领域的界限分明,但是网络平台的兴起,将人们的个人信息和私人生活搬上更为广阔的公共空间,打破了原本物理空间意义下的只限亲密好友参与的私人空间与大众广泛参与的公共场所之间的界限,使得隐私在私人空间的维度迅速缩减。比如,我们难以对社交媒体平台去做公共领域和私人领域的区分,社交媒体平台上,用户的个人账号虽然表现出具有一定的私人领域的私密性,但是这种私人空间又是对外开放的,具有公共空间的属性。社交媒体平台的发展鼓励了人们大量分享自己的观点、个人信息和生活动态的自我意识。但是人们自我意识的表达行为又在不断地将我们的"私生活"推向公共空间,也为平台的公开数据收集提供了可能。在用户不断披露个人信息的过程中,平台借此也实现了对于用户姓名、年龄、性别、地区、行为等多种类型数据的收集,可以由此开展对于用户的多种行为数据和群体数据的复合分析,以推动平台的进一步发展和市场的进一步扩张。与此同时,物联网技术和智能家居的发展更多地参与用户的私人生活,为平台源源不断地参与用户的私人生活,收集并分析用户的私人生活相关数据提供了渠道。

在隐私的"公—私"边界不断消解后,用户隐私权范围将不断缩减,平台对个人信息的收集范围将持续扩大。由于隐私原本的"公—私"边界消解,用户在网络平台上的隐私保护的意识持续削弱,披露个人信息隐私的意愿将会不断增强。由此带来的是互联网公共空间中数据的蓬勃发展,平台数据收集更加私密化,平台数据预测的准确性以及对于用户私生活的把控程度持续增强。

---

① 范海潮:《作为"流动的隐私":现代隐私观念的转变及理念审视——兼议"公私二元"隐私观念的内部矛盾》,《新闻界》2019 年第 8 期。

我国学者胡凌指出,在平台与用户的“服务—隐私”交换中,平台与用户之间关于隐私的约定仅限于那些能够直接识别出用户身份的基础信息,对于能够从用户网络行为中发掘出大量价值的数据则无须用户同意即可使用,这就为大数据分析扫清了法律障碍;并且即便用户注销其账户,也无权要求从服务器上彻底删除全部个人活动和信息。虽则平台未必掌握用户的姓名等基础信息,却可以通过对用户日常生活的持续深入,获得更加广泛的真实数据用于精准营销,“在自己的信息帝国领域内,数据主权者(平台)拥有至高无上的架构设计权,和法律、社会规范与市场一样,直接在微观上影响甚至决定着用户的行为”①。下文将进一步分析平台如何深入人们的日常生活并将其转化为资本获利的手段。

(二)以数据垄断为核心的资本架构

1. 平台对于网络服务市场的垄断

我国网络服务的垄断特征明显,巨头平台偏多。在信息搜索领域的百度平台,在即时通信领域的微信平台等都基本形成垄断态势。搜索引擎平台中,2020 年前三季度,百度平台覆盖人群达 71.2%,在搜索引擎行业占据垄断位置。② 2016 年,中国互联网络信息中心发布的《中国社交应用用户行为研究报告》调研结果表明,2016 年重点即时通信应用整体使用率中微信平台高达 92.6%。③ 有研究问卷调查了 2556 位被访者,四分之一的被访者 2020 年微信平台日使用时长在四小时以上。④ 垄断地位的形成使得平台拥有了集合或控制更大市场的能力。布劳认为,对于别人需要的东西加以垄断,从而阻止他人

① 胡凌:《探寻网络法的政治经济起源》,上海财经大学出版社 2016 年版,第 22、36、38 页。

② 央视市场研究:《搜索引擎行业进入存量竞争 360 稳居搜索市场份额第二》,2020 年 12 月 18 日,见 https://www.donews.com/news/detail/4/3128616.html。

③ 中国互联网络信息中心:《2016 年中国社交应用用户行为研究报告》,2017 年 12 月 27 日,见 https://www.cnnic.cn/NMediaFile/old_attach/P020180103485975797840.pdf。

④ 杭敏、张亦晨:《2020 年全球传媒产业发展报告》,《传媒》2021 年第 19 期。

满足其需求而形成强制力量是权力实现的必要路径。[①] 在网络空间中,互联网平台对于资源的垄断常常导致用户在面向平台的信息需求时,面临一旦拒绝就无法获得相应服务的局面,导致用户不得不同意平台的信息需求,难以达到隐私期望。通过大额资本的投入,平台以价格政策大幅度聚合用户,垄断市场,获取大量的数据。平台具有一种网络外部性效应,即某个用户使用一种商品或服务所获得的效用会随着使用该产品的用户人数增加而增加。[②] 在这一效应基础上,只要能够优先在自身平台上实现较大的用户需求规模,平台商品或服务的效用就会提升,使得用户自发地聚集到这个规模较大的平台上,加速其垄断竞争优势的形成,带来平台产业"赢者通吃"的寡头竞争格局。在平台竞争中,为加快集中趋势,平台还会结合平台买卖双边的价格弹性来补贴用户(同时补贴两边或仅补贴一边),由此会使掠夺性定价、固定价格、低价倾销等传统的价格垄断行为变得司空见惯,实现对于内部市场的整体垄断态势。在网络平台的生长中,通过强势的价格补贴在短期内迅速聚合用户、占领市场已十分常见。在短视频领域,字节跳动公司旗下的火山小视频平台在发展初期就以 10 亿元补贴内容创作者、重金引入"网红"的形式迅速占领短视频类平台下载榜单前十名。在电子商务领域,拼多多平台在发展中瞄准了"下沉市场",以巨额补贴实现低价倾销,在三年不到的时间内成长为三大电子商务巨头平台之一。

垄断基础设施服务也是平台垄断市场的重要手段。有研究者指出,在平台的发展中,平台生态系统的各个参与者地位并不平等。巨头平台通过控制基础设施,可以直接操控网络服务的总体设计,也可以掌握数据流动的整体方向。[③]

---

① 陈成文、汪希:《西方社会学家眼中的"权力"》,《湖南师范大学社会科学学报》2008 年第 5 期。

② 张兆曙、段君:《网络平台的治理困境与数据使用权创新——走向基于网络公民权的数据权益共享机制》,《浙江学刊》2020 年第 6 期。

③ José Van Dijck, Thomas Poell & Martijn De Waal, *The Platform Society: Public Values in a Connective World*, New York: Oxford University Press, 2018, p. 14.

原则上,平台生态系统虽允许各种新来者的加入,但事实上,平台生态系统并没有给竞争者渗透核心位置的空间,除巨头平台以外,其他中小型平台都依赖于巨头平台的基础服务而存在。比如,百度、阿里巴巴和腾讯分别垄断了信息搜索、地图服务、线上支付、身份验证、即时通信等基础服务,其他平台在发展中需要接入这些平台的基础服务才能实现正常的运营,甚至在发展中会被这些平台吞并以形成更大的垄断市场。比如,美团、京东、叮咚买菜等多个平台接入了微信和支付宝平台的线上支付、身份验证等服务,滴滴打车等多个网约车平台接入了阿里巴巴、百度等公司提供的地图服务以保障平台的正常运转。在垄断市场中,巨头平台通过垄断平台生态的基础服务,具备了操纵网络服务的总体设计和影响数据流动的能力。法学学者周辉指出,这种操纵市场的能力可以被定义为巨头平台因在技术、平台等多方面的优势而获取的"私权力",这集中表现在制定网络服务规则、"助推"用户的选择(比如通过"一键同意"的默认选项误导用户全盘接收平台的隐私政策)、干预用户使用平台的行为(甚至是用户对其他网络平台服务的选择,如 2010 年的"3Q"大战,360 和腾讯强迫用户在两个平台的服务中作出选择)三方面。[①] 周茂君等在研究中援引了"数据孤岛"这一概念,指出因数据的割据和垄断而导致的数据在不同平台之间分散与无法集中共联的现象。"数据孤岛"集中表现在数据垄断者(巨头平台)在数据生产和数据收益上的绝对优势地位:用户作为数据的生产者,虽贡献了数据却未得收益,甚至牺牲了个人信息隐私安全,而巨头平台却因其垄断的基础服务而获得源源不断的数据流入,获取了巨大收益,以此维持平台的竞争力,并成为其他平台数据收益的支配者。[②] 垄断了个人数据的平台,因为缺乏监管,成为互联网经济下的新型"老大哥"。因而美国社会心理

---

① 周辉:《技术、平台与信息:网络空间中私权力的崛起》,《网络信息法学研究》2017 年第 2 期。

② 周茂君、潘宁:《赋权与重构:区块链技术对数据孤岛的破解》,《新闻与传播评论》2018 年第 5 期。

学学者肖莎娜·扎波夫(Shoshana Zuboff)犀利地指出,“它是一个去中心化的、无所不在的权力结构,不同于全景敞视监狱的物理设计……它是一个‘隐秘的他者’,以一种日常化的、微妙的、不透明的方式实现对人类行为的影响和控制”①。

平台经济以垄断的方式占领市场,以公共服务的属性开展数字服务,但是平台的立足点依旧在于为自身谋利,而并不体现公共价值,这使得人的隐私安全、行业伦理和价值准则等在平台使用中受困。② 阿里巴巴首席战略官曾鸣曾说,“未来没有独立的媒体平台,媒体平台都会依附于一个商业社区”,这指出了新闻在媒体的平台化中已经发生着从公共服务到商业产品的转变。由于平台已充分渗入人们的日常生活,互联网平台在提供公共服务中广泛又全面地重塑社会文化结构与人类生活方式,也对传统公共服务的公共价值带来威胁。③ 比如,打车平台通过提供私家车打车服务,事实上是在将原本承担公共服务功能的城市出租车收归平台私有。今日头条等的发展不仅改变了新闻分发的方式和新闻价值的评估标准,也在不断地改变人们的新闻阅读和接收方式,侵蚀传统媒体的生存空间。在用户的平台使用中,这种隐秘的利己化预测,导致了信息收集和算法技术始终未公开,用户和监管机构并不了解平台技术怎样影响了人们的日常生活,带来社会价值导向偏倚的威胁;也导致了用户需求不断被平台培养,用户原本的生活方式被平台更多地以数字化消费的形式改造,商品拜物教在平台的“数据殖民”中更加常见;与此同时,技术的不对等也在严重威胁传统的公共服务商的市场主导地位、公共服务的公共价值,更多的用户困于日常生活服务数字化演进后构筑的“全景敞视数字监狱”中。

① Shoshaa Zuboff, “Big Other: Surverillance Capitalism and the Prospects of An Information Civilization”, *Journal of Information Technology*, Vol. 30, No. 1 (2015), pp. 75-89.

② José Van Dijck, Thomas Poell & Martijn De Waal, *The Platform Society: Public Values in a Connective World*, New York: Oxford University Press, 2018, p. 22.

③ 席志武、李辉:《平台化社会重建公共价值的可能与可为——兼评〈平台社会:连接世界中的公共价值〉》,《国际新闻界》2021年第6期。

因此,需要提倡平台的信息公开以为监管机构的监管和人们的民主和自由带来保障,同时也应当进一步呼吁平台的公共价值观的树立,以进一步体现平台服务中的公共利益优先原则。

2. 平台对用户的“数据殖民”

美国媒体与社会学研究者尼克·库尔德利(Nick Couldry)指出平台经济对于人们日常生活的“殖民”主要通过三种方式:一是平台经济通过进入人们的日常生活,获取了人们日常生活相关的数据,并通过分类、获取、跟踪、计算为有市场价值的数据;二是围绕数据平台的各种形式的“数字劳工”的出现;三是人们因数据服务等目的而主动选择数据收集,为平台提供了汇集数据的合法性渠道,比如人们利用百度网盘、小米云盘等存储信息的行为。① 随着网络服务的持续扩张,平台正在日益深入人们的日常生活。支付宝实现了无纸化的支付,滴滴出行带来了打车方式的创新,平台服务发展为人们的日常生活带来了更为便利的解决方式,也为平台不断聚集和收集个人行为数据,实现对个人行为数据和社会关系的深度追踪和深度学习提供了可能。平台将个人日常生活数据化也为平台的“数据殖民”和数据剥削奠定了基础。一方面,人们的日常生活逐渐被接入平台管理,人们在主动选择平台、享受平台服务的同时,也在担当数据生产者的角色。用户在平台使用中成为平台的数字劳工,其使用平台服务时生产的数据成为平台发展的原料,为平台的发展注入了源源不断的动能,这一点下一部分将进一步分析。另一方面,平台的数据化发展加剧了算法歧视的可能,具备导致社会不公平的可能性。算法不正义,指的是在大数据的知识建构过程中,社会不同个体或团体,在大数据资源的占有、使用和分配上出现不平等,从而导致在数据资源的“代表性”、用户画像、决策支持、行动干预等不同维度上出现不正义的情形。② 大数据以收集到的数据为

① 常江、田浩:《尼克·库尔德利:数据殖民主义是殖民主义的最新阶段——马克思主义与数字文化批判》,《新闻界》2020年第2期。

② 林曦、郭苏建:《算法不正义与大数据伦理》,《社会科学文摘》2020年第9期。

基础通过测算获取预测能力和用户偏好,但是大数据原本的数据源是否是全面的、具有充分代表性的,值得怀疑。首先,在日常生活中,不容忽视的是目前的数字鸿沟因经济的发展差异、代际的数字能力差异依旧十分显著,在这种情况下,大数据原本的数据源会因我国公民本身数字能力的不同而表现出代表性不足的倾向。依据这种情况作出的算法推测,就会表现出不公正的可能,并存在将数字能力不充分群体进一步置于社会边缘地位的隐患。比如,在新冠疫情期间,全国推行的健康码虽实现了地区疫情的精准反映和个人流动的精准控制,但是对于老年群体而言就引发了生活中的种种困难,这也是技术不公正的一种表现。其次,大量网络平台的使用规则都表明,如果不同意平台收集个人数据的需求,则用户将无法成为该平台的使用者,那么平台的算法是否对于有隐私保护意识的公众存在偏见,有意将保护个人信息隐私的用户排除于数据测算的样本范围之外,在算法中不考虑这一部分用户的利益,值得进一步思考。再次,即便用户同意并参与平台数据收集,屡屡出现的差别定价等问题都表明,大数据在数据收集的过程中,常常由平台企业来操作,带有商业目的或者追逐商业利益,由此而得来的数据往往更体现平台企业的偏好,为平台企业的利益而服务。在平台数据化的发展中,平台的数据收集为新的歧视和不平等奠定了基础。

平台经济以不断扩张的形式实现对于人们日常生活的“数据殖民”:通过对于人的日常生活服务的侵占,平台可以从人的日常生活数据中获得价值,并且以人的日常生活数据为基础,继续挖掘潜在价值,将其作为资本持续不断的发展力。[①] 在平台的“数据殖民”中,人们的日常生活正在不知情的情况下为平台所计算、掌握和控制。学者扎波夫提出的“监视资本主义”的概念更深入地指出了平台如何通过挖掘人们的日常生活数据,将其转化为有益于平台预测人们日常生活需求,打开财富密码的一手资料。“监视资本主义声称用户

① 常江、田浩:《尼克·库尔德利:数据殖民主义是殖民主义的最新阶段——马克思主义与数字文化批判》,《新闻界》2020年第2期。

行为数据是免费的原材料,可用于平台产品或服务改进,但用户行为数据事实上更多地被宣布为专有的行为盈余,可以翻译成行为数据,被输入先进的制造过程中,并制作成预测产品,预测你现在或将来会做什么,很快这些预测会以产品的形式在一种新的行为市场交易中出现。"①在不同平台创制的用户使用协议中,"收集用户数据以用于优化和改善服务"成为大量平台维护收集用户数据正当性的常见话术,但是,正是因为对于用户日常生活相关数据的源源不断收集,平台获得用户生活相关的大量数据,以每个人的日常经验的方方面面为原料,平台可以开展群体日常生活画像,打开预测用户生活需求的密码,持续不断地深入用户的日常生活,占领用户日常生活的"数字高地"。比如,从邮箱到 QQ 再到微信,从美团外卖到叮咚买菜,从淘宝到京东再到拼多多,平台在演进和发展中不断完成的是对用户即时通信、外卖服务、电子商务等需求的深度解剖和进一步的精准细分,以不断地填补人们日常生活相关的"市场化空白"。平台的这种精细化发展也带来了平台资本的金融化问题。皮凯蒂在《21 世纪资本论》中指出,金融家从某些意义上讲颇像旧时代的地主,只不过他们不控制劳工,而是掌握了现代经济中更加重要的资源——资本和信息的使用权。在平台经济的发展中,这种攻城略地式的资金投入和不计成本的疯狂扩张导致了整体市场经济的脱实向虚,为全社会经济的平稳运行带来了重要威胁。② 有研究统计,2019 年 12 月,在互联网平台市场各行业有代表性的 12 家企业中,企业在市场存活的平均时限仅 4.1 年,但是融资规模最高却达 10.5 亿美元,亏损更是大量平台企业发展的常态。③ 未来,平台的"数据殖民"还将持续加深,如何在平台发展中平衡市场价值、社会价值和人的生存价

---

① Shoshana Zuboff, *The Age of Surveillance Capitalism: The Fight for a Human Future at the New Frontier of Power*, New York: PublicAffairs, 2019, p. 14.

② [法]托马斯·皮凯蒂:《21 世纪资本论》,巴曙松、陈剑、余江等译,中信出版社 2014 年版,第 45 页。

③ 刘震、蔡之骥:《政治经济学视角下互联网平台经济的金融化》,《政治经济学评论》2020 年第 4 期。

值,值得进一步思考。

3. 平台对用户数据劳动的剥削

在数字技术蓬勃发展的今天,用户生产的数据成为平台不断向前发展的动力。在网络空间中,持续不断地为平台的生产付出劳动的不仅仅是IT民工,在网络空间不停生产和披露个人信息隐私的用户也成为重要的劳动者。在用户平台使用中,免费数字劳工的形成体现了一种用户与平台之间基于权力不对等而产生的不公平交换。用户不断向平台披露个人信息隐私,并承担个人信息隐私泄露的风险,但是却并未得到平台的相应补偿,甚至于用户使用平台服务的过程表现出了一种剩余价值的可能性,用户的闲暇时间和娱乐时间被企业以数据生产的形式剥削,用以优化服务、投入广告、发现潜在市场、制定价格等。

用户对于个人隐私权的无意识和对于平台收集用户信息合理性的默认是这种不公平的"隐私—服务"交换存在的重要原因。尼克·库尔德利指出,"在网络空间中,存在着一种社会理性,将对数据获取作出贡献的许多劳动视为无价值的'分享'行为;还存在着一种实践理性,将平台视作唯一有能力获取并因此占用数据的组织"①。在使用平台时,平台索取用户数据的同时为用户提供相应的服务,似乎将这种交换关系拉向了相对平等的地位,但实质上,"隐私—服务"的交换背后是平台更多的获利。有研究者指出,在用户使用平台时,用户的信息披露和数据生产行为"具有了产生剩余价值的潜在性,而这些剩余价值又是可以被资本异化和剥削的"②。达拉斯·斯麦兹(Dallas W. Smythe)1977年在论文《传播:西方马克思主义的盲点》中曾指出,广播电视节目并不是媒体生产的真正商品,大众媒体通过生产资讯、娱乐和教育性素材等

---

① 常江、田浩:《尼克·库尔德利:数据殖民主义是殖民主义的最新阶段——马克思主义与数字文化批判》,《新闻界》2020年第2期。

② Claudio Celis Bueno, *The Attention Economy: Labour, Time and Power in Cognitive Capitalism*, London: Rowman & Littlefield, 2017, p. 22.

内容,“其实质是传输给受众的一种诱惑力(礼物、贿赂或‘免费午餐’)”,正是这些“免费午餐”吸引了受众的注意力,将受众作为一种商品出售给广告商,使其通过付出无酬的工作时间以获得大众媒体传播的节目素材和具体的广告宣传。① 在网络平台使用中,用户的数字劳动也存在遮蔽性。比如,尤里安·库克里奇(Kücklich Julian)提出“玩工”概念,指在游戏空间中,沉迷于电子游戏中对游戏公司资本盈利产生贡献的玩家。他们以“爱好”之名通过提供社交网络数据、生产游戏数据成为游戏产品的创造与修复者,但只有很少人能够获得游戏公司对他们的回馈。② 比如,不仅《王者荣耀》的游戏创作者是平台的游戏设计者,游戏玩家的游戏数据也为平台不断更新游戏剧本等提供了重要的依据。又如,在社交媒体使用中,用户不仅是平台使用者,更是平台服务的重要生产者。用户以构建社交网络、发表观点、寻求身份认同等目的开展的数据生产实践和社交媒体披露行为成为资本发展的重要养料。在用户的数据生产中,对于个人隐私权的无意识和对于平台收集个人信息合理性的默认成为这种不平等“隐私—服务”交换和平台对用户数字劳工剥削得以延续和发展的重要原因之一。学者张薇等指出,“我国为传统农业型国家,社会生活和法制中原本无个人信息、隐私、个人信息自决权等相关概念和约束。直到商品经济与信息技术结合实现大幅度跨越性发展之后,大规模互联网络的全方位开放性、虚拟性和匿名性给个人信息安全带来极大的威胁,个人信息保护的社会诉求才逐渐凸显出来。我国的企事业单位相对缺乏自律意识,再加上大部分民众对个人信息保护意识淡薄、技术落后,基本处于一个个人信息何时、在何地、被何人收集和如何利用几乎都不在精确掌控之中的无秩序状

① Dallas Walker Smythe,“Communications:Blindspot of Western Marxism”,转引自马俊峰、王斌:《数字时代注意力经济的逻辑运演及其批判》,《社会科学》2020 年第 11 期,第 10 页。

② Julian Kücklich,“Precarious Playbour:Modders and the Digital Games Industry”,转引自蔡润芳:《平台资本主义的垄断与剥削逻辑——论游戏产业的“平台化”与玩工的“劳动化”》,《新闻界》2018 年第 2 期,第 73—81 页。

态"[1]。因而,在信息隐私保护中,亟须搭建尊重个人信息自决的社会规范,以帮助个人、平台企业和社会建立一种有隐私意识的状态。

通过对于用户的信息隐私决策的背后平台与用户之间资本和技术鸿沟的分析,可以想见,用户的信息隐私保护仅依靠用户个人力量的手段难以实现。相对平台而言,用户的技术能力十分薄弱,这直接导致了用户作信息隐私决策时选择权受限的问题,也为平台制定更加利己化的隐私设计和更强制性的平台规则提供了空间。平台在发展中资本的优势地位也十分雄厚,这导致了用户作信息隐私决策时,面临着服务市场的垄断、日常生活的殖民和数据劳动的剥削问题。对此,在信息隐私保护中,应当进一步强调政府推进平台的算法公开,营造更加有序的信息交换环境;平台企业在平台服务中进一步强调公共价值,更多保障公共利益;发展区块链技术,为用户的信息隐私决策和平台市场的整体发展提供更公平的平台发展环境和"隐私—服务"交换环境。

四、构建更公平、有效的个人信息隐私决策环境

(一) 政府监管下的平台算法公开

算法是平台重要的技术架构之一,通过收集、分析和处理的数据给出自动化指令,[2]对个人和社会带来了深远的影响。对于个人而言,由于算法的无意识性和便利性,平台的算法影响民主的实践。比如,新闻平台的算法常常会带来信息茧房的问题,影响个人认识世界的方式,无形中实现了对用户的选择和判断的干预。与此同时,算法对用户的数据监控也会带来在市场交易中的不公平现象。比如,算法歧视和大数据杀熟多次成为市场交易中的乱象,损害用

① 张薇、池建新:《美欧个人信息保护制度的比较与分析》,《情报科学》2017年第12期。

② José Van Dijck, Thomas Poell & Martijn De Waal, *The Platform Society: Public Values in a Connective World*, New York: Oxford University Press, 2018, p. 14.

户利益①。对于国家和社会的平稳运行而言,算法通过搜集用户的兴趣点,不断地开拓更新人的需求,影响了社会的发展和演进的方向。比如,当某一用户表现出对于甜品的兴趣时,算法不仅会为其推送用户曾经搜寻过的冰激凌相关的内容,还会进一步为其推送附近的蛋糕房信息等,而新需求的出现会带来市场发展的转变。算法干预政治的问题也屡见不鲜。在2016年的美国大选中,5000万条脸书用户信息被剑桥数据公司(Cambridge Analytica)非法收集用以精准投放政治广告。②

如若政府一味地放任算法的发展,可能会造成算法的失控。一方面,由技术人员创作的算法事实上并不中立,仅体现着算法创作者的目的和意旨,因而将算法技术规制到有利于国家、社会和人民的方向上尤为重要。另一方面,由于算法的复杂性和算法自身的可演进性,算法会随着其数据处理的增多,而不断更新自身的发展,在一定程度上,如若不加以控制,算法甚至也会超出创作者本身的处理能力。算法黑箱的存在可能会带来技术决定社会发展方向的恐怖情况。

为此,算法公开应当成为政府推动平台监管的基础。2021年9月,美团向用户公开了外卖送达时间的算法规则,即依据模型预估、城市特性、配送过程、配送距离计算的"预估到达时间",并提出未来将进行"异常情景下延长时间"和"预估时间向预估时间段转变"的改进手段,虽存在内容可读性不强等问题,但算法公开这一行为获得了认可,有网友在评论中表示"透明也是力量"。③

---

① 算法歧视和大数据杀熟指互联网平台通过大数据分析消费者的购买或浏览记录,对用户进行画像后,根据其喜好程度、收入水平的不同,在提供相同质量的商品或服务的情况下,分别实施差异化定价的不公平现象。参见陈婉婷:《大数据时代的算法歧视及其法律规制》,2022年8月14日,见https://baijiahao.baidu.com/s?id=1674950305687212576&wfr=spider&for=pc。

② 《脸书再次承认出现安全漏洞 5000万用户信息外泄》,2018年9月29日,见https://mp.weixin.qq.com/s/wbb5THiX9BdAYYETrbeCbA。

③ 美团:《让更多声音参与改变,美团外卖"订单分配"算法公开》,2021年11月5日,见https://mp.weixin.qq.com/s/qyegF_r_SPGnkEdZqkVjxA。

实践算法公开的第一步应当是明确算法收集的限度和底线,让算法为用户的利益和社会的平稳进步服务。我国《个人信息保护法》针对算法推荐提出了公平定价、提供非个性化的选项和便捷的拒绝途径等要求。2021 年 10 月 13 日,国家互联网信息办公室、中央宣传部等九部委也发布了《关于加强互联网信息服务算法综合治理的指导意见》(以下简称《指导意见》),明确了健全算法治理机制、构建安全算法体系等算法监管方向。[①] 但是,算法的监管在具体操作中依旧会面临众多问题,算法的过度监管可能带来平台创新活力的消失,商业秘密也常常会成为平台脱离算法监管的抗辩事由。

因此,在具体实践中,应当注重推动算法的分级分类公开。一是应当明确关键信息的范畴,推动面向关键信息的算法监管。我国于 2021 年 9 月开始施行的《关键信息基础设施安全保护条例》强调,面向公共通信和信息服务、能源、交通、水利、金融、公共服务、电子政务、国防科技工业等重要行业和领域的,以及其他一旦遭到破坏、丧失功能或者数据泄露可能严重危害国家安全、国计民生、公共利益的重要网络设施、信息系统等,应当在国家网信部门和公安部门的指引下,开展重点监管和安全保障。我国《数据安全法》也在 2021 年明确平台的安全保障义务应重点面向涉及可严重危害国家安全、国计民生、公共利益的重要信息,并强调数据运营者应当承担保障相关信息安全的相关责任义务。但是,在具体实践中,哪一类信息应当受到重点保护,应当如何保护,如何落实平台保护的主体责任,依旧并未明确。未来,我国应当进一步通过推出相关指南或者司法解读的方式,明确重要信息的范围,对于重要信息相关的算法要求平台无条件地向网信部门和公安机关备案,提升重要信息相关的市场准入门槛,要求平台在具有算法安全保障能力的前提下收集信息。在

① 国信办:《关于印发〈关于加强互联网信息服务算法综合治理的指导意见〉的通知》,2021 年 9 月 17 日,见 http://www.moe.gov.cn/jyb_xxgk/moe_1777/moe_1779/202109/t20210929_568182.html。

相关法律中,进一步明确和强调在发生各种因信息泄露导致的事故时的平台主体责任。

二是算法公开应以公共利益为尺度。当前,由于平台技术的飞速发展,易于出现某一平台因技术不断创新而处于市场龙头位置的现象,因而推动平台算法公开应当进一步明确公共利益尺度,在不损害市场发展与创新活力的基础上进行。法学学者李婕指出,判断算法垄断的标准应当以是否存在对于用户基本权利的胁迫特征为尺度。① 在推动算法公开中,政府应当关注平台是否为用户留下了充分的选择空间,平台是否给予了其他同类型的平台充分的竞争空间,确保平台算法作为商业秘密以不损害公共利益为前提。如果存在扰乱市场正常竞争秩序,影响市场自由竞争活力,损害公众利益的行为,要求平台进行算法公开,以此划定算法公开监管的尺度。

三是需要推动平台面向政府监管部门的算法源代码公开。面向政府监管部门的源代码公开有助于政府部门掌握算法未来的发展方向,在算法面世前对算法开展多次测算,可以降低算法发展可能引发的社会风险,为算法未来的发展和演进把关。我国近期发布的《关于加强互联网信息服务算法综合治理的指导意见》强调了网信部门会同宣传、教育、科技、工信、公安、文化和旅游、市场监管、广电等部门统筹监督管理,研判算法应用产生的意识形态、社会公平、道德伦理安全风险,组建专业技术评估队伍深入分析算法机制机理,评估算法设计、部署和使用等应用环节的缺陷和漏洞的算法监管机制,②这将是十分有效的举措。算法日益占据人们的日常生活,应当由国家的专门部门、专门机关对不同平台的算法技术、对各行各业的发展未来进行预判,推动算法向更有益于社会平稳运转的方向发展,期待未来的进一步

① 李婕:《垄断抑或公开:算法规制的法经济学分析》,《理论视野》2019 年第 1 期。

② 国信办:《关于印发〈关于加强互联网信息服务算法综合治理的指导意见〉的通知》,2021 年 9 月 17 日,见 http://www.moe.gov.cn/jyb_xxgk/moe_1777/moe_1779/202109/t20210929_568182.html。

落实。

四是推动面向公众利益的自动化决策提醒,保障用户决策的民主。对于触及用户利益,如信息隐私、个性化推荐等的算法,平台应当进一步加强自动化决策的提示,开放关闭通道,推动公众在信息接收上实现真正个性化的自主选择和隐私披露上的知情同意。我国《个人信息保护法》第二十四条提出,个人信息处理者利用个人信息进行自动化决策,应当保证决策的透明度和结果公平、公正,不得对个人在交易价格等交易条件上实行不合理的差别待遇;通过自动化决策方式向个人进行信息推送、商业营销,应当同时提供不针对其个人特征的选项,或者向个人提供便捷的拒绝方式。腾讯公司就为用户提供了关闭个性化广告推荐的渠道:“若您选择关闭,您看到的广告数量不会减少,但您将不再接收到个性化广告,您看到的广告将可能与您的偏好相关度降低。”同时简要解释了个性化广告的算法原理:“在广告投放过程中,腾讯可能会基于您注册腾讯服务时填写的信息及您使用腾讯服务时产生的行为数据等信息,推测您可能感兴趣的内容。”①虽然腾讯的这一举动依旧面对“无法直接取消广告推荐”的质疑,并且在用户取消个性化推荐后,腾讯平台是否可以减少对于个人信息的收集,腾讯公司并未给出明确的回应,但是对于用户的决策公平而言,这也是一项有益的举动。未来,平台应当在用户的隐私协议中进一步完善个性化推荐的提醒,为用户拒绝个性化推荐的需求提供通道,告知用户算法决策的原理,并且在用户不接受个性化推荐的同时,平台应当减少用户相关信息的收集。

(二) 实现以公共价值为中心的平台服务

在网络服务市场中,常见的是,平台虽以“为用户生活谋福利”为口号,却在发展中仅关注自身的经济收益,没有继续关注公共价值。这使得平台不仅

---

① 《腾讯个性化广告管理》,见 https://ads.privacy.qq.com/ads/optout.html。

没有助推社会更好地发展,反而导致用户权益、社会秩序屡次因平台而瓦解的问题。比如,脸书声称其公共价值在于帮助人们建立“全球社区”,但是脸书却一再因“公司利润凌驾于用户安全之上”而陷入危机,脸书团队的产品经理也曾披露脸书的算法存在激化社会矛盾、不利于青少年成长的问题。美团虽也宣称让公众“美好生活每一天”,却也因差别费率、拖延商家上线等有利于加剧自身市场垄断的行为,损害用户利益。

因而,平台服务需要体现公共价值,平台服务需要被引向有益于社会发展和用户利益的轨道上。“公共价值”指组织以公共利益为目的而作出贡献的价值取向,比如民主、平等、公平、安全等。① 在不同社会的不同时期,公共价值都体现出了不同内涵,比如我国与很多西方国家的公共价值取向存在不同的侧重点,我国更强调集体观念。传统社会中,公共价值的践行者普遍被认为是政府或者公共组织,但是,随着平台社会的发展,平台承担起了更多公共服务的职能,平台的私权力也在不断扩充,应当更多地承担公共价值的责任。在平台社会,如何让更多人普遍受益,如何平衡更多类型主体的利益,平台社会的公共价值应当如何限定值得思考。在平台社会,公共价值应当是平台企业、用户和政府共同协商的结果,其中公共价值观由不同的行动者不断塑造,理想情况下,平台社会是一个可协商的社会契约,要求各方都能对其创建和实施负责。②但是在实际情况中,平台常常会规避其责任。何塞·范·迪克(José Van Dijck)在《平台社会》一书中指出,当前,平台更多以基础设施、网络服务中介(Connector)或者是传统企业服务的线上补充者(Complementors)的身份存在,由此规避了其本身在参与打车、新闻、教育等多个领域中原本应当承担的责任。③

① José Van Dijck, Thomas Poell & Martijn De Waal, *The Platform Society: Public Values in a Connective World*, New York: Oxford University Press, 2018, p. 22.

② José Van Dijck, Thomas Poell & Martijn De Waal, *The Platform Society: Public Values in a Connective World*, New York: Oxford University Press, 2018, p. 25.

③ José Van Dijck, Thomas Poell & Martijn De Waal, *The Platform Society: Public Values in a Connective World*, New York: Oxford University Press, 2018, p. 16.

这种责任的规避使得平台虽然在某些领域发挥着重要作用,但其不需要体现公共服务的价值,并承担该行业正常发展中应当承担的伦理责任。比如,今日头条等多个平台介入新闻业后,通过算法向公众推送其喜爱的内容,而不再考虑新闻业原本遵守的全面、准确、客观、公正等价值,带来了用户新闻阅读的娱乐化、同质化等问题。在平台服务中强调公共价值,政府应通过对平台的监管,进一步平衡公众利益、社会秩序和平台发展,努力在平台生态中实现公共价值和集体利益,让平台走上有序发展的轨道。首先,在平台公共服务的实践中,应当更加强调平台的责任感和责任意识,应当明确平台服务的功能属性,按照平台的功能将其划分至各个领域,从而使平台企业在公共服务中遵守其原本应当遵守的责任和义务,由此推动社会整体的更好的公共服务和更多的社会福祉的实现。比如,打车平台在提供打车服务中,应考虑如何实现更加公平地派单、更加安全地服务,提供更加优质的司机福利保障。再比如,在平台服务中,为进一步实现公共价值,可以通过更多的公益活动来体现,如支付宝平台推出的蚂蚁森林等活动,就是平台责任感的体现。其次,平台在服务中应当进一步推动公平和民主。这体现在数据交换中为用户提供更多选择,针对用户的隐私期望提供有差别的服务,而不是"不同意即退出"。比如,部分平台在用户浏览社交媒体等软件时,推出了"游客模式",也就是仅满足其浏览的需求,而没有发表内容的权限,这让用户不用提供相册、麦克风等数据就可以享受平台提供的内容服务,也推动了用户信息隐私自决的实现。

隐私从不被照相设备、报刊媒体打扰的独处权①,到今天的个人信息隐私控制,历经一百余年。可以看到,媒介技术的发展变化推动隐私权的边界逐渐模糊,平台社会信息隐私收集更多样,信息隐私使用的形式更深入。平台社会这一新型的以多节点数据互动为主要特征的新媒介社会,将用户的

① [美]路易斯·D.布兰戴斯:《隐私权》,宦胜奎译,北京大学出版社2014年版,第5页。

信息交换范围、信息交换形式、信息泄露程度都拉向了新的高度。平台对于个人“私生活”的介入程度更深，从数字监控到数字规训①，个人信息隐私的泄露与收集呈液态化，更令人防不胜防。每个人拿起手机拍下一个画面、发布一条信息都可能导致个人信息的泄露，每日随意丢弃的快递单、外卖单，在互联网上填写的账户信息、购买商品时的电子支付手段都在将我们的个人信息隐私向外披露。平台不断进入我们的生活虽为我们的生活带来了革新，但也在将我们不断地拉入以互联网为媒介的数字监控和规训的系统中，对于用户的信息隐私安全造成了巨大威胁。② 我们每天的微信步数、智能健康监测设备等，在随时随地提醒我们身体健康情况的同时，也无时无刻不在记录着我们肉身产生的各类私密信息。而我们如同被驯化的机器和数据劳工一样，心甘情愿乐此不疲地不断生产，毫无觉醒。同时，面对强大平台，个人由于技术、知识和资本方面与企业存在的巨大落差，我们无力抗衡，信息隐私决策、信息隐私保护常难以真正实现个人的隐私期望。

近年来，各国都在约束平台的垄断权力，推动平台公平竞争，保障用户权益等方面作出巨大努力。如制定行业自律条约、通过法律规范企业信息收集和使用、借助第三方机构负责技术的监管等，相应的做法都值得借鉴。这点将在本书第五章中继续讨论。然而，需要注意的是，在平台社会，不断更迭的技术给个人信息隐私带来的问题无穷尽，信息收集的形式和信息收集的潜力只会在技术飞速发展的驱动下不断演进，国家、社会和个人未来将会持续面临新的隐私安全问题考验。因此，在个人信息隐私保护中，我们或许还需要进一步考虑一些基础的底层问题，如整个社会如何形成新的信息

---

① 温旭：《数字时代的治理术：从数字劳动到数字生命政治——以内格里和哈特的“生命政治劳动”为视角》，《新闻界》2021 年第 8 期。

② 王驰、曹劲松：《数字新型基础设施建设下的安全风险及其治理》，《江苏社会科学》2021 年第 5 期。

隐私规范的共识?用户的隐私期待应该作出什么样的调整?个人信息隐私将居于社会公共价值中的什么位置?怎么去平衡?如何应对技术的不断变化与挑战?这些都值得我们未来进一步探索。

第四章　艰难的自决：个人信息隐私决策的理性与有限理性

前述章节分别从立法监管和平台控制的宏观视角对个人信息隐私决策问题展开探讨。用户个人是信息隐私决策的作出者，向谁展露自我，表露到何种程度，如何管理自己的信息隐私边界，这一决策过程也受个体认知判断、内心利弊权衡等理性和有限理性因素的影响。因此，产生了社交媒体“隐私悖论”现象，即尽管人们担心自己的隐私安全却仍然不会采取有效保护行动的矛盾。为了详尽剖析个体信息隐私决策的心理过程，本章将具体从三个方面展开，其中第一节重点探讨如何从用户隐私计算研究理论视角，解释社交媒体隐私悖论现象，指出理性的隐私计算也会受到社交媒体自我表露欲望、社交媒体倦怠等非理性因素影响；同时，不仅要考虑非理性因素在理性决策中的影响，更要考虑社交媒体隐私计算的动态特征、不断面临的新技术挑战等问题。第二节依据心理学保护动机理论，以上海大学生为对象实证考察了微信社交媒体使用中个体感知到的利益、风险，以及隐私保护成本评估如何影响他们的隐私关注与隐私保护行为，通过经验数据验证了个人信息隐私决策中存在一种理性评估风险利益和付出成本的隐私计算过程。第三节基于行为经济学的有限理性人假定，尝试从信息不完整与不对称的外部环境、启发式的信息隐私决策认知方式、认知偏误等方面解释导致信息隐私有限理性决策的因素，并进一步提出政府“助推”、立法全面落实“知情同意”、平台有差别地实施隐私保护等对策。最后,第四节通过线上与线下的半结构化访谈,获取我国公众的信息隐私素养现状,为第五章提出有针对性地保护个人信息隐私决策自决的对策,提供经验数据与理论支持。

第一节　信息隐私决策的理性:隐私计算

一、隐私悖论与隐私计算

(一) 隐私悖论

隐私悖论,是一种“网络用户虽然感知到隐私风险的存在,但却不会采取有效的隐私保护行动;虽然声称担忧自己的隐私问题,但在实际行动中还是会更多地披露个人隐私”[①]的现象。有关隐私悖论的讨论与研究,发端于20世纪90年代电子商务大发展时期,[②]并伴随着社交媒体发展受到越来越多的关注。

20世纪90年代,伴随着电子商务的发展,用户数据成为线上经济的中心和焦点。[③] 用户数据可以帮助企业更加清晰地了解用户偏好,为用户提供个性化服务,也为企业制定更为合适的价格提供参考。但这种对用户数据的收集和精准使用,也引起了人们对于个人信息隐私安全的担忧。大量的研究[④]

① 李兵、展江:《英语学界社交媒体“隐私悖论”研究》,《新闻与传播研究》2017年第4期。

② 王平:《电子商务》,中国传媒大学出版社2018年版,第10页。

③ Sarah Spiekermann,Jens Grossklags & Bettina Berendt,“E-privacy in 2nd Generation E-Commerce:Privacy Preferences Versus Actual Behavior”, in *Proceedings of the 3rd ACM Conference on Electronic Commerce*(*EC'*01),(eds),New York:Association for Computing Machinery,2001,pp. 38-47.

④ 威斯汀自1970年起围绕隐私偏好开展了一系列调研,并受到了广泛关注。可参考Ponnurangam Kumaraguru & Lorrie Faith Cranor,*Privacy Indexes*:*A Survey of Westin's Studies*, Tech. rep. Carnegie Mellon University School of Computer Science,2005,pp. 368-394;也有大量研究者探讨了威斯汀的相关发现,并在其研究的基础上发展了对于隐私偏好的研究,比如Josephine King,“Taken out of Context:An Empirical Analysis of Westin's Privacy Scale,” In *Workshop on Privacy Personas and Segmentation*,2014。

从用户隐私偏好(Privacy Preferences)①视角出发,考察人们对自己信息隐私的关注和担心程度(Privacy Concerns)。比如,1999 年马克·阿克曼(Mark Ackerman)等通过问卷调研,探究了用户对于隐私的看法以及在特定情境(比如线上购物情境)下愿意披露隐私的程度,将用户分为隐私原教旨主义者(Privacy Fundamentalists)、实用主义者(Pragmatic Majority)和略微关注者(Marginally Concerned)。隐私原教旨主义者极度关注隐私问题,即便在已有隐私保护措施的情况下,也很少愿意选择隐私披露(Privacy Disclosure);实用主义者关注隐私问题,但其对于隐私的关注会因存在隐私保护措施而大大降低;略微关注者很少关注隐私问题,几乎乐意在任何情况下披露自己的隐私。②

阿克曼等的研究观察到了实际生活中人们对自己隐私的关注程度存在差异,这为后续隐私悖论研究奠定了基础。更为重要的是,研究指出"人们声称的隐私偏好往往与行为不符。虽然 39%的受访者表示他们非常关注网络隐私,但根据他们在特定情境下的隐私披露意愿,只有一半受访者可被归类为隐私原教旨主义者"③。这直接启发了后续研究者对人们信息隐私实际披露行为和隐私偏好之间差异的考察。

用户的隐私偏好与信息隐私实际披露行为之间到底是不是一致的? 2001 年,萨拉·施皮克曼(Sarah Spiekermann)基于阿克曼的研究,通过实验法,考察了用户的实际隐私披露行为。研究模拟了在线购买冬季夹克和小型相机的消费情景,用一个拟人化的 3D 购物机器人以产品咨询的方式向购物者提问,

---

① 指用户对于隐私的关注程度,也有研究将其称为隐私态度(Privacy Attitudes)或隐私关注(Privacy Concern)。

② Mark Ackerman, Lorrie Faith Cranor & Joseph Reagle, "Privacy in E-Commerce: Examining User Scenarios and Privacy Preferences," in *Proceedings of the 1st ACM Conference on Electronic Commerce*, (eds), New York: Association for Computing Machinery, 1999, pp. 1-8.

③ Mark Ackerman, Lorrie Faith Cranor & Joseph Reagle, "Privacy in E-Commerce: Examining User Scenarios and Privacy Preferences," in *Proceedings of the 1st ACM Conference on Electronic Commerce*, (eds), New York: Association for Computing Machinery, 1999, pp. 1-8.

引导用户完成隐私披露行为。提问涉及产品导向、使用导向、产品选择相关、与产品选择无关的四类问题,比如“您期望的相机容量有多大?”“您一般在什么样的场合拍照?”“冲洗相片的成本对您而言有多重要?”“促使您拍照的动力主要体现在哪里?”等等。施皮克曼也通过问卷调研,将受试者分为隐私原教旨主义者、实用主义者和略微关注者三类,[①]并进行了隐私偏好与实际披露行为的对比分析,发现24%—28%的隐私原教旨主义者在与购物机器人交互前就自愿提供了家庭地址,30%—40%的实用主义者在没有任何隐私保护前提的情况下就提供了家庭地址。研究证实,用户实际披露的隐私要远远多于其声称的隐私偏好。[②] 施皮克曼等学者的研究发现了不同的人对自己的信息隐私存在着不同的隐私偏好,并且隐私偏好与人们具体的隐私披露行为存在差异。这成为隐私悖论研究的基础。

“隐私悖论”作为术语,首次提出是在社交媒体时代。[③] 随着社交媒体的普及,隐私披露为个人带来的社会资本、社会支持等利益增多,用户的隐私泄露也更为严重,引发社会关注。2006年,苏珊·巴恩斯(Susan B.Barnes)在《首周一》(First Monday)发表《隐私悖论:社交网络在美国》(A Privacy Paradox:Social Networking in the United States)一文。文章首次提出了隐私悖论概念,指出在社交媒体上,即便用户声称担忧网络隐私披露的危险性,他们依然会在社交媒体上披露过多的信息。比如,有被访者对于在网络上披露个人信息表示担忧,然而当被要求查看其脸书页面时却发现,页面上有她的地

① 施皮克曼此研究中对于受试者的分类参照前文提及的阿克曼研究,即非常关注隐私的隐私原教旨主义者、对隐私的关注会因隐私保护措施的存在而降低的实用主义者和几乎不关注隐私的略微关注者。

② Sarah Spiekermann, Jens Grossklags & Bettina Berendt, “E-privacy in 2nd Generation E-Commerce: Privacy Preferences Versus Actual Behavior”, in *Proceedings of the 3rd ACM conference on Electronic Commerce* (*EC′* 01), (eds), New York: Association for Computing Machinery, 2001, pp. 38-47.

③ 罗映宇、韦志颖、孙锐:《隐私悖论研究述评及未来展望》,《信息资源管理学报》2020年第10期。

址、电话号码和她小儿子的照片。[①]

人们担忧个人隐私安全,但还是在大量披露个人信息,“隐私悖论”概念的提出引发了新一轮研究热潮,从描述隐私悖论现象逐渐深入到对隐私悖论成因的探讨。相关研究主要集中在,探究隐私披露带来的信息和娱乐需求的满足、人际关系的维持、社会资本的报偿和在线印象的管理等收益对形成隐私悖论现象的影响。[②] 在社交媒体使用中,尽管用户非常担心自己的信息隐私安全,但是适当的披露成为人们建立和维系亲密关系、获取娱乐和支持感的重要手段,致使社交媒体用户乐此不疲地披露隐私。例如,有学者分析了人们为何乐于在网络上发布日常生活动态的视频,发现其原因在于寻求乐趣和同伴交往。[③] 也有研究发现,在使用微信时,人们通过网名、头像和生活状态的展示,建构在线印象,以拓展社会交往关系。[④] 尽管用户担忧隐私信息泄露等潜在后果,但是面对隐私披露带来的“切实、有形、即刻”的利益,用户选择了披露个人信息。[⑤]

既有的隐私悖论研究关注了隐私悖论成因,认为人们选择隐私披露源于对隐私披露收益的偏好,并围绕收益的内容展开分析,但是,研究还存在诸多问题:人们真的具有稳定的对于收益的偏好吗?人们在选择隐私披露前是如何衡量风险和收益的?回答这些问题需要从人们作信息隐私决策时的认知心理过程展开。人们作出信息隐私相关的决策,通常是在信息收集者给定的选

---

① Susan B. Barnes,“A Privacy Paradox:Social Networking in the United States”,*First Monday*, Vol. 11,No. 9 (Sept 2006),pp. 4-9.

② 李兵、展江:《英语学界社交媒体“隐私悖论”研究》,《新闻与传播研究》2017 年第 4 期。

③ Beverly A. Bondad-Brown, Ronald E. Rice & Katy E. Pearce,“Influences on TV Viewing and Online User - Shared Video Use: Demographics, Generations, Contextual Age, Media Use, Motivations, and Audience Activity,” *Journal of Broadcasting & Electronic Media*, Vol. 56, No. 4 (Dec 2012),pp. 471-493.

④ 杜丹、陈霖:《自定义“化身”:社交媒体中的自我建构——以微信重度用户为考察对象》,《江苏社会科学》2020 年第 5 期。

⑤ 李兵、展江:《英语学界社交媒体“隐私悖论”研究》,《新闻与传播研究》2017 年第 4 期。

择之间进行权衡,比较哪一种选择带给自己更大的收益和更小的风险,以及带来收益和风险的概率如何。对风险和收益的权衡过程是一种心理上的认知判断过程。人们通过接收和处理决策情境中的信息,开展对信息隐私披露带来的风险和收益的评估,如果风险大于收益,人们更倾向于选择隐私保护,如果收益大于风险,则人们更倾向于披露隐私。已有的隐私悖论研究将个人的信息隐私决策过程简单抽象化为人们理性、客观地计算风险和收益的过程。然而,事实上,个人的隐私决策并非完全理性的结果,外部信息环境不完整和不对称、个人对于信息的不完全计算、对于信息的认知偏差都会影响个人对隐私披露带来的风险和收益的判断。关于这点,将在本章第三节中展开详细论证。

(二)隐私计算

隐私计算最初是指一种在信息披露前客观存在的心理权衡过程。1973年,学者罗伯特·劳弗(Robert S. Laufer)、哈罗德·普罗沙斯基(Harold M. Proshansky)和马克辛·沃尔夫(Maxine Wolfe)开始关注人际交往中隐私披露的抉择,将人在交往过程中进行的“成本—收益”权衡的心理过程称为“隐私计算”。[①] 其中“成本”指提供个人相关信息可能引起的隐私风险,“收益”指在交往中增进关系、收获肯定等好处。这时隐私计算的概念仅限于线下人际交往的范围内。随着互联网的兴起,隐私计算开始被纳入线上隐私决策的研究,1999年第一次作为研究模型的一部分被纳入信息系统的实证研究范畴,证实了电商领域消费者面临隐私问题时,会权衡交易的感知风险与感知收益,并在利益大于风险时理性地选择披露信息。[②] 经典的隐私计算理论模型如下(见图4-1)。

---

① Robert S. Laufer, Harold M., Proshansky& Maxine Wolfe, “Some Analytic Dimensions of Privacy”, in *Architectural Psychology: Proceedings of the Lund Conference*, Rikard Kuller (eds.), Pennsylvania: Dowden, Hutchinson & Ross, 1974, pp. 353-372.

② Mary J. Culnan & Pamela K. Armstrong, “Information Privacy Concerns, Procedural Fairness, and Impersonal Trust: An Empirical Investigation”, *Organization Science*, Vol. 10, No. 1 (Feb 1999), pp. 104-115.

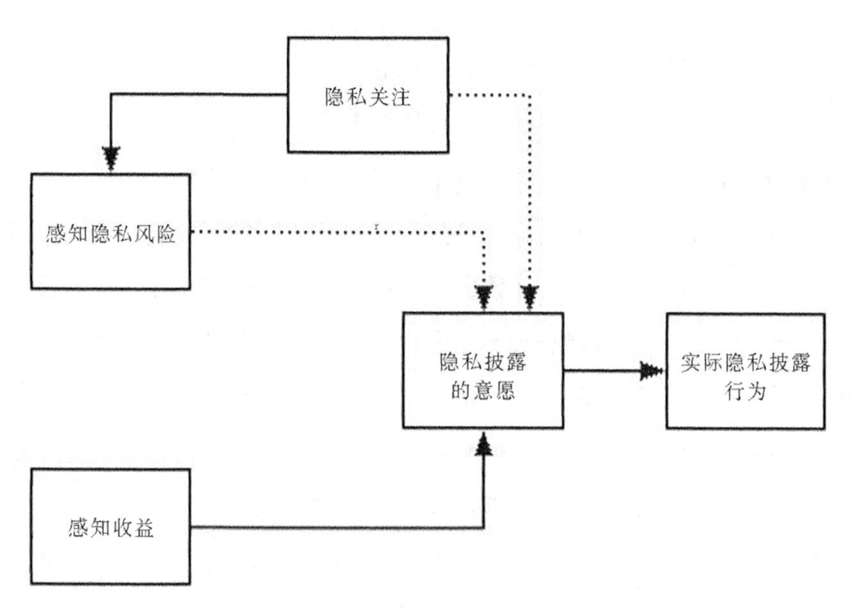

图 4-1　经典隐私计算理论模型(Dinev,2006)

然而,早期互联网中的隐私计算研究认为,个体只是在风险和收益的感知上存在区别,才会在隐私计算结果上产生差异,这种简单线性的视角较为狭隘,把隐私决策者视为同质化的个体,把隐私计算封闭在感知风险和收益两个因素中。随着新媒介技术的发展,网络应用场景趋向多元,仅凭公式化的"感知收益超出感知隐私风险则披露"的心理计算,无法对更为复杂的网络使用行为中的隐私悖论问题作出有效解释。结合心理学、社会学等学科的理论,隐私计算研究逐渐跳脱出"风险—收益—是否披露"的线性关系,在考虑社会环境、媒介应用情境以及个人因素的基础上,①研究者发现影响隐私计算的因素越来越多,并且每个因素的作用都有所不同。既有研究大致可以分为以下三

① 张星、陈星、侯德林:《在线健康信息披露意愿的影响因素研究:一个集成计划行为理论与隐私计算的模型》,《情报资料工作》2016 年第 1 期;Mary J. Culnan & Robert J. Bies,"Consumer Privacy:Balancing Economic and Justice Considerations",*Journal of Social Issues*,Vol. 59,No. 2 (Feb 2003),pp. 323-342; Tamara Dinev & Paul Hart,"An Extended Privacy Calculus Model for E-commerce Transactions",*Information systems research*,Vol. 17,No. 1 (Mar 2006),pp. 61-80.

个方面:

一是宏观的社会层面,社会发展程度和文化环境对人们隐私计算的影响。社会环境的差异会形塑不同的价值观,从而影响个体的行为。从文化差异上看,集体主义国家和个人主义国家的互联网用户对隐私的重视程度不同。例如,有研究发现,中国、意大利等集体主义国家,隐私风险的不确定性回避指数较高,即若难以确保最终结果,他们更可能保守地回避社交媒体使用;以美国为代表的国家个人主义指数高,不确定性回避指数较低。① 从社会发展程度差异来看,美国作为互联网的发源地,超前的技术体验能潜在地影响人们的隐私观念和对敏感信息的认知,更早地从传统的物理信息隐私过渡到大数据时代的个人信息隐私,也可以更好地适应隐私保护实践。② 个体受制于社会环境的变化与差异,受到社会力量的影响,而很难成为意志自由的个人,所以他们的感知风险和感知收益评估也会受到影响。③

二是中观层面,机构信任、社交关系、主观规范、信息敏感性等外部因素对人们隐私计算的影响。隐私计算研究中的信任,是指技术使用者主观上对使用某技术能得到预期结果的感知;机构信任指预期个人数据能被机构、平台很好地保护,它反映了一种承担信息披露风险的意愿。④ 例如,口碑较好的机构、平台能获取用户更多的信任,减少风险的感知,也有更多人愿意敞开心扉。感知信息敏感是对信息内容的敏感性评估,敏感类信息对披露行为的阻碍作

---

① Sabine Trepte, Leonard Reinecke & Nicole B. Ellison, et al, "A Cross-Cultural Perspective on the Privacy Calculus", *Social Media+ Society*, Vol. 3, No. 1, (Jan-Mar 2017), pp. 1-13.

② Tamara Dinev, Massimo Bellotto & Paul Hart, et al, "Privacy Calculus Model in E-commerce: A Study of Italy and the United States", *European Journal of Information Systems*, Vol. 15, No. 4 (Apr 2006), pp. 389-402.

③ Aristea M. Zafeiropoulou, David E. Millard, Craig Webber, et al, "Unpicking the Privacy Paradox: Can Structuration Theory Help to Explain Location-based Privacy Decisions?" in *Proceedings of the 5th Annual ACM Web Science Conference*, (eds.) Paris: Association for Computing Machinery, 2013, pp. 463-472.

④ Roderick M. Kramer & Tom R. Tyler, *Trust in Organizations: Frontiers of Theory and Research*, Thousand Oaks: Sage Publications, 1995, p. 36.

用已经得到了较好的验证。① 主观规范是指用户在考虑是否作出某行为时受到的社会压力。这种压力来源于用户所处的社会文化环境以及周围的亲友。②

三是微观层面,隐私自我效能、隐私态度、隐私关注、人格特质等对人们隐私计算的影响。微观层面的因素,从人们内部自我感知出发,形成区别于外部环境感知的用户心理因素及个人差异。其中,隐私关注和隐私态度在影响隐私计算的内部因素中扮演着重要角色。对隐私的高度关注和担忧可能引起用户高度的隐私风险感知,而高度隐私风险感知也会增加用户的隐私关注。与隐私关注一样,隐私态度既能影响隐私感知风险同时又受感知风险的影响。有研究发现,对隐私持有实用主义态度的用户,会花较长时间阅读和决定接受一项隐私政策。③ 人格特质是一种客观存在的个人差异,影响一个人认知过程和相应的行为。④ 人格特质一般通过调节方式影响感知风险、收益和信息披露之间的关系,同时隐私关注、感知敏感度等其他因素也受其影响,这种调节作用是显著的。⑤

历经三十多年的实证研究和理论探索,隐私计算研究逐渐形成了一种相对稳定的理论体系,既有研究将丰富的理论和个体内外部因素引入隐私计算,

① 杨世宏、陈堂发、张睿:《隐私风险估算框架下用户位置信息敏感性认知》,《兰州大学学报(社会科学版)》2019 年第 4 期;兰晓霞:《移动社交网络信息披露意愿的实证研究——基于隐私计算与信任的视角》,《现代情报》2017 年第 4 期。

② 张明新、廖静文:《健身运动 App 使用对用户跑步意向的影响——以计划行为理论为视角》,《新闻与传播评论》2018 年第 2 期。

③ Kirk Plangger & Matteo Montecchi,"Thinking Beyond Privacy Calculus:Investigating Reactions to Customer Surveillance", *Journal of Interactive Marketing*, Vol. 50, No. 1 (May 2020), pp. 32-44.

④ Iris A Junglas, Norman A Johnson, Christiane Spitzmüller,"Personality Traits and Concern for Privacy:An Empirical Study in the Context of Location-based Services", *European Journal of Information Systems*, Vol. 17, No. 4 (Oct 2008), pp. 387-402.

⑤ Kirk Plangger & Matteo Montecchi,"Thinking Beyond Privacy Calculus:Investigating Reactions to Customer Surveillance", *Journal of Interactive Marketing*, Vol. 50, No. 1 (May 2020), pp. 32-44.

使其“公式”越来越完整、庞大,得出的结果也越来越具备说服力,成为了解释隐私悖论问题的主流框架(见图4-2),以加强隐私计算结果对最终披露的解释性。

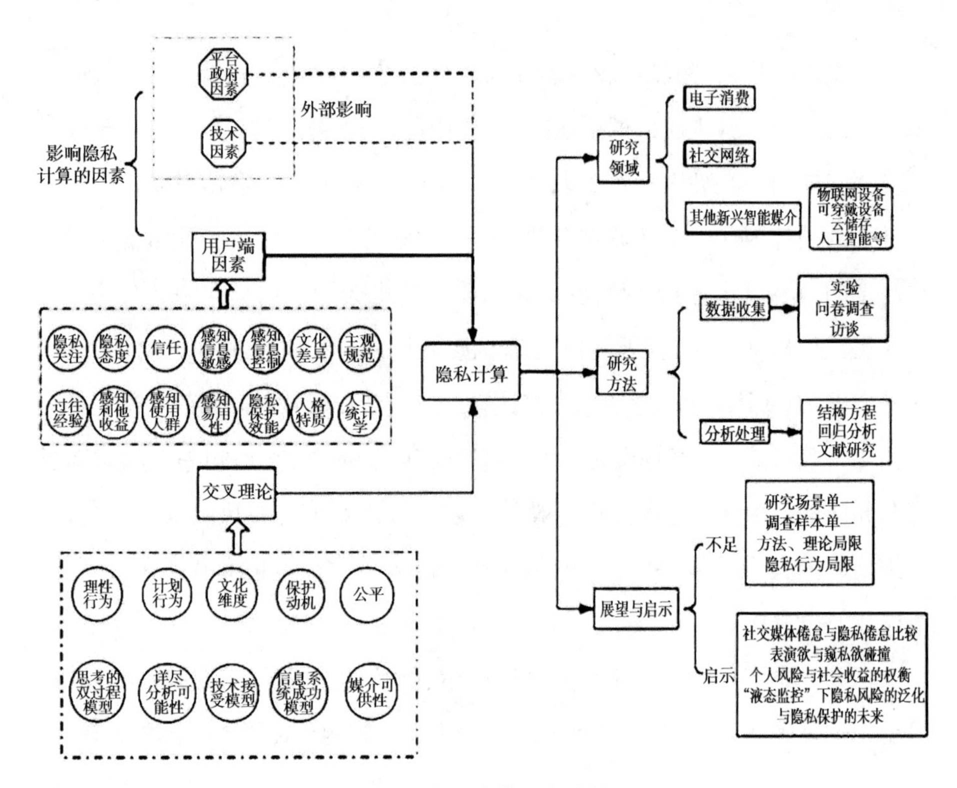

图4-2 隐私计算研究脉络图

然而,从图4-2也可以明显看到,隐私计算理论正在转向一个面面俱到的理论,似乎只要研究抓住风险与利益的权衡,再加入宏观、中观和微观等因素,即可以解释任何情境,具备强大的包容性和吸纳能力。然而,这也给隐私计算理论带来了模型过于复杂、考虑的影响因素过多等问题。并且,隐私计算理论研究也陷入了研究场景单一、调查样本单一、研究的隐私保护行为局限等问题。好的理论应当具备“唯一性”,当一个理论囊括了大量其他理论和其他因素,很难称其是一种发展,而容易成为理论的“大杂烩”。① 过于泛化的隐私

① 陈瑞华:《刑事证明标准中主客观要素的关系》,《中国法学》2014年第3期。

计算会丢失其自身的独特性和价值,逻辑更加复杂,同时庞大的隐私计算理论模型,容易诱导研究在其基础上叠床架屋,陷入囊括所有因素却又无法解决根本性问题的困境之中。

二、社交媒体隐私计算

(一)社交媒体隐私计算研究现状

不同用户社交媒体使用动机不同,社交对象不同,媒介环境也存在差异。社交媒体中的隐私计算研究,更多地从人们社交媒体实际使用情况的差异性入手,尝试解决其中复杂多元的隐私悖论问题。

一是不同的社交媒体使用动机影响着用户的隐私计算。可以将社交媒体按照社交动机划分为基于社交娱乐需求的平台(如微博、微信、脸书、抖音等)和基于功能需求的平台(如好大夫在线、知乎等在线知识问答社区和大众点评等消费信息提供平台)。

在基于社交娱乐需求的社交媒体隐私计算研究中,感知公平和感知信息控制是重要因素,通过正向影响感知收益来发挥作用。研究认为,公平在比较中产生。[①] 在公开的社交媒体广场中,用户不仅能看到自己获得的点赞、评论等认可指标,还能看到朋友甚至是陌生人的数据,轻易获悉对方作出决策后的得失,并与自己的得失进行比较,权衡收益与成本。若对方以更低的代价获得了更多认可、回报,那么用户自身会对信息的披露更加顾虑,转而考虑"潜水"或沉默。也有研究,通过纳入感知信息控制发现,微信用户隐私保护效能较高时,即使面对高隐私风险感知,仍然可以通过隐私设置降低隐私披露风险对自己的影响。[②]

① Han Li, Rathindra Sarathy & Heng Xu, "Understanding Situational Online Information Disclosure as a Privacy Calculus", *Journal of Computer Information Systems*, Vol. 51, No. 1 (Dec 2010), pp.62-71; 李海丹、洪紫怡、朱侯:《隐私计算与公平理论视角下用户隐私披露行为机制研究》,《图书情报知识》2016 年第 6 期。

② 邓胜利、胡树欣、赵海平:《组态视角下社交平台动态个人信息披露行为研究》,《情报资料工作》2020 年第 5 期。

比如,当发现社交媒体台前所塑造的形象崩塌、披露所带来的社交边际效益明显减少,或并没有得到期待的认可时,自我效能感强的用户能通过及时的隐私计算,管理社交媒体中的披露信息,积极地采取删帖、隐藏、设置权限等撤除行为进行补救,并尽可能保护自己的隐私,而自我效能感弱的用户通常较少采取后续隐私保护措施。①

在基于功能需求的社交媒体平台隐私计算研究中,"情感支持"和"利他收益"发挥了更重要的作用,正向影响人们的隐私披露行为。强调功能需求的社交媒体主要聚焦在知识分享平台、医疗健康知识社区、点评类应用等领域,这些平台的功能往往垂直细分,能满足用户的特定需求。这些平台中,用户信息隐私披露行为以"提出问题—解决问题"的互惠形式呈现,用户披露信息不仅能得到"个性化服务"和情感支持,还能获得"利他收益"的满足感。例如,在社区内分享个人信息状况能保证圈子内外信息的交流,让更多类似"病友""食客"得到有用信息,收获他人认可的同时感知到对社群的贡献,更能形塑一种良性的互惠规范,激励其他用户积极分享。② 需要注意的是,在此类平台中用户分享信息的相关性也十分重要。比如,在医疗交流社交媒体平台中,与健康无关的信息会妨碍用户信息披露的意愿。用户更多看重的是平台提供的信息交流分享的功能,而不愿意进一步在此展开真正的、深度的社交关系。这也是为什么有研究发现医疗类社交媒体的功能效益反向影响用户的长期使用,当达成功能目标后,他们不愿在平台过多停留。③

---

① Tobias Dienlin & Miriam J. Metzger, "An Extended Privacy Calculus Model for SNSs: Analyzing Self-Disclosure and Self-Withdrawal in a Representative US Sample", *Journal of Computer-Mediated Communication*, Vol. 21, No. 5 (Sept 2016), pp. 368-383.

② 王文韬、温佳怡、张震等:《在线健康社区知识转移黏滞:从隐私计算视角分析》,《情报理论与实践》2020年第2期。注:健康信息黏滞是指信息主体因主观因素将病情、治疗方案等信息黏滞于自身,难以进行交流、分享的现象。

③ Mohsen Jozani, Emmanuel Ayaburi, Myung Ko, et al, "Privacy Concerns and Benefits of Engagement with Social Media-enabled Apps: A Privacy Calculus Perspective", *Computers in Human Behavior*, Vol. 107 (Jun 2020), pp. 106-260.

二是不同的社交对象影响用户的隐私计算。人们会计算社交对象与自己的亲疏关系，管理自己的隐私边界，进而形成不同的隐私披露决策。在这一类研究中，学者们多将社会渗透理论（Social Penetration Theory）与隐私计算理论结合，从社交对象的差异、社交关系的远近、社交地位的不同等方面考察形成社交媒体隐私悖论的成因。社会渗透理论认为，人际交往既有广度（信息交换的范围）又有深度（关系的亲密程度）。[①] 渗透过程通常包含四个阶段：定向、探索性情感交换、完全情感交换和稳定交换。[②] 个体要像洋葱一样一层一层剥落外表，才能让对方看到自己的内心。从浅层的信息交流到深层情感互动则是亲密关系发展的必经之路，而自我披露在其中扮演了非常重要的角色。[③]

在社交媒体中，关系的建立与升温对用户来说是有价值的感知披露收益，但收益的大小则由社交对象决定，即不同社交关系中的披露程度存在差异，用户在计算权衡下所披露信息的数量和敏感程度，映射了这段关系的亲密性。在自我表露需求的作用下，人际关系的发展必定经历由表面沟通到亲密关系的渗透过程，渗透发生在浪漫关系、友谊、工作等各种关系之间。有研究发现，人们披露自己的隐私信息是为了寻求融入，克服孤独，因而在博客上人们互相披露的隐私越多，彼此之间的亲密感和关系度越容易升温。[④]

---

① Irwin Altman, Anne Vinsel & Barbara B. Brown, "Dialectic Conceptions in Social Psychology: An Application to Social Penetration and Privacy Regulation", *Advances in Experimental Social Psychology*, Vol. 14 (Dec 1981), pp. 107–160.

② Irwin Altman, Anne Vinsel & Barbara B. Brown, "Dialectic Conceptions in Social Psychology: An Application to Social Penetration and Privacy Regulation", *Advances in Experimental Social Psychology*, Vol. 14 (Dec 1981), pp. 107–160.

③ Jih-Hsin Tang & Cheng-Chung Wang, "Self-disclosure Among Bloggers: Re-examination of Social Penetration Theory", *Cyberpsychology, Behavior, and Social Networking*, Vol. 15, No. 5 (May 2012), pp. 245–250.

④ Jih-Hsin Tang & Cheng-Chung Wang, "Self-disclosure Among Bloggers: Re-examination of Social Penetration Theory", *Cyberpsychology, Behavior, and Social Networking*, Vol. 15, No. 5 (May 2012), pp. 245–250.

值得注意的是,随着媒介生态的网络化发展,线上社交取代了传统的线下交往,费孝通先生曾经提出的基于亲缘关系的差序格局也在线上空间被颠覆,"亲"与"疏"被重新定义。比如,在我国当下最流行的社交媒体平台微信中,家人、陌生人与熟人拥有不同的社交地位,基于血缘关系的亲人在社交媒体上反而可能被疏远。他们在线下能进行深度的情感互动,有较好的情感基础,这类关系的深度已经难以进一步挖掘,而广度又有客观限制,因此似乎没有必要为了亲人关系的进一步渗透而付出隐私。甚至有用户会通过不聊天、屏蔽等方式刻意让亲人远离自己。① 然而,当涉及敏感信息的披露时,深度关系能带来足够的信任,亲人仍会成为首选的倾听者,②被赋予情感支持的角色;保持联系但又没能知根知底的熟人朋友是用户最为在意的社交关系,他们在热火朝天的交谈中越来越亲密,③在个人信息的互相交换中实现情感共鸣,推进社交关系的维系,隐私披露边界也逐渐变大。④ 第三类关系则是"陌生人",社交媒体为弱关系交往的急剧膨胀带来可能,曾被界定为150左右的"邓巴数"⑤已难以适用,社交关系的广度成为在线社交新的风向标。在社交媒体隐私计算中,新的社交关系对应着感知披露收益的提升,社交关系的增量收益诱惑着人们展露自己。然而虚拟社交缺少面对面的交谈,容易打开一个聊天窗口,却很难打开一个人的内心,这就导致亲密关系升温快降温也快。对于这点,学者雪莉·特克尔(Sherry Turkle)的观点是,虚拟社交正在杀死深度关系的建立。⑥

---

① 林滨、江虹:《"群体性孤独"的审思:我们在一起的"独处"》,《中国青年研究》2019年第4期。

② 申琦:《自我表露与社交网络隐私保护行为研究——以上海市大学生的微信移动社交应用(App)为例》,《新闻与传播研究》2015年第4期。

③ 方兴东、石现升、张笑容等:《微信传播机制与治理问题研究》,《现代传播(中国传媒大学学报)》2013年第6期。

④ 申琦:《自我表露与社交网络隐私保护行为研究——以上海市大学生的微信移动社交应用(App)为例》,《新闻与传播研究》2015年第4期。

⑤ 人类学家邓巴认为,一个人的社交范围临界值约为148人。

⑥ [美]雪莉·特克尔:《群体性孤独》,周逵、刘菁荆译,浙江人民出版社2014年版,第76—78页。

人们在不断扩大社交,却无法消灭孤独,并很难通过网络形成一段亲密且可靠的感情。在这种既定状态下,用户可能一对多地进行沟通,可能频繁更换交往对象,个人信息也在交往中一次又一次向他人敞开。在微博、知乎等以弱关系为纽带的社交广场,用户可能会分享自己的生活、观点,透露一些基础的个人信息以完成“促新”,但很少进一步深度披露。根据社会渗透理论,不难发现,个人的线上交往对象往往不能知根知底,他们需要通过个人私密信息的披露来促进亲密关系的建立,打开部分心灵来排解孤独,而差异化的社交关系也会影响用户的隐私计算,导致其展现不同的自我披露程度。

三是用户所处社交环境对隐私计算带来的影响。这里所指的社交环境,主要是指社交媒体的其他用户所形成的环境,小到自己的朋友圈,大到所有网络用户。如通过主观规范、群体压力、群体数量①以及相似性等因素,个体的隐私计算会受到其他用户的影响。比如,有研究发现,当一个网站的用户越多或朋友数量够高时,个人的从众心理会让人觉得它能给多数人带来好处,正向影响感知收益,个人也会倾向于加入其中并跟随其他用户披露个人信息。②也有研究引入了新媒体理论中的社交媒体可供性,来解释他人与用户个体之间的关联性如何影响用户的隐私披露意愿,③以此解释隐私悖论现象。社交媒体可供性,是指环境为行为提供的可能性。④ 詹姆斯·吉布森(James Gibson)主张“物体会告诉行动者该如何使用他们”,椅子对成人来说是坐的,对儿童来说可能成了放置的桌板,所以可供性同时强调了上下文情境的特性以及对用户的影响。社交媒体的可供性就是与其他用户进行交流互动。在计

---

① 迪莉娅:《大数据环境下 App 用户隐私计算影响因素研究》,《现代情报》2019 年第 12 期。

② 迪莉娅:《大数据环境下 App 用户隐私计算影响因素研究》,《现代情报》2019 年第 12 期。

③ Sabine Trepte, Michael Scharkow & Tobias Dienlin, “The Privacy Calculus Contextualized: The Influence of Affordances”, *Computers in Human Behavior*, Vol. 104 (Mar 2020), pp. 106-115.

④ Donald A. Norman, “Affordance, Conventions, and Design”, *Interactions*, Vol. 6, No. 3 (May/Jun 1999), pp. 38-43.

算机中介的交流中,有五项可供性指标与社交媒体相关,其中“关联性”被认为是社交媒体中首要的可供性。2020年,萨宾·特内普特(Sabine Trepte)等将可供性引入社交媒体用户隐私计算的研究,认为其他用户组成的社交媒体环境会对用户行为产生影响,其中关联性分为“其他用户披露信息的数量”和“其他用户与该用户的相似性”。研究发现,若能够看到大量其他用户披露的信息,个体会感到多数人能够在平台获得融入感、愉悦感。[①] 这为用户提供了一种和谐、相互信任的媒介环境,他们会易于透露更多自己的信息。此外,看到网络用户与自己越相似,他们越能感受到潜在的新的社交关系,获得更多的认同感、融入感,也更愿意披露自己的信息。

既有的社交媒体隐私计算研究指出,社群中的其他人,能通过感知披露收益影响用户的隐私计算,但却忽视了这种媒介环境下的群体压力,诱发了用户的非理性决策。媒介环境会给用户形塑一定的制约和压力,一定程度上增加了不披露带来的损失。爱丽丝·马威克(Alice Marwick)提出,人们相互翻看社交媒体的内容,本质上也是一种社会监督(Social Surveillance)。[②] 这样的监督会压迫用户产生妥协,让用户感知到不披露可能会带来不好的事,以此促进信息披露。比如在电商领域中,消费者会担心,如果其拒绝披露,商家会据此采取对其不利的价格歧视;类似地,当雇主鼓励求职者自愿披露个人信息时,求职者也会担心保持沉默会导致雇主对其个人情况的负面推论。[③] 而在鼓励披露的社交媒体中,用户往往担心不披露会显得难以融入群体或者环境中,不利于进一步的关系建立。这是“乐队花车效应”在隐私领域的体现,社交媒体试图使大家相信,每个人——至少我们所有的人——都正在做它,因此用户必须跟随大家“跳上花车”,通过披露行为相互呼应,在围观者身边营造出一种

① Sabine Trepte, Michael Scharkow & Tobias Dienlin, “The Privacy Calculus Contextualized: The Influence of Affordances”, *Computers in Human Behavior*, Vol. 104 (Mar 2020), pp. 106-115.

② Alice Marwick, “The Public Domain: Surveillance in Everyday Life”, *Surveillance & Society*, Vol. 9, No. 4 (Jun 2012), pp. 378-393.

③ 戴昕:《数据隐私问题的维度扩展与议题转换:法律经济学视角》,《交大法学》2019年第1期。

大家都在公开的拟态环境,产生"我不做就是不合群"的想法。这种担忧与压力易使信息主体陷入自我披露的竞赛,①丧失理性的计算。有研究表明,在使用社交媒体时,社区用户的隐私披露程度会锚定新用户的信息隐私披露程度。在使用社交媒体时,新用户会依据社区用户的信息隐私披露类型和披露程度设置隐私披露的预期值,在作出信息隐私披露时,依据这一预期值调整个人的信息隐私披露程度。② 这同样体现了结构化理论,由于社交媒体中其他用户的存在,他人的披露形成了鼓励披露的群体压力,个体难以成为一个意志自由的人。

综上所述,社交媒体隐私计算研究主要从平台功能、社交关系、媒介环境等方面展开,并且发现社交媒体用户并非忽视隐私风险,而是感受到了更多的隐私披露收益,这种收益比电商领域更多元复杂,如感知公平、情感支持、社交关系的建立与升温以及舒适的媒介环境都提升了感知披露收益,从而推进了用户的自我披露决策。

尽管既有隐私计算研究已经为解决社交媒体中的隐私悖论问题作出了一定的贡献,但隐私计算理论仍存在一定局限。③ 风险与收益的计算结果很难对自我披露行为作出完全解释,因为用户的隐私决策不能简单归为一种理性行为。隐私计算作为一种心理过程必定会受到具体情境因素、个体差异、非理性因素等影响。

(二)社交媒体隐私计算研究的未来

如何认识具体情境因素、个体差异、非理性因素等诸多因素对用户的心理权衡过程的影响?具体而言,社交媒体的自我披露中有多少是出于本能的自

① Scott R. Peppet,"Unraveling Privacy:The Personal Prospectus and the Threat of a Full-disclosure Future",*Law Northwesterm University Law Review*,Vol. 105,No. 3 (2011),pp. 1153-1203.

② 高山川、王心怡:《网络平台和收益的类型对信息隐私决策的影响》,《应用心理学》2019年第25期。

③ Alessandro Acquisti,"Privacy in Electronic Commerce and the Economics of Immediate Gratification",in *Proceedings of the 5th ACM Conference on Electronic Commerce*,(eds),New York:Association for Computing Machinery,2004,pp. 21-29.

我展演或放弃思考的隐私倦怠?此外,如何更深刻地理解隐私计算的动态特征?如何理解智媒技术下隐私计算的适用性?我们基于隐私计算和其他多学科理论,分析了研究推进的可能性。

1.用户隐私决策中的非理性因素

社交媒体用户在进行隐私决策时是存在两种路径的:一种是基于理性的权衡感知隐私风险和收益,结合情境因素计算出合理的结果;另一种则更多基于启发式思维,通过既有经验、情绪等因素简单判断。早期的隐私计算研究基于"完全理性人"的假设,认为隐私计算是完全理性的,这与实际情况难以贴合,尽管采取隐私计算表明了个人理性的一面,但实际的计算过程中无法避免非理性因素的干扰。如亚历山德罗·阿奎斯蒂(Alessandro Acquisti)等学者发现,隐私计算并非是完全理性的过程,往往会受到个人有限理性、认知差异、信息不对称等因素的影响,且由于个人差异的存在,每个人的隐私计算能力都存在差别。隐私计算的双重路径正是详尽分析可能性中的核心路径和边缘路径在隐私计算中研究的应用。① 学者弗拉维乌斯·科尔(Flavius Kehr)发现,对隐私风险和利益在具体情境下的感知,可能受预先存在的态度、情绪、情感等情景因素影响,隐私评估会受瞬间情感(积极情感、中立情感、消极情感)影响。比如,向受试者展示可爱类型的图片(如卡通化的汽车应用程序界面)能够引发他们的积极情感,在积极情感状态下,用户对不同敏感度信息的感知风险没有差异;中立情感状态下感知风险较高,且更易受信息敏感性影响。也就是说,用户在积极情感下倾向于低估隐私风险,在正常情感状态下能较合理进行权衡。将非理性因素纳入隐私计算中,能使个人信息隐私决策的路径更加清晰。②

---

① Mengxi Zhu, Chuanhui Wu & Shijing Huang, et al, "Privacy Paradox in mHealth Applications: An Integrated Elaboration Likelihood Model Incorporating Privacy Calculus and Privacy Fatigue", *Telematics and Informatics*, Vol. 61 (Aug 2021), 101601.

② Flavius Kehr, Tobias Kowatsch & Daniel Wentzel, et al, "Blissfully Ignorant: the Effects of General Privacy Concerns, General Institutional Trust, and Affect in the Privacy Calculus", *Information Systems Journal*, Vol. 25, No. 6 (Mar 2015), pp. 607-635.

具体而言,我们将从身处社交媒体中用户社交需要的自我展演和感受的倦怠这两个方面,分析影响社交媒体用户形成非理性隐私决策的原因:

(1)社交表演:欲望与理性的博弈

一方面,表演欲和窥私欲源自"本我"的冲动,在社交媒体中,用户可能放弃理性思考,忽视可能面临的风险,基于本能展示自我。这是启发式思维在人们社交媒体隐私决策中的一种表现。个人在作隐私决策时采用的以简单化思考处理复杂问题的认知方式都可以被归纳为启发式。[①] 当欲望击败理性,人们基于启发式思维,依赖有限的信息和内心的意愿进行快速思考,容易带来认知偏误,阻碍理性决策的形成。另一方面,表演又似乎是基于理性思考,权衡利弊后的结果。展示什么,隐藏什么,都是在个人精心的控制下,披露自我就像拉开舞台幕布,呈现的是被精心布置的场景和人物。在多数人眼中,主动披露的、有助于塑造良好形象的个人信息并不是隐私,而需要隐瞒的、不光彩的、会带来损失的才是隐私。用户面对社交媒体隐私持有双重标准的认知框架。这种隐私认知差异带来的直接后果是,人们往往以较好的形象或伪装对外展示,掩盖了其过去的不良行为和偏好。

欧文·戈夫曼(Erving Goffman)的拟剧理论为这种欲望与理性的博弈提供了解释框架,认为这是用户内心深处表演欲的激活。社会中的个人可以被看作舞台上的演员,他们把各种符号作为道具进行演出,从而希望得到观众的认可。[②] 拟剧理论强调的是"面对面"人际交往中的交流策略,我们将其与约书亚·梅罗维茨(Joshua Meyrowitz)的媒介情境论[③]结合,能够更好地理解用

---

① Andrew Gambino, Jinyoung Kim & S. Shyam Sundar, et al, "User Disbelief in Privacy Paradox: Heuristics that Determine Disclosure", in *Proceedings of the* 2016 *CHI Conference Extended Abstracts on Human Factors in Computing Systems*, (eds.), New York: Association for Computing Machinery, 2016, pp. 2837-2843.

② 董晨宇、丁依然:《当戈夫曼遇到互联网——社交媒体中的自我呈现与表演》,《新闻与写作》2018年第1期。

③ 车淼洁:《戈夫曼和梅洛维茨"情境论"比较》,《国际新闻界》2011年第6期。注:媒介情境论认为,媒介决定情境,情境决定人的行为。

户在线自我表演中欲望与理性的博弈。在社交媒体平台中,线上空间本身就成为一个等待展演的舞台,用户利用各种语言、图像、声音等道具,以控制自身信息呈现的方式来实现印象管理,对着想象中的观众修改自己展示的内容。梅罗维茨认为网络空间与物理空间的界限模糊,使得原来界限明晰的前台与后台又分化出了前前区、中区和深后区:“以后台和前台观念为基础,在混合场景中出现的新行为可被称为‘中区’行为。相反地,从场景的分离中产生的两类新行为就可被称为‘深后区’行为和‘前前区’行为。”①社交媒体广场中的人们能看到的,都是用户愿意和希望他人能看到的,比如越来越多的直播和真人秀,明星或个人刻意把优点展现在前前区,不愿让人知晓的隐私则被隐藏在不为人知的深后区中。而自我表演的动机,强化了用户的感知披露收益。在社交媒体中,他们切实感受到了手握权力的滋味,通过控制自身信息的可访问性,自由扩大“开放之窗”或“隐蔽之窗”,②突出有利信息、隐藏不利信息,塑造一个理想的网络形象,从他人的反馈中收获愉悦感、社交成就感等收益,并不断探索未知的自我,所以尽管可能面临风险,用户仍会义无反顾地披露自己。除此之外,社交媒体上自我撤出可以看作一种补救性表演。自我撤出作为一种补救性隐私决策,每一种决策的改变都隐藏着符号的更迭,渗透了印象管理的策略,如董晨宇等对分手人群朋友圈的研究,发现撤除所代表的“空符号”,同样也是对自身未来形象的塑造。③ 正是基于这种内部分享需求和外部观看需求之间的张力,多数用户愿意将有限的私人空间部分公有化,“陈列”也好“撤展”也好,都自由地经营自己的社交展馆。在与他人的信息互动过程

① [美]约书亚·梅罗维茨:《消失的地域:电子媒介对社会行为的影响》,肖志军译,清华大学出版社 2002 年版,第 43—46 页。

② 靳琰、曹进:《人际传播学的关系模型及构建研究——基于自我意识发现—反馈理论的视角》,《现代传播(中国传媒大学学报)》2019 年第 3 期。注:“约哈里之窗”指人际传播中信息流动的地带和状况可以被分为四部分,分别是开放区域、盲目区域、秘密区域和未知区域,通过改变各区域的大小可以协调人际交往状态。

③ 董晨宇、段采薏:《反向自我呈现:分手者在社交媒体中的自我消除行为研究》,《新闻记者》2020 年第 5 期。

中,用户巧妙地调节自身的“约哈里之窗”,展现自我以促进人际交流,获取他人反馈以更好地认识自己,自我披露与撤除是协调人际关系的重要手段,此刻隐私成为不被关注的副产品。因此,“看与被看的欲望”出现,本我暂时压制住了自我和超我,淹没了对披露风险的感知,用户按照自己赋予“隐私”的意义,进行着披露与表演。

然而,无观众的表演只算是彩排。只有观众“想看”,用户才有进一步披露的动力,这种“想看”便体现为一种窥私欲。阿尔弗雷德·希区柯克(Alfred Hitchcock)曾经说过,人们之所以愿意到黑乎乎的电影院去看电影,就是为了看银幕上那些被虚构出来的人物的隐私。从弗洛伊德的角度分析,窥私欲来源于“本我”的冲动。半遮掩的门让人禁不住想要往里看一眼,这就是窥私欲的表现。当窥探到他人隐私的时候,人们会收获一种满足和愉悦,而窥探隐私的行为本不受道德及法律允许,即受到“超我”的限制,欲望的被禁并不等于消失,如同逆火效应,对窥视的压抑越重,它越变本加厉地寻求出路,并且在实施之后得到更大的满足。① 因而,在社交媒体平台窥私与表演互相刺激,相生相长,普通观众也暂时摸到了权力的手杖,对屏幕中的人进行监视,享受着窥视的快感。

综上可以看出,社交媒体平台的社交表演是用户表演欲与观众窥私欲双重作用下的产物。对于用户而言,自身发展、个人的印象管理、他人夸赞为信息披露提供了更大动力,个人信息被作为社交筹码来获得社会关系连接,寻求情感共鸣与群体认同感,展示“完美的自我”,简单来说,“看与被看”为用户的自我披露提供了巧妙的推力。他们有时必须公开一些个人信息,这些信息以往只存在于后台,他人无法直接看到,而为了让表演淋漓尽致,让形象得到更多人认可,自我披露成为常态。至此,我们不难理解,为什么我们一边在愤怒地高呼社交媒体时代隐私已死,一边却又乐此不疲地用社交软件“记录和分

① 赵雅英:《初探“直播+”时代的公民隐私问题》,《科技传播》2020年第21期。

享着美好生活”。

表演者和观众,围绕着隐私披露各取所需,看似达到了平衡。殊不知,隐藏其后的社交媒体平台,正在暗中观望、记录着一切。用户与企业之间天然存在着权力的不对等关系,表演者展露的信息在“一键同意”的机制下被企业存储、利用,观众的观看喜好、历史记录也在无意识间被攫取,用于再生产,个人信息隐私似乎失去了原有的严肃性和私人性,成为大众文化中的消费品。在社交平台中,驱动用户进行个人披露的是内部的“自愿性服从”而非外部力量的压制。[①] 这种自愿可能得益于平台的个性化功能、情感的寄托、创造及深化社交关系的可能和塑造理想化形象的需求等一切有利于用户的方面,同样也得益于平台方、企业方对信息获取逻辑的遮蔽。平台方将自己打造成一个平等中立的服务提供方,坚称自己按照规则提供服务,然而也只有它们自己熟知这一套商业规则,一次次强化用户披露行为的收益,而掩盖了风险的存在。

既有的社交媒体隐私计算研究,多是实证地考察用户社交关系、愉悦性、功能需求等社交媒体披露收益,与隐私泄露、人设危机等披露风险的权衡结果,对用户隐私决策的决定作用。然而,研究缺少从弱理性、有欲望的人的角度出发对社交媒体平台的批判性分析。尤其是忽略了对平台如何通过遮蔽部分信息、强势规定服务规则,诱导社交媒体用户自愿披露个人信息等方面的考察。

(2)减法困境:隐私决策中的社交媒体倦怠

迈入大数据“全景监狱时代”,社交媒体平台对用户信息的攫取无处不在、难以觉察。用户与平台之间往往存在信息权力的不对等,他们对平台需要什么信息、如何利用信息、如何保护信息等方面都无从得知。这种不可知性会使得用户对隐私保护结果产生无力感。同时,由于个体认知能力和自我效能的差异,能力较弱的用户面对冗杂的隐私保护条款、服务协议和复杂的隐私保

① 吴鼎铭:《网络“受众”的劳工化:传播政治经济学视角下网络“受众”的产业地位研究》,《国际新闻界》2017 年第 6 期。

护操作流程,无法作出积极理性的决策,[①]也没有能力、没有精力面对无处不在的隐私收集作出自我保护。而社交媒体需求却在日益增加,此时用户对待隐私或隐私保护会出现无能为力的挫败感。这是一种消极倦怠的心理态度,会导致人们在社交媒体平台中作出有限理性的隐私决策。

当用户对社交媒体的隐私态度过于消极,很可能带来一种倦怠心理。倦怠被定义为由长时间持续、高强度、沮丧、绝望等引起的主观上不愉快的疲惫感。[②] 倦怠同时也被认为是一种应对机制,为减少应对压力的努力,甚至放弃工作,试图达到规避压力源干扰的目标。面对目标实现的困难,倦怠的人往往表现出在任务执行过程中脱离,而不是寻求解决问题的方法。[③] 在社交媒体隐私保护领域,主要包括社交媒体倦怠(Social Media Fatigue)与隐私倦怠(Privacy Fatigue)。其中,社交媒体倦怠指用户选择退出或者减少使用社交媒体。尽管退出的原因是多元化的,包括信息规避、自我管理、刻意地去数字化等,但有研究显示,个人信息隐私的泄露也是选择退出的重要诱因。[④] 这类用户具有较高的隐私关注:既然无法通过自我保护或平台、政府来保障个人信息隐私的安全,用户索性断开连接。最直接的例子就是在剑桥分析案后脸书在线用户的减少,用户更新及分享频率的下降。在社交媒体逐渐成为生活必需品的时代,社交媒体倦怠是少数人的个人选择,他们非常关注在线隐私问题,明白隐私泄露所带来的风险,却在一次次信息泄露事件的积压下,不再相信企业能够保护好个人信息,于是选择断开连接的方式停止提供个人信息。这一

---

① 许一明、李贺、余璐:《隐私保护自我效能对社交媒体用户隐私行为的影响研究》,《图书情报工作》2019 年第 17 期。

② Barbara F. Piper, Andrea M. Lindsey, Mary Jane. Dodd, "Fatigue Mechanisms in Cancer Patients: Developing Nursing Theory", *Oncology Nursing Forum*. Vol. 14, No. 6 (Nov 1987), pp. 17–23.

③ Susanne Ax, Vernon H. Gregg, David Jones, "Coping and Illness Cognitions: Chronic Fatigue Syndrome", *Clinical Psychology Review*, Vol. 21, No. 2 (Mar 2001), pp. 161–182.

④ 凯度中国:《2014 中国社交媒体影响研究》,2014 年 8 月 22 日,见 http://cn.kantar.com;彭丽徽、李贺、张艳丰等:《用户隐私安全对移动社交媒体倦怠行为的影响因素研究——基于隐私计算理论的 CAC 研究范式》,《情报科学》2018 年第 9 期。

行为从某种程度上也反映了用户作为信息权力劣势的弱者进行的无声反抗。

隐私倦怠,是指用户对隐私本身产生倦怠感。学者马克·基思(Mark J. Keith)等认为,在大数据时代,面对无处不在的技术剥削、冗杂的隐私保护条款、不可知的隐私风险,个人已经没有能力、精力来完全管理、控制自己的隐私,从而选择消极地放弃隐私保护,降低隐私关注,不假思索地使用社交媒体。[①] 与社交媒体倦怠的停止披露相反,隐私倦怠被认为是理解社交媒体用户信息披露行为的重要环节,也从新的角度部分解释了隐私悖论。有研究发现隐私倦怠比隐私关注更加显著地影响了用户的披露意图和隐私保护脱离行为,[②]即使用户有着一定的隐私关注,也会因为倦怠感的存在放弃较为复杂的应对措施。本书认为,隐私倦怠是一种更加值得警惕的现象。由于隐私倦怠,人们认为自己只是社会中无名的一分子,个人信息并没有特殊的价值,因而隐私保护的意识也较低。[③] 事实上,生活中为了使用特定社交软件及其功能而默认点击"同意隐私政策"的情况也不占少数,这种单向的默认,表现的往往不是我们对平台商的信任,而是缺少选择权、控制权的无能为力。因为用户尚没有遭遇到个人权益被侵害,故隐私泄露风险无法被感知到,从而促进了下一次的默认。在一次次的正反馈积累下,用户逐渐被涵化为不在乎个人隐私的信息提供者,进一步增强社交媒体的功能,在新功能的引诱下又乖乖奉上自己的隐私,如此周而复始。

---

① Mark J. Keith, Christopher Maynes & Paul Benjamin Lowry, et al, "Privacy Fatigue: The Effect of Privacy Control Complexity on Consumer Electronic Information Disclosure", in *International Conference on Information Systems*, (eds.), Berlin: Springer, 2014, pp. 14–17.

② 张大伟、谢兴政:《隐私顾虑与隐私倦怠的二元互动:数字原住民隐私保护意向实证研究》,《情报理论与实践》2021年第7期;Mark J. Keith, Christopher Maynes & Paul Benjamin Lowry, et al, "Privacy Fatigue: The Effect of Privacy Control Complexity on Consumer Electronic Information Disclosure", in *International Conference on Information Systems*, (eds.), Berlin: Springer, 2014, pp. 14–17.

③ Tobias Dienlin & Sabine Trepte, "Is the Privacy Paradox a Relic of the Past? An In - depth Analysis of Privacy Attitudes and Privacy Behaviors", *European journal of social psychology*, Vol. 45, No. 3 (Apr 2015), pp. 285–297.

本书认为,社交媒体倦怠与隐私倦怠都是减法思维的产物。两者都倾向于“什么都不做”,走向“抵触”与“犬儒”式的两种极端,断开连接一了百了,或者屈服于平台百依百顺,而不是采取积极的隐私保护措施。这样的放弃隐私保护的消极行为,后果更加严重,不利于社会范围内积极隐私保护共识的塑造。

目前已有研究尝试寻找形成社交媒体倦怠的原因。比如,结合隐私计算理论和计划行为理论,[①]基于 CAC 范式[②],试图解释社交媒体倦怠行为如何产生,结果发现,感知风险和收益通过社交媒体隐私态度这一中介变量解释了社交媒体倦怠行为,隐私关注越高,隐私态度越消极,越有可能产生倦怠行为。

在隐私计算相关研究中,学者托比亚斯·迪恩林(Tobias Dienlin)等将保护动机理论[③]中的自我效能评估引入隐私计算研究中发现,隐私自我效能高的用户能更积极地展开隐私保护行为,包括频繁地删除一些信息;自我效能高低与感知信息控制有很大的关联,用户对社交媒体隐私保护的自我效能感知越低,越觉得自己没有能力控制和管理自己的个人信息隐私。[④] 这在一定程度上解释了人们为什么会出现隐私倦怠,不积极采取保护措施,安于现状,任由个人信息甚至敏感内容在社交媒体广场散播。也有学者根据保护动机理论

---

① 彭丽徽、李贺、张艳丰等:《用户隐私安全对移动社交媒体倦怠行为的影响因素研究——基于隐私计算理论的 CAC 研究范式》,《情报科学》2018 年第 9 期。

② CAC 范式模型将认知、情感和行为意愿看作是行为发生的关键要素,认知要素是基于知识、经验或者理性计算的思维过程;情感要素是在认知的基础上形成的事物的情感响应;行为意愿则是在认知和情感基础上综合决策的行为倾向。其中认知对应隐私关注,受到感知隐私风险和感知收益影响,情感指的是隐私态度,最终的行为意愿则是社交媒体倦怠。

③ 保护动机理论(Protect Motivation Theory)强调风险利益的权衡对保护动机的影响。罗杰斯(Rogers)将保护动机理论简化为两个过程:一是减少风险的评估(Risk-Reducing),包括对风险的评估和采取风险行为所获利益的评估;二是应对能力评估(Coping-Appraisal),主要指人们对自我应对风险能力的评估,即处理风险能力的信心。自我效能是应对能力评估的重要指标。

④ Tobias Dienlin & Miriam J. Metzger,“An Extended Privacy Calculus Model for SNSs: Analyzing Self-Disclosure and Self-Withdrawal in a Representative US Sample”, *Journal of Computer-Mediated Communication*, Vol. 21, No. 5 (Sept 2016), pp. 368-383.

中的风险权衡心理过程,提出了“双重计算模型”的分析框架①,指出影响个人信息披露行为的可能是两个心理过程的比较权衡,即隐私计算(预期收益和隐私风险之间的权衡)与风险计算(隐私风险与应对风险有效性之间的权衡)。目前,该模型尚未通过验证,但是理论上对用户的倦怠心理作出相应的解释:由于人们处理风险能力的信心低,不相信自己可以保护自己的信息隐私,因而多通过放弃社交媒体使用或者不采取相应积极的隐私保护行为。想要理解这点,其实并不困难。从成本—效益权衡的视角来看,在大数据时代保卫个人信息隐私确实是一项浩大的工程,互联网上的每一个节点都不是孤立的,而是相互连接的,个人信息隐私保护过程中某个环节出现了失误,就可能变成“全网皆知”,个人需要付出的时间、精力甚至金钱成本是巨大的,而所获得的隐私保护效益却不能被保证,在高成本低效益的对比下,消极对待隐私保护成为部分用户最安逸的选择。

也有学者将隐私倦怠引入隐私计算研究,考察其对个人信息披露行为的影响。如朱梦茜等学者在研究移动医疗软件用户的隐私计算时,在思考的详尽分析可能性模型(Elaboration Likelihood Model)②中纳入隐私倦怠发现,隐私倦怠在移动医疗领域中对用户的披露意图有削弱作用。③ 具体来说,当可穿戴设备、医疗健康设备的用户对平台的隐私保护能力缺少信任而心生倦怠

---

① YuanLi,“Theories in Online Information Privacy Research:A Critical Review and an Integrated Framework”,*Decision support systems*,Vol. 54,No. 1 (Dec 2012),pp. 471-481.

② Richard E. Petty,John T. Cacioppo,“The Elaboration Likelihood Model of Persuasion”,in *Communication and persuasion*,New York:Springer,1986,pp. 1-24.注:受众对于不同的信息刺激有不同的处理方式,核心路径指的是需要高水平的认知努力的过程,而边缘路线则只需较少的认知努力并可能受到其他过程影响的过程。隐私决策过程也存在两种路径,沿着中心路线思考时,用户的隐私决策是基于感知收益和风险进行深入、逻辑合理的分析,会考虑政策保护、平台技术支持,而使用边缘路径的用户更多地依赖启发式思维进行隐私披露,并受到情绪、既有经验、情境等因素的影响,也更容易产生隐私倦怠的消极态度。

③ Mengxi Zhu, Chuanhui Wu & Shijing Huang, et al,“Privacy Paradox in mHealth Applications:An Integrated Elaboration Likelihood Model Incorporating Privacy Calculus and Privacy Fatigue”,*Telematics and Informatics*,Vol. 61 (Aug 2021),101601.

时,多数人借助边缘路径思考来作出隐私决策,他们能果断地减少或不再使用。但是在社交媒体中,隐私倦怠者的披露意愿往往不会减少,甚至更强。这可能是由于两个场景下用户的沉没成本①不同。在社交媒体场景中,用户投入了大量的时间、金钱和认知努力,甚至与其他用户深度嵌入社交链接,导致了很高沉没成本,如果停止使用的话不太合理,此时,隐私倦怠作为一种应对机制,促进了信息披露行为。

结合社会学与心理学相关理论,充分考虑社交媒体隐私计算中的减法思维,能够为未来的社交隐私计算研究提供新思路。社交媒体已经嵌入了我们的生活,它是一个鼓励自我披露的场域。自我展示成为在线社交的先决条件,这不仅能获得个性化体验,还能创建和维护社交关系,积累社交资本。在这种既有节奏的影响下,为了保持正常生活,人们不得不持续披露,再一次印证了社会结构化理论的观点。社交媒体已经成为社会的一部分,历史投入成本是一种无形的力量,所以隐私态度与实际行为之间会产生偏差。人们在高隐私关注、高感知风险的情况下持续地披露个人信息,很大可能是因为他们无法承受"停止"所带来的代价与负担,前期过多的成本投入会导致"断舍离"越来越困难。无视隐私风险而继续披露的"倦怠"也成了在此情境下最合适的选择。因此,为更好解释社交媒体用户产生的倦怠问题,不仅要把隐私计算视为一个理性与非理性并存的双路径过程,同时不能忽视社会力量的规训,还要把感知信息控制、隐私自我效能、隐私保护机制易用性、隐私条款易读性、隐私保护成本、感知隐私价值及平台信任等因素纳入考量,还原解释用户面对隐私问题为何越来越消极,从而引导用户走上积极的隐私保护之路。

---

①　沉没成本在该研究中的解释是,在电子商务、社交媒体等场景中,用户投入了大量的时间、金钱和认知努力,甚至与其他用户深度嵌入社交链接,导致了很高沉没成本,如果停止使用的话不太合理,此时,隐私倦怠作为一种应对机制,促进了信息披露行为。而移动健康应用的用户只花费了少量时间和精力,可以选择停止使用该应用程序,而不是在他们经历了负面情绪后继续提供他们的个人信息。

2. 静与动的博弈:社交媒体隐私计算的动态化思考

既有的隐私计算研究多将隐私计算静态化,关注某一特定场景下某次隐私决策行为中的计算过程,聚焦在"此时此刻",即针对当下情境的一次性结果,将每一次隐私决策割裂为不相关的部分。然而在社交媒体中,情感的升温需要交流的积累,人气的攀升需要分享的积累,每个部分环环相扣难以割裂,当下的一个决策会影响到未来的社交。缺乏历时性观察的社交媒体隐私计算容易陷入非黑即白的简单二分法,对隐私计算及隐私决策路径的真实还原存在偏差,也局限了隐私计算理论对隐私悖论现象的进一步解释。因此,本书认为未来可以从以下几个方面考虑隐私计算的动态化过程,探讨隐私悖论问题的解决方案。

(1)动态撤除:被忽视的社交媒体信息隐私决策

社交媒体中的隐私计算是一个不断修改的闭环,每一次隐私决策前的计算结果都能够相互影响。隐私计算权衡的是预期隐私披露带来的风险与收益,当预期计算结果被实际结果覆盖后,用户会进行动态补救或者正向激励,进而影响下一次计算。比如,用户通过隐私计算评估得出在微信朋友圈发送风景和定位能引起当地或附近好友的关注,但实际披露后却发现没有好友的点赞,反而被某些亲戚注意到,此时披露实际结果与计算结果产生偏差,但用户不是被动地接受这种结果,他可以借助现有信息,通过后续的计算,重新管理自己的隐私行为,如删除或者屏蔽部分人群重新发送。在社交媒体使用中,自我披露、补救或继续披露的节点有无数次,这种视具体情况而变化的动态结果,表明社交媒体中的隐私决策不是"买定离手",而是存在多次机会、多种选择的,并且与过往的决策产生关联。当考虑到用户的社交媒体使用是多次披露与撤出的集合时,隐私计算被赋予了动态化的特征。

社交媒体平台上的自我撤除(Self-withdrawal)可以被看作是一种补救措施。[1]

---

[1] Tobias Dienlin & Miriam J. Metzger,"An Extended Privacy Calculus Model for SNSs: Analyzing Self-Disclosure and Self-Withdrawal in a Representative US Sample", *Journal of Computer-Mediated Communication*, Vol. 21, No. 5 (Sept 2016), pp. 368-383.

学者托比亚斯·迪恩林(Tobias Dienlin)认为,用户通过自我撤除删除其在社交媒体平台上的数字痕迹或降低其可见性,是对前一次自我披露行为的积极调整,这表明了用户对信息积极的自我保留。自我撤除是一种积极的隐私管理行为,它与自我披露并不是非此即彼的二元对立,比如高自我披露程度并不一定对应低自我撤除程度,可能是选择性披露,只对一小部分群体敞开心扉而对多数人呈现退出的状态。在伪造、保护和抑制这三类隐私保护行为中,[①]撤除处于保护类和抑制类之间。用户可以通过分组、设置可见性甚至不定期删除等形式控制信息在社交群体中的流通,并起到补救作用。若自己无法完成撤除,也可以寻求外界力量的介入,如前述章节提到的欧盟被遗忘权和我国的删除请求权。[②] 正是由于这种补救机制的存在,即使存在隐私风险,社交媒体用户仍可能选择大胆进行自我披露,因为对他们来说留有后路,其中蕴含了用户"刻意隐藏""后悔""社交表演"等复杂心理,这种刻意的"留白"同样会受到隐私计算的影响,且将以往的披露结果纳入了权衡因素中。

不披露、撤除、部分披露以及披露假信息等隐性的隐私管理行为是一种相对不可见的"空符号",但却有着不可或缺的作用。或许是因为自我撤除的结果难以被捕捉到,针对这种隐性隐私管理行为,目前在隐私研究领域尚未引起较大关注。然而,它们都是社交媒体平台常见的用户隐私管理行为。个人信息披露对于社交网民来说是一种常态化行为,而计算过程并非一劳永逸,计算结果也并非一成不变。所以风险—成本的信息隐私决策过程使得用户能够以动态的方式,在不同的时间和情境下对"展品"进行修正,以保证自我呈现的连贯性和隐私信息的安全性。信息隐私决策的结果并不只有非此即彼的披露和不披露,对其进行细化,将自我撤除、部分披露、用虚假信息披露等特殊隐私决策纳入隐私计算研究,甚至是对它们进行组合式思考,能对现有隐私计算理

---

① 申琦:《网络信息隐私关注与网络隐私保护行为研究:以上海市大学生为研究对象》,《国际新闻界》2013年第2期。

② 胡凌:《个人私密信息如何转化为公共信息》,《探索与争鸣》2020年第11期。

论中的因变量——隐私披露进行细分,或许能得到更多新发现新价值。

(2)时空交错:隐私计算的量子特性

从物理学视角出发,也能印证社交媒体隐私计算是动态的,有学者将量子理论(Quantum Theory)引入隐私研究领域,为隐私悖论成因提供了新的理解。① 他们认为决策结果是在作出决策的瞬间才确定的,预期的计算结果并不等于实际决策。因为隐私计算是对未来隐私决策的一种判断,感知的是在社交媒体用户进行自我披露后,未来会有的风险和收益,计算结果和实际决策之间必然存在先和后的关系,而不是平行发生的,这种时间差为强隐私担忧下的自我披露提供了可能。这与量子实验中的测量过程类似,个人可能遇到不确定的因素而改变行为。

透过量子理论,我们发现隐私计算的动态性还体现在,社交媒体隐私计算考虑的一定程度上不仅是当下时刻的风险与收益,而且是纳入时间维度与空间维度的权衡。时间维度体现在:①隐私计算是对未来隐私决策的一种判断,感知未来会有的隐私风险和收益,计算结果和实际决策之间必然存在先后关系。②隐私计算不仅考虑此时此刻的感知风险与收益,而且会将过往的社交媒体使用纳入权衡因素中。比如,离开社交媒体或突然停止自我披露,伴随着较大的沉没成本,从经济学视角来看,减少亏损就是一种收益,而亏损注定要与过往积累进行比较,这也是在不经意间受到了社会力量的规训。当下在社交媒体的一次披露可能让以前隐私保护的成果前功尽弃,同样,一次不披露的决策可能让以前的社交积累付诸东流,当考虑到历史的社交收益和风险积累时,隐私决策与隐私相关意识之间的不一致便存在合理性。

---

① Christian Flender & Günter Müller G,"Type Indeterminacy in Privacy Decisions:the Privacy Paradox Revisited", in *6th International Symposium on Quantum Interaction*, Jerome R. Busemeyer, Francois Dubois & Ariane Lambert-Mogiliansky(eds.), Paris:Springer, 2012, pp. 148-159; Lis Tussyadiah, Shujun Li & Graham Miller,"Privacy Protection in Tourism: Where We are and Where We Should be Heading For", in *Proceedings of the Information and Communication Technologies in Tourism*, Juho Pesonen & Julia Neidhardt (eds.), Nicosia:Springer, 2019, pp. 278-290.

空间维度体现在：①不同国家的文化差异。由于东西方国家对敏感信息、隐私的认定不同，对平台保护的信任水平有差异，因而隐私计算的能力也是各异的，这是隐私计算基于地缘距离的空间特性。②用户对收益与风险的心理距离。相较于地缘空间，心理距离强调某一事物、事件在个人的心理感受上是否接近，这是一种抽象距离。对于用户的隐私计算来说，社交关系的建立与深化、满足感、愉悦感等感知收益是近端的、具体的，是进行了披露决策后就能触手可及的；而感知隐私风险往往是抽象且未知的，属于远端，当隐私披露的风险是在遥远的未来时，人们对其危害程度的心理感知会被稀释，对社交媒体用户披露的阻碍作用也会减少，[①]也就是说感知收益在接近性和可及性上天然占据一定的优势。这也是非理性因素在隐私计算中的作用，行为经济学中的双曲贴现能对这种近端收益的偏好进行解释。这种效应指人们对遥远和临近事件的评估中，更在意短期即刻的收益而非长远利益，事件发生的时间越远，事情的获益或损失给其带来的影响就越小。[②] 有学者发现，感知收益对隐私披露的影响比隐私关注或感知风险更明显。即使感知隐私风险与感知收益相近时，用户也会倾向于披露个人信息。[③] 这点将在第三节展开详细论述。面对虚拟空间、身体空间等空间概念的不断拓展，社交媒体平台也在经历"空间转向"，[④]在社交媒体相关研究中，除空间、距离、位置等概念被不断提及外，场域、场景、边界及世界等社会理论中的空间隐喻成为学者们积极调用的理论资源，空间也在隐私决策中扮演着一定的角色。在信息技术的发展中，媒介场景

① Dave W. Wilson & Joseph S. Valacich, "Unpacking the Privacy Paradox: Irrational Decision-making Within the Privacy Calculus", in *the Proceedings of the 33th International Conference on Information Systems*, (eds.), New York: Curran Associates, 2012, pp. 92-102.

② Acquisti Acquisti, Stefanos Gritzalis & Costos Lambrinoudakis, et al, "What Can Behavioral Economics Teach Us about Privacy", in *Digital Privacy*, New York: Auerbach Publications, 2007, pp. 385-400.

③ Tamara Dinev & Paul Hart, "An Extended Privacy Calculus Model for E-commerce Transactions", *Information systems research*, Vol. 17, No. 1 (Mar 2006), pp. 61-80.

④ 白红义、张恬：《社会空间理论视域下的新闻业：场域和生态的比较研究》，《国际新闻界》2021年第43卷第4期。

的复杂化、多元化是空间维度的又一体现,同时也是用户隐私决策不得不面临的难题。

3. 新技术的挑战:场景的复杂化与技术遮蔽

多场景交叉与智能媒介场景的崛起给隐私计算研究带来了新的难题。信息技术发展使得互联网成为人们生存的第二空间,人际交往由线下转向了线上,人们不再束缚于传统意义上的物理空间,网络空间让场景的并行与融合成为常态。用户面对的场景不断交织、融合,越来越多样化、复杂化。以网约车、旅游出行类应用为例,它们可以看作电子商务与社交媒体相结合的场景,用户既面临金钱交易,同时也存在个性化服务与互动分享,涉及社会资本的转换(如加速抢票、分享得红包),甚至能决定同行人员的身份信息(如同行人员购票)。此外还有社交+运动、社交+创作、社交+音乐等一系列应用,在互联网思维的引导下,"社交+"已经成为大势所趋。此时人们对风险与收益的权衡不仅是简单比较大小,或许会纳入更多考虑因素,这也大大为隐私披露增加了不确定的诱因。

智能媒介是信息技术发展带来的新兴场景。一些聚焦于可穿戴设备、IoT设备等新型媒介的隐私计算研究发现,在实际使用智能设备前,个人仍会进行风险与收益的权衡。① 而相比于其他领域,当涉及健康状况等身体敏感信息时,感知隐私风险的重要性明显增强,人们更倾向于关注智能设备所带来的风险问题,但仍然会为了个性化功能披露身体敏感信息。② 这与社交媒体中隐私计算的研究结果产生了偏差,这提示我们,由于智能媒介与传统电子商务或

---

① Kim Dongyeon, Kyuhong Park & Yongjin Park, et al, "Willingness to Provide Personal Information: Perspective of Privacy Calculus in IoT Services", *Computers in Human Behavior*, Vol. 92 (Mar 2019), pp. 273-281; He Li, Jing Wu & Yiwen Gao, et al, "Examining Individuals' Adoption of Healthcare Wearable Devices: An Empirical Study from Privacy Calculus Perspective", *International Journal of Medical Informatics*, Vol. 88 (April 2016), pp. 8-17.

② Evgenia Princi & Nicole C. Krämer, "Out of Control-Privacy Calculus and the Effect of Perceived Control and Moral Considerations on the Usage of IoT Healthcare Devices", *Frontiers in Psychology*, Vol. 11, (Nov 2020), 582054.

社交媒体领域的区别，如信息采集的无缝化、液态化，风险—收益感知的迟钝化，个人在隐私决策前的隐私计算作用可能失灵，智能技术应用下的隐私计算理论会产生折扣。

如果说社交媒体使用仍需通过用户主动填写或授权才可能面临隐私问题，那么当人工智能与物联网技术开始成熟，算法为王，原本“全景监狱”的规训已扩散到“毛细血管”，成为无限细密的“皮下监控”。[①] 手机随时获取位置信息，手表可以监听人的心跳，音响可以推测人的喜好，眼镜可以观测人的情绪。一旦选择授权使用，个人信息的披露会变得更难以自控，“量化自我”[②]语境下更敏感的生理信息、思维活动、情感状况将会被无声获取，用户的个人信息变成了更加唾手可得的资源。与此同时，随着身体的数据化，人们的感官也有可能陷入电子化进程，对隐私风险和收益的感知越来越迟钝。面对无时无刻且碎片化的信息获取，用户很难感受到个人信息正在被攫取。正如新闻法学者顾理平指出的，人们对隐私进入了“无感”的状态，个人隐私更多以整合型隐私的方式呈现，有些数据碎片看似平淡无奇，一旦流入特定的时空，也有可能形成对公民的隐私构成威胁的新型有用信息。[③] 因此，隐私主体多数时候在个性化服务或愉悦感的引诱下，基于同意提供信息。但这并不意味着伤害没有发生，而是因为隐私主体对这种伤害不能及时感知，所以这种伤害结果具有滞后性。

此外，技术力量也遮蔽了平台与用户之间的不对等关系。基于社交媒体的隐私计算研究容易把人与人的连接视作核心架构，将社交媒体简化为一个平台、中介或者说是无立场的工具，而忽视了其背后的资本运作及技术架构。

---

① 许天颖、顾理平：《人工智能时代算法权力的渗透与个人信息的监控》，《现代传播（中国传媒大学学报）》2020 年第 11 期。

② Gary Wolf, “The Quantified Self: Reverse Engineering”, in *Quantified: Biosensing Technologies in Everyday Life*, Dawn Nafus (eds.), Massachusetts: MIT Press, 2016, pp. 67–72.

③ 江淑琳：《流动的空间，液态的隐私：再思考社交媒体的隐私意涵》，《传播研究与实践》2014 年第 1 期。

对于社交对象而言,用户的自我撤除可能生效。然而,对于平台来说,自我撤除的行为依然能被平台记录。马丁·海德格尔(Martin Heidegger)曾提出“技术座架论”,在技术的促逼摆置下我们必须按照技术逻辑发展,马克斯·韦伯(Max Weber)也说,现代社会是一个技术理性编织的“铁笼”,人们在被限制的框架内行动,慢慢自主权被技术剥夺,在社交媒体进行自我披露成为生活常态。从容器人、电视人,到现在的“裸露的人”,媒介技术的进步打造出了社交媒体生态,从最初有需求才用邮件交流的链路,到现在每日点开社交软件成为习惯。在社交媒体中生活,活出另一个自我,隐私披露不再是一个权衡利弊的决策,而变成了普遍的共识。用户披露内容越多,为平台创造的财富也更大。我们在讨论社交媒体隐私决策时不仅是在谈它本身,同时还要看到平台背后的技术,技术依附于资本,已经与市场、商业结盟,体现着制度与权力的勾连,①数字技术不断模糊公与私的边界,新媒介技术对个人信息的盘剥在入网的时刻就已经无处不在了。人们有权知道应该提供哪些信息、为什么要提供、它们被如何处理了。正如海德格尔启发我们的,不能只看到技术为我们“解蔽”了什么,更应该探寻技术遮蔽了什么。

尽管以社交媒体为代表的媒介技术一定是网络空间发展的第一驱动力,网络中的剥削是客观存在不可避免的,但人们不能放弃对其的批判思考,要引导科技向善,满怀期待。如何保证信息主体个人权益与服务提供商经营利益的动态平衡,重点是寻求一个与环境相适应的积极的解决途径,而不是让用户“因噎废食”。平台与政府对用户的隐私保护以及如何形成用户个人积极理性的信息隐私决策是一个需要不断探讨的、充满张力的过程。

三、隐私计算:解决隐私悖论的可能路径

个人在隐私决策前会进行隐私计算,这说明他们会进行理性的权衡,这为

① 林颖、吴鼎铭:《网民情感的吸纳与劳动化——论互联网产业中“情感劳动”的形成与剥削》,《现代传播(中国传媒大学学报)》2017年第6期。

我们研究个体信息隐私决策如何影响隐私管理与隐私保护行为,提供了一个研究视角。通过既有隐私计算研究的发现和对隐私计算未竟之处的进一步分析,我们已经较为全面地解释了为什么会产生社交媒体隐私悖论现象。得知此中原因后,本节希望能够根据隐私计算研究所发现的个体信息隐私决策的不稳定性、理性与非理性因素等,进一步探索解决隐私悖论问题的方法。进而提出通过个人、平台、政府三方打出一套“组合拳”的方式,在充分了解个人信息隐私决策过程、尊重信息隐私自决的基础上,更科学、有效地保护信息隐私。

(一) 更新信息隐私观念

用户要与时俱进地更新隐私观念,形塑合理的隐私期待,提高自身隐私素养。从微观层面出发,隐私决策由个人作出,隐私保护的主体也始终是个人,每个个体存在客观的差异,对隐私的感知水平不一,对隐私问题的处理效能也参差不齐,继而在面对不同情境时的隐私计算能力也会有不同的水平。社交媒体用户想要在纷繁复杂的网络世界中,既能建立和维系所需的社交关系,享受个性化功能带来的便捷、分享带来的愉悦感和融入感等收益,又尽可能降低个人信息隐私披露给自己带来的风险,就应该着眼于提高自身的隐私素养。需要注意的是,网络素养与隐私素养并不能画上等号,出生于互联网时代的数字原住民被认为具有较高的网络素养,但是对于隐私的保护仍出现不同程度的分化。隐私素养需要聚焦于隐私,包括对隐私的认知、隐私保护的意识与自我效能、对隐私保护技能的掌握等方面。① 因此用户必须从社交媒体的使用中积极更新隐私观念,形成符合时宜的隐私期待,提升隐私保护效能,如此才有将隐私保护落实于决策中的可能性。

1. 隐私与技术的摩擦:正确认识大数据时代的信息隐私

对大数据时代个人信息隐私的正确认知,是隐私素养的重要体现。对于

---

① 强月新、肖迪:《“隐私悖论”源于过度自信?隐私素养的主客观差距对自我表露的影响研究》,《新闻界》2021 年第 6 期。

隐私计算的动态化探讨,反向印证了隐私也是一个流动的概念。社交媒体用户需要更好地理解,隐私的意义不是一成不变的。尽管自美国大法官布兰代斯和沃伦在法理上给予"隐私"定义以来已经130余年,隐私始终没有呈现出固定的概念。2021年颁布的《中华人民共和国民法典》规定,"隐私是自然人的私人生活安宁和不愿为他人知晓的私密空间、私密活动、私密信息"①,与历年来的成文条款都不尽相同。事实上"隐私"是一个很难被明确定义的概念,当"自我""私人空间"等概念出现后,隐私才被每个人所确认,且对隐私尺度的把握又因人而异。

技术力量的驱动又使得隐私观念被迫不断更新,大众传播时代的"老大哥"已经走下了瞭望塔顶,以往的社会隐私监控则以暗流涌动的方式弥散在社会的各个角落。② 本雅明所谓的"千分之一秒的爆炸"就表现出技术与隐私之间的摩擦,高速摄影技术破坏了老的照相术中摄者与被摄者之间的默契,从前被摄者需要在镜头前端坐几分钟,调整最舒适的状态,并且给予暗示:允许别人复制自己的容貌,当现代相机出现后,被摄者无意识的、不愿让人看到的表情被人定格并传输,后台被动地前移,人们的隐私行为、情感均会被记录下来。③

比照相术更令人担忧的是Web3.0带来的算法与数据的联姻,这些技术再加上人们爱不释手的"社交媒体",使得平台对个人信息的窃取可能无孔不入且难以知晓。学者顾理平认为生物性隐私有着较为平稳的发展,而随技术发展新增了一种"整合型隐私",是非常不平稳的。④ 比如一些个人爱好、分享的风景照、在线时间等数据碎片看似平淡无奇,一旦流入特定的时空,有可能

---

① 参见《中华人民共和国民法典》,第一千零三十二条。

② 范海潮:《作为"流动的隐私":现代隐私观念的转变及理念审视——兼议"公私二元"隐私观念的内部矛盾》,《新闻界》2019年第8期。

③ [德]瓦尔特·本雅明:《机械复制时代的艺术作品》,李伟译,重庆出版社2006年版,第66—71页。

④ 顾理平:《整合型隐私:大数据时代隐私的新类型》,《南京社会科学》2020年第4期。

形成对公民的隐私构成威胁的新型有用信息。① 因此,平台用户对隐私风险的感知可能会“钝化”,多数时候对潜在隐私侵犯行为表现为不敏感、“零痛感”,但用户必须意识到,这并不意味着伤害没有发生,而是因为伤害存在滞后性。并且,需要用户知道自己的信息隐私决策存在着理性与非理性因素,主客观因素导致的不确定性与流动性。这应该成为公众信息隐私认知与素养中的一部分。

2. 从私有到控制:形塑合理的信息隐私期待

适当降低对隐私的期待或许是最合理且合时宜的选择。技术对隐私观念的更新几乎是颠覆式的,用户一旦踏入社交媒体,意味着个体的数据化已经开启,原有的私人空间很难逃离被公开、被监视的命运。媒介技术一直在向前推进,个人为保有期望的隐私而呼吁技术倒退是不现实的,否则会走向抵触式的社交媒体倦怠。更新了大数据时代的隐私认知以后,便能理解一切的发展需要建立在数据信息之上,所以用户披露一定的个人信息、平台合理利用个人信息是有必要的。但是,对隐私期待的降低仍然是有限度的,过低的隐私期待容易落入犬儒式的隐私倦怠。一边是躲避隐私规训的“走为上计”,一边是技术监控下的自我放弃,两者都是用户在互联网场域中对隐私抱有不合适的期待,缺少隐私自我效能,从而心生无力感引起的极端态度、行为,在“没有社交媒体的空气”与“隐私稀薄的空气”之间徘徊。采取这样的举措不啻“因噎废食”,由失望到绝望,放弃了隐私权、表达权、媒介近用权等自己应有的权益与权利。因此,培养合理的信息隐私期待对提高隐私自我效能、增强自我隐私素养具有重要意义。

我们认为合理的信息隐私期待应该表现为:能随具体情境调整,而非固定的期待;对正常社交活动和平台服务所必需的信息予以提供,期待平台基于优

---

① 江淑琳:《流动的空间,液态的隐私:再思考社交媒体的隐私意涵》,《传播研究与实践》2014 年第 1 期。

化目的合理处理信息;能判断敏感信息与一般信息,重点强调对敏感信息的保护;期待平台能给用户自主决策、控制信息的权利,比如撤回、删除、屏蔽设置等。也就是说,用户对信息隐私的期待不再是将其私有化,不受打扰,禁止任何人接触,①而应适当降低标准,给平台合理利用信息的机会,同时关注个人控制他人访问自己信息的能力。

过高的信息隐私期待会削弱人们隐私计算的能力,社交媒体用户塑造合理的隐私期待是有必要的,隐私观念的更新则是必由之路,"公私二元"的旧有隐私观念已经随着大数据浪潮的涌入而被侵蚀,这种传统的非黑即白的极简思维易造成观念与现实的脱节,不利于大数据时代个人信息隐私的保护。将新闻传播学者陈卫星关于传播学本土化的观点②引入隐私研究领域也能说明,用传统隐私的观念逻辑去思考大数据时代的隐私,就像地主思考工业革命一样,不要等到在错误的道路上越走越远才终于明白工业革命不是"农业4.0"。因此,隐私观念的革新不仅是隐私研究的重要前提,也是普通用户所要考虑的。用户只有根据时代进步怀有合理的隐私期待,才能进一步提高隐私素养,积极主动地作出合理的隐私决策。

(二) 政府、平台提供信息隐私保护合力

我们不能寄希望于每个用户都能成为信息隐私专家,全然将隐私保护的责任丢给用户自己,是不现实也不合理的。用户的在线生活中,社交媒体平台是既得利益者,它们应该为用户合理的隐私决策承担更多的责任与义务。因此,解决隐私悖论的第二点,是借助理性计算的思维,通过政府与社交媒体平

---

① Kim Bartel Sheehan, "Toward a Typology of Internet Users and Online Privacy Concerns", *The Information Society*, Vol. 18, No. 1 (Jan 2002), pp. 21-32;申琦:《我国网站隐私保护政策研究:基于49家网站的内容分析》,《新闻大学》2015年第4期。

② 陈卫星:《关于中国传播学问题的本体性反思》,《现代传播》2011年第2期;喻国明:《互联网发展的"下半场":传媒转型的价值标尺与关键路径》,《当代传播》2017年第4期。注:陈卫星认为中国情境中的传播学问题,根源是观念的问题。

台的外力,增加用户理性决策的可能,积极引导有益的信息隐私决策。政府与企业、平台等主体可以形成合力,以减小保护成本的方式,推动用户作出隐私保护的决策,或以加大披露阻力的方式,阻碍用户作出存在较大隐私风险的举措。在这种通过外力干预隐私决策的途径中,“助推”是一个重要的理念,它指以结果可预测的方式,推动易于犯错的决策者作出更加有益的决策,①通过改变微小且无关紧要的细节对人们的行为产生重大影响,而不通过强制手段,不干预用户的选择自由。“助推”的方式,已经在社交媒体隐私保护实践中有所成效。比如,腾讯建立了专门的隐私保护平台,以加粗、分段、图解等形式将腾讯的隐私政策解读得更加清晰,从可读性入手正向推进用户的理性计算;②脸书在应用中增加了隐藏快捷菜单,这个菜单需要用户登录后使用。隐藏菜单允许用户进行更高层的安全设置,包括查看和删除共享内容、更改账户信息等内容,等等。③

合理的信息隐私决策,需要社交媒体用户理性的隐私计算,在尽可能透明、公正的信息环境中,这种计算更有可能发生。政府对平台施加外力,是为了改善当前社交媒体平台与用户之间的权力不对等状态,使得用户面对技术黑箱时,能对被遮蔽的信息有所发现与认识。事实证明,个体面对隐私问题时不是无能为力的,他们能够根据已知条件进行风险与收益的评估,已知条件越完整,个体越有可能作出理性的决策。如上文所述,社交媒体平台为用户提供了一个尽情表演的舞台,抖音、微博等以“记录美好生活”“随时随地发现新鲜事”为标语招揽用户,看似是中立服务商的姿态,方便了用户之间的人际交往,实则通过娱乐等方式遮蔽了其位于权力高位的事实,如不告知个人信息的用途,或以晦涩的语言呈现隐私政策,不让用户看懂等。用户享受着自己暂时

---

① 黄立君:《理查德·塞勒对行为法和经济学的贡献》,《经济学动态》2017年第12期。

② 李秀莉:《腾讯发布隐私保护白皮书,首次对外披露腾讯数据安全技术能力》,2019年1月2日,https://www.sohu.com/a/286075713_118622。

③ 《真的能挽回名誉? Facebook推出这些隐私新措施》,2018年3月29日,见https://baijiahao.baidu.com/s? id=1596242919944950173。

手握权杖的感觉(如被褒奖、能窥探别人生活),却没发现技术与资本的耦合下,自己始终处于权力弱势方。用户不知道企业收集了哪些不必要信息、什么时候收集、如何处理利用,这是知情权的缺失,而使用社交媒体就意味着同意信息的被获取与利用,则是选择权的缺失。种种权利的让渡使得用户产生隐私倦怠,无视隐私风险而乐此不疲地披露信息。因此,通过政府的“助推”,可以改变社交媒体平台的绝对优势,让用户既能进行合适的社交表演、建立社交关系,又能保证个人信息隐私安全。比如,阿奎斯蒂等学者提出减少信息不对称;在使用界面上呈现更多必要的情境提示,以减少用户的认知负担;根据用户的期望配置系统,减少用户的工作量;鼓励用户依据自身的隐私偏好,作出信息隐私决策;减少隐私决策的错误带来的影响等。① 下面我们将展开具体分析。

1. 打开权力黑箱:客观信息的动态告知

首先,必须要保证社交媒体用户的知情权,确保用户认识到这是一个存在风险的决策。个人隐私计算与数学计算有共通之处,只有给出的已知条件恰到好处,信息处理才不至于复杂,用户才能较为顺利地得出答案,重要信息的缺失则会带来认知局限、启发式思维等非理性因素的干扰。在平台管理方面,我国社交媒体在法律层面遵循并落实“知情同意原则”,而平台的告知职能目前并未充分履行。我们认为,社交媒体平台可以考虑为涉及个人信息隐私的不同情境设立信息弹窗,告知用户收集、使用信息的规则,明示收集、使用信息的目的、方式和范围以及披露后可能带来的隐私风险,在告知的同时能自觉坚守信息收集的“最小必要”。最可怕的莫过于用户使用社交媒体时,始终没有意识到这是一个需要作隐私决策的场景。比如,2017 年一篇名为《一位 1992 年女生致周鸿祎:别再盯着我们看了》的文章传遍全网,正是因为 360 旗下的

① Alessandro Acquisti, Idris Adjerid & Rebecca Balebako, et al., “Nudges for Privacy and Security: Understanding and Assisting Users' Choices Online”, *ACM Computing Surveys*, Vol. 50, No. 3 (Aug 2017), pp. 1-41.

水滴直播平台为多个商家提供了摄像头,在平台上进行 24 小时无死角的直播,而进餐厅吃饭的顾客、幼儿园跳操的小朋友及家长无一被告知,自然也没有任何隐私保护的举措。反观线上空间,此类情境比比皆是,许多未经提示的隐私环节,个人信息隐私可能在不知不觉中成为资本获利的筹码,甚至引起犯罪。目前的社交媒体,多利用框架效应,以一定倾向性的语言告诉用户披露信息能收获哪些好处,却缺乏对潜在隐私风险的告知。①

其次,社交媒体平台在告知信息处理途径和风险的时候不宜轻描淡写,也不应含糊其辞,而要客观地将信息清晰、透明化,保证用户的计算有足够的已知条件。解决隐私悖论不是要影响用户,停止信息披露,这无疑会阻碍社交媒体平台的正常发展,而应该是让用户在信息完整、真实的情况下自己作出判断。而且告知的内容需尽量简洁明了,以短句、图案等方式突出对用户有用的核心内容。反观目前一些社交媒体应用的隐私政策条款,用词过于专业化,文本过于冗长,该展示的重要信息避而不谈,这在本书第三章第一节已通过数据分析,明确指出。形式化的信息告知只会加大用户的信息处理压力与负担,作出消极的隐私决策。

最后,根据上文量子理论的分析,隐私计算是动态的,因此,知情环节应该在多环节动态体现,即"告知"应更加弹性化。风险告知以及授权确认等说明要体现接近性,即这些信息在越靠近决策环节时会越有效。在进入社交媒体时进行的统一告知,几乎很快会被遗忘,而知情环节后置,在具体情境中结合所知的隐私风险信息,才能基于客观条件进行合理的隐私计算。

2. 用户共享权力宝座:选择、控制与"失联"的权利

个人同意是信息处理活动的合法性基础,选择与拒绝则是"是否同意"在

---

① Siok Wah Tay, Pin Shen The & Stenhen J. Payne, "Reasoning About Privacy in Mobile Application Install Decisions: Risk Perception and Framing", *International Journal of Human-Computer Studies*, Vol. 145 (Jan 2021), 102517.

具体情境中的进一步体现,杜绝一刀切式的“不同意就无法使用”,而要保证用户选择与拒绝的权利。我们已经发现,撤除是人们管理隐私边界的积极举措,因为用户获得了补救的机会,他们得知了上一次抉择的错误,于是返回并重新作出选择,积极且合理地对自身信息进行控制。这表明,当权利提升时,人们很少成为隐私无视者,而会对自己的权利善加利用。比如,微信就为个人信息的控制提供了很好的自主选择形式,用户可以通过撤回、删除、可见性设置等,面对不同亲密度的社交关系,灵活进行隐私保护。因此,社交媒体平台应提供足够的选择机会,在此情况下用户才有机会自觉保护个人信息隐私,当缺乏选择或没有用户所需的选择时,他们极有可能用其他选项来代替,无条件披露则成了最常见的方式。如2020年人脸识别第一案,杭州野生动物园剥夺了游客自主选择的权利,即使园区装上了人脸识别装置,也要保证游客用其他有效凭证进入的权利。一方面,社交媒体平台能在许多方面增加或改善选择项,比如在转发聊天记录时,应当可以选择隐去双方头像、昵称等识别个人身份的信息,在分享小红书等社交媒体时,应当可以选择不显示个人账号(现在的分享会显示“某某向您推荐了××”,根据名称就能找到个人账号)。另一方面,既有的信息控制设置可以更加灵活化,如微信朋友圈有三天可见、一个月可见、全部可见三种设置,三个等级的披露范围仍然缺少弹性,可以考虑开放自定义天数可见的功能,让用户掌握更多的自主权。甚至是用户之间的屏蔽设置可以复制到用户与平台之间,用户应当有依个人需求对平台屏蔽部分信息的权利,有制定平台定期删除网络痕迹的权利,权限由用户自己来把控。相对应地,个性化服务等方面的代价也应由用户自己承担,苹果浏览器(Safari)等网页记住密码的选项就是一个例子,其分为“这次不”“一律不”“存储”三个选项,选择一律不记住密码,能避免网页对其Cookies的存储,与此同时用户则要付出每次重新输入密码的时间成本。

此外,社交媒体平台也要允许用户有“短暂性失联”的选择权。在这里,失联是指社交媒体用户主动选择不使用某媒介或某功能、某些对象进行信息屏蔽等具有“反连接”性质的行为。[①] 隐私计算研究已经发现，社交关系即平台中的其他用户对个体的影响是显著的，用户会受到主观规范、社交关系、相似性等方面的影响，其他人的披露可能会误导用户跳过理性的隐私计算。个体的社交媒体使用，应成为在隐私计算权衡下的一种游刃于连接与失联之间的自我决策，才能充分体现用户对于自我信息隐私的掌控。互联网场域多强调连接的价值，却忽视了越来越多用户存在着断开连接的需求，前文所述的社交媒体倦怠、撤除、披露假信息等都属于一种主动的“失联”，这种主动的失联可以缓解用户的隐私焦虑，降低平台收集的个人信息隐私的强制性，一定程度上也有助于推进线下社交。用户出于特定的目的会选择“失联”，这归根到底也是尊重用户的自由选择的体现。因此，社交媒体平台也要为用户留出“短暂性失联”的空间。多数用户在一定程度上被捆绑在社交媒体上，而忽视了真实世界的交流。平台应考虑到，人们有在远离社交媒体的时间里自我沉淀的需求，需要缓解群体压力，需要从虚拟社交走回线下的面对面交往。平台要从多个维度提升用户的融入性，不能仅靠在线个人信息的交换这一个途径为用户提供好处。比如，通过对过度娱乐化信息的限制，鼓励用户控制虚拟社交的时长，多走到线下与好友进行面对面的交流，建立一段稳固的亲密关系，减少平台中他人决策对用户的推动或压制。但是需要注意的是，我们倡导的社交媒体使用既不是完全与世隔绝地断开连接，也不是时时刻刻地保持在线，更应该是一种暂停休息的状态，待自我沉淀之后，重新参与正常的线上生活。社交媒体平台可以通过学习网络游戏中的“老兵回归”活动，给予失联后的回归用户一定的奖品或鼓励，在线上与线下生活中自由穿梭。

观照隐私计算的动态化过程，平台所给出的是否使用的选择也应该放在

---

① Finn Brunton & Helen Nissenbaum, “Vernacular Resistance to Data Collection and Analysis: A Political Theory of Obfuscation”, *First Monday*, Vol. 16, No. 5 (May 2011), pp. 34－93; Louise Woodstock, “Media Resistance: Opportunities for Practice Theory and New Media Research”, *International Journal of Communication*, No. 8, 2014, pp. 1983－2001.

多环节,即“同意”的弹性化体现,防止“默认捆绑的一揽子授权”出现。隐私计算研究发现,用户对社交媒体的使用动机不同、对信息感知敏感性不同、与交往对象的亲密关系不同,其隐私计算的结果也呈现差异化,所以隐私相关的选择理应考虑尽可能细化到每一个特色功能的使用、每一次不同的社交场景。比如,当用户只需要使用交易功能时,要给用户关闭“获取通讯录信息”等无关权限的选择。多环节的选择还能提高隐私决策的容错率,减少非理性决策的负面影响。必须承认非理性因素在用户隐私决策中的不可避免性,如何纠正或降低非理性因素带来的负面影响,可以从增加选择次数来考虑,按照合适的时机和情境在用户决策前给用户选择,能增加单次选择失误的容错率。比如,推特为用户提供了较好的隐私保护设置按钮,开发人员在解释每个选框和按钮功能方面作出了努力,用户通过手动授权每一条推文的相关需求,能够较为灵活地管理每条推文的可见范围。① 但选项的设置在实际操作中也要考虑到用户体验层面,让选择以合适的频率出现在不干扰正常使用且醒目的位置。

3. 特殊关怀:差异化的隐私保护推力

开发适用于不同用户的差异化版本,进行有差别的隐私保护。个人差异无法抹去,每个人隐私自我效能、文化水平不一,对隐私的理解、对隐私计算的能力也有差异,让不同的用户去做同一份“隐私保护试卷”,虽坚守了过程的平等,但势必会牺牲结果的公正。建议可以考虑为不同用户提供不同的应用版本,如青少年用户的防沉迷系统版本、老年用户有放大镜模式等其他适老化改变的版本等。要寻求公正与平等的平衡点,在隐私保护方面也可以对特殊群体给予特殊的关照,如可以考虑在默认设置中加入“需家长/子女同意”“敏感信息警告”等选择,助推青少年及老年人等特殊群体的判断力,但版本或模式的更换仍然要以用户的自主选择为前提。2021 年 11 月 1 日开始实施的《个人信息保护法》第三十一条规定,个人信息处理者处理不满十四周岁未成

---

① CYCLONIS:《如何更改您的隐私设置以在 Twitter 上保护自己?》,2019 年 5 月 20 日,见 https://www.cyclonis.com/zh-hans/change-Privacy-settings-protect-twitter/。

年人个人信息的,应当取得未成年人的父母或者其他监护人的同意。个人信息处理者处理不满十四周岁未成年人个人信息的,应当制定专门的个人信息处理规则。这虽然与之前草案提出的,将不满十四周岁未成年人的个人信息作为敏感个人信息略有不同,但已经充分体现了对不同人群,特别是弱势人群,有差别保护的立法倾向。实际上,平台根据不同用户的特点,提供有差别的社交服务,减少信息干扰,已有相关做法。如腾讯 QQ 已经做到为不同人群提供差异化的语聊版本,其中 TIM 就是 QQ 的轻聊版,适合商务办公人士的功能需求,而非原有的社交娱乐功能。在 TIM 中,没有广告或热点推送,没有 QQ 空间动态,只有交流和文件传输功能,减少无关信息的获取与利用,最大程度保障了用户的私人社交空间。

总之,社交媒体平台内部的治理和优化不可或缺,自我诊断是为了防止野蛮生长。用户无视隐私问题毫不保留地自我披露,是一种不健康的信息隐私决策。用户无意识的披露可能为平台带来短期的信息财富,但是,长远来看有百害而无一利,平台的隐私政策形同虚设,无尽的攫取会超出用户有限的容忍度,用户的满意度会不断降低而影响平台未来的发展。① 比如,滴滴出行存在为上市而提供数据信息的行为,成为全社会抵制的对象。海量用户的集体抵制,成为滴滴出行的滑铁卢,阻碍平台健康发展。相对而言,苹果公司是正面代表,多数用户都会偏爱 iOS 的操作,它会在每个重要的决策环节征求用户的同意,给足用户自我选择的机会。平台、企业需要意识到,它们与用户之间并不是一场零和博弈。根据梅特卡夫定律,网络的价值与用户数的平方成正比,②保护用户的个人信息隐私不是为了阻止平台发展,而是防止野蛮生长,

① Shuwei Zhang, Ling Zhao & Yaobin Lu, et al, "Do You Get Tired of Socializing? An Empirical Explanation of Discontinuous Usage Behaviour in Social Network Services", *Information & Management*, Vol. 53, No. 7 (Nov 2016), pp. 904-914;张新宝:《个人信息收集:告知同意原则适用的限制》,《比较法研究》2019 年第 6 期。

② 张丹、杨晨星、赵子骏:《信息时代下平台特征、构建策略及治理问题研究》,《中国电子科学研究院学报》2020 年第 12 期。

助力用户的在线表达能兼顾其隐私保护与社交表演等需求。当平台做到以用户为中心,打开黑箱,明白所要实现的公共价值为何时,才有益于平台自身生态的可持续发展。

4. 创新行业准则:从事后问责到事前规制

以上这些解决隐私悖论问题的方案,是政府通过行业准则或法规的制定,督促社交媒体平台往正确的方向进行改善,“助推”用户更好地进行理性决策。而政府在社交媒体平台监管、信息收集相关法规方面,也需作出改变。目前行业中遇到社交媒体平台隐私泄露或隐私收集不规范等情况,总是以事后惩罚机制来规制。比如,2021年3月以来,网信办、工信部依据《网络安全法》《App违法违规收集使用个人信息行为认定方法》《移动互联网应用程序个人信息保护管理暂行规定》等法规,对滴滴、天涯社区、脉脉、途牛旅游等多款App进行下架整治处理,这些应用程序的问题大多在违规收集个人信息,未遵循最小必要原则。然而,这种事后问责机制具有滞后性,错误决策已经落地,危害已经发生,无法从根源上防控信息隐私侵犯问题。由事后转向事前准入,能从源头对隐私保护进行有效控制和监管。比如,政府可以考虑设立一定的行业规范与标准,当App没有达到硬性的标准,完成用户信息隐私安全保护的规定动作,将无法进入应用市场。从准入门槛上规制,能有效减少社交媒体对用户个人信息的滥用。另外,由于法律难免在灵活性和时效性上有所欠缺,动态的隐私计算更提示,相关部门可以通过典型具体情境的判例来为隐私泄露相关案件提供参考,增强案件审理的灵活性,更能对其他社交媒体平台作出可见的警示。

(三) 共同努力:凝聚社会信息隐私保护共识

解决隐私悖论问题的第三点是,全社会形成积极的信息隐私保护共识,建立信息隐私社会规范,营造一个良好的社交媒体大环境。2015年美国的一起恐怖袭击后,FBI要求苹果公司开发软件以破解袭击者的手机,但苹果公司以

“奉行从不破坏产品安全功能”的政策拒绝了;2019 年,库克再次拒绝了 FBI 提出的开发留有后门的新版本的要求,声称这一决定关乎“科技民主”,不应由法院、FBI 决定,而需要被讨论,需要被所有人共同决定。[①] 关乎信息隐私保护的共识不应仅仅是被立法强制规定、强制监督实施的。作为与个人身心自由与安全紧密联系的一种权利,对信息隐私的保护需要形成一种社会普遍认同的价值观。

1. 政府助力提高用户信息隐私保护意识

用户的隐私保护意识首先需要被提高,如前文所述,用户需要自主更新信息隐私观念,提高隐私素养,而“自学”难以保证成效,国家与政府需要承担导师、教育者的角色。如在新冠疫情期间,政府通过主流媒体强调疫情的风险和个人信息上报的益处,引导个人主动提交个人信息。反过来,政府也可以加强对信息隐私风险的提示,比如利用信息偶遇的方式,[②]即在用户不经意间为其推送隐私风险和隐私保护相关知识,随机偶遇的信息能降低用户在具体情境中的抵触,更好地通过涵化效应来加强隐私保护意识;也可以对全民进行隐私通识教育,让原本潜在的、处于远端的隐私风险对用户来说更清晰。政府和平台有能力通过“手动”增加披露阻力和保护的动力,加深人们对大数据时代潜藏的信息隐私危害模糊领域的认识,继而谨慎对待每一次作出的信息隐私决策,对用户的不合理行为进行纠偏。这点将在本章第四节展开详细论证。

2. 营造全社会范围内的信息隐私社会规范

全社会范围内还要不断搭建合适的信息隐私社会规范。社会理论告诉我们,人们既然身处社会之中,就不得不受到其影响,良好的社会环境和积极的社会规范,有助于公民更好地进行隐私保护。法学学者戴昕从日常生活中的“看破不说破”延展到社会层面,提出了一种新的隐私规范视角。人们在拥挤

---

① 库克:《一封给顾客的公开信》,2016 年 2 月 23 日,见 http://www.360doc.com/content/16/0223/01/9771186_536568251.shtml。

② 苏君华、郑静萍:《国内信息偶遇影响因素研究综述》,《情报杂志》2021 年第 8 期。

的公交车、医院挂号等一些特殊的场景中,难免会无意间看到他人的私密信息,若信息接收者作出努力掩饰自己的知情,能让信息主体感受到身处私人空间的自在。同样,用户在社交媒体中的在线表达是出于一定的社交动机,并不意味着同意让平台根据爱好、身份等信息向用户兜售商品,因为用户对隐私的关注点已经从保证信息私密,转向了对信息的可控。如脸书用户会在社交媒体公开一定内容,但是不应擅自将这些内容推荐至首页,扩大传播范围,这超出了用户的正常预期,用户会预期这些信息只会分享给选定的一部分人,另一部分人则默认不会感兴趣或不会看到。平台需要搭建这样的规范,即我们常说的"这事我们知道就好",了解到用户对个人信息控制的需求,不能擅作主张。腾讯现阶段的隐私保护理念是"科技向善,数据有度",数据管理要遵守法度、数据使用要有严谨的态度、数据收集要有一定限度、数据保护要加大力度、数据服务要体现温度,[①]从理念中向公众说明其在隐私保护方面所作的努力,平台与用户是向着同一目标前进的,这有利于用户积极且理性地作出隐私决策。

与此同时,社会范围内信息隐私规范的塑造还需跳脱出用户个人,考虑公共意义。在强调互动与分享的社交媒体场域中,随着私人空间与公共空间边界的不断交融,"自己"与"他人"是没有办法割裂的,难以事先划定好界线或者计算"比例"。[②] 所以用户进行风险与收益权衡的主体不仅包括自己,还扩大到了网络中的"他"及其他社会主体。网络空间中的决策一旦"落地",就需要平衡其反映的人格利益与他人相关权益(如共同决定、知情权、表达自由等)。[③] 用户在进行隐私披露决策前,不仅会权衡这一行为给自身带来的风险和收益,也会考虑披露对他人会带来哪些危害(如公开合照),或者带来哪些

① 李秀莉:《腾讯发布隐私保护白皮书,首次对外披露腾讯数据安全技术能力》,2019 年 1 月 2 日,见 https://www.sohu.com/a/286075713_118622。

② 胡凌:《个人私密信息如何转化为公共信息》,《探索与争鸣》2020 年第 11 期。

③ 胡凌:《个人私密信息如何转化为公共信息》,《探索与争鸣》2020 年第 11 期。

好处。在崇尚集体主义的中国进行隐私计算研究,不可避免地要考虑到国情与政策的因素。在全球风险社会的语境下,全人类都会受到系统性风险不带偏见的侵害,隐私计算也不再局限于封闭的自我维度,风险与收益都扩大到了“公共”的维度。比如,面对突如其来的全球性公共卫生事件时,用户的隐私计算或许会将“感知隐私披露风险”“感知公共风险”“感知利己收益”“感知利他收益”或公共利益赋予不同的重要性。由于理性与非理性因素的存在以及认知和决策的局限,而在实践中将最优决策寄希望于信息主体的自主选择是困难的,自我刻意隐瞒行程、违规曝光离开武汉人员身份信息等不利于公共信息系统运作的事件都有发生。对政府疫情控制的信任是正向影响用户信息的主动披露的关键要素,因此一些外部力量也会介入其中引导他们作出对社会公共利益最好的选择,如通过国家力量的干预,疫情流调信息的采集才能得以顺利完成。但不可否认,这其中有部分个体表现出了“不得不”的态度。政府需要把控好公众披露的尺度,及时、合理地向公众公开确证个案的感染路径、接触史等相关信息,将能够识别个人身份的信息模糊化处理,防止“扬州某感染者多次进出娱乐会所”等舆论对患者造成二次伤害,需向公众证明信息只用于服务公共利益。小我与大我存在间隙,隐私风险与社会公共利益产生矛盾时如何进行博弈,是在风险社会语境下尤其是“后疫情时代”的隐私研究亟须关注的主题。即使疫情常态化后,在中国,“互联网+政务”“智慧城市”或是更庞大的社会信用体系建设都需要更为丰富的数据资源。① 个人信息与数据公共治理之间的联系只会更加紧密,国家—企业平台—公众(用户)这三类主体之间,会围绕信息隐私构建更加复杂的互动关系,公共性需被格外关照。

当古巴比伦人被上帝剥夺了共同的语言而无法理解彼此时,巴别塔这项浩大的工程便失败了。类比信息隐私领域,若政府、平台、用户这三个主体对

---

① 戴昕:《“防疫国家”的信息治理:实践及其理念》,《文化纵横》2020 年第 5 期。

于隐私保护的意识汇聚成同心圆,就能为隐私保护营造共通的意义空间,如此一来,社交媒体中隐私悖论问题的解决就只是时间问题。

第二节　社交媒体隐私计算的实证研究

基于本章第一节中关于信息隐私计算研究的讨论,本节将聚焦当下中国最大的社交媒体平台微信,依据心理学保护动机理论,以上海大学生为对象实证考察微信社交媒体使用中,个体感知到的利益、风险,以及隐私保护成本评估如何影响他们的隐私关注与隐私保护行为。尝试通过经验数据验证,个人信息隐私决策中的隐私计算过程如何影响人们的社交媒体信息隐私保护行为。

见面加微信,已成为中国人社交活动常见的一幕。人们逐渐习惯每天用微信发朋友圈、点赞、抢红包、扫码、移动支付。不同于其他的网络社交行为,微信通过绑定手机号或者银行卡号,帮助人们实现在线社交、资讯获取与电子商务等各类行为。然而,基于真实个人信息的在线交往,易导致网络隐私安全风险。

在线社交媒体中,人们既担心着自己的隐私安全,又大方地"分享"着个人信息。这一隐私担忧与实际隐私保护行为不足之间的"隐私悖论",不仅影响个人隐私安全,也影响着整个网络空间信息交往的秩序与效率。[①] 近年来,利用大学生个人信息进行网络诈骗的恶性事件频频发生,社会危害严重。本节将以上海大学生为例,运用保护动机理论实证地考察利益评估、风险评估与保护行为成本评估等因素对他们微信移动社交应用(App)中的隐私关注与隐私保护行为的影响;以期在了解网民实际隐私保护行为的基础上,探寻解决中

① Patricia A. Norberg, Daniel R. Horne & David A. Horne, "The Privacy Paradox: Personal Information Disclosure Intentions versus Behaviors", *Journal of Consumer Affairs*, Vol. 41, No. 1 (Mar 2007), pp. 100-126.

国网络隐私安全的理论支持与现实路径。

一、保护动机理论与社交媒体隐私悖论

（一）社交媒体“隐私悖论”

在线社交媒体,是一个鼓励人们表露自我、交换个人信息的平台。① 注册、使用微信的各项功能,需要提交手机号、地理位置等一般个人信息;使用微信社交,需要不断地分享与生活、情感、心理等相关的敏感个人信息。深陷社交网络,人们在自愿不自愿地分享个人信息时,又深深忧虑着自己的隐私安全。② 大量的研究指出,人们担心自己的社交媒体隐私安全,却并不一定会采取相应的保护行为。③

这种隐私关注(Privacy Concerns)较高而实际保护行为(Privacy Protective Behavior)不足的现象,称为社交媒体“隐私悖论”。④ 其中,“隐私关注”是指人们对社交媒体隐私泄露可能产生负面影响的忧虑。“隐私保护行为”,是指人们面对隐私安全风险时采取的行动,包括积极的保护行为(如设置复杂的密码保护等)与消极的保护行为(如提供虚假信息等)。⑤

---

① Eszter Hargittai & Alice Marwick,“What Can I Really Do? Explaining the Privacy Paradox with Online Apathy”,*International Journal of Communication*,Vol. 10 (Jan 2016),pp. 3737-3757.

② Bernhard Debatin,Jennette P. Lovejoy & Ann-Kathrin Horn,et al,“Facebook and Online Privacy:Attitudes,Behaviors,and Unintended Consequences”,*Journal of Computer-Mediated Communication*,Vol. 15,No. 1 (Oct 2009),pp. 83-108.

③ Stefano Taddei & Bastianina Contena,“Privacy,Trust and Control:Which Relationships with Online Self-Disclosure?” *Computers in Human Behavior*,Vol. 29,No. 3 (May 2013),pp. 821-826; Monika Taddicken,“The ‘Privacy Paradox’ in the Social Web:The Impact of Privacy Concerns,Individual Characteristics,and the Perceived Social Relevance on Different Forms of Self-Disclosure”,*Journal of Computer-Mediated Communication*,Vol. 19,No. 2 (Jan 2014),pp. 248-273.

④ Susan B. Barnes,“A Privacy Paradox:Social Networking in the United States”,*First Monday*,Vol. 11,No. 9 (Sept 2006),pp. 4-9.

⑤ Tom Buchanan,Carina Paine & Adam N. Joinson,et al,“Development of Measures of Online Privacy Concern and Protection for Use on the Internet”,*Journal of the American Society for Information Science and Technology*,Vol. 58,No. 2 (Nov 2007),pp. 157-165.

近年来,学者们对社交媒体隐私悖论现象展开了大量研究,主要集中在以下四个方面:一是,运用心理学沟通隐私管理理论,实证分析社交关系亲密程度、社交关系的互惠性等因素对人们社交媒体隐私管理的影响。① 二是,通过元分析考察隐私关注、隐私素养文化取向、国家法律制度等因素对人们使用社交媒体分享个人信息,以及采取隐私保护行为的影响。② 三是,考察人口统计学变量(性别、年龄、种族等)在人们社交媒体隐私设置等方面的差异。③ 四是,考察前期使用体验、社交媒体技能、对网站的信任度等因素对人们隐私关注与隐私保护行为关系之间的影响等。④

上述研究证实了社交媒体隐私悖论现象是受个人特性、社会环境等因素影响而产生的复杂问题。然而,正如莱米·巴鲁(Lemi Baruh)等人在对 166 篇关于社交媒体隐私悖论研究的元分析中强调,分享、保护哪些个人信息,有可能是人们权衡利弊后的结果;需要从风险—利益(Risk-Benefit)感知等心理认知层面深入考察社交媒体隐私悖论现象的成因。⑤

---

① Alice E. Marwick & Danah Boyd,"I Tweet Honestly, I Tweet Passionately: Twitter Users, Ccontext Collapse, and the Imagined Audience", *New Media & Society*, Vol. 13, No. 1 (Feb 2011), pp. 114-133;申琦:《自我表露与社交网络隐私保护行为研究——以上海市大学生的微信移动社交应用(App)为例》,《新闻与传播研究》2015 年第 4 期。

② Lemi Baruh, Ekin Secinti & Zeynep Cemalcilar,"Online Privacy Concerns and Privacy Management: A Meta - Analytical Review", *Journal of Communication*, Vol. 67, No. 1 (Feb 2017) pp. 26-53.

③ Mariea Grubbs Hoy & George Milne,"Gender Differences in Privacy-Related Measures for Young Adult Facebook Users", *Journal of Interactive Advertising*, Vol. 10, No. 2 (Jul 2013), pp. 28-45; Joy Peluchette & Katherine Karl,"Social Networking Profiles: An Examination of Student Attitudes Regarding Use and Appropriateness of Content", *CyberPsychology & Behavior*, Vol. 11, No. 1 (Feb 2008), pp. 95-97.

④ Tobias Dienlin & Sabine Trepte,"Is the Privacy Paradox a Relic of the Past? An In-depth Analysis of Privacy Attitudes and Privacy Behaviors", *European Journal of Social Psychology*, Vol. 45, No. 3 (April 2015), pp. 285-297; Yong Jin Park,"Digital Literacy and Privacy Behavior Online", *Communication Research*, Vol. 40, No. 2 (April 2013), pp. 215-236.

⑤ Lemi Baruh, Ekin Secinti, Zeynep Cemalcilar,"Online Privacy Concerns and Privacy Management: A Meta-Analytical Review", *Journal of Communication*, Vol. 67, No. 1 (Feb 2017) pp. 26-53.

（二）保护动机理论

1975年,心理学者罗纳德·罗杰斯(Ronald W. Rogers)首次提出保护动机(Protection Motivation Theory)理论,认为面对风险或者威胁时,人们会权衡利弊,产生保护动机,进而采取应对行为(Coping Behavior)。① 该理论从社会认知论视角考察人们面对危险(威胁)时的个人行为,指出对风险和利益的评估影响着人们认知风险和处理风险的行为:当感知到风险或危害时,或者当感觉这种风险或危害加重时,人们保护自己免遭风险或危害的动机增加;而当利益评估高于风险时,人们的保护动机会降低。

根据保护动机理论,有四个认知评估过程影响着人们作出一定的保护行为,分别是评估危害的严重性、评估危害发生的可能性、评估能够应对风险的能力、评估能够采取相应行为的能力。罗杰斯将保护动机理论的四个评估过程简化为两个过程:第一个是减少风险的评估(Risk-Reducing),包括对风险的评估和采取风险行为所获利益的评估;第二个是应对能力的评估(Coping-Appraisal),主要是指人们对自我应对风险能力的评估,即处理风险能力的信心的评估。②

1992年,理查德·拉扎勒斯(Richard S. Lazarus)等人对保护动机理论作出完善,认为对保护行为成本的评估(Perceived Costs)影响着人们是否采取应对风险的行动,以及采取何种行动。评估采取保护行为所要付出的成本,实际

---

① Ronald W. Rogers,"A Protection Motivation Theory of Fear Appeals and Attitude Change", *Journal of Psychology*, Vol. 91, No. 1 (Jun 1975), pp. 93-114.转引自 Donna L. Floyd, Steven Prentice-Dunn & Ronald W. Rogers,"A Meta-Analysis of Research on Protection Motivation Theory", *Journal of Applied Social Psychology*, Vol. 30, No. 2 (Feb 2000), pp. 407-429。

② Robert W. Rogers, Susan Prentice-Dunn & Martha Prenshaw,"Cognitive and Physiological Processes in Fear Appeals and Attitude Change: A Revised Theory of Protection Motivation", in *Social Psychophysiology*, John T. Cacioppo and Richard Petty (eds.), New York: Guilford, 1983, pp. 153-176. 转引自 Seounmi Youn,"Teenagers' Perceptions of Online Privacy and Coping Behaviors: A Risk-Benefit Appraisal Approach", *Journal of Broadcasting & Electronic Media*, Vol. 49, No. 1 (Mar 2005), pp. 86-110。

上影响着人们保护动机和保护行为之间的关系。[①] 比如,有研究指出,抽烟的青少年,尽管知道存在患病风险,但当他考虑到治疗或者戒烟需要付出较高成本(花费大量时间,脱离原有吸烟人群的圈子)时,依然不会戒烟,保护自己的健康。[②]

有学者也尝试运用保护动机理论解释影响人们网络隐私保护动机和保护行为的各种因素。[③] 比如,尹宣美(Seounmi Youn)考察了 326 位美国高中生在线提供个人信息的情况发现:当感知到提供个人信息存在高风险时,他们的隐私关注度提高,不大情愿将个人信息提供给网络企业;当更多地感觉可能获得利益时,他们的隐私关注度降低,非常愿意向网络企业提供个人信息;愿意提供个人信息的高中生,较少积极地保护自己的网络隐私;而自我效能感未对他们的隐私保护行为产生影响。[④] 也有研究指出,自我效能感会对人们的网络隐私关注与保护行为产生影响;当人们越认为自己有能力保护自己的网络

---

① Richard S. Lazarus & Susan Folkman, *Stress, Appraisal and Coping*. New York, Springer, 1984, p. 36. 转引自 Donna L. Floyd, Steven Prentice-Dunn & Ronald W. Rogers, "A Meta-Analysis of Research on Protection Motivation Theory", *Journal of Applied Social Psychology*, Vol. 30, No. 2 (Feb 2000), pp. 407-429。

② Cornelia Pechmann, Guangzhi Zhao & Marvin E. Goldberg, et al, "What to Convey in Antismoking Advertisements for Adolescents: The Use of Protection Motivation Theory to Identify Effective Message Themes", *Journal of Marketing*, Vol. 67, No. 2 (April 2003), pp. 1-18; Patricia A. Rippetoe & Ronald W. Rogers, "Effects of Components of Protection Motivation Theory on Adaptive and Maladaptive Coping with a Health Threat", *Journal of Personality and Social Psychology*, Vol. 52, No. 3 (Mar 1987), pp. 596-604.

③ Seounmi Youn, "Teenagers' Perceptions of Online Privacy and Coping Behaviors: A Risk-Benefit Appraisal Approach", *Journal of Broadcasting & Electronic Media*, Vol. 49, No. 1 (Mar 2005), pp. 86-110; Doohwang Lee, Robert LaRose & Nora Rifon, "Keeping Our Network Safe: A Model of Online Protection Behavior", *Behaviour & Information Technology*, Vol. 27, No. 5 (Sept 2008), pp. 445-454; Seounmi Youn, "Determinants of Online Privacy Concern and Its Influence on Privacy Protection Behaviors Among Young Adolescents", *The Journal of Consumer Affairs*, Vol. 43, No. 3 (Sep2009), pp. 389-418.

④ Seounmi Youn, "Determinants of Online Privacy Concern and Its Influence on Privacy Protection Behaviors Among Young Adolescents", *The Journal of Consumer Affairs*, Vol. 43, No. 3 (Sep2009), pp. 389-418.

隐私时,越会关注网络企业对自己的个人信息的使用、收集和利用,也越会采取相应的保护行为。①

以上研究,运用保护动机理论考察了利益评估、风险评估、自我效能等因素对人们网络隐私关注与隐私保护行为的影响,具有借鉴意义。然而,研究没有将保护行为成本评估这一因素放入保护动机理论框架中考察网络隐私悖论问题。已有研究指出,评估保护隐私成本是影响隐私关注引发实际隐私保护行为的重要因素。如威廉·麦克道尔(William C. McDowell)等人的研究证实,考虑到设置复杂密码需要花费时间,增加记忆难度,尽管人们担心隐私安全,但在实际操作中较少设置复杂密码管理账号或者经常更改密码。② 缺少对保护行为成本评估的测量,实际上无法有效考察隐私保护动机与保护行为之间的关系,③也就无法充分解释社交媒体中的隐私悖论现象。

本节将运用保护动机理论,以上海大学生为例,综合考察社交媒体隐私风险评估、利益评估、自我效能评估、保护行为成本评估等心理因素对他们在手机微信移动社交应用中隐私关注以及隐私保护行为的影响。

研究问题一:社交媒体隐私风险感知、利益感知、自我效能感对上海大学生使用手机微信移动社交应用时隐私关注度的影响如何?

研究假设 1:风险感知越高时,大学生微信移动社交应用中的隐私关注度越高。

研究假设 2:利益感知越高时,大学生微信移动社交应用中的隐私关注度越低。

---

① Doohwang Lee, Robert LaRose & Nora Rifon, "Keeping Our Network Safe: A Model of Online Protection Behavior", *Behaviour & Information Technology*, Vol. 27, No. 5 (Sept 2008), pp. 445-454.

② Lixuan Zhang & William C. McDowell, "Am I Really at Risk? Determinants of Online Users' Intentions to Use Strong Passwords", *Journal of Internet Commerce*, Vol. 8, No. 3 (Dec 2009), pp. 180-197.

③ George R. Milne & Maria-Eugenia Boza, "Trust and Concern in Consumers' Perceptions of Marketing Information Management Practices", *Journal of Interactive Marketing*, Vol. 13, No. 1, (Feb 1999), pp. 5-24.

研究假设 3:自我效能感越高时,大学生微信移动社交应用中的隐私关注度越高。

研究问题二:社交媒体隐私保护成本评估对上海大学生在使用手机微信移动社交应用中隐私关注度与隐私保护行为之间关系的影响如何?

研究假设 4:隐私关注度越高的大学生,越倾向于采取一定的隐私保护行为。

研究假设 5:隐私保护行为成本评估越低时,隐私关注度越高的大学生采取各类隐私保护行为的频次越高。

研究理论框架图如下(见图 4-3):

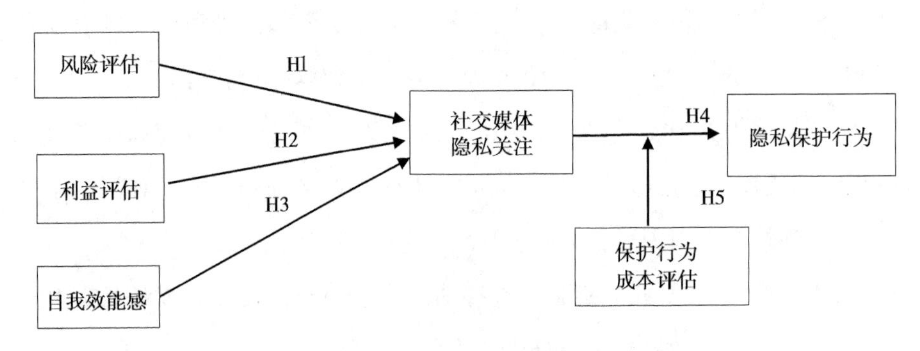

图 4-3　研究理论框架图

二、隐私关注、成本评估与隐私悖论

(一) 数据来源

为回答上述问题,我们于 2016 年 2—12 月期间,设计问卷,通过分层抽样,对上海 47 所高校 1200 名大学生展开微信使用与隐私保护行为的相关调查。首先,将复旦大学、华东师范大学、上海大学等上海 37 所高校按“985”“211”和一般本科分为三层,其中 4 所“985”高校中抽取 2 所,样本量为 202;5 所“211”院校中抽取 3 所,样本量为 216;28 所一般本科院校中抽取 14 所,样本量为 782。其次,按各层抽取院校的住宿分布,对学生宿舍进行简单随机抽样。共收回有效问卷1140份,在95%置信水平下,调查数据误差在±3%之间。样本结构接近总体结构。问卷的回收率为95%。最后使用调查问卷的第一和第三部分进行数据分析。

(二)测量说明

1. 社交媒体隐私关注

根据纳雷什·马尔霍特拉(Naresh K. Malhotra)等隐私关注概念测量的指标,社交媒体隐私关注包含"收集""控制""隐私实践的感知"三个维度。其中,"收集"测量网民对社交媒体企业收集和使用其个人信息的忧虑程度。"控制"测量网民对控制自己信息能力的认知。"隐私实践的感知"测量网民对网络企业实践隐私保护行为的理解或忧虑程度。①

测量"收集"维度,我们的问题是:"使用微信时,您是否会担心个人信息和交流信息被微信后台收集,或者在您不知情的情况下被使用?"选项从"完全不担心"到"十分担心",赋值1到5。测量"控制"维度,我们的问题是:"您会去了解注册微信后个人信息将会被如何使用吗?"选项为"从不"到"经常",赋值1到5。测量"隐私实践的感知"维度,我们的问题是:"注册和使用微信时您了解相关隐私保护条款吗?"选项从"完全不了解"到"十分了解",赋值1到5(Cronbach's alpha为0.85)。

2. 社交媒体风险评估、利益评估、自我效能与保护行为成本评估

已有研究指出,大多数网络使用者在社交网站和电子商务中都不同程度地感受到了隐私侵害的风险。研究认为,风险是指人们感受到的周遭环境对自己人身、心理、财产等带来伤害或负面影响的一种不确定性,包括心理风险和经济风险。其中,心理风险是指个人信息可能被泄露的担忧和情绪不适;经

① Naresh K. Malhotra, Sung S. Kim & James Agarwal, "Internet Users' Information Privacy Concerns (IUIP): The Construct, The Scale, and a Causal Model", *Information Systems Research*, Vol. 15, No. 4 (Dec 2004), pp. 336-355.

济风险是指人们感知到个人信息泄露后可能遭受的潜在的经济损失。①

综合上述研究,测量风险感知我们的问题是:“使用微信时,您会担心个人隐私泄露吗?”“晒朋友圈时,您会担心自己的个人信息被泄露吗?”“使用微信支付时,您会担心自己的银行卡等信息被泄露吗?”(Cronbach's alpha 为 0.90)。选项均为“从不”到“经常”,赋值 1 到 5。

信息交易成本感知理论认为,当感觉提供个人信息能获取一定利益时,人们不介意提供自己的个人信息,如提供个人信息以换取更快捷和便利的服务。伯恩哈德·德巴金(Bernhard Debatin)等学者的研究指出,虽明知有风险,美国大学生并不介意在脸书中展示自己的私密信息,他们觉得这样可以帮助自己更好地交友,获得社会支持。②

测量利益评估,我们的问题是:“您认为微信能够帮助您更好地与他人联络吗?”“您认为微信能够帮助您与家人沟通吗?”“您认为微信支付非常便捷吗?”选项均为“完全不同意”到“完全同意”,赋值 1 到 5(Cronbach's alpha 为 0.95)。

测量自我效能感,我们的问题是:“我觉得自己能够保护微信中的个人信息安全。”“我认为自己具备一定的技能,能够预防微信中相关账号和密码被盗。”“如果密码或账户被盗,我知道该怎么做。”选项均为“完全不同意”到“完全同意”,赋值 1 到 5(Cronbach's alpha 为 0.90)。

测量保护行为成本评估,我们的问题是:“我习惯用几个常用的密码,懒得变化。”“各类账号、密码太多,我记不住。”“设置复杂密码很费时间,我懒得做。”选项均为“完全不同意”到“完全同意”,赋值 1 到 5(Cronbach's alpha 为

---

① Robert La Rose & Nora J. Rifon, “Promoting i-Safety: Effects of Privacy Warnings and Privacy Seals on Risk Assessment and Online Privacy Behavior”, *Journal of Consumer Affairs*, Vol. 41, No. 1 (Mar 2007), pp. 127-149.

② Bernhard Debatin, Jennette P. Lovejoy & Ann-Kathrin Horn, et al, “Facebook and Online Privacy: Attitudes, Behaviors, and Unintended Consequences”, *Journal of Computer-Mediated Communication*, Vol. 15, No. 1 (Oct 2009), pp. 83-108.

0.90)。

3. 隐私保护行为

测量大学生在微信使用中的隐私保护行为,我们的问题是:“为保护微信个人信息安全,您通常会采取以下哪些措施?”共有 9 个选项,答案均为“从不”到“经常”,赋值 1 到 5。

我们将“微信中显示的不是真名字”“在填写地区信息时,与实际所处的地区不相同”“绑定别人的 QQ 号或邮箱注册微信账号”“用别人的手机号注册微信账号”选项列为“伪造类”行为;将“参加微信活动时,若需要提供个人信息,我将退出此活动”“需要我将微信号授权于第三方时,我会选择关闭退出”“如果被他人拖入陌生人的微信群,我会选择退群或者在微信群里保持沉默”等列为“抑制类”行为;将“通常我会设置较为复杂的密码(如登录密码、支付密码等)”“在朋友圈发布信息时,我将一些私人信息打码或者覆盖之后再发布”“发朋友圈时,我会关闭所在位置功能”“微信设置中,我会开启陌生人允许看十张照片功能”“我的朋友圈仅向亲朋好友开放”等列为“保护类”行为。所有选项加总取均值后标准化,得出网络隐私保护行为综合指标(Cronbach's alpha 为 0.87)。

4. 控制变量

本研究将性别和专业作为控制变量。因大学生年龄差异不大,我们未考虑年级因素。其中,性别(男性赋值为 1,女性为 0)和专业(文科赋值为 0,理工科等为 1)做虚拟变量处理。

三、社交媒体隐私保护:风险与利益的权衡

(一) 微信移动社交应用中的风险评估、利益评估、自我效能感、保护行为成本评估以及社交媒体隐私关注与隐私保护行为

结果显示(见表 4-1):使用微信时,上海大学生风险评估排在首位的是,

“使用微信支付时,您会担心自己的银行卡等信息被泄露吗?”(均值4.18,标准差1.07);第二是,“使用微信时,您会担心个人隐私泄露吗?”(均值3.90,标准差1.22);第三是,“晒朋友圈时,您会担心自己的个人信息被泄露吗?”(均值3.24,标准差1.28)。

表4-1 上海大学生手机微信使用中的隐私关注与隐私保护行为现状(n=1104)

	均值	标准差	取值区间
风险评估			
使用微信支付时,您会担心自己的银行卡等信息被泄露吗?	4.18	1.07	1—5
使用微信时,您会担心个人隐私泄露吗?	3.90	1.22	1—5
晒朋友圈时,您会担心自己的个人信息被泄露吗?	3.24	1.28	1—5
利益评估			
您认为微信支付非常便捷吗?	4.23	1.06	1—5
您认为微信能够帮助您更好地与他人联络吗?	4.12	1.08	1—5
您认为微信能够帮助您与家人沟通吗?	3.18	1.29	1—5
自我效能感			
我认为自己具备一定的技能,能够预防微信中相关账号和密码被盗。	3.40	1.17	1—5
我觉得自己能够保护微信中的个人信息安全。	3.35	1.27	1—5
如果密码或账户被盗,我知道该怎么做。	2.28	1.30	1—5
保护行为成本评估			
我习惯用几个常用的密码,懒得变化。	4.10	0.97	1—5
各类账号、密码太多,我记不住。	3.88	1.22	1—5
设置复杂密码很费时间,我懒得做。	3.67	0.98	1—5
社交媒体隐私关注			
使用微信时,您是否会担心个人信息和交流信息被微信后台收集,或者在您不知情的情况下被使用?	4.40	0.99	1—5

续表

		均值	标准差	取值区间
注册和使用微信时您了解相关隐私保护条款吗？		3.14	1.11	1—5
您会去了解注册微信后个人信息将会被如何使用吗？		2.38	1.22	1—5
隐私保护行为				
伪造	在填写地区信息时，与实际所处的地区不相同。	4.48	1.07	1—5
	微信中显示的不是真名字。	4.30	0.96	1—5
	绑定别人的QQ号或邮箱注册微信账号。	1.96	1.34	1—5
	用别人的手机号注册微信账号。	1.83	1.23	1—5
抑制	如果被他人拖入陌生人的微信群，我会选择退群或者在微信群里保持沉默。	3.66	1.02	1—5
	需要我将微信号授权于第三方时，我会选择关闭退出。	2.82	1.34	1—5
	参加微信活动时，若需要提供个人信息，我将退出此活动。	2.70	1.08	1—5
保护	在朋友圈发布信息时，我将一些私人信息打码或者覆盖之后再发布。	4.15	1.08	1—5
	通常我会设置较为复杂的密码（如登录密码、支付密码等）。	4.07	1.11	1—5
	我的朋友圈仅向亲朋好友开放。	3.08	1.29	1—5
	微信设置中，我会开启陌生人允许看十张照片功能。	2.63	0.80	1—5
	发朋友圈时，我会关闭所在位置功能。	2.62	1.26	1—5

利益评估，排在首位的是，“您认为微信支付非常便捷吗？”（均值4.23，标准差1.06）；第二是，“您认为微信能够帮助您更好地与他人联络吗？”（均值4.12，标准差1.08）；第三是，“您认为微信能够帮助您与家人沟通吗？”（均值3.18，标准差1.29）。

自我效能感中，排在首位的是，认为自己“具备一定的技能，能够预防微信中相关账号和密码被盗”（均值3.40，标准差1.17）；第二是，“觉得自己能够保护微信中的信息安全"(均值3.35,标准差1.27);第三是,"如果密码或账户被盗,我知道该怎么做"(均值2.28,标准差1.30)。

结果还显示,使用微信时,上海大学生普遍"担心个人信息和交流信息被微信后台收集,或在不知情的情况下被使用"(均值4.40,标准差0.99);其次,他们在注册微信时,"对相关隐私保护条款"的了解程度一般(均值3.14,标准差1.11);最后,对"注册微信后个人信息将会被如何使用"了解程度最低(均值2.38,标准差1.22)。

在各类隐私保护行为中,上海大学生最常采取的伪造类保护行为是,"填写地区信息时,与实际所处地区不相同"(均值4.48,标准差1.07);第二是,"微信中显示的不是真名字"(均值4.30,标准差0.96);第三是,"绑定别人的QQ号或邮箱注册微信账号"(均值1.96,标准差1.34);第四是,"用别人的手机号注册微信账号"(均值1.83,标准差1.23)。

抑制类行为中,上海大学生最常选择的是,"如果被他人拖入陌生人的微信群,会选择退群或者在微信群里保持沉默"(均值3.66,标准差1.02);第二是,"需要我将微信号授权于第三方时,我会选择关闭退出"(均值2.82,标准差1.34);第三是,"参加微信活动时,若需要提供个人信息,我将退出此活动"(均值2.70,标准差1.08)。

保护类行为中,上海大学生通常会"在朋友圈发布信息时,将一些私人信息打码或者覆盖之后再发布"(均值4.15,标准差1.08);第二是,"通常会设置较为复杂的密码(如登录密码、支付密码等)"(均值4.07,标准差1.11);第三是,"我的朋友圈仅向亲朋好友开放"(均值3.08,标准差1.29);第四是,"微信设置中,我会开启陌生人允许看十张照片功能"(均值2.63,标准差0.80);第五是,"发朋友圈时,我会关闭所在位置功能"(均值2.62,标准差1.26)。

保护行为成本评估中,排在首位的是,"我习惯用几个常用的密码,懒得变化"(均值4.10,标准差0.97);第二是,"各类账号密码太多,我记不住"(均值3.88,标准差1.22);第三是,“设置复杂密码很费时间,我懒得做”(均值3.67,标准差0.98)。

(二)社交媒体隐私关注与隐私保护行为影响因素分析

为检验研究假设1到5,根据温忠麟等《有中介的调节变量和有调节的中介变量》一文①,我们构建了一组联立方程,说明各变量之间的关系:

方程一:$y_1 = \beta_{11}x_1 + \beta_{12}x_2 + \beta_{13}x_3 + \beta_{14}x_4 + e_1$

方程二:$y_2 = \alpha_{21}y_1 + \beta_{21}x_1 + \beta_{22}x_2 + \beta_{23}x_3 + \beta_{24}x_4 + \gamma_{21}x_1y_1 + e_2$

其中,社交媒体隐私关注=y_1;隐私保护行为=y_2;保护行为成本评估=x_1;自我效能感=x_2;利益评估=x_3;风险评估=x_4。研究采用2SLS回归模型,检验上海大学生微信移动社交应用中的风险评估、利益评估、自我效能感与社交媒体隐私关注、隐私保护行为之间的关系。此模型中,自变量为风险评估、利益评估和自我效能感,因变量为隐私保护行为,中介变量为社交媒体隐私关注,调节变量为保护行为成本评估。性别、专业为控制变量。在实施联立方程约束的同时,我们对每个方程进行二阶段最小二乘估计,结果显示见表4-2。

表4-2　影响上海大学生网络隐私关注的2SLS回归分析(n=960)

	社交媒体隐私关注(回归系数)	隐私保护行为(回归系数)
风险评估	.442***	.216**
利益评估	-.148	-.127
自我效能感	.010	.005
保护行为成本评估	.-006	-.325***
R^2	.346*	
社交媒体隐私关注		.501***

①　温忠麟、张雷、侯杰泰:《有中介的调节变量和有调节的中介变量》,《心理学报》2006年第3期。

续表

	社交媒体隐私关注（回归系数）	隐私保护行为（回归系数）
社交媒体隐私关注 * 保护行为成本评估		−1.14***
R^2		.547**

注：* p<.05，**p<.01，***p<.001。

风险评估对大学生社交媒体隐私关注产生显著影响（β=.442，P<.001），即使用微信移动社交媒体时，风险评估越高的大学生，他们越会担心自己的隐私安全。研究假设1得到证实。这一结果与约亨·沃茨（Jochen Wirtz）等人的研究一致；说明隐私风险会激发人们产生隐私担忧和一定的保护动机。①

利益评估对大学生的社交媒体隐私关注不产生显著影响，研究假设2未能得到证实。我们认为，或许是因为与一般网络使用行为相比，微信移动社交应用中人们更注重隐私，不太会为获取一些免费服务等而轻易提交个人信息。也或许是因为，在线社交媒体中，隐私正成为一种保护自我、尊重他人的社会规范，是维系社交关系的必需品。②

自我效能感对大学生的社交媒体隐私关注不产生显著影响，研究假设3未能得到证实。这一结果呼应了有关青少年保护动机的相关研究，心理认知尚处发展期的青少年，对自我处理风险能力的估计，实际上不足以引发相应的保护动机和保

---

① Seounmi Youn，"Determinants of Online Privacy Concern and Its Influence on Privacy Protection Behaviors Among Young Adolescents"，*The Journal of Consumer Affairs*，Vol. 43，No. 3（Sept 2009），pp. 389−418；May Lwin，Jochen Wirtz & Jerome D. Williams，"Consumer Online Privacy Concerns and Response：A Power−Responsibility Equilibrium Perspective"，*Journal of the Academy of Marketing Science*，Vol. 35，No. 4（Feb 2007），pp. 572−585.

② Grant Blank，Gillian Bolsover & Elizabeth Dubois，"A New Privacy Paradox：Young People and Privacy on Social Network Sites"，in *Annual Meeting of the American Sociological Association*，2014，pp. 1−33.

护行为。① 也有可能是本研究着重测量他们对采取保护行为能力的评估，而不是采取应对行为可能性的评估所致。方程一所构建模型的解释力为34.6%。

社交媒体隐私关注对大学生的隐私保护行为产生显著正向影响（β = .501，P<.001）。也就是说，社交媒体隐私关注度越高的大学生，越倾向于采取各类隐私保护行为。研究假设4得到证实。

社交媒体隐私关注与保护行为成本评估的乘积项对大学生隐私保护行为产生显著负向影响（β =-1.14，P<.001），即考虑到要付出的保护行为成本越低时，社交媒体隐私关注越有可能引发大学生采取隐私保护行为。也就是说，在同等的隐私关注度下，上海大学生认为保护成本增高1个单位时，他们采取各类隐私保护行为的频次随之减少1.14个单位。研究假设5得到验证。方程二所构建模型的解释力为54.7%。

有人说，互联网时代隐私没死，只是变得越来越贵了。为了保护隐私，人们必须能够放弃使用看似无偿、实则需要交换个人信息才能获得的服务。那么，我们真的愿意为保护隐私而付出一定的成本和代价吗？

研究发现，上海大学生微信移动社交媒体应用中的隐私关注度较高，隐私保护行为一般。与较高的隐私关注度（均值为3.91，标准差为0.79）相比，大学生采取各类隐私保护行为的情况不容乐观（均值为3.13，标准差为0.44）。与之前的研究结果不同，②他们使用微信时多采取积极类的保护行为（均值3.38，标准差0.62），频次略高于抑制类（均值3.12，标准差0.60）和伪造类行为（均值3.05，标准差0.72）。比如，更多的大学生会设置复杂的密码保护；将微信朋友圈打码，等等。这说明与一般的网络使用行为相比，微信中人们更注

① Donna L. Floyd，Steven Prentice-Dunn & Ronald W. Rogers，"A Meta-Analysis of Research on Protection Motivation Theory"，*Journal of Applied Social Psychology*，Vol. 30，No. 2（Feb 2000），pp. 407-429.

② 申琦：《自我表露与社交网络隐私保护行为研究——以上海市大学生的微信移动社交应用（App）为例》，《新闻与传播研究》2015年第4期。

重保护自己的个人信息,也更会采取一定的技术手段进行保护。当然,也可能与大学生使用微信时更喜欢个性化的自我表达与自我呈现相关。①

研究考察了上海大学生信息隐私风险评估、利益评估以及应对隐私风险的自我效能感。结果显示,大学生普遍担心自己的微信支付账号等与财物相关的安全问题(均值 4.18,标准差 1.07);而信息隐私风险估计不足,如晒朋友圈时的隐私风险感知明显偏低(均值 3.24,标准差 1.28)。与现实同质化的社会交往不同,不同类别的人群聚集在微信社交媒体中。适合向家人分享的信息,未必适用于普通朋友,而在朋友圈里不加选择地"晒"和"秀",无疑使我们逐渐失去了管理自我隐私的主动权。处于半社会化过程中的大学生,社会交往需求强烈,如何引导他们平衡分享与保护个人隐私之间的关系?值得我们思考。研究还发现,上海大学生认为有应对微信隐私风险的能力(均值 3.40,标准差 1.17),但是,显然他们处理"账号或密码被盗"等实际问题的能力不够(均值 2.28,标准差 1.30)。这与已有研究的结果一致,②说明增强网络风险意识与网络素养教育,提升大学生实际的网络隐私保护技能十分重要。

一方面,本研究证实,隐私风险评估对大学生社交媒体隐私关注和隐私保护行为产生显著影响;未能证实利益评估、自我效能感等因素的影响。这证明了通过网络风险意识教育对提升人们的网络隐私保护意识与保护行为的可行性与必要性。另一方面,或许正如格兰特·布兰克(Grant Blank)等学者在研究中指出的,社交媒体中并不存在所谓的"隐私悖论",如果有的话,也是用户高涨的隐私安全需求和网络企业保护不足之间的矛盾,并无其他。

研究还证实了隐私保护行为成本评估调节了社交媒体信息隐私关注与隐

① 曹畅、郭双双、赵岩等:《大学生微信朋友圈发帖特点及原因探讨》,《中国青年研究》2015 年第 4 期。

② Grant Blank, Gillian Bolsover & Elizabeth Dubois, "A New Privacy Paradox: Young People and Privacy on Social Network Sites", in *Annual Meeting of the American Sociological Association*, 2014, pp. 1-33; 申琦:《网络素养与网络隐私保护行为研究:以上海市大学生为研究对象》,《新闻大学》2014 年第 5 期。

私保护行为之间的关系。也就是说,当上海大学生认为自己保护信息隐私成本较低时,他们的信息隐私关注才会转化成一定的保护行为。这提示我们,国家相关管理部门与网络企业可以通过降低人们保护隐私的成本,增强网民自身保护隐私行为的实际效果。比如,完善指纹识别等生物特征隐私安全保护系统;根据个体需求,制定个人信息分级保护办法;简化网民保护隐私的流程;等等。①

近年来,网络隐私安全成为关涉国家安全的重大社会问题。2017 年 6 月 1 日开始施行的《网络安全法》首次从国家立法高度明确了我国网络个人信息安全保护问题。然而,在实际隐私侵权诉讼中,由于侵权行为人、侵权损害程度难以界定等因素的影响,网民隐私权较难获得法律救济。这在本书第一章第三节已有论证。有效保护网络隐私,不仅需要我们加大立法保护,完善司法实践,更需要网络企业规范网络隐私保护行业标准,降低网民保护自我隐私的门槛和行为成本。毕竟,我们不能期待每个网民都成为隐私保护专家。

第三节　信息隐私决策的有限理性:隐私悖论背后的认知黑箱

本章第一节从隐私计算理论出发,指出人们在社交媒体平台上的自我表露和信息隐私管理行为,受社交关系、社交媒体环境、社交表演需要、社交媒体隐私倦怠等因素影响,会形成理性与非理性的决策。实际上,从行为经济学有限理性人假定看,由于个人作信息隐私决策时常面临着不完整和不对称的外部信息环境,作信息隐私决策时会启用一种简化的启发式的认知去进行判断,也会受认知上的双曲贴现、框架效应、锚定效应等而产生偏误等问题。基于此,本节将提出,借助人们的思维惯性,政府"助推"公众的隐私保护,减少

① 李凤华:《信息技术与网络空间安全发展趋势》,《网络与信息安全学报》2015 年第 1 期;殷乐、李艺:《互联网治理中的隐私议题:基于社交媒体的个人生活分享与隐私保护》,《新闻与传播研究》2016 年增刊。

有限理性带来的决策偏差等对策。

近年来,国内外信息隐私保护立法多通过“知情同意”原则来增强用户的信息隐私决策,赋权用户,增强人们对风险和收益的理性评估与判断,保护用户对于个人信息的控制。[①] 信息隐私决策(Information Privacy Decision Making),是个人关于何者、在何种情况下可以收集、传播与自己有关的哪些信息的决定。[②] 然而,实际生活中常会出现人们感知到信息隐私风险的存在,却不会作出正确决策、采取有效保护行为的“隐私悖论”现象。比如,在使用App等应用程序时,虽然人们知晓隐私披露会带来网络诈骗、在线骚扰、身份窃取等威胁,但是人们却并不知晓哪些行为会导致个人信息被企业收集和使用,更遑论如何保护自己的信息免遭企业的收集和使用,导致个人信息被“普遍”收集和“全面”披露的乱象。[③]

已有研究从隐私计算理论视角,指出个人在作信息隐私决策时会进行风险和收益的理性计算。然而这并不能解释为何人们往往并不能很好地控制个人隐私。有研究表明,个人缺乏充分的信息权衡隐私披露后的风险和收益;人们作信息隐私决策时也常常会因为金钱、服务、便捷等小利,放弃更高程度的隐私保护。[④] 进一步地,学者们从行为经济学视角的有限理性人假定出发,考察人们信息隐私决策的有限理性,尝试为我们打开隐私悖论现象背后的认知黑箱。研究认为,作信息隐私决策时个人存在知识和计算能力的局限性。这既表现为,个人作信息隐私决策时面临着不完整和不对称的外部信息环境,也表现为个人作信息隐私决策时启用一种简化的启发式的认知去进

---

① 如欧盟《一般数据保护条例》中第4条第(11)款中将数据主体的“同意”定义为:“数据主体通过声明或明确肯定方式,依照其意愿自愿作出的任何具体的、知情的及明确的意思表示”。

② Alan Westin, *Privacy and Freedom*, New York: Atheneum, 1967. 转引自 Jennifer King, *Privacy, Disclosure, and Social Exchange Theory*, Berkeley: University of California, 2018, p. 5。

③ 戴昕:《“看破不说破”:一种基础隐私规范》,《学术月刊》2021年第4期。

④ Alessandro Acquisti & Jens Grossklags, “Privacy and Rationality in Individual Decision Making”, *IEEE Security & Privacy*, Vol. 3, No. 1 (Jan-Feb 2005), pp. 26-33.

行判断,易于受到认知偏误的影响,在权衡隐私披露带来的风险和收益时出现错误判断。一方面,这为我们更为细致深入地了解人们的隐私决策如何形成,对实际的隐私披露和隐私保护行为产生的影响等,提供了更为丰富的理论观察视角;另一方面,信息隐私决策的有限理性也为解决隐私悖论中"如何帮助个人更好地作信息隐私决策"这一问题,提供了更为切实、可操作的解决方法。然而,如果将隐私悖论问题泛化为个人信息隐私决策心理认知的理性和有限理性,又容易使得对相关问题的实际解决陷入无解之地。因为,我们总能将人们具体的隐私披露或者隐私保护行为归为这是个人决策的结果,而规避了企业和管理部门的义务和责任。有鉴于此,本节将从如何利用或如何应对人们信息隐私决策中的有限理性入手,通过政府借助人们的思维惯性"助推"隐私保护、提供更高程度的知情同意、给予有差别的隐私保护、搭建社会规范等方面,探讨如何解决隐私悖论问题,实现更有效的隐私保护。

一、个人信息隐私决策的理性

信息隐私决策的理性源自新古典经济学中的"理性人"假设,认为"人是理性的追求自我利益的最大化者"①。也就是说,个人作为决策者有着稳定的偏好、充分的信息和追求最大化利润的目标。20 世纪 70 年代,法经济学者波斯纳(Posner)等将新古典经济学引入信息隐私决策研究。② 波斯纳将隐私视为一种具有经济价值的消费品,认为人们基于"自我利益之理性的推动",选择窥探他人信息或者出售和保留个人信息;③个人基于自利的意图选择隐私披露或者是隐私保护,个人的信息隐私决策是一个"趋利避害"的决定。这

① 理查德·A.波斯纳、常鹏:《论隐私权》,《私法》2011 年第 2 期。

② Richard A. Posner, "An Economic Theory of Privacy", *Regulation*, Vol. 2, No. 19 (Nov 1978), pp. 19–26.

③ Richard A. Posner, "An Economic Theory of Privacy", *Regulation*, Vol. 2, No. 19 (Nov 1978), pp. 19–26; 理查德·A.波斯纳、常鹏:《论隐私权》,《私法》2011 年第 2 期。

启发了新古典经济学在信息隐私决策研究中的进一步发展。

基于理性人假定,玛丽·库尔兰(Mary J. Culnan)、萨米拉·阿姆斯特朗(Pamela K. Armstrong)提出了隐私计算(Privacy Caculus)理论,①认为个人以理性为指导计算披露个人信息隐私后的风险与收益。② 风险与收益的权衡来源于1978年罗杰斯提出的保护动机理论,认为在面对风险或者威胁时,人们会权衡利弊,产生自我保护动机,进而采取应对行为。③ 作信息隐私决策时,人们感知的风险体现在个人信息泄露以及在不知情的情况下被二次传播和使用,④感知的收益包含自我愉悦、社会关系的维持和社会资本的报偿等。当感知的收益大于风险时,人们会选择隐私披露,反之,则选择隐私保护。⑤图尔盖·迪内夫(Turgay Dinev)等研究者进一步推动了隐私计算理论研究,细化了个人隐私计算中的风险和收益类型。比如,迪内夫等在研究中将影响个人隐私披露的因素分为促进因素(如机构信任、隐私控制等)和抑制因素(如感知的风险、隐私关注等)⑥,搭建了隐私计算模型,并在后期研究中采用

---

① Mary J. Culnan & Pamela K. Armstrong,"Information Privacy Concerns, Procedural Fairness, and Impersonal Trust: An Empirical Investigation", *Organization Science*, Vol. 10, No. 1 (Feb 1999), pp. 104-115.

② 谢卫红、常青青、李忠顺:《国外网络隐私悖论研究进展——理论整合与述评》,《现代情报》2018年第11期。

③ Ronald W. Rogers,"A Protection Motivation Theory of Fear Appeals and Attitude Change", *Journal of Psychology*, Vol. 91, No. 1 (Jun 1975), pp. 93-114. 转引自 Donna L. Floyd, Steven Prentice-Dunn & Ronald W. Rogers,"A Meta-Analysis of Research on Protection Motivation Theory", *Journal of Applied Social Psychology*, Vol. 30, No. 2 (Feb 2000), pp. 407-429。

④ Mary J. Culnan & Pamela K. Armstrong,"Information Privacy Concerns, Procedural Fairness, and Impersonal Trust: An Empirical Investigation", *Organization Science*, Vol. 10, No. 1 (Feb 1999), pp. 104-115.

⑤ Tamara Dinev & Paul Hart,"An Extended Privacy Calculus Model for E-commerce Transactions", *Information systems research*, Vol. 17, No. 1 (Mar 2006), pp. 61-80.

⑥ Turgay Dinev & Paul Hart,"Privacy Concerns and Internet Use-A Model of Trade-off Factors", In *Best Paper Proceedings of Annual Academy of Management Meeting*, Vol. 2003, No. 1 (Aug 2003), pp. 1-6; Tamara Dinev & Paul Hart,"An Extended Privacy Calculus Model for E-commerce Transactions", *Information Systems Research*, Vol. 17, No. 1 (Mar 2006), pp. 61-80.

结构方程模型和多组分析以验证其在跨文化背景下的可预测性。① 拉姆纳特·切拉帕(Ramnath K. Chellappa)等也探究了企业个性化服务情境下个人的信息隐私决策,通过问卷调查探究了企业提供的个性化服务的价值、个人对于企业的信任以及隐私关注三个因素如何影响了用户的隐私决策,发现个性化服务的价值、个人对于企业的信任都正向影响了个人披露隐私。②

虽然隐私计算理论提出的风险与收益计算成为信息隐私决策研究发展的基石,但是研究忽略了对于理性人假定的验证。事实上,并非所有的信息隐私决策都是对于风险和收益深思熟虑后的结果,作信息隐私决策时,用户易于出现对风险和收益的错误判断。比如,有研究通过2(收益是短期的或者长期的)×2(风险是短期的或者是长期的)实验③,发现时间是影响人们信息隐私决策时对风险和收益感知的重要影响因素。短期的收益和长期的风险降低了人们的风险感知,使他们难以作出理性判断,反而会更多地披露个人隐私。④ 也有研究通过对294位美国大学生的隐私关注和脸书使用行为开展问卷调研,发现部分脸书用户对脸书上个人简介的可见范围和可见对象不了解导致其过度披露信息隐私,这表明信息不完整会影响个人对于风险和收益的判断。⑤

---

① Tamara Dinev, Massimo Bellotto & Paul Hart, et al, "Privacy Calculus Model in E-commerce -A Study of Italy and the United States", *European Journal of Information Systems*, Vol. 15, No. 4 (Apr 2006), pp. 389-402.

② Ramnath K. Chellappa & Raymond G. Sin, "Personalization Versus Privacy: An Empirical Examination of the Online Consumer's Dilemma", *Information Technology & Management*, Vol. 6, No. 2-3 (Apr 2005), pp. 181-202.

③ 此处的短期和长期在该研究者的研究中体现为获得风险和收益所需周期的长或短。在研究中,短期或长期的收益分别用"立刻获得或3—5个月后获得礼物"表示,短期或长期的风险分别用"位置信息和通话信息会在1—2年或未来两周内收集"表示。

④ Dave W. Wilson & Joseph S. Valacich, "Unpacking the Privacy Paradox: Irrational Decision-Making Within the Privacy Calculus", in *The Proceedings of the 33th International Conference on Information Systems*, (eds.), New York: Curran Associates, 2012, pp. 92-102.

⑤ Alessandro Acquisti & Ralph Gross, "Imagined Communities: Awareness, Information Sharing, and Privacy on the Facebook", in *The proceedings of the 6th International Workshop on Privacy Enhancing Technologies*, George Danezis & Philippe Golle (eds.), Cambridge: Springer, 2006, pp. 36-58.

此后,大量的研究发现了个人作信息隐私决策时对于理性认知方式的偏离,使得理性人假定遭受批判。① 阿奎斯蒂等学者在信息隐私决策研究中引入了行为经济学视角,修正了理性人假定,提出信息隐私决策的有限理性(Bounded Rationality),认为作信息隐私决策时,个人面临认知和计算能力的局限性。通过挖掘更加接近个人知识和计算能力客观实际、更加贴合个人真实情况的认知方式,信息隐私决策的有限理性成为试图揭开人们隐私悖论背后认知黑箱的重要研究路径。

二、信息隐私决策的有限理性

信息隐私决策的有限理性研究者从研究个人理性程度、知识水平、计算能力、个人偏好等方面驳斥了信息隐私决策的理性研究。有限理性指个人作为决策者面临的认知局限性,主要指知识和计算能力的局限性。② 20 世纪 50 年代起,行为经济学奠基人哈伯特·西蒙(Herbert A. Simon)开展了关于计算机模拟人认知的研究,西蒙提出"事实上,人类追求的理性充其量只是完全理性的粗糙和简化的近似值"③,由于个体的分析能力、获取信息的能力有限,并且受决策时长的影响,很难有真正意义上的理性人,由此否定了新古典经济学的理性假定。

在信息隐私决策研究中,2004 年,阿奎斯蒂等学者基于匿名线上问卷调研,否定了个人信息隐私决策中的理性人假定,指出人们并不会为隐私保护付出过多的精力,反而会因为短期利益而披露隐私。④ 比如,在电子商务价

---

① 参见 Alessandro Acquisti & Hal R. Varian,"Conditioning Prices on Purchase History",*Marketing Science*,Vol. 24,No. 3 (Aug 2005),pp. 367-381;刘伟江、王广惠、张朝辉:《电子商务中的价格歧视现象》,《经济与管理研究》2004 年第 2 期。

② 谢卫红、常青青、李忠顺:《国外网络隐私悖论研究进展——理论整合与述评》,《现代情报》2018 年第 11 期。

③ Herbert A. Simon,"A Behavioral Model of Rational Choice",in *Models of Man,Social and Rational:Mathematical Essays on Rational Human Behavior in a Social Setting*,(eds.),1957,pp. 241-260.

④ Alessandro Acquisti & Jens Grossklags,"Privacy and Rationality in Individual Decision Making",*IEEE Security & Privacy*,Vol. 3,No. 1 (Jan-Feb 2005),pp. 26-33.

格歧视[1]中,用户对于优惠券、个性化服务等即时利益更加喜爱,对于潜在收益选择性忽略[2],这是用户对于风险和收益计算能力不足的表现,相较于延迟的复杂的风险而言,即时收益更加便于计算。[3] 也有研究发现,网络企业发布的隐私声明会影响人们对于隐私披露带来的风险和收益的判断。通过调整隐私声明表述的隐私安全程度,研究发现人们在推测隐私披露后的风险和收益时,会受到隐私声明表述方式的误导。在客观风险一致的情况下,更侧重于表述隐私安全的声明推动了更高程度的隐私披露。[4] 这说明,人们易受到不完整的信息误导误判隐私披露后的风险和收益,作出偏误的信息隐私决策。还有研究发现,个人对既得利益偏好的不稳定性,导致隐私披露和隐私保护行为的不确定性。[5] 正如保罗·斯洛维奇(Paul Slovic)指出的人们通常并不清楚个人对于物品、服务或者他人的喜爱程度,隐私也不例外。[6] 有研究通过实验探究了购物卡用户的隐私决策。一组被试者持有无个人信息的匿名卡,另一组被试者持有关联个人信息的实名卡,持有匿名卡的被试者被给了10 美元的报酬,询问是否愿意换持实名卡,多得 2 美元报酬。持有实名卡的被试者被给了 12 美元的报酬,询问是否愿意以少得 2 美元报酬为前提换持匿名卡。结果显示:实名卡用户更偏爱金钱,而匿名卡用户更不愿意放弃个人隐私。对于匿名卡用户而言,相较于 2 美元的收入,他们更加在意隐私,而对于

---

① 价格歧视(Prise Discrimination),指卖家基于买家此前的购买记录,了解买家的偏好、需求或者购买习惯,动态调整商品的价格。

② Alessandro Acquisti & Hal R. Varian,"Conditioning Prices on Purchase History",*Marketing Science*,Vol. 24,No. 3 (Aug 2005),pp. 367-381.

③ 陈国富、李启航:《法律的认知基础、内生偏好与权利保护规则的选择》,《南开学报(哲学社会科学版)》2013 年第 4 期。

④ Idris Adjerid,Alessandro Acquisti & Laura Brandimarte,et al,"Sleights of Privacy:Framing,Disclosures,and the Limits of Transparency",in *Proceedings of the 9th Symposium on Usable Privacy and Security*,(eds.),2013,pp. 1-11.

⑤ Alessandro Acquisti, Laura Brandimarte & George Loewenstein, "Privacy and Human Behavior in the Age of Information",*Science*,Vol. 347,No. 6221 (Jan 2015),pp. 509-514.

⑥ Paul Slovic,"The Construction of Preference",in *Shaping Entrepreneurship Research*,Saras Sarasvathy,Nicholas Dew,Sankaran Venkataraman(eds.),London:Routledge,2020,pp. 104-119.

实名卡用户,比起隐私,人们更加在意金钱。①

2015 年,阿奎斯蒂归纳了既有的行为经济学视角下的信息隐私决策研究指出:作信息隐私决策时,人们易于受外部信息环境的不完整和不对称影响,采用启发式认知且易于出现认知偏误。② 其中,不完整和不对称主要指个人开展隐私决策时的外部信息环境。不完整主要指个人无法获得足够充分的有关周围环境的信息。③ 比如,在企业与个人的信息交易中,个人对于企业二次销售个人信息并不知情,导致个人利益的受损。④ 不对称是指个人与企业之间信息拥有量的不对等,暗示了信息隐私决策时企业与个人之间不平等的信息交换关系。启发式认知和认知偏误描述了在不完整和不对称的信息环境下个人信息隐私决策的认知方式,即作信息隐私决策时对于信息的简化处理,并由此导致的对理性决策程式的偏离。以下我们将展开具体阐释。

(一) 信息不完整与不对称的外部环境

信息不对称,来源于乔治·阿克洛夫(George A.Akerlof)在探究二手车市场时提出的"柠檬市场"(The Market for Lemon)理论。⑤ 在二手车市场中,卖方对于旧车的质量信息比买方掌握得更多些,带来了买卖双方信息的不对称。由于买方仅了解二手车的平均价格信息,却无法明确车辆的具体价值,这使得买方总期望以二手车的平均市场价去购买车辆,导致了高质量的车被迫

---

① Alessandro Acquisti, Leslie K. John& George Loewenstein, "What is Privacy Worth", *The Journal of Legal Studies*, Vol. 42, No. 2 (Jun 2013), pp. 249-274.

② Alessandro Acquisti, Laura Brandimarte & George Loewenstein, "Privacy and Human Behavior in the Age of Information", *Science*, Vol. 347, No. 6221 (Jan 2015), pp. 509-514.

③ 丁玉海:《论波斯纳与新古典经济学理性的坚持与背离》,《社会科学家》2010 年第 9 期。

④ Hal R. Varian, "Economic Aspects of Personal Privacy", in *Cyber Policy and Economics in an Internet Age*, William Lehr(eds). Boston: Kluwer Academic Publishers, 2002, pp. 127-137.

⑤ George A. Akerlof, "The Market for Lemons: Quality, Uncertainty and the Market Mechanism", *Quarterly Journal of Economics*, Vol. 84, No. 3, (Aug 1970), pp. 488-500.转引自[美]乔治·阿克洛夫、[美]迈克尔·斯彭斯 、[美]约瑟夫·斯蒂格利茨:《阿克洛夫、斯彭斯和斯蒂格利茨论文精选》,谢康、乌家培编,商务印书馆 2002 年版,第 3 页。

退出市场。[①] 个人作信息隐私决策时,信息的不完整和不对称可能会导致用户高估信息隐私决策中的风险,不愿意与企业打交道,或导致用户未意识到个人信息可能被交换或者滥用,使得用户隐私保护失灵。[②] 事实上,作信息隐私决策时,用户常常处于不完整和不对称的外部环境中。

在信息隐私决策研究中,信息不完整和不对称可以被理解为数据主体(用户)比数据持有者(企业)更不了解数据收集和使用的程度及其带来的收益和风险。[③] 很多时候,网络用户并不了解在签署隐私政策时、在使用 App 的过程中,个人披露的信息有哪些、这些信息被企业以何种手段收集和使用。《2020 年中国手机 App 隐私权限测评报告》显示,认真阅读隐私条款的网民仅占比 36.4%,面对企业申请调用权限时,近 28.1%的网民会不经辨别直接选择全部同意或拒绝。[④] 在 App 使用中,用户也很少意识到信息披露行为会导致个人信息被企业收集和使用。比如,在社交媒体使用中,我们将个人社交媒体账号视作私人空间,在其中披露生活动态,却并不知晓在这期间用户向企业披露了个人性别、年龄、位置信息、受教育程度等信息。信息的不对称和不完整使得用户仅能依据不充分的信息作出信息隐私决策,导致隐私风险和收益的计算偏差和用户隐私保护的不理想。

导致个人与企业之间信息不对称的主要原因,在于信息交换过程中个人与企业之间的权力不对等关系。个人的信息隐私决策本应当基于平等的

---

① George A. Akerlof, "The Market for Lemons: Quality, Uncertainty and the Market Mechanism", *Quarterly Journal of Economics*, Vol. 84, No. 3, (Aug 1970), pp. 488-500.

② Janice Y. Tsai, Serge Egelman & Lorrie Cranor, et al, "The Effect of Online Privacy Information on Purchasing Behavior: An Experimental Study", *Information Systems Research*, Vol. 22, No. 2 (Jun 2011), pp. 254-268.

③ Acquisti Acquisti, Stefanos Gritzalis & Costos Lambrinoudakis, et al, "What Can Behavioral Economics Teach Us about Privacy", in *Digital Privacy*, New York: Auerbach Publications, 2007, pp. 385-400.

④ 艾媒咨询:《2020 年中国手机 App 隐私权限测评报告》,2020 年 2 月 25 日,https://report.iimedia.cn/repo1-0/39010.html? acPlatCode=sohu&acFrom=bg39010。

信息交换关系,但是个人与企业之间信息资源的不对等,引发了个人与企业信息交换的不公平,①具体表现为企业隐私政策的可读性弱、提示信息不完整等问题。比如,赵静等对 30 个电商网站的隐私政策开展内容分析后发现,这 30 家电商网站的隐私政策普遍在 1000 字以上,且 55%采用概要格式,47%采用详细描述格式,无采用分层格式的,而分层格式被乔治·米尔恩(George R. Milne)等研究认为可以增加用户对于隐私政策的理解能力,②隐私政策依旧存在着可读性弱的问题。③ 申琦对国内外 80 个应用(App)的隐私政策进行了内容分析,也发现只有仅 35%的应用进一步对法律词语和行业用语作出了解释。④ 邵国松等也基于《网络安全法》对我国 500 家网站的隐私政策开展了实证分析,发现虽然各类网站都在积极收集个人信息,但其隐私政策的发布情况各异:仅 4%的教育类网站、1/3 的政府类和社会组织类网站发布了隐私政策;在涉及敏感信息方面,不到 1/4 的网站明示了信息收集方式。⑤ 近年来,我国连续发布《App 违法违规收集使用个人信息行为认定方法》《信息安全技术 个人信息安全规范》《信息安全技术 移动互联网应用(App)收集个人信息基本规范(草案)》《中华人民共和国数据安全法》等相关规定,规范企业制定隐私政策、收集和使用隐私信息的行为。但是,这仍未带来更有益的信息隐私决策情境,马骋宇等基于内容分析法从隐私政策可读性和可见性、个人信息的收集、存储、使用、共享、分享六个维度对 108 款健康类

---

① [美]彼得·M.布劳:《社会生活中的权力与交换》,李国武译,商务印书馆 2012 年版,第 192—200 页。

② George R. Milne & Mary J. Culnan, "Using the Content of Online Privacy Notices to Inform Public Policy: A Longitudinal Analysis of the 1998-2001 US Web Surveys", *The Information Society*, Vol. 18, No. 5 (Oct 2002), pp. 345-359.

③ 赵静、袁勤俭、陈建辉:《基于内容分析的 B2C 网络商家隐私政策研究》,《现代情报》2020 年第 4 期。

④ 申琦:《我国网站隐私保护政策研究:基于 49 家网站的内容分析》,《新闻大学》2015 年第 4 期。

⑤ 邵国松、薛凡伟、郑一媛等:《我国网站个人信息保护水平研究——基于〈网络安全法〉对我国 500 家网站的实证分析》,《新闻记者》2018 年第 3 期。

应用（App）的隐私政策进行了评分，发现其整体评分仅为44.58分（满分100分），隐私政策依旧不完整、不规范，甚至部分应用程序存在过度收集和滥用用户隐私数据的情况。①

更为重要的是，企业发布的隐私政策提示信息往往对用户个人信息的二次转让等问题语焉不详，甚至完全回避。这导致用户个人完全没有能力预估个人信息提交后面临的风险，更谈不上在开始作出信息隐私决策时能够权衡利弊得失，作出理性判断。有研究指出，仅有13%的隐私政策声明，除非得到用户许可，否则原有隐私政策仍然有效，且不会扩散数据利用范围；仅有63%的隐私政策提示用户的隐私可能会面对因合作关系或并购需要二次分享的情况。②企业作为个人信息隐私的收集方，亟须个人信息以获取更多经济收益，提升企业竞争力，而企业比个人更加了解隐私信息的收集、处理等信息的现状，将个人置于更加不利的位置，更容易触发用户信息隐私决策安全的问题。比如，数据迁移权旨在保障信息隐私披露后，用户收集和迁移个人数据的权利，却在实践中面临着用户福利减损、企业负担增加、威胁国家安全等困境。③

信息隐私决策中的风险和不确定性主要指个人对以下两个问题的不了解：一是不同情境下的信息隐私决策会导致哪些信息得到披露，哪些信息得到保留；二是信息隐私决策会带来怎样的收益或者风险。④ 如果说，个人信息流动面临着由于和企业权力不对等带来的外部信息不完整和不对称的现

---

① 马骋宇、刘乾坤：《移动健康应用程序的隐私政策评价及实证研究》，《图书情报工作》2020年第7期。

② 赵静、袁勤俭、陈建辉：《基于内容分析的B2C网络商家隐私政策研究》，《现代情报》2020年第4期。

③ 卢家银：《论隐私自治：数据迁移权的起源、挑战与利益平衡》，《新闻与传播研究》2019年第8期。

④ Acquisti Acquisti, Stefanos Gritzalis & Costos Lambrinoudakis, et al, "What Can Behavioral Economics Teach Us about Privacy", in *Digital Privacy*, New York: Auerbach Publications, 2007, pp. 385-400.

实困境。实际上,即便拥有较为完整的信息,个人也可能会采取直觉启发式的认知捷径,难以作出理性的信息隐私决策。

(二)启发式的信息隐私决策认知方式

启发式是丹尼尔·卡尼曼(Daniel Kahneman)和阿莫斯·特沃斯基(Amos Tversky)在探究个人决策心理认知时提出的,“启发这一术语是指协助寻找各种难题的恰当答案的简单过程,尽管找到的答案往往不完美”①。个人在作决策时采用的以简单化思考处理复杂问题的认知方式都可以被归纳为启发式,已有研究发现的启发式认知包含代表性、易得性等多种。代表性指,人们依据事物突出特点,归纳其所属类别,开展快速判断。易得性指,人们会依托想到相关事例或者是案例的容易程度来判断事件发生的概率。在面对重要问题开展决策时,人们会开展慢思考,而在面对无关痛痒的问题时,人们易于采用快思考的方式,通过启发式认知快速判断。启发式使人们在作信息隐私决策时仅依赖有限的信息,简化测量概率以及预测价值的任务。比如,有研究指出,一旦企业声明存在专业的第三方金融机构保护隐私安全或者网络处于被保护的环境中,个人就会假定隐私披露安全。②

个人作信息隐私决策时是否采用启发式认知,受隐私披露的信息类型和收益等因素影响。作信息隐私决策时,人们会对个人信息的重要程度进行排序,进而启动不同的思考方式。比如,曾伏娥等通过问卷法评估了个人对16类个人信息的关注程度,发现人们更加关注身份证号码、银行卡号码、所在地址、收入、网络浏览记录等信息,而比较不关注性别、现在居住省份等。面对

---

① [美]丹尼尔·卡尼曼:《思维,快与慢》,胡晓姣、李爱民、何梦莹译,中信出版社2012年版,第82页。

② Andrew Gambino, Jinyoung Kim & S. Shyam Sundar, et al, "User Disbelief in Privacy Paradox: Heuristics that Determine Disclosure", in *Proceedings of the* 2016 *CHI Conference Extended Abstracts on Human Factors in Computing Systems*, (eds.), New York: Association for Computing Machinery, 2016, pp. 2837-2843.

更加关注的信息,人们会进行慢思考,谨慎作出信息隐私披露的决定;反之,则会通过启发式认知,更快决策。① 高山川等也通过3(收益:经济收益、个性化服务、安全保障)× 3(个人信息:联系人通讯录、实时地理位置、偏好和行为)的实验,发现信息类型和收益导致个人作信息隐私决策时启动不同的思考方式,相较于企业收集通讯录和实时地理位置信息的需求,当面临企业收集个人偏好与行为信息的要求时,个人会启动慢思考,谨慎地作信息隐私决策;与此同时,相较于经济收益和个性化服务等收益,个人更加注重企业承诺的安全保障,安全保障会触发个人的启发式认知,导致个人更加易于作出隐私披露的决定。②

收集信息的企业类型、描述风险和收益信息的显著程度等,影响了人们作信息隐私决策时采用怎样的启发式认知以推测风险和收益。比如,有研究通过焦点小组访谈发现,作信息隐私决策时,如果是信用卡公司、苹果公司等以更为专业化的平台作为隐私安全的背书,受访者更易于披露个人隐私信息,而针对一些小公司,受访者会产生不信任等更为消极的态度,并不考虑苹果公司等被通报的隐私过度收集等问题,也不考虑小公司在信息隐私保护中的努力。③ 受访者启用了代表性启发式认知,将苹果、专业信用卡公司等视为更具信任的企业,依据更具信任的企业整体特点进行隐私披露风险和收益的分析,认为更具信任的企业隐私保护更加安全,忽略了对于苹果公司或专业信用卡公司个案的理性分析。可得性也是用户作信息隐私决策时常启用的启发式认知,指用户依赖隐私决策情境中提示的唾手可得的信息,如信息披露类型、信

① 曾伏娥、邹周、陶然:《个性化营销一定会引发隐私担忧吗:基于拟人化沟通的视角》,《南开管理评论》2018年第5期。

② 高山川、王心怡:《网络平台和收益的类型对信息隐私决策的影响》,《应用心理学》2019年第4期。

③ Andrew Gambino, Jinyoung Kim & S. Shyam Sundar, et al, "User Disbelief in Privacy Paradox: Heuristics that Determine Disclosure", in *Proceedings of the 2016 CHI Conference Extended Abstracts on Human Factors in Computing Systems*, (eds.), New York: Association for Computing Machinery, 2016, pp. 2837-2843.

息使用目的,来作出判断。[①] 如前文提到的更多描述隐私披露安全的隐私提示将推动更高程度的隐私披露,也表明了可得性启发式在个人作信息隐私决策时的作用:个人在推测隐私披露带来的风险和收益时,更多地依赖于印象深刻的或者是更加方便获取的信息。当个人遇到的隐私声明中大篇幅的信息都在描述企业如何保护隐私时,个人会降低对于隐私披露风险的推测,选择更高程度的隐私披露。

启发式认知虽然可以帮助用户作出快速判断,但也会引发认知偏误。比如,代表性启发式认知易于导致人们失去个案分析能力,产生对于隐私问题的过度轻视或者是过度紧张等不良情绪。劳拉·布兰迪马特(Laura Brandimarte)等通过操控用户的个人信息发布和访问的控制能力发现,增加用户的感知控制会提升用户的隐私安全假定,增强个人信息披露的意愿,即便是披露可识别身份的信息也是如此,这加剧了用户隐私泄露风险。[②] 可得性启发式也导致个人更多地接收熟悉且易于理解的信息,降低了个人接收和分析全部信息的可能。比如,约书亚·谭(Joshua Tan)等研究了当企业在申请收集某类信息时,明确解释收集信息的目的对于用户同意的影响,发现比起含糊不清的许可申请,包含明确解释的申请更容易被同意。[③]

(三) 导致信息隐私决策有限理性的认知偏误

引发人们产生认知偏误的主要原因在于决策者对于不完整信息的不完全

① Kristen Martin & Katie Shilton,"Why Experience Matters to Privacy: How Context-Based Experience Moderates Consumer Privacy Expectations for Mobile Applications", *Journal of the American Society for Information ence and Technology*, Vol. 67, No. 8 (Aug 2016), pp. 1871-1882.

② Laura Brandimarte, Alessandro Acquisti & George Loewenstein, "Misplaced Confidences: Privacy and the Control Paradox", *Social Psychological and Personality Science*, Vol. 4, No. 3 (May 2013), pp. 340-347.

③ Joshua Tan, Khanh Nguyen & Michael Theodorides, et al, "The Effect of Developer-Specified Explanations for Permission Requests on Smartphone User Behavior", in *Proceedings of the Conference on Human Factors in Computing Systems*, (eds.), 2014, pp. 91-100.

思考。启发式认知为决策者提供了简单快速的认知捷径,但是个人在接收和处理信息时的不完整也导致其无法理性、客观地对全部信息进行评估和判断,这易于引发决策者对风险和收益的误判。目前,研究者对认知偏误展开了探究,提出了双曲贴现(Hyperbolic Discounting)、框架效应(Framing)、锚定效应(Anchoring)等理论,用以描述在信息隐私决策时,影响个人推测隐私披露风险和收益的认知偏误。

双曲贴现可以解释为何人们会因为即时收益而选择隐私披露。双曲贴现指人们以不一致的方式评估遥远和临近的事件对其造成的影响,①认为事件发生的时间越远,事情的获益或损失给其带来的影响就越小。比如,前文提到的戴维·W. 威尔逊(Dave W. Wilson)等通过开展2×2的实验操纵了获得利益和风险的时长,以“立刻获得或3—5个月后获得礼物”操纵收益,以“位置信息和通话信息会在1—2年或未来两周内收集”操纵风险,发现通过设置即时获得的收益和未来的潜在风险可以有效地降低个人对于隐私披露风险的感知,提升个人对于收益的感知。②

框架是一种能够引导人们感知和重现现实的认知结构。③ 框架效应使人们的信息隐私决策因隐私政策对于风险和收益表达方式的变化而发生变化。④ 即便是客观风险和收益一致,企业在隐私政策或者产品介绍中通过不同的方式描述隐私披露可能带来的风险和收益,也会给用户带来不同程度的风险和收益感知。比如,有研究通过操纵手机应用安装界面表述隐私风险的方式,将一组隐私风险提示表述为“隐私风险等级70%”,另一组表述为“隐私

① Acquisti Acquisti, Stefanos Gritzalis & Costos Lambrinoudakis, et al, “What Can Behavioral Economics Teach Us about Privacy”, in *Digital Privacy*, New York: Auerbach Publications, 2007, pp. 385-400.

② Dave W. Wilson & Joseph S. Valacich, “Unpacking the Privacy Paradox: Irrational Decision-making Within the Privacy Calculus”, in *The Proceedings of the 33th International Conference on Information Systems*, (eds.), New York: Curran Associates, 2012, pp. 92-102.

③ 杜骏飞:《框架效应》,《新闻与传播研究》2017年第7期。

④ 李晓明、谭谱:《框架效应的应用研究及其应用技巧》,《心理科学进展》2018年第12期。

保护等级30%”,发现表达隐私保护的框架更能引导人们减少下载低隐私保护应用。① 克里斯托弗·盖茨(Christopher S. Gates)等的研究也发现,在企业开展风险沟通时,相较于以实心圆圈的个数或以红色、绿色等不同颜色提示用户风险程度,在用户作信息隐私决策前,直接通过风险提示界面告知用户风险“高”或者“低”及应用的风险得分可以有效告知用户应用的隐私安全程度,引导用户作出符合其隐私期望的信息隐私决策。②

锚定效应指人们在对某一未知量的价值进行估测之前,总会对这个量有一个预期值,估测结果和人们预期值很相近,就好比沉入海底的锚一样。③ 有研究表明,当信息收集方开始时就设置了较高的隐私需求,并由此逐渐递减时,人们更容易披露敏感的隐私信息。④ 也就是说,如果企业一开始就要求用户为其提供更多的个人信息,将会使得用户形成较高的隐私披露预期值,用户的隐私披露程度也会更高。有研究表明,在使用社交应用时,社区用户的隐私披露程度也会锚定新用户的信息隐私披露程度。在使用社交应用时,新用户会依据社区用户的信息隐私披露类型和披露程度设置隐私披露的预期值,在作出信息隐私披露时,依据这一预期值调整个人的信息隐私披露程度。⑤

信息隐私决策的有限理性研究深入挖掘了个人作信息隐私决策时的心理

---

① Siok Wah Tay, Pin Shen The & Stenhen J. Payne, “Reasoning About Privacy in Mobile Application Install Decisions: Risk Perception and Framing”, *International Journal of Human-Computer Studies*, Vol. 145 (Jan 2021), 102517.

② Christopher S. Gates, Jing Chen & Ninghui Li, “Effective Risk Communication for Android APPs”, *IEEE Transactions on Dependable & Secure Computing*, Vol. 11, No. 3 (May - Jun 2014), pp. 252-265.

③ [美]丹尼尔·卡尼曼:《思维,快与慢》,胡晓姣、李爱民、何梦莹译,中信出版社2012年版,第101—110页。

④ Judee K. Burgoon, Roxanne Parrott & Beth A. Le Poire, et al, “Maintaining and Restoring Privacy Through Communication in Different Types of Relationships”, *Journal of Social & Personal Relationships*, Vol. 6, No. 2 (May 1989), pp. 131-158.

⑤ 高山川、王心怡:《网络平台和收益的类型对信息隐私决策的影响》,《应用心理学》2019年第4期。

过程以及受到的影响因素，弥补了隐私计算研究的不足，为发现隐私悖论问题背后的认知黑箱作出了重要贡献。有限理性不仅指出用户作信息隐私决策时存在的外部信息受限、个人的认知和计算能力不足等问题，说明用户无法真正做到理性、科学地管理和保护个人信息隐私这一现实困境；也从个人隐私决策的认知心理视角，引入启发式认知和认知偏误等相关理论，为隐私悖论研究描摹了更加真实的个人作出信息隐私决策时的认知心理状态。隐私决策有限理性研究也启发了隐私保护实践。比如，理查德·塞勒（Richard H.Thaler）等学者的助推理论（Nudge）也被信息隐私保护的实践者关注和吸纳，认为通过改变网民的信息隐私决策情境，可以实现适当干预，帮助个人作出有益的信息隐私决策，提升信息隐私决策安全。①

三、打开黑箱：解决隐私悖论何以可能

如果说信息隐私决策的理性研究者通过隐私计算实现了对于隐私悖论背后认知黑箱的初探，那么信息隐私决策的有限理性则通过深挖人的认知心理，描摹出了这一认知黑箱内部的基本形态。逐步打开这一黑箱，可以看到思维惯性中的启发式思考、认知偏误等认知因素，以及外部信息的不完整、不对称等因素都导致我们无法作出理性的隐私决策判断，为解决隐私悖论难题提供了理论与方法上的进路。

一是借助人们的思维惯性，政府"助推"公众的隐私保护，减少有限理性带来的决策偏差。"助推"是指，以结果可预测的方式，推动易于犯错的决策者作出更加有益的决策。② 借助信息隐私决策的有限理性对于公众思维惯性的发现，"助推"通过个人作决策时微小细节的改变，帮助公众作出符合其隐

① Richard H. Thaler & Cass R. Sunstein, *Nudge: Improving Decisions About Health, Wealth and Happiness*, Connecticut: Yale University Press, 2008, p. 63; Idris Adjerid, Alessandro Acquisti & George Loewenstein, "Choice Architecture, Framing, and Cascaded Privacy Choices", *Management Science*, Vol. 65, No. 5, (Nov 2018), pp. 2267-2290.

② 黄立君：《理查德·塞勒对行为法和经济学的贡献》，《经济学动态》2017年第12期。

私期望的信息隐私决策。已有对慈善、公共领域行为的大量案例研究表明,通过一些细节信息的加入和微小改变,可以改变人们的决策,降低风险行为,推动作出更多有益决策。比如,在公民健康饮食行动的推广中,美国农业部通过为食物贴上人们熟悉的信号灯颜色标签,减少启发式思考带来的认知不确定性,帮助公众选择更为健康的食物。以红色表示不健康,黄色表示不太健康,绿色表示健康,告知消费者食品健康的程度。① 又如,借助人们相较于打破而言更偏好维持当前状况的认知偏误,美国一所高校将打印机的默认选项从"单面打印"替换为"双面打印",有效达到了环保目的。②

将复杂的隐私政策化为更加简洁易懂的信息以应对启发式思考带来的公众认知不确定性,或者借助公众的认知偏误因势利导,使其作出更加有益的决策,一定程度上能够"助推"公众作出更为积极、有效的隐私保护行为。在用户作信息隐私决策时,借助公众的思维惯性"助推"隐私保护已有许多重要实践。比如,腾讯公司开设了专门的隐私保护平台,以加粗、分段、图解等形式将腾讯的隐私政策解读得更加清晰,增强了隐私政策的可读性。③ 苹果公司也在手机用户使用应用(App)前通过弹出对话框的形式,总结企业信息收集类型,使隐私政策展现得更加易懂、更加醒目。④ 腾讯公司和苹果公司的实践都通过提供更加便于理解和阅读的隐私政策,帮助公众更加完整地理解隐私披露带来的风险和收益,以应对启发式认知引发的认知偏误。国外的信息隐私保护立法中也多有助推理论的痕迹。比如,欧盟的 GDPR 就明确提出,数据控制者(企业)向数据主体(用户)提供的信息必须足够易于理解,并且需要足

---

① 李佳洁、于彤彤:《基于助推的健康饮食行为干预策略》,《心理科学进展》2020 年第 12 期。

② 傅鑫媛、辛自强、楼紫茜等:《基于助推的环保行为干预策略》,《心理科学进展》2019 年第 11 期。

③ 腾讯:《腾讯隐私保护平台》,2020 年 12 月 21 日,见 https://privacy.qq.com/。

④ 百度:《当 iPhone 关闭用户画像,腾讯升级隐私保护,我们变成"隐形人"》,2021 年 6 月 17 日,见 https://baijiahao.baidu.com/s? id=1702814272208664232&wfr=spider&for=pc。

够清晰、显著。美国也有许多法规强调在信息收集中对用户的告知,将告知同意后置,减缓了收集前用户面临的预期信息收集范围困难的问题,也有效地应对了公众更重视短期企业可以提供的服务,轻视未来的隐私风险的认知偏误。2018年的CCPA就强调当企业收集和使用数据时,需要告知用户,并赋予人们要求企业删除个人信息和选择退出的权力。

需要注意的是,政府主导的企业“助推”,应当着力于细化用户信息隐私决策阶段,在用户开展信息隐私决策的多个环节上发力,推动用户作出有益的隐私决策。具体而言,我们认为在政府主导的企业“助推”中,应当将用户信息隐私决策的阶段细化,通过对于不同阶段的细节调整以实现面向用户的“助推”。阿奎斯蒂提出“助推”应针对六个环节:(1)信息:减少信息不对称,帮助用户获知更加真实的隐私披露带来的风险;(2)展示:在使用界面上呈现更多必要的情境提示,以减少用户的认知负担,传递更加有价值的线索;(3)默认选项:根据用户的期望配置系统,减少用户的工作量;(4)激励:鼓励用户依据自身的隐私偏好,作出信息隐私决策;(5)错误可纠正:减少隐私决策的错误带来的影响;(6)时机:选择合适的“助推”时机。① 我国政府主导的“助推”可以参考阿奎斯蒂提出的环节制定“助推”方案。比如,为帮助用户获得更加充分的信息,减轻用户信息处理的难度,通过在应用程序启动页为不同类型的信息分别设计弹窗,在弹窗中告知用户企业收集此类信息的目的和用户可能面临的风险,以应对用户易于启用启发式认知、对信息不完全收集和处理的现状。在应用程序使用界面的展示上,利用框架效应研究对于直接展示风险评分更加有利于风险沟通的发现,政府也应当督促企业在用户的下载界面对该应用程序的隐私风险以评分或者是五星量表的方式予以准确地传达,以有效避免用户下载高隐私风险的应用程序。比如,各大应用市场软件在应用

① Alessandro Acquisti, Idris Adjerid & Rebecca Balebako, et al., “Nudges for Privacy and Security: Understanding and Assisting Users' Choices Online”, *ACM Computing Surveys*, Vol. 50, No. 3 (Aug 2017), pp. 1-41.

程序的下载界面都会依据用户的使用体验对于应用评分予以展示,以此有效地为用户的下载行为提供参考。以此为参照,未来应用程序的下载界面中,也可以通过隐私风险评分的展示向用户有效传达应用程序使用中面临的风险大小,以“助推”用户的信息隐私决策安全。在“助推”时机的选择上,我国的告知同意大多发生在用户使用应用程序之前,但是应用程序使用中动态数据的收集(如麦克风数据、行踪数据等)对于用户而言常常是难以预期的。[①] 因而,在用户使用应用程序过程中的隐私提示可以有效提升用户对于信息收集的知情程度和管理个人信息的能力,减少双曲折扣这一认知偏误的威胁。比如,华为手机就在用户下载的应用程序调用麦克风、位置信息、摄像头等权限时给予用户提示并且征求用户的同意。

同时,政府主导的“助推”,需要进一步加强应用程序信息收集相关法规的制定。助推理论的基本理念在于,通过改变微小且无关紧要的细节对人们的行为产生重大影响,而不通过强制手段,不干预用户的选择自由。这就需要政府在制定相关法规时,一方面需要将信息隐私决策的各个环节细致化,划分针对不同环节的企业信息收集规范,以解决隐私悖论;另一方面要尊重公众的信息自决权,不限制公众的选择自由。近年来,国内外的信息隐私保护规范表现出细致化的倾向,以推动企业更加规范化地收集和使用个人信息。比如我国的《个人信息技术规范》将涉及个人信息收集、保存、使用、转让中各个环节的规范(如信息收集的最小必要性、合法性等)进行了明确。欧盟的《一般数据保护条例》也被称为史上最严苛的隐私保护法规之一,其对于企业的告知、用户的有效同意、敏感数据的收集等都作出了细致化的规定。美国的各行业、各州也通过自律规制或法规,制定专门的隐私规范。我国政府可以参照阿奎斯蒂提出的面向公众隐私决策的各个环节的“助推”方向,划定“助推”方案,制定相应的信息收集规范。比如前文提及的,面向信息传递环节,政府应当要

① 顾理平、俞立根:《手机应用模糊地带的公民隐私信息保护——基于五大互联网企业手机端的隐私政策分析》,《当代传播》2019年第2期。

求企业针对不同类别的信息以多次弹窗的设计减轻公众阅读隐私政策的压力,将助推理论下有益的隐私保护设计落到实处。在政府主导的“助推”中,还应当体现对于公众信息自决权的尊重,不限制公众的选择自由,体现对于公众更好地接收和处理信息、更加简洁直观地获知隐私披露带来的风险和收益的帮助,以在信息隐私决策中更好地体现公众的隐私期望,切实解决隐私悖论问题。

二是立法层面推动更高程度的“知情”、更有弹性的“同意”,摆脱个人隐私决策信息不完整的困境。当前,我国隐私保护在立法上多遵循“告知同意”原则,即要求企业在收集、使用个人信息时,需要告知用户收集、使用的规则,明示收集、使用信息的目的、方式和范围,并征得用户同意。然而知情同意原则在隐私保护实践中面临着困境。

一方面,企业告知形式化,用户的隐私安全素养不足,导致知情难以实现。虽然我国在2016年《网络安全法》、2019年《App违法违规收集个人信息行为认定办法》等法规中要求企业在信息收集前应当告知用户个人信息的目的、方式、范围,但是绝大部分企业在“告知”方面依旧停留在形式化层面,不求完整准确的信息传达。比如,App专项治理工作组①在2020年12月就通报了某壁纸App的隐私政策长达万字的现象。② 我国计算机病毒应急处理中心也在2020年9月通报14款App未采用弹窗等较为明显的方式提示用户信息收集的规则或未明示申请的全部权限的情况。③ 我国公众隐私保护的意识、知识和能力薄弱的现状更是为用户知情的实现雪上加霜。中国互联网络信息中心

① 根据《中央网信办、工业和信息化部、公安部、市场监管总局关于开展App违法违规收集使用个人信息专项治理的公告》,受中央网信办、工信部、公安部、市场监管总局委托,全国信息安全标准化技术委员会、中国消费者协会、中国互联网协会、中国网络空间安全协会成立App专项治理工作组。

② App专项治理工作组:《壁纸App惊现万字长文隐私政策,“亮点”还是“痛点”?》,2020年12月28日,见https://mp.weixin.qq.com/s/CN9oBSkBvVXSsG72z4H0Wg。

③ 新华社:《国家计算机病毒应急处理中心监测发现十四款违法移动应用》,2020年9月11日,见https://baijiahao.baidu.com/s?id=1677507130201533310&wfr=spider&for=pc。

发布的第47次《中国互联网络发展状况统计报告》显示,截至2020年12月,在网民曾遭遇过的网络安全问题中,个人信息泄露占比21.9%,[①]反映出我国公众没有充分的隐私保护意识、知识、能力以精确掌握个人信息何时、在何地、被何人收集和如何利用。[②] 另一方面,“不同意即退出”“一刀切”的同意使用户难以主张个人决定权。知情同意本意在于强调个人对信息披露的类型、程度、披露对象等的自主决定和自主选择,但在实际操作中,人们却几乎不具备协商的空间。[③] “不同意即退出”指用户作信息隐私决策时面临的一旦拒绝了企业的某项信息需求,则无法享受应用提供的服务这一现象。“一刀切”的同意,指用户面临的对于企业提出的信息需求要么全盘同意、要么全盘拒绝的处境。“不同意即退出”和“一刀切”的同意,严重影响了公众作信息隐私决策时的决策自由和选择空间,威胁公众对于个人信息的控制权。2021年2月,App专项治理工作组通报其受理的33000条App个人信息收集相关的举报中,“强制或频繁索要无关权限”和“默认捆绑功能并一揽子授权”两种情况占比近20%,[④]体现出“不同意即退出”和“一刀切”的同意乱象的普遍性以及整治这一乱象的必要性。

我们认为,解决上述问题,可以从立法规范企业制定透明度更高,完整和方便用户理解的信息隐私保护政策,切实提升和保持用户知情的程度。2016年通过的《网络安全法》第四十三条首次在法律层面规定了个人信息删除权。个人可在两种情形行使删除权:一是网络运营者违反法律、行政法规规定处理个人信息,例如收集个人信息未获得用户同意;二是网络运营者违反双方约

---

① 中国互联网络信息中心:第47次《中国互联网络发展状况统计报告》,2021年2月3日,见http://www.cac.gov.cn/2021-02/03/c_1613923423079314.htm。

② 张薇:《美欧个人信息保护制度的比较与分析》,《情报科学》2017年第12期。

③ 范海潮、顾理平:《探寻平衡之道 隐私保护中知情同意原则的实践困境与修正》,《新闻与传播研究》2021年第2期。

④ 李东格:《对App举报新信息的总结与举报受理工作的思考》,2021年2月5日,见https://mp.weixin.qq.com/s/nD8Am6QtFWBTjJTZzCcQyA。

定处理个人信息,例如使用个人信息超出约定范围。2020 年通过的《民法典》第一千零三十七条延续了《网络安全法》对个人信息删除权“违反法律、行政法规的规定或双方的约定”的规定。2021 通过的《个人信息保护法》第四十七条在《民法典》的基础上对个人信息删除权作出了更为细致的规定。① 这无疑为平台企业通过隐私政策等滥用个人信息戴上“紧箍咒”。然而,也有学者认为,个人信息删除权限制规则的适用标准模糊,存在规范漏洞等问题;个人信息立法并不能绝对保护信息主体的删除权,且过度行使删除权不仅可能损害言论自由、公众知情权等公共利益,也可能损害企业等信息处理者的经济利益。② 这些问题也值得我们警惕和思考。

同时,从隐私政策的全面性入手,政府应当健全评估机制规范企业隐私政策的内容。除了事后检查下架,还要将其列为事前准入标准。也就是说,通过立法要求,如果企业发布的信息隐私政策不能覆盖法规强调的隐私政策应当明示的内容,保证公众能够阅读和理解,将不能进入应用市场,收集和使用用户个人信息。除此之外,从信息隐私政策的可读性入手,我国还应当规范隐私政策的文本长度、排版和结构层次、语义表述方式,减轻用户的阅读压力。有研究表明,社交媒体的隐私政策文本长度在 5000—6000 字、健康类应用在 3000—4000 字可以提升隐私政策的可读性。③ 从排版和结构层次来看,控制行距和字符大小,将重点字符加粗表示都会对用户的文本阅读效果带来正面影响。从语义表述来看,为文章划分正确的层次结构,对专业名词进行清晰易懂的解答,在文章中通过导语和小标题对文章内容概括会带来更好的内

① 郭春镇、王海洋:《个人信息保护中删除权的规范构造》,《学术月刊》2022 年第 10 期。

② 马瑞聪:《论我国个人信息删除权的双重限制模式》,《网络安全与数据治理》2023 年第 8 期。

③ 朱侯、张明鑫、路永和:《社交媒体用户隐私政策阅读意愿实证研究》,《情报学报》2018 年第 4 期;马骋宇、刘乾坤:《移动健康应用程序的隐私政策评价及实证研究》,《图书情报工作》2020 年第 7 期。

容阅读体验。①

同时,我们还可以通过可选择的披露形成更具有弹性的同意机制,杜绝“一刀切”的同意或拒绝带来的隐私决策困境,打击“不同意即退出”带来的强制披露困境:需要将“同意”或者“拒绝”的询问细致化,针对不同的信息类型询问用户的隐私披露意愿,提供可选择的隐私披露机制。在具有弹性的同意机制下,用户可以面向不同的信息类型选择“同意”或者“拒绝”披露;需要打击“不同意即退出”带来的强制披露困境。我国已在 2019 年《移动互联网应用程序(App)收集个人信息基本规范》中对于网络购物、运动健身、即时通信等不同类别应用的最小必要信息进行了界定。依据不同类别应用的场景,用户应当在最小必要信息范围内披露个人信息即可享受到相应的服务,也可以根据实际需求通过进一步披露个人信息,享受更丰富的服务,这体现了对个人信息自决权的基本尊重。未来,我们还应该考虑,如何细化最小必要信息,考虑将其作为指导企业具体原则的可操作化,评估实际效果,以及补充相关救济措施等。

进一步地,我们还要推动信息删除权、数据迁移权的落地,为用户的信息隐私决策提供预后措施。信息删除权和数据迁移权为用户基于不完整和不对称的信息作出的有偏误的信息隐私决策提供了预后措施,旨在保护用户信息披露后,面临个人身份泄露、个人隐私被散布、个人生活被侵扰等情形,要求企业删除用户相关信息或者是用户自主存储、自主迁移信息的权益。我国《民法典》第一千零三十七条规定“自然人可以依法向信息处理者查阅或者复制其个人信息;发现信息有错误的,有权提出异议并请求及时采取更正等必要措施。”然而,在实践中,信息删除权和数据迁移权与企业利益发生了冲突,带来了个人不知情、企业不明示、手续烦琐等困难。② 并

① 朱侯、张明鑫、路永和:《社交媒体用户隐私政策阅读意愿实证研究》,《情报学报》2018 年第 4 期。

② 卢家银:《论隐私自治:数据迁移权的起源、挑战与利益平衡》,《新闻与传播研究》2019 年第 8 期;徐磊:《个人信息删除权的实践样态与优化策略——以移动应用程序隐私政策文本为视角》,《情报理论与实践》2021 年第 4 期。

且,这两项权益目前也仅限于立法的权益确定,相关细则如《个人信息安全规范》等,仅站在企业角度告知其应尽的义务有哪些,而没有站在个人角度,告知个人如何履行其权益,因而在未来的立法实践中,应当着重于明确个人如何主张信息删除权和数据迁移权。比如,在未来的立法中,可以对信息删除权的内容作出明确规定。我国《网络安全法》仅规定当个人面临侵权行为时,有权利要求其删除个人信息,但为了更加体现个人对其信息的自主决定,是否应当将个人有权删除的内容进一步扩展到个人有权删除其期望"被互联网遗忘"的信息,个人有权利删除其被他人复制、转载的信息。[①] 除此之外,如若企业未执行相应的保障公众信息权益的程序,政府还应当明确侵权认定办法,在行政部门开通相应的行政投诉通道,在立法和司法上构建相应的处罚办法和公益或集体诉讼制度,以督促企业的执行。

三是考虑到个体隐私决策的差异性,建议企业制定有差别、分情境的隐私保护政策。信息隐私决策的有限理性提示我们,隐私悖论是动态、因人而异的现象,由于人们的知识背景和计算能力不同以及信息隐私决策情境的差异存在不同。然而,如果解决隐私悖论问题需要落到每个情境、每个个体身上去讨论,这将使得隐私悖论问题落入烦琐复杂的无解境地。

对此,我们可以面向不同的隐私保护主体,根据不同人群心理认知差异的不同,制定有差别的信息隐私保护方案,具体的做法为:首先在企业隐私政策制定方面,针对女性、儿童和老人作出相关规定,鼓励企业推出有差别的隐私政策,以帮助其形成科学的隐私决策。在应用的内容提供和界面设计方面就有此先例,比如,上海 2021 年推出了《上海市互联网适老化和无障碍设计规范》,在安全性(如无诱导付款按键、最小化收集老人的个人信息)、内容可理解性(如减少专业词汇和新词语)和无障碍设计(如段落行距、文本的颜色、文本的大小)等方面都进行了适老化规定;再如,2019 年开始在我国主要短视频平

---

① 徐航:《〈个人信息保护法(草案)〉视域下信息删除权的建构》,《学习论坛》2021 年第 3 期。

台和直播平台逐步上线的“青少年防沉迷系统”,通过弹窗提问是否需要进入“青少年模式”以向儿童提供更适宜其浏览内容。借鉴相关做法,有差别的隐私政策可以面向老年人、儿童和女性的隐私政策不要求其提供照片、财产、身份信息、地理位置等敏感信息。其次,改变隐私政策的呈现方式和内容理解性。面向老年人和儿童,通过规定隐私政策减少专业词汇的应用,增加必要的专业词汇的解读,规定段落行距等方式,提升隐私政策文本的可读性,由此实现有差别的隐私保护。在具体操作时,建议企业可以通过事先询问等方式,要求用户提出希望得到什么样的信息隐私保护,通过自我认定的方式,决定其是否需要企业提供有差别的隐私保护。实际上,在隐私侵权行为的实际司法判决中,也会根据隐私权主张者不同的实际情况而采取有差别地删除、更正或者是承担侵权责任等措施。① 因此,企业制定有差别的隐私保护政策,也有利于实际纠纷中“面向不同权力主体,如何定性其隐私侵权程度”这一问题的解决。

四是全社会范围内形成尊重个人信息隐私决策的社会规范,应对人工智能技术全景、共时、液态监测对个人信息隐私的攫取和困扰。人工智能等新媒介技术环境下,个人信息隐私将迎来更彻底和更深层次的“裸奔”。随着新型信息技术的发展,智能设备将为人们的生活带来更多便利,也将引发新一轮的隐私悖论:人们在通过各种智能设备披露个人信息以获得生活便利和更多利益的同时,也在面临隐私泄露的风险。② 在私人生活空间,借助生物识别、智能家居、可穿戴设备等技术,我们的私生活和空间正在不断地被外界窥视,个人信息面临着更深层次的泄露。电脑、手机等内置的面孔识别技术不单会收集人的面孔信息,也会收集个人的衣着、家居环境等信息,天猫精灵可以采集人的声纹信息,智能手环可以监测人的心率、睡眠时长、位置等信息。在公共

---

① 李永军:《论〈民法总则〉中个人隐私与信息的“二元制”保护及请求权基础》,《浙江工商大学学报》2017年第3期。

② 杜丹:《技术中介化系统:移动智能媒介实践的隐私悖论溯源》,《现代传播(中国传媒大学学报)》2020年第9期。

空间中,以人工智能为基础的监视系统对于个人信息开展了无差别收集,带来了更多不知情的数据收集和使用问题,也带来了更大的隐私泄露风险。比如,虹膜识别技术被广泛应用于公共交通、公共场所安检等多个场景中,而一旦某一个场景下的个人虹膜信息遭到泄露,则会带来多个场景下个人信息安全的崩塌。与此同时,新信息技术对于公共场所数据的无差别收集,将使得公共场所数据的信息收集进入一个新的高峰,若是相关数据为他国获取,我国的社会发展状况、地理环境信息等将被他国监控,威胁国家安全。

对此,应当从社会层面上建立更加强烈的"隐私应当由个人自己控制"的社会共识,搭建尊重个人信息决策的社会规范。信息隐私决策的有限理性提出,人们作信息隐私决策时决策偏误难以避免。在新信息技术的发展下,决策偏误更会将个人拉入全景敞视的监狱中,面临个人信息安全全面崩塌的威胁。由此,在信息隐私保护中,仅依赖隐私立法和司法拉动信息隐私保护尚不够,还需要构建全社会范围内尊重个人信息隐私决策的社会规范。由于资本的助力和公众隐私保护意识薄弱,我国企业的隐私保护总滞后于国家的法规,个人的隐私保护需求也十分被动,因企业的信息需求而不断妥协。比如,在使用滴滴出行时,人们不仅要为企业提供的服务付费,还要不知情和不情愿地被企业收集个人信息,记录行踪进行后台计算。对于"弱势"的个人而言,拒绝个人信息收集就意味着无法享受服务。而"强势"的企业在收取乘车费的同时,并未明示个人信息被采集的去向和用途。事实上,企业大可以在为用户提供服务后即删除用户信息,而不进行数据的后台存储和计算。再如,腾讯公司推出的"电子签"小程序在隐私政策的制定中仅强调对于用户的要求,而不凸显和强调其应当承担的隐私保护责任,这也表现了企业在隐私保护中的滞后和责任意识的缺乏。学者戴昕提出,需要以"看破不说破"的方式搭建信息隐私保护的社会规范围墙。[①] 也就是说,公众发生隐私披露行为,并不意味着公

① 戴昕:《"看破不说破":一种基础隐私规范》,《学术月刊》2021 年第 4 期。

众乐意个人信息为企业大肆收集和转让,为他人广泛传播;也并不意味着公众的信息隐私保护仅能依赖品尝隐私泄露的痛楚后的法律武器,而应当要求国家、企业、他人采取积极的"看破不说破"的社会规范,依据实际情况面向信息主体或者第三者对其个人信息进行遮盖以满足公众信息隐私保护的基本期待。"看破不说破"既是一种积极的保护公众独处自由和人格尊严的体现,也是以限制信息流通适应了网络空间不同情境下动态的、弹性的信息流通规范。在具体操作中,对于个人而言,"看破不说破"点明了公众难以作出信息隐私决策的窘境和在隐私保护中的被动处境,对此,个人需要着力于提升隐私安全素养,提升隐私保护意识,主动发现并提出隐私保护诉求。对于企业而言,不可利用公众易于产生决策偏误的问题,大肆收集和传播用户的个人信息,而是应当主动承担信息隐私保护的责任,面向公众无意中选择的隐私披露,不向用户过度展示个性化推荐的信息、不对用户在线骚扰、不向第三方随意售卖用户信息,使公众陷入隐私泄露的焦虑中,由此来帮助用户达到其期望的信息隐私保护效果。对于国家而言,借助"看破不说破"的思维,可以在数据监控和公众的信息安全感之间达到一种平衡。国家对于个人进行数字监控,以守护国家和社会的平稳运行和个人的人身和财产安全,但是这种数字监控应当以隐蔽的、不明示的方式进行,以免个人陷入无时无刻皆被监控的难以适从境地。

打开隐私悖论背后的认知黑箱,可以看到,个人并没有充分的信息、知识和计算能力来全面、清晰地认识到隐私披露会带来哪些风险和收益,作出理性的信息隐私决策。这提醒我们,若想推动更高程度的信息隐私保护,仅仅依靠个人控制难以实现,还需要依靠政府和平台的共同推动。未来,在立法之外信息隐私保护还需要更多地通过司法解释和判例,灵活指导相关法律的落定运行。比如,已落地实施的《个人信息保护法》尽管提出了公众享有信息删除权,却并未明确公众应当如何行使信息删除权,这使得信息删除权的认定和行使存在困难。同时,政府可以从推动更多的平台公开信息收集的规则入手,以更好地帮助个人明确在选择“接受”或“拒绝”后，个人接受的服务会产生哪些变化或个人的信息收集和使用方式会产生哪些变化，推动个人作出更符合其隐私期望的信息隐私决策。网络企业平台方面，应该承担更多帮助用户详细知情，作出合理科学同意的责任。比如，美团公布了算法运算的规则，给予用户了解美团外卖的送达时间如何计算的途径。尽管美团公开的仅仅是一些公众难以理解的抽象的代码，但也算是勇敢走出了第一步。

第四节　我国公众的信息隐私素养

前述章节讨论了个人信息隐私决策中存在的理性与有限理性问题，本节中，我们试图通过线上与线下的半结构化访谈，从考察我国公众的信息隐私素养现状入手，全面探究公众的信息隐私认知，对企业信息隐私政策知晓的情况，对如何保护自己信息隐私技能的了解程度等情况及其影响因素。在此基础上，我们还试图思考，“知情同意”原则能够实现的现实基础为何，个人信息隐私素养对形成合理、科学、积极、理性信息隐私决策可能产生什么影响。

一、公众信息素养的四个维度

有关信息隐私素养的研究发端于21世纪的西方，至今已经形成了较为成熟的隐私素养测量量表，成果丰富。我国学者也对这一问题投以关注，但多是综述西方已有研究对我国公众信息隐私素养的实地考察不足。仅有的信息隐私素养实证研究，多是将其作为隐私保护行为的影响因素考察，缺乏对信息隐私素养的专门研究，并且亦未能形成适合我国公众信息隐私素养的测量量表。

“素养”这个术语最初的解释是指用书面语言表达自己和交流的能力。最初，素养是指，培养人们具有更广泛的识字率，扩大了人们获得知识的机会以及分享和交流思想的能力，在人类历史上有着重要影响。① 素养的概念最

① Paulo Freire, *Pedagogy of the Oppressed*, New York: Herder and Herder, 1972, p. 36.

近被用于定义各种学科或者领域的技能,其核心都是指,“能够表达、交流、获取和评价这一领域知识的能力”,如数字素养(即使用计算设备所需的能力①)、计算素养(即使用代码表达、探索和交流思想的能力②)、科学素养(即“对科学的性质、目标和一般局限性的认识,以及对更多重要科学思想的理解”③)以及数据素养(即“阅读、使用、分析和论证数据的能力”④)。

国外关于信息隐私素养的研究经历了三个阶段。第一个阶段中,隐私素养研究的对象主要为电子商务中的网络消费者,研究内容以用户所拥有的信息隐私知识为主。比如,考察消费者是否了解数据如何被网站收集和使用。⑤这一时期的研究尚未明确提出隐私素养概念,只是将其视作一种对隐私权利的认知和控制能力。如研究指出,大部分健康网站隐私政策易懂度低,隐私标准模糊,不利于人们对自身隐私权利的了解和隐私信息的把控。⑥

第二个阶段的研究提出隐私素养概念,将隐私素养视为一种对自我信息隐私控制和了解的能力。2009 年,学者达娜·罗特曼(Dana Rotman)针对用户社交互动中在线隐私披露问题,首次提出隐私素养是一种教育框架,能够帮

---

① Yoram Eshet-Alkalai, "Digital Literacy: A Conceptual Framework for Survival Skills in the Digital Era", *Journal of Educational Multimedia and Hypermedia*, Vol. 13, No. 1 (Jan 2004), pp. 93-106.

② Andrew A. DiSessa, *Changing Minds: Computers, Learning, and literacy*, Cambridge, MA: MIT Press, 2000, p. 52.

③ Laugksch C. Rüdiger, "Scientific Literacy: A Conceptual Overview", *Science Education*, Vol. 84, No. 1 (Jan 2000), pp. 71-94.

④ Catherine D' Ignazio & Rahul Bhargava, "DataBasic: Design Principles, Tools and Activities for Data Literacy Learners", *The Journal Of Community Informatics*, Vol. 12, No. 3 (Oct 2016), pp. 83-107.

⑤ Joseph Turow, Lauren Feldman & Kimberly Meltzer, "Open to Exploitation: America's Shoppers Online and Offline", *Report from the Annenberg Public Policy Center of the University of Pennsylvania*, 2005. pp. 3-32

⑥ Mark A. Graber, Donna M. D'Alessandro & Jill Johnson-West, "Reading Level of Privacy Policies on Internet Health Websites", *Journal of Family Practice*, Vol. 51, No. 7 (July 2002), pp. 642-645; Tamara Dinev & Paul Hart, "Internet Privacy Concerns and Social Awareness as Determinants of Intention to Transact", *International Journal of Electronic Commerce*, Vol. 10, No. 2 (Apr 2005), pp. 7-29.

助用户对网上各类信息的基本理解,调整不同情境中隐私保护技能,旨在培养出有隐私保护意识和积极态度的用户。进一步地,她将个人的信息隐私素养定义为一个“理解—识别—意识—评价—决定”的过程,即人们在充分理解个人信息将被如何使用,识别到个人信息在何种具体环境下被使用,意识到有哪些后果,进行利益权衡之后作出决定的一个过程。① 随后,学者杰夫·朗根德费尔(Jeff Langenderfer)等提出,隐私素养是电子商务环境下消费者隐私保护的重要工具,其能便于立法者、法官、消费者和商人在隐私保护和信息披露之间取得平衡,而这种平衡的达成需要消费者与其信息环境的互动以及对于其自身在该环境中的责任的理解。② 2011 年,德巴金从伦理学角度指出,隐私素养是用户面对互联网未授权信息有复制、分发、使用等方面的行为时,应该把信息披露建立在相应的隐私知情关注之上,同时还需要一个以用户为中心的自我约束作为进行隐私操作的指导原则。③ 2012 年,卡林·维格斯(Calin Veghes)等从营销学角度分析了罗马尼亚的在线消费者数据,认为隐私素养是消费者于互联网中评估解释个人数据的重要性、内涵、权益、风险以及对其处理的能力。④ 这一阶段的研究,主要从用户对自己信息隐私管理和企业保护实践认知的微观层面展开。也有学者认为,隐私素养不应只是个人技能或者知识的一种体现,还应该考虑到社会文化等中观因素。2014 年,亚伦·史密斯(Aaron Smith)从社会文化角度指出,隐私素养是人们在了解隐私政策的功能基础上,面对隐私文化受到破坏的情况下,如何重塑整个社会隐私文

① Dana Rotman,“Are You Looking At Me? -Social Media and Privacy Literacy”, Feb 2009, https://www.ideals.illinois.edu/items/15369.

② Jeff Langenderfer & Anthony D. Miyazaki,“Privacy in the Information Economy,” *The Journal of Consumer Affairs*, Vol. 43, No. 3 (Sept 2009), pp. 380-388.

③ Bernhard Debatin,“Ethics, Privacy, and Self-Restraint in Social Networking”, in *Privacy Online: Perspectives on Privacy and Self-Disclosure in the Social Web*, SabineTrepte & Leonard Reinecke (eds.), Berlin, Heidelberg: Springer, 2011, pp. 47-60.

④ Calin Veghes, Mihai Orzan & Carmen Acatrinei,“Privacy Literacy: What is and How it Can be Measured?” *Annales Universitatis Apulensis Series Oeconomica*, Vol. 14, No. 2 (Dec 2012), p. 704.

化的重要问题。如互联网技术发展对个人身份、声誉和自主权的损害如何重塑隐私文化,以及产生的后果与影响。2015 年,克里斯蒂安 · 弗兰德(Christian Flender)提出,隐私的核心是个体与公众的关系,认为既有隐私素养概念不能忽略个人所处的社会环境。①

第三个阶段的研究,丰富隐私素养概念,提出相关测量指标。2013 年,学者 Park 指出,隐私素养"可以作为一项原则,支持、鼓励和授权用户对其数字身份进行知情控制",可以从技术熟悉度、对机构实践的意识、对隐私政策的理解三个维度进行考察。② 在此基础上,学者特雷普特和菲利普 · K.马苏尔(Philipp K. Masur)的研究,都借鉴了上述研究的观点,将隐私素养测量分为陈述性知识和程序性知识。陈述性知识即用户对于信息隐私保护机构实践、法律规范等方面的认识;程序性知识则是指用户对于隐私保护相关工具和功能设置的具体操作知识,即通过这些工具可以做什么的认识。比如,特雷普特等界定的在线隐私素养(Online Privacy Literacy)概念主要是指,互联网用户认为最能充分反映他们的隐私态度和需求方式的知识以及弥补不同用户间该知识差距后与其他个人用户分享数据、表达亲密关系的策略;并开发了一个全面地测量隐私素养的量表(OPLIS),从关于组织、机构和在线服务提供者的实践知识,关于在线隐私和数据保护技术方面的知识,关于德国在线数据保护的法规和法律方面的知识,关于欧洲隐私和数据保护指令的知识和用户个人隐私管理策略知识五个方面考察两个维度的信息隐私素养。③ 马苏尔则将特雷普特测量量表中的第三、四项合并为数据保护法,从机构实践、数据保护技术、数

---

① Christian Flender,"Aesthetics as Incentive:Privacy in a Presence Culture", in *8th International Symposium on Quantum Interaction*, Harald Atmanspacher, Claudia Bergomi & Thomas Filk, et al (eds.), Filzbach:Springer, ,2014, pp. 165-176.

② Yong Jin Park,"Digital Literacy and Privacy Behavior Online", *Communication Research*, Vol. 40, No. 2 (April 2013), pp. 215-236.

③ Sabine Trepte, Doris Teutsch & Philipp K. Masur, et al,"Do People Know About Privacy and Data Protection Strategies? Towards the 'Online Privacy Literacy Scale' (OPLIS)", *Law, Governance and Technology Series. Law*, Vol. 20, 2015, pp. 333-365.

据保护法、数据保护策略四个方面来考察。[①]

除了界定信息隐私素养概念、开发测量量表之外,有关研究还进一步探讨了影响信息隐私素养的相关因素。研究多通过问卷调查的方式,探讨人口统计学差异[②]、互联网使用技能[③]、隐私侵犯经历[④]、使用动机[⑤]等对人们信息隐私素养的影响。探讨提升个人信息隐私素养的策略,涉及推广隐私素养教育[⑥],改进隐私保护工具[⑦]等问题。

国内关于信息隐私素养的研究分析大多集中在青少年儿童[⑧]网络环境中的软件[⑨]和平台[⑩]使用中的信息隐私素养问题,将提升信息隐私素养作为解决信息隐私保护问题的对策展开研究。比如,探讨儿童隐私权引发的关于提

---

① Philipp K. Masur, Doris Teutsch & Sabine Trepte, "Entwicklung und Validierung der Online-privatheitskompetenzskala (oplis)", *Diagnostica*, Vol. 63, No. 4 (Feb 2017), pp. 256-268.

② Yong Jin Park, "Digital Literacy and Privacy Behavior Online", *Communication Research*, Vol. 40, No. 2 (April 2013), pp. 215-236.

③ Moritz Büchi, Natascha Just & Michael Latzer, "Caring is not Enough: The Importance of Internet Skills for Online Privacy Protection", *Information Communication & Society*, Vol. 20, No. 8 (Aug 2017), pp. 1261-1278.

④ Bernhard Debatin, Jennette P. Lovejoy & Ann-Kathrin Horn, et al, "Facebook and Online Privacy: Attitudes, Behaviors, and Unintended Consequences", *Journal of Computer-Mediated Communication*, Vol. 15, No. 1 (Oct 2009), pp. 83-108.

⑤ Alireza Heravi, Sameera Mubarak & Kim-Kwang Raymond Choo, "Information Privacy in Online Social Networks: Uses and Gratification Perspective", *Computers in Human Behavior*, Vol. 84, No. 7 (July 2018), pp. 441-459

⑥ John Correia & Deborah Compeau, "Information Privacy Awareness (IPA): A Review of the Use, Definition and Measurement of IPA", in *The Proceedings of the 40th Annual Hawaii International Conference on System Sciences*, (eds.), 2017, pp. 4021-4027.

⑦ Arun Vishwanath, Weiai Xu & Zed Ngoh, "How People Protect Their Privacy on Facebook: A Cost-Benefit View", *Journal of the Association for Information Science & Technology*, Vol. 69, No. 5 (Jan 2018), pp. 700-709.

⑧ 袁向玲、牛静:《社会化算法推荐下青年人的隐私管理研究——个性化信息接受意愿与隐私关注的链式中介效应》,《新闻界》2020 年第 12 期。

⑨ 金燕、李京珂、耿瑞利:《隐私视角下健康类 App 用户流失意愿研究》,《现代情报》2021 年第 1 期。

⑩ 谌涛、谢徽音:《社交网站网络隐私安全问题——基于十家社交网站隐私条例和用户协议分析》,《新闻知识》2020 年第 4 期。

升网络隐私素养重要性的研究等。蒋玲等提出学校和教育部门应通过提高儿童驾驭网络的能力,加强对未成年人教育队伍电脑网络知识技术的培训,以提升其隐私保护素养。① 毛俪蒙等通过讨论手机 App 中儿童网络隐私保护的缺失,提出应尽快明确和完善法律法规中儿童网络隐私信息内涵的发展路径。② 彭焕萍等通过对美国儿童隐私权保护模式的考察,提出应提升儿童的隐私素养。③

有关信息隐私素养的概念界定与测量方面,我国既有研究多是综述西方隐私素养研究,肯定了西方隐私素养量表的合理性与科学性,提出构建适合我国的隐私素养测量量表的必要性和重要性。比如,邓胜利等认为要构建并检测跨文化和多平台的、更客观的隐私素养量表,以达到量表的通用性。④ 宛玲等认为,隐私素养的概念与测量还应强调对他人隐私的保护意识和能力,研究范围需要进一步在法律法规、教育和全场景层面扩大。⑤ 林碧烽等提出,既有隐私素养测量量表忽略了用户隐私素养能力的递进性,鲜少关注智能媒体时代的用户隐私素养。因此,迫切需要形成适合当下中国网民的隐私素养形成机制。⑥

既有信息隐私素养的实证研究在沿用了国外量表的基础上虽有创新,但对于具体如何测量以及测量的效度问题语焉不详。比如,强月新等的研究提出应结合主观隐私素养和客观隐私素养两个方面考察人们的实际隐私素养,

---

① 蒋玲、潘云涛:《我国儿童网络隐私权的保护研究》,《图书馆学研究》2012 年第 17 期。

② 毛俪蒙、陈思旭、张阚:《儿童网络隐私权保护现状及对策——基于 10 款手机 App 隐私条款的研究》,《视听界》2021 年第 4 期。

③ 彭焕萍、王龙珺:《美国儿童网络隐私保护模式对中国的启示》,《成都行政学院学报》2015 年第 2 期。

④ 邓胜利、王子叶:《国外在线隐私素养研究综述》,《数字图书馆论坛》2018 年第 9 期。

⑤ 宛玲、张月:《国内外隐私素养研究现状分析》,《图书情报工作》2020 年第 12 期。

⑥ 林碧烽、范五三:《从媒介本位到用户至上:智媒时代隐私素养研究综述》,《编辑学刊》2021 年第 1 期。

指出由于“认知偏差”人们实际上常常会高估或者低估自己的隐私素养。① 该研究一定程度上为我们考察公众的隐私素养提供了参考,然而遗憾的是,缺少从定性视角对隐私素养的深入解释。

上述研究为我们考察我国公众的信息隐私素养提供了借鉴,然而缺少对公众信息隐私认知和信息隐私反思的考察。信息隐私认知,是指对信息隐私内涵和外延包含内容的认知,如对信息隐私价值、信息隐私具体类型的理解。缺少对信息隐私认知的考察,实际上无法真正理解用户对信息隐私状况的感知与期待。②实际上,由于所处的信息环境不同,人群的社会背景不同,人们对自我的隐私认知存在差异。比如,有研究从隐私实践(Privacy Practices)角度,考察了中国人的隐私认知现状,通过语义网络分析法,研究了新浪微博中与隐私讨论相关的18000个话题,发现:在新媒介技术环境下,中国人对隐私问题更为敏感,更关注政府和企业对其隐私信息的监视和收集;与隐私共现频次最高的词汇首先是“个人”,其次是“信息”和“手机”等;在家庭、朋友和他人等社会关系中,人们更多地将隐私视为一种对个人空间的“尊重”;中产阶级的崛起,使得部分隐私话题涉及与公共利益相关的“个体尊严”。研究指出,当中国人在新浪微博这一公共社交平台中谈及隐私时,与之紧密相关的概念为“个人”和“信息”。③

申琦从“个人信息”和“社会关系”两个方面测量大学生网络信息隐私认知的基本情况,其中“个人信息”主要是指与个人身份相关的信息,以及据此能推断出个人身份的信息;“社会关系”主要是指与网络使用者存在较为密切

① 强月新、肖迪:《“隐私悖论”源于过度自信? 隐私素养的主客观差距对自我表露的影响研究》,《新闻界》2021年第6期。

② Yong Jin Park, “Digital Literacy and Privacy Behavior Online”, *Communication Research*, Vol. 40, No. 2 (April 2013), pp. 215-236.

③ Elaine J. Yuan, Miao Feng & Jame A. Danowski, “‘Privacy’ in Semantic Networks on Chinese Social Media: the Case of Sina Weibo”, *Journal of Communication*, Vol.63, No. 6 (Oct 2013), pp. 1011-1031.

社会联系的亲人和朋友等的信息。研究通过问卷调查，将“您认为下列哪些情况属于网络信息隐私保护的范畴?”（多选），属于“个人信息”范畴的选项为“姓名、性别、年龄”“银行账户”“手机号”“电子邮箱”“信仰”“网络上信息交流记录”“未公开的博客、QQ 空间”；属于“社会关系”的选项为“家庭成员情况”“朋友的个人信息”“社交类网站中与他人的对话记录等”。受访者对上述选项的选择，说明了他对什么是自己网络信息隐私的认知和隐私范围的界定，即认为哪些信息是自己的网络隐私信息。研究发现：恰如社会学中提出的“差序格局”概念，当前，我国网民对网络信息隐私的认知，体现以个人信息为核心，其次是由己推人的社会关系这一现状。在个人信息中，尤以银行卡号最为重要，说明安全是人们考虑隐私问题的核心。这点与中国以及整个国际社会立法保护网络隐私的主旨相一致，即保护网络个人信息安全。① 与 Elaine J. Yuan 的研究结果不一致，申琦的研究发现，上海大学生认为隐私问题最核心的是安全，而不是名誉等。这可能是因为，与一般网络使用行为不同，人们在微博等社交网站中对隐私问题的讨论更倾向于与身份、社会关系相关的话题等因素。② 可见，隐私认知是一个充满个体和群体差异的概念。

信息隐私反思，是指公众对信息隐私保护现状的评价。既有的信息隐私反思研究，大多强调批判性思维在隐私素养中的重要性，关注公众在作出信息隐私决策之前的批判性的认知过程。也就是说，认为这是公众在利弊权衡后的一种决策能力。事实上，由于用户和企业之间的不平等地位，用户即使理性思考也无法自由作出选择。因此，用户如何看待和反思信息隐私决策以及相应的信息隐私保护行为，也应成为信息隐私素养重要的评估参考。由于网络的基础架构、运行逻辑和前端新技术始终不在公众手中，其在带给人们新的信

---

① 申琦：《自我表露与社交网络隐私保护行为研究——以上海市大学生的微信移动社交应用（App）为例》，《新闻与传播研究》2015 年第 4 期。

② 申琦：《网络信息隐私关注与网络隐私保护行为研究：以上海市大学生为研究对象》，《国际新闻界》2013 年第 2 期。

息交流空间的同时也在与商务活动的交织中构建着能控制人们生活和思想的最佳架构,权利不对称性使得个人即使理性思考也无法自由作出选择,因此在网络和智能环境下不同的代码形式重塑出的不同空间中以及其包含的不同价值中,人们在对隐私问题的关注更加多元化之后,需要开始反思现有的哪一种隐私理解更适用于生活,以及个人隐私空间应该保障哪些价值。这点在本书的第二章中有明确讨论,不再赘述。因此用户如何看待和反思信息隐私决策以及信息隐私保护现状也应成为信息隐私素养重要的评估参考,这是目前有关信息隐私素养研究欠缺的部分。

本节将从信息隐私认知、信息隐私陈述性知识、信息隐私程序性知识与信息隐私反思四个维度质性考察我国公众的信息隐私素养。一方面丰富与发展既有信息隐私素养的测量,另一方面弥补现有定量研究无法从外部环境、用户心理与行为、人群特征等层面深入分析影响人们信息隐私素养的内在机理的欠缺。在此基础上,我们试图思考,“知情—同意”原则能够实现的现实基础为何,个人信息隐私素养对形成合理、科学、积极、理性信息隐私决策可能产生的影响。

二、基于深度访谈的我国公众隐私素养分析

通过滚雪球抽样,本研究于2020年3月至6月对我国东中西部7座城市(上海、杭州、西安、郑州、成都、南京、昆明)的80位对象进行线上和线下访谈,样本构成见表4-3。访谈样本中男性样本略多于女性,20—29岁的用户占比最大,其次为30—39岁的用户,访谈对象的学历以初高中为主。访谈对象样本构成基本与第47次《中国互联网络发展状况统计报告》中我国网民属性结构统计相一致。① 访谈以线上访谈和线下访谈两种形式进行,线上访谈以微信、电话等形式进行,线下访谈根据实际情况在安静的环境下进

① 中国互联网络信息中心:第47次《中国互联网络发展状况统计报告》,2021年2月3日,见http://www.cac.gov.cn/2021-02/03/c_1613923423079314.htm。

行。每个人的访谈时间控制在 1—1.5 小时左右,所有访谈内容都进行了记录。

访谈问题由信息隐私认知、信息隐私陈述性知识、信息隐私程序性知识、信息隐私反思四个维度组成(见表 4-4)。维度一,信息隐私认知,考察人们对信息隐私内涵和外延的理解。维度二,陈述性知识,考察人们对于信息隐私被使用和被保护等方面的知识,涉及机构实践、法律法规和隐私保护技术。维度三,程序性知识,考察人们对于信息隐私保护相关工具和功能设置的具体操作知识,主要包括用户掌握的信息隐私保护技能和寻求法律保护的能力如何,在具体实践中如何操作等。维度四,考察人们对信息隐私保护现状的反思,包括对机构实践、法律保护和个人行动的反思。

表 4-3　访谈样本的描述性统计(n=80)

性别	男	52%	42 人
	女	48%	38 人
年龄	10 岁以下	4%	3 人
	10—19 岁	17%	14 人
	20—29 岁	25%	20 人
	30—39 岁	23%	18 人
	40—49 岁	17%	13 人
	50—59 岁	7%	6 人
	60 岁以上	7%	6 人
受教育程度	小学及以下	18%	14 人
	初中	38%	30 人
	高中/中专/技校	24%	19 人
	大学专科	10%	8 人
	大学本科及以上	11%	9 人

续表

职业	学生	25%	20 人
	党政机关人员	4%	3 人
	公司工作人员	13%	10 人
	商业服务/制造型企业人员	9%	7 人
	个体户/自由职业者	25%	20 人
	农村外出务工人员	4%	3 人
	农林牧渔劳动人员	8%	6 人
	退休人员	8%	6 人
	无业/下岗/失业人员	6%	5 人
所在地区	东部	38%	30 人
	中部	38%	30 人
	西部	25%	20 人

表 4-4　访谈提纲

类别	内容
信息隐私认知	1.在上网的过程中,您认为哪些个人信息属于隐私?
	2.您认为自己的信息隐私有什么价值?
	3.信息隐私对您来说是否重要?
信息隐私陈述性知识	4.您知道企业如何使用、收集和保护您的个人信息吗?
	5.您知道法律法规有哪些关于信息隐私的规定吗?
	6.您知道有哪些保护个人信息的技术吗?
信息隐私程序性知识	7.您通常采用哪些保护个人信息隐私的策略?
	8.当个人信息泄露时,您采用过维权的手段吗?
	9.当您感到信息隐私风险时,您如何保护您的信息隐私?
信息隐私反思	10.您如何看待企业的“隐私保护政策”?
	11.您认为当前法律法规能够很好地保护个人的信息隐私吗?
	12.您是否常常思考自己在互联网上的决定是否保护了自己的信息隐私?

三、弱能力与强焦虑:我国公众信息隐私素养现状

(一) 对信息隐私范围的认知模糊,低估或窄化其价值

受访者对于信息隐私的认知较为模糊,多认为与银行账号、支付宝等财产紧密相关的敏感个人信息为隐私,而对姓名、家庭住址、手机号等个人信息的认知模糊。同时,由于个人的身份、职业不同,受访者对自己信息隐私价值的评估差异较大,多是低估或者窄化自己的信息隐私价值。具体表现在:

一是,绝大部分受访者表示,银行账户、支付宝、微信支付码等涉及个人财务安全的信息是最重要的隐私。但是对于名字、手机号等个人信息不认为是自己的信息隐私。这与已有实证研究发现的,我国网民会将银行账号视为信息隐私的核心,担心其安全,结果一致。① 进一步地,从访谈中可以看到,由于在线和移动支付的普及,绝大部分受访者表示,他们更加在意和担心自己的微信支付码、支付宝账号密码等,认为这些关联到实际的银行卡号与账户,十分重要。也有的表示,因为不熟悉在线支付的使用方式,不知道支付宝等在线支付账户、平台的隐私安全如何管理和保护,他们非常担心,宁可放弃使用。

比如,受访者 60 表示:

> 支付宝账号密码、微信支付码很重要,支付宝里关联了我所有的银行卡,里面还有一些理财账户和产品,肯定不能让别人知道。所以现在手机很重要。……还有我的手机银行,虽然有人脸识别,但我觉得安保技术不行。我有一次让手机银行识别朋友的脸,结果他也可以进入我的账户。

受访者 42 表示:

---

① 申琦:《网络信息隐私关注与网络隐私保护行为研究:以上海市大学生为研究对象》,《国际新闻界》2013 年第 2 期。

银行账户和密码当然是最重要的,丢啥也不能丢钱啊,肯定不会告诉别人。现在很少用现金了,都是手机转账,买菜都扫二维码了。家人怕我的钱被扫走,我的支付宝和微信里一般只有几百块钱。

受访者80表示:

现在国家打击的网络诈骗、电信诈骗,不都是因为骗钱么。我现在陌生电话都不敢接,就怕把我银行卡里的钱转走。我年龄大了,眼睛看不清楚,平时不怎么上网,微信支付宝都不敢用,害怕丢钱。要是银行卡丢了,还能去挂失。支付宝丢了,我不知道怎么办,会不会我的钱都没了。

二是,不同人群对于在线空间是否是隐私的认定不同,其背后的原因复杂。一些受访者非常重视微信朋友圈等社交平台和在线空间的隐私安全,认为像自己的实际家庭住址一样,这些空间不应该被窥视和打扰。部分受访者,特别是低学历和较低收入水平的年轻人,对于朋友圈、抖音、快手等平台上的个人信息展示更加开放,完全不认为这涉及个人隐私,反而认为这是一个展示自己的地方,希望公开,让更多人看到。这样的观点,恰如学者指出的,“在实践中,自然人可在一定范围内披露自己的隐私,也可以让他人在一定程度上介入自己的私人生活。这表明隐私权为一种支配权。权利主体对自己某些隐私利益的放弃,是行使隐私权的一种方式,有如财产所有权人以赠予方式处分自己的财产亦为行使财产所有权一样”。[①] 同时,有些年轻的受访者将微信朋友圈归属于信息隐私的理解较为被动。也就是说,他们自己本身并不认为朋友圈的信息属于信息隐私,但是受社交关系中互惠关系与心理[②]的影响,当对方不向自己展示朋友圈时,自己也会选择关闭。这印证了已有大量研究指出的,社交媒体中人们对自己的隐私理解、自我表露、隐私管理受人际互惠、相似性,

① 张新宝:《隐私权的法律保护》,群众出版社2004年版,第16—17页。

② 谭春辉、王一君:《微信朋友圈信息分享行为影响因素分析》,《现代情报》2020年第2期。

人际关系(接近性)、社会资本、交往情境等各类因素的影响,①隐私的上下文情境较为复杂。

比如,受访者51表示:

我会对朋友圈分组,有些信息是只给家人和朋友看,不让单位同事看。我不希望同事和领导看到我的朋友圈,不想让他们知道我平时做什么,因为我也看不到他们的。

受访者46表示:

之前我会天天(在朋友圈)发状态,但后来发现大家都设置了三天可见的权限,那我也跟着改了。因为我觉得别人都不给我看,我干吗要别人看我的呢。

受访者9表示:

我自己对朋友圈不是那么敏感。因为觉得朋友圈就是让自己分享日常生活的。不过,现在加微信不都是会先问你朋友圈权限吗?是不是向对方开放。我觉得这样也挺好,多了一个选择。有时候发现自己开放了朋友圈,而对方没有,心里感觉挺失落的,不平衡。

受访者54表示:

我自己做微商,朋友圈不仅要发一些产品信息和广告,还要经常放一些我的个人生活信息。我不认为这是隐私。朋友圈是我(营销)的重要平台,如果不发我的生活状态,别人怎么能相信我呢?我怎么做生意?

值得注意的是,当问及在线空间与现实住址哪个更重要时,大部分年轻受

---

① Patti M. Valkenburg & Peter Jochen, "The Effects of Instant Messaging on the Quality of Adolescents' Existing Friendships: A Longitudinal Study", *Journal of Communication*, Vol. 59, No. 1 (Mar 2009), pp. 79-97; Erin L. Spottswood & Jeffrey T. Hancock, "Should I Share That? Prompting Social Norms that Influence Privacy Behaviors on a Social Networking Site", *Journal of Computer Mediated Communication*, Vol. 22, No. 2, (Mar 2017), pp. 55-70;张大伟、谢兴政:《隐私顾虑与隐私倦怠的二元互动:数字原住民隐私保护意向实证研究》,《情报理论与实践》2021年第7期;王波伟、李秋华:《大数据时代微信朋友圈的隐私边界及管理规制——基于传播隐私管理的理论视角》,《情报理论与实践》2016年第39期。

访者认为,现实住址的私密性变得不再那么重要。这其中,既有他们对个人信息隐私范围界定的缩减,也有他们不得不放弃这部分隐私信息的无奈。比如,有的认为不愿意公开的才是隐私,而家庭住址、手机号等个人信息已经成为网络购物、日常出行等生活中必须公开和流动的个人信息,没有办法再为个人控制和掌握。有的认为,为了方便日常生活,适当地公开姓名、手机号、家庭住址等个人信息也是有必要的。这也印证了学者们指出的,“从传统报业扩张时期到当下的信息社会,无论在法律原则还是社会生活中,隐私作为不被打扰的权利或者控制个人信息传播的权利,在与信息自由流动、安全、效率等社会价值的抗衡中,始终处于牺牲者之位置”。①

比如,受访者 61 表示:

平时经常点外卖,网上购物,家庭地址和手机号需要填写,已经公开了,没什么可担心的,担心也没用。像我们小区,京东、顺丰等快递员都是送货上门,他们都知道我家地址。……朋友圈的话,我会选择仅三天可见,不想让别人知道太多,翻看我的朋友圈,现在大家不都这么做么?

受访者 53 表示:

我一般不会把家庭住址告诉别人。但是每次用滴滴叫车,不都是自动定位吗? 还有叫外卖、寄快递、收货,都要提供家庭住址和手机号的,快递员都会知道我家地址。有时想想蛮担心的,毕竟我是女孩子。所以我叫外卖都是假名字,叫某某先生,就是担心他们知道。……朋友圈的话,我挺注意的,毕竟自己可以管理嘛,我想屏蔽谁就屏蔽谁。别人也不会知道我住在哪。现在想想,叫外卖还是有点可怕的……

受访者 77 表示:

我肯定不愿意随便让别人知道家住在哪。但是要是给我送东西啥的,知道了也没关系。我的社会关系很简单,就是亲戚朋友和单位同事。

① Julie E. Cohen, “What Privacy is For”, *Harvard Law Review*, Vol. 126, No. 7 (May 2013), pp. 1904–1933.

现在我退休了,更和社会没啥来往了。我不知道别人要我家庭住址有啥用。现在都是上网买东西,你要留个地址,人家好送货。这就像过去邮递员把信送到传达室一样,只是现在更方便了,(能)直接送到家门口。……虽然小区也有快递柜,但我还是想让送到家,方便啊。

受访者 67 表示:

不管怎么样,就是去超市买东西让我办会员卡,我也不愿意填写家庭住址,最多写个大概的位置。但是现在都让你写。……我经常发朋友圈,都是我看到的好的文章和信息,有时候是家人和朋友聚会的照片,我不觉得会泄露个人隐私,因为能看我朋友圈的都是熟人,不存在隐私不隐私的。

三是,对信息隐私类型没有太多区分,较难说清敏感个人信息和一般个人信息的差异。当问及受访者能不能区分自己的一般个人信息和敏感个人信息时,绝大部分的回答是"不能"。他们多认为银行卡账户和密码,支付宝、微信密码;身份证、朋友圈照片、个人健康信息等是敏感个人信息,仅有极少数受访者提及人脸信息等也属于隐私保护中的敏感个人信息。"脸"作为身体的一部分,是一个人重要的可识别且唯一的、不可替代的、可识别的生物信息。同时,"脸"又不仅是一个人区别他人的器官,"更映射出某种情感、性格","代表甚至等同于包括精神在内的整个人,并与一种稳定人格形成链接关系,以或显或隐的方式表征着人格",①与"尊敬"在抽象的认知层面相关联,意味着个人、家庭等从别人那里得到的尊敬,在"世界各个文化体系中也都承载着深刻的社会意义"。② 因而有学者主张,在数字人权时代人脸信息是个人信息重要

① 徐艳东:《"脸"的道德形而上学——阿甘本哲学中的"脸、人、物"思想研究》,《哲学动态》2015 年第 2 期。

② 文旭、吴淑琼:《英汉"脸、面"词汇的隐喻认知特点》,《西南大学学报(社会科学版)》2007 年第 6 期;钱建成:《"脸"的跨文化隐喻认知》,《扬州大学学报(人文社会科学版)》2011 年第 5 期。

乃至最重要的组成部分,是数字人权所应关切的基础性权益。① 根据我国《网络安全法》第七十六条第五款的规定,个人信息包括但不限于“自然人的姓名、出生日期、身份证件号码、个人生物识别信息、住址、电话号码等”。其中,生物识别信息是指与自然人的身体、生理或行为特征有关的基于特定技术处理产生的个人数据,这些数据可以确认该自然人的独特身份。② 生物识别信息一般分为两类:一类是基于人的身体或生理特征的信息,如虹膜信息、指纹信息、人脸信息、声音信息、体味信息等;另一类是基于行为的信息,如移动方式、手写签名、步态分析等。③ 目前对于生物识别信息,我国最高法于 2021 年出台了《关于审理使用人脸识别技术处理个人信息相关民事案件适用法律若干问题的规定》,是落实个人信息保护法对敏感个人信息处理特殊保护的具体化,体现了我国对于此类生物信息的逐渐重视与专项保护。

进一步地,也有受访者指出,区分一般个人信息和敏感个人信息意义不大,并且不清楚一般个人信息和敏感个人信息的保护力度是否一致,认为所有与自己的身份和生活紧密相关的信息,只要不是经过自己同意的,都不应该被泄露,应该受到保护。并且受访者多会将敏感隐私认定为不想让别人知道的、隐晦的、需要隐藏的,甚至具有负面的、罪恶的等不太好的事情。而有研究者指出,隐私应该是一个十分中性的词。隐私仅仅是用于定义那些存在于内心深处不愿意与人分享的人生经历或者感受,不应该从是非善恶的角度对其进行所谓的价值判断。④

比如,受访者 35 表示:

> 我不同意的和不愿意让别人知道的,都应该是我自己的(信息)隐私

① 郭春镇:《数字人权时代人脸识别技术应用的治理》,《现代法学》2020 年第 4 期。

② See Article 4 of General Data Protection Regulation, 2012/0011(COD); Regulation (EU) 2016/679 of the European Parliament and of Council of 27 April 2016.

③ See Article 29 of Data Protection Working Party, Opinion 3/2012 on Developments in Biometric Technologies, WP193.

④ 安顿:《绝对隐私:当代中国人情感口述实录》,新世界出版社 1998 年版,第 4 页。

吧?为什么要分一般个人信息和敏感个人信息?如果法律区分得这么细致,是不是应该让我们知道?我自己认为,个人很难区别。

受访者28表示:

我不知道隐私还有分类。再说了,是不是一般个人信息和敏感个人信息,难道不应该我们自己决定吗?隐私这事,本来就是个人的事,我觉得(哪些是隐私)是就是。我不想让别人知道的就是隐私。别人不想让我知道,也是他的隐私,我也会尊重他们。但如果是法律规定的话,会不会很复杂?

受访者38、72表示:

我想敏感信息是不是特别隐秘的信息,比如人身上的痣,或者说日记那种,特别敏感、私密,不想让别人知道的东西或者事情。

目前,立法上,我国关于敏感个人信息的范围界定和保护方法,以及侵权后的相关救济,主要体现在2021年8月20日十三届全国人大常委会第三十次会议通过的《中华人民共和国个人信息保护法》。其中,第二章第二节明确了敏感个人信息的处理规则,规定敏感个人信息是指,一旦泄露或者非法使用,容易导致自然人的人格尊严受到侵害或者人身、财产安全受到危害的个人信息,包括生物识别、宗教信仰、特定身份、医疗健康、金融账户、行踪轨迹等信息,以及不满十四周岁未成年人的个人信息。并指出,个人信息处理者只有在具有特定的目的和充分的必要性,并采取严格保护措施的情形下,方可处理敏感个人信息。而基于个人同意处理敏感个人信息的,个人信息处理者应当取得个人的单独同意,法律、行政法规规定处理敏感个人信息应当取得书面同意的,从其规定。个人信息处理者处理敏感个人信息的,除本法第十七条第一款规定的事项外,还应当向个人告知处理敏感个人信息的必要性以及对个人权益的影响;依照本法规定可以不向个人告知的除外。规则还专设条例规定,个人信息处理者处理不满十四周岁未成年人个人信息的,应当取得未成年人的父母或者其他监护人的同意,还应当制定专门的个人信息处理规则。另外,法律、行政法规对处理敏感个人信息规定应当取得相关行政许可或者作出其他限制的，从其规定。

而对于一些和身份没有直接联系的信息，如购物记录、网页浏览信息、搜索记录等，受访者多表示不认为这是个人信息隐私，也有个别的曾对其认知存在较大差异。有的受访者表示了强烈的反感和担心，而也有受访者表示“无感”，并没有感觉到这类信息是隐私信息，也未能察觉它们被利用和侵犯。这印证了已有学者指出的，“大数据时代，整合型隐私逐渐浮出水面，成为隐私信息的常态现象。遗憾的是，人们普遍对这种隐私信息还缺少必要的认知”。[①]

比如，受访者 32 表示：

> 有时候我在京东刚搜索过某本书，微博马上会推给我同类的书籍信息，吓死我了！我还听说，有同事家里有天猫精灵，有一次他们在家里谈论某个品牌的电视，结果手机上就收到了（电视销售）广告。你说，这吓人不吓人，感觉是不是被监听了，这怎么能被知道？

受访者 12 表示：

> 我不知道自己的上网记录会有人注意到，不知道这也是隐私。我在网上随便逛逛，都是公开的，也没什么吧，这些能有什么（安全）影响？……有人收集这些信息推广告给我，我觉得挺好的，没什么关心。不过，要是能（通过这些信息）找到我，就不好了。

四是，大部分受访者将有可能侵犯自己个人信息隐私的主体局限到个人。具体来说，当问及受访者担心谁会侵犯自己的信息隐私时，他们提到最多的是个人。或是担心一些别有用心的人将自己的朋友圈、抖音等社交媒体发布的信息泄露；或是不希望特定人群看到自己的朋友圈信息，了解和打扰他们的日常生活。所以，他们一方面在这类由熟人和轻熟人组成的社交关系中分享着

---

① 顾理平：《无感伤害：大数据时代隐私侵权的新特点》，《新闻大学》2019 年第 2 期。

自己的生活状态等私人信息,一方面又根据关系的强弱精心判断和协调着自己的隐私边界。这其中既有一种策略性的自我表露,又是一种选择性的自我隐藏。[①] 其次,受访者担心网络企业对其个人信息隐私的收集,而这种担心又呈现两极化。比如,有的会认为网络平台企业就是泄露个人信息隐私的“元凶”,十分厌恶和担心。有的则认为网络企业收集和使用其个人信息,是为了更好地提供服务,并没有什么好担心的;甚至认为,腾讯、阿里等大型网络平台企业对个人信息的保护反而更好。出现这一矛盾结果,我们认为个人与网络企业之间的权力不对等是重要原因。为了获取相应的服务,并且在大型网络企业处于垄断地位时,网民个人实际上并没有太多选择权,他们只能选择该企业的服务,只能信任网络企业可以保护他们的信息隐私安全。然而,这种个人和网络企业,特别是大型企业之间的“信赖困境”,反而更容易使得“个人信息关系呈现一种持续的不平等关系,让个人信息主体可能会面临长期的不安全感与风险”。[②] 最后,仅有两位受访者提及,会担心政府等组织机构对信息隐私的收集。特别是在新冠疫情等特殊时期,政府大范围、细致地收集个人信息,让他们感到忧虑。出现这些结果或许说明,在受访者眼中,人们最熟悉的依旧是传统人际关系间的信息隐私问题。信息隐私意味着与他人交往、个人空间与公共领域之间的边界,自己会根据人际关系的亲疏远近,对这一边界的开放和闭合拥有控制权。对个人而言,隐私仍然是一个公私二元划分的场域。然而,大数据时代,个人信息已经成为数字经济、社会治理中的重要因素。信息隐私面临的不仅是个人之间关系的构建和传播,更是在个人与企业、个人与政府之间的流动。同时,需要注意的是,为了社会组织、运行与管理现代化,个人信息的大规模收集和自动处理是必需的,而社会的良序运行不以隐私的收

---

① 庄睿、于德山:《作为情感劳动的隐私管理——中国留学生代购群体的社交媒体平台隐私管理研究》,《新闻记者》2021 年第 1 期。

② 李芊:《从个人控制到产品规制——论个人信息保护模式的转变》,《中国应用法学》2021 年第 1 期。

集与自动化处理为必要。[1] 大数据时代互联网社会不存在真正的私人空间，隐私边界发生了流动和转向，“公私有别，二元对立”的隐私观念，已经不再适用。

比如，受访者 59 表示：

我最不想让同事和一些不熟悉的朋友看到自己的朋友圈，（我觉得）这是对我私生活的窥探和打扰。不想让他们在背后议论我。……我还特别讨厌被拉进各种微信工作群。（你看）我手机里有几十个微信工作群。（微信）是我自己的通信工具，动不动就建群，没事就在群里开会，打扰我的生活，很讨厌。我知道，在国外工作的话，都是发邮件，公私分明。

受访者 50 表示：

经常看到新闻里讲，某某女孩的朋友圈被盗图，发到一些乱七八糟的地方，被人冒用。还有一些妈妈在微信里晒自己孩子的照片，我觉得这都不对，很容易被坏人利用。……现在微信有朋友圈权限，我觉得这样很好，但可能每个人想法不同，有些人就是喜欢“晒自己”“秀恩爱”吧。……我自己肯定是很注意管理自己的朋友圈的，毕竟你也不知道朋友的朋友背后是谁。

受访者 3 表示：

我是个初中生，我不想让父母看我的手机和朋友圈，（不想）让他们知道（我的）另一面，不然他们肯定会生气。我也不愿意看他们的朋友圈。（但是）我希望朋友看我的朋友圈，让他们知道我喜欢什么，我也想看他们的（朋友圈）。

受访者 23 表示：

企业收集我们的隐私，已经很普遍了吧，担心也没用啊。……平时去

---

① Alexander Golland，“Die ‘private’ Datenverarbeitung im Internet”，Vol. 397，No. 398，2020. pp. 397–403，https://opus.bibliothek.fh-aachen.de/opus4/frontdoor/index/index/docId/9845.

饭店吃饭,都要扫码点餐了,要不就是强制关注公众号。我很讨厌这种做法,但是也没办法,大家都是这样。这个最需要管理。

受访者16表示:

网络购物都要填写个人信息,企业肯定知道的,但是他们会不会泄露,我不知道。我想正规企业会好些吧,否则以后大家谁还会用它? ……我觉得微信做得算是很好的,抖音什么的,我不常用,不清楚。不过,我有时候也会担心微信,或者哪个黑客(进入微信),会把我的聊天记录啥的泄露出去,这样就很可怕了。

受访者25表示:

疫情期间,(上海)浦东不是有个携带者的个人信息都被泄露了吗,他的家庭住址、自己的工作,连他住多大的房子,网上都有。我觉得这太可怕了。还有成都那个女孩,去酒吧什么的,大家都在说她。这点非常不好,没必要把人家所有的情况都曝光出来。你看网上很多段子,都是在调侃。说明(大家)很不重视个人隐私。我希望国家能重视。

受访者25表示:

(疫情期间)我去医院看病,除了要出示随申码,还要填写个人情况表,包括近期我是不是在上海,家人在不在(上海),我的家庭地址:工作单位等。为了加强疫情防控,这样做,我没什么意见,但是也确实很担心自己的个人信息(因此)被泄露。还是希望政府能够出台相关法律,对于这种特殊时期对个人信息的收集和使用,明确规定。否则会不会出现《1984》里描述的那样,谁也不知道。

五是,访谈对象对信息隐私价值的认知遭到窄化,他们普遍认识到信息隐私的私密价值,却并未考虑信息隐私流动带来的价值。对于“什么是信息隐私”,大部分受访者表示“自己不想让他人知晓的信息即为信息隐私”,突出了信息隐私的私密性和排他性。关于信息隐私的价值,大部分受访者的答案围绕在私生活安宁这一关键词上,如保护个人的生命财产安全,免受骚扰,保护名誉不受损害等。仅有个别受访者提及,明星的信息隐私还具有商业价值,明星的隐私可以换来流量和关注度,进一步给相关人士带来收益。由此可见,大部分受访者仅仅注意到信息隐私的私密价值,而未意识到在数字经济时代,流通的信息隐私所具备的交换价值。尽管在实际场景中,人们为了使用服务而提交信息已经成为常态,如以浏览痕迹交换个性化推荐,公开地理位置以便捷地获取本地化服务等。商业机构也声称这是一种基于平等和自由选择的交换。然而,本研究发现,公众并未将这一过程视作交换,仅仅当作必要信息的提供与交流。商业机构用"交换"来合理化对信息隐私的不当索取,而与此同时,实践和理论研究也越来越多地考虑将信息隐私作为一种财产性权利进行保护。在这样的趋势下,用户自身却窄化并低估信息隐私的价值,这是十分危险的。如果信息隐私的披露是一场交易,这意味着用户从一开始就不具备衡量得失、进行议价的能力。

正是因为对信息隐私价值的认识不充分,人们对信息隐私的关注同样也是片面的。本研究中的大部分受访者往往仅对个人财产信息的保护予以关注,却对其他信息隐私的泄露或不当使用不在意,或者听之任之;而且,他们会用个人的社会地位、经济地位来衡量信息隐私价值,认为并不是所有人的信息隐私(包括自己)都是有价值的。例如,受访者中的老年人和青少年,以及职业是服务员、保洁员等务工人员和农民的,大部分认为自己的信息隐私没有价值。那么,如果部分人群总是低估和窄化自己的信息隐私价值,进而降低和放弃了对自己信息隐私的保护,那么或许正如已有研究争论的,是不是有必要对隐私主体进行分级保护?如学者王敏认为,尽管隐私权作为一项法定权利,其主体不应分三六九等。但是,从道德和伦理的角度考量,有些主体的隐私应当受到重点、特殊的保护,有些则应予以"弱保护",甚至"不保护";建议从性别、年龄和职业等多个维度对隐私主体进行分级保护,"女性应当比男性受到更高级别的隐私保护;14 岁以下的儿童、65 岁以上的老人应当享受更高级别的保护;公共性较高的职业从业人员,如社会活动家、明星和政客等,其个人隐私应受到较低级别的保护”①。而学者姚瑶、顾理平认为,“数字时代真正的弱势群体是缺少资源和金钱对自己隐私进行保护的人。这类数字弱势群体在技术面前往往被逆来顺受的无力感裹挟,因为他们自身能够采取的保护自己隐私的做法十分有限。与此同时,他们在现实社会中糟糕的经济状况在大数据面前被一览无余,因此在线上服务中,他们极易遭受歧视和不公待遇,商业公司可能会利用他们的弱势地位,有恃无恐地从他们身上赚取更多的资本利润,还可能会干脆将他们从数字经济中淘汰,进一步加剧他们信息不平等的劣势地位”。②

比如,受访者53表示:

我只是一个服务员,现在不担心(隐私泄露)啊,我觉得没人会要我的隐私。……隐私还能换钱吗?我的隐私还会值钱?我觉得现在是不可能的,除非我成了名人,有很多人关注我,才能值钱吧?

受访者1、2、43表示:

隐私有价值?我没听说过。我只是担心爸爸妈妈知道我的隐私。我自己很少网络购物,都是他们帮我买。所以我的隐私没有什么用(价值)。

受访者18表示:

我的个人信息会不会有价值,值多少钱?我不知道。(但是),我知道如果商家把我的个人信息卖给别人,有人买的话,那肯定是要出钱的。但是这些钱应该给我的吧?可是我没得到,(所以)我还是不知道自己的信息能值多少钱。

受访者21、66表示:

(我)就是个农民,平时上网看热闹,我没有隐私。我的隐私也不值

① 王敏:《大数据时代如何有效保护个人隐私?》,《新闻与传播研究》2018年第11期。

② 姚瑶、顾理平:《对隐私主体分级理论缺陷的修正——兼与王敏商榷》,《新闻与传播研究》2019年第10期。

钱。……生活中我也没有隐私。没人注意我。

受访者 65 表示:

隐私肯定有价值,不然电视里说的,那些倒卖个人信息的人怎么挣钱?但是,你要问我,我的个人信息有没有价值,我说不清楚。我觉得我的身份证信息什么的,不会只值 1 块钱吧。换句话说,别人拿到我的信息去做什么,后面还能发生什么,我也不知道,说不定能带来更多钱。(反正)只要你的信息丢了,被偷了,你不会知道(它们)能(被)用来做什么。

受访者 56、63 表示:

我不是明星,我的隐私不值钱。如果有人用我的照片和视频来挣钱的话,那肯定还是有价值的,但是值多少钱,我不知道。

总体来说,大部分受访者没有意识到大数据时代个人的隐私已经被信息化和数据化,信息隐私的泄露不仅会直接地影响个人的财产和名誉安全,更会以看不到的方式影响到私人生活的方方面面。公众对信息隐私不恰当的认知,不仅意味着他们无法对个人的权益有正确的认知和合理的期待,对于属于他们的这份人格权该如何通过法律维权,我们难以想象。同时,也意味着他们无法和网络企业议价,得到更好的隐私安全保护,即便是"以隐私换服务",隐私能够换取什么样的服务,也无从得知。并且,一旦我们的信息隐私都交给了网络企业,在平台主导的大数据算法背后,如何被计算,如何被侵犯,我们毫不知情,即使事后知道也通常是无能为力。正如提出"信息自决"概念的德国学者盖尔曼指出的,在与外部环境的互动中,如果个人信息暴露于众,个人就易于受到外部环境的影响,人格的自由发展有受到限制之虞。换言之,占有信息优势的一方,会在社会交往中占据优势地位,通过这种优势地位获得利益,并可能使得交往对方遭受不利。①

---

① 谢远扬:《信息论视角下个人信息的价值——兼对隐私权保护模式的检讨》,《清华法学》2015 年第 3 期。

(二) 信息隐私陈述性知识贫乏,主动获取知识意识差

整体而言,受访者的信息隐私陈述性知识较为贫乏、粗浅,对自己的信息隐私如何被获取、被使用和被保护的知识了解不多。同时,用户获取有关知识的主动性同样令人担忧。大部分受访者表示,没有主动获取信息隐私知识的习惯,仅有部分学生受访者表示在学校接受过信息隐私安全教育,超过半数受访者表示没有接受系统的信息隐私安全教育的需要。具体表现在:

一是,绝大部分受访者不知道网络企业对自己信息隐私的收集和使用情况,并且也未能体现出对这一问题的重视。当被问及机构或他人如何获取和使用个人的信息时,提及频率最高的答案依次为"账号注册""朋友圈发布""App 权限获取";其次,少量用户注意到机构通过索取权限的方式获取个人信息或个人信息的访问权限(如获取地理位置、通讯录、相册等);最后,仅有极少数受访者提及知道一些隐性的信息隐私收集场景(如在线个人交易信息记录、网站浏览记录、购物记录等)。与前述研究发现的,受访者对自己信息隐私的认知多源于媒体报道或者与生活经验相关,他们自己对于网络企业如何以及通过哪些渠道收集他们的信息隐私知之甚少。受访者多注意到的是,在注册和使用 App、社交平台时需要提供个人信息;而对于隐含的,或者不以明示方式收集的个人信息,很少知晓且重视不够。

以个人位置信息为例,有些受访者完全没有意识到这是自己的个人信息隐私,认为这是自己获取在线服务的一种必须,或者常态。

比如,受访者 6 表示:

> 下载 App 的时候,不是要勾选同意使用我的个人信息吗?我想这就是在收集我的个人信息吧。有时候,有的 App 要我用新浪账号或者微信登录,这也算是一种。但其他的我不知道。

受访者 39 表示:

> 我在下载使用一些 App 的时候,它们会提醒我这个 App 要使用我的

个人位置信息,以提高服务的准确性,我觉得这样很好啊,能够更准确地为我提供服务,何乐不为?

受访者 27、69 表示:

个人位置和定位的话,我觉得有时候算是自己的隐私吧?比如现在发朋友圈,我会刻意屏蔽掉自己的位置。当然,我看有些人会专门显示自己的位置,不知道是故意要炫耀还是不知道。

实际上,随着个人位置数据蕴含的经济价值和安全价值不断增加,个人位置信息变得越来越重要。一方面,“住址、住宿、行踪轨迹、定位、地理位置”等皆是位置信息;另一方面,法律文本中关于位置的涵摄范围虽广,但并非所有的位置数据都受法律保护,这取决于该位置数据是否具有“可识别性”及“敏感性”。所以,越来越多的法域通过立法限制位置信息的获取,除非经个人明示同意或执法部门获得司法授权。① 我国相关法律法规、司法解释、行业规范等,都对位置信息有着明确的保护。②

我们再以个人的网络浏览记录等为例,受访者较少有人认为这属于自己的信息隐私,对其认识模棱两可。当追问原因时,他们普遍表示这些信息一方面都是“公开”(自己没办法保密)的,另一方面都是碎片化的、模糊的,所以即

① 李延舜:《位置何以成为隐私?——大数据时代位置信息的法律保护》,《西北政法大学学报》2021 年第 2 期。

② 《网络安全法》附则第七十六条将自然人的住址纳入其中。《测绘法》第四十七条将个人地理信息使用纳入法律保护范围,该条第三款规定:地理信息生产、利用单位和互联网地图服务提供者收集、使用用户个人信息的,应当遵守法律、行政法规相关规定。《关于办理侵犯公民个人信息刑事案件适用法律若干问题的解释》[法释(2017)10 号]将个人信息范围扩大至能够单独或者与其他信息结合识别特定自然人身份或者反映特定自然人活动情况的各种信息,在此理念下,住址、行踪轨迹也被纳入刑法保护范围。《网络安全实践指南——移动互联网应用基本业务功能必要信息规范》对 16 类基本业务功能正常运行所需的个人信息提供参考,并将位置信息的收集纳入地图导航、网络约车、网上购物、快递配送等业务。《民法典》第一千零三十四条将个人信息界定为以电子或者其他方式记录的能够单独或者与其他信息结合识别特定自然人的各种信息,其中包括住址、行踪信息等。GB/T 35273—2020《信息安全技术 个人信息安全规范》第 3.1(个人信息)及 3.2(个人敏感信息)条中包含了行踪轨迹和住宿信息,并在附录 A(个人信息举例)中增添了精准定位信息、经纬度等。

便会被企业刻意收集,也不清楚是不是会影响到他们的信息隐私安全,哪些泄露信息会影响生活。

比如,受访者 40 表示:

上网记录,这个怎么算是隐私呢?我每天都会看很多东西。这不都是正常(日常)的吗?如果这些都是隐私的话,那么我每天出去见人,是不是也是隐私?我不认为上网记录是隐私,有人(企业)收集就收集好了,对我没什么影响。

受访者 55 表示:

搜索记录、上网记录啥的,算不算隐私很难讲吧?如果我看的、搜的信息私密,我不想让别人知道,那肯定是隐私。比如,我在家里(上网)搜减肥药,结果家人上网时,就被推荐了减肥药、减肥操等广告,被他们看到挺尴尬的。后来我才知道,因为我们使用的是同一个 IP 地址,唉……

受访者 34、70 表示:

我在百度里搜什么,背后肯定知道。比如我想买什么,查什么资料等。淘宝购物也是啊,搜了什么,就会被推荐广告。我在淘宝买东西还留有地址。如果(企业)真的把这些信息都组合起来,肯定是掌握了我的隐私。这不就是现在说的大数据算法吗?他们想要利用这些信息对我不利的话,也会很容易的。所以,我不觉得自己有隐私。

搜索记录、网络活动轨迹是不是个人信息隐私?应当如何保护?不仅公众自己难以有明确的界定,在我国实际的司法审判过程中也出现了不同的认定结果,并在学界引起广泛争议。比如,被称为中国 Cookie 隐私权纠纷第一案的"北京百度网讯科技公司(简称"百度公司")与朱某隐私权纠纷案"。2014 年初,朱某在上网浏览相关网站时,发现利用百度搜索引擎搜索某些关键词后,百度网络联盟的特定的网站会推送给她与搜索关键词接近的广告。朱某认为,北京百度网讯科技公司记录和跟踪了其所搜索的关键词,并且利用记录的关键词,对其浏览的网页推送相关广告,侵害隐私权,使朱某感到恐惧,精神高度紧张,影响了正常工作和生活。请求法院判令北京百度网讯科技公司立即停止侵害,赔偿精神损害(抚慰金 10000 元、公证费 1000 元)。一审江苏省南京市鼓楼区人民法院支持了这一诉求,认为,“百度网讯公司用 Cookie 技术收集原告信息,并在原告不知情和不愿意的情形下进行商业利用,侵害了原告的隐私权”。[①]而此后,南京市中级人民法院的终审判决,却“认定被告百度公司根据网络用户的检索关键词记录、收集反映了网络用户轨迹数据信息并提供个性化推荐服务的,不构成侵权行为”。认为“本案中原告没有对外公开宣扬特定网络用户的网络活动轨迹信息,也没有强制网络用户必须接受个性化推荐服务,没有对网络用户的生活安宁产生实质性影响,不构成侵权法上的侵权行为”。[②]

有学者认为出现二审与一审结果不一致的原因在于,“与美国隐私权体系比较,我国隐私权的规定更加粗线条且体系性不明,尚缺乏必要的法律规定。比如,何为网络隐私权侵权、隐私权的新型侵权行为、损害表现等仍有欠缺,对司法实践有所影响”。认为原告“通过隐私权寻求救济在司法实践中存在问题,建议应对隐私权体系进行检讨,将个人信息权从隐私权中独立出来,提出更加清晰可行的立法框架”。[③] 而有学者认为,“本案中个人隐私属于受法律保护的民事权益,判断北京百度网讯科技公司是否侵犯隐私权,应严格遵循网络侵权责任的构成要件,正确把握互联网技术的特征,妥善处理好民事权益保护与信息自由利用之间的关系,既规范互联网秩序又保障互联网发展”。[④] 也有学者认为,法院支持朱某的隐私权主张,关键是基于对互联网平台收集用户数据展开经营的商业模式的认可,应该从数据商业实践的具体环

① 参见江苏省南京市鼓楼区人民法院(2013) 鼓民初字第 3031 号。

② 参见江苏省南京市中级人民法院(2014)宁民终字第 5028 号。

③ 张璐:《个人网络活动踪迹信息保护研究 ——兼评中国 Cookie 隐私权纠纷第一案》,《河北法学》2019 年第 5 期。

④ 黄伟峰:《个人信息保护与信息利用的利益平衡——以朱某诉北京百度网讯科技公司隐私权案为例的探讨》,《法律适用》2017 年第 12 期。

节和相关细节去重新审视其(个人搜索数据)正当性。并且提出"如果简单沿袭传统隐私理论,的确很难论证搜索引擎'关键词'等具有琐碎特征的网络行为数据究竟有什么隐私价值。不过,如果相关数据形成大数据,其中蕴含着人们极为珍视的智识隐私,互联网平台的技术力量商业闭环可以隐秘地利用智识隐私,进而支配网络用户的心理与行为,而这一切又是在内部合同垄断、外部监督缺乏的情况下悄然展开。那么法院认可、激赏的互联网平台商业模式的价值前景会不会大打折扣?"①

除了个人搜索记录、观影记录、在线读书记录等这些个人日常生活足迹之外,被第三方平台使用的微信朋友关系等这些个人社会关系,算不算信息隐私?能够得到保护吗?2019年3月知乎上《法学博士生维权:我为什么起诉抖音、多闪侵犯我的隐私权?》一文成为热帖。发帖人重庆法学博士生小凌表示,2019年2月9日他在手机通讯录除本人外没有其他联系人的情况下,注册登录抖音App,发现大量好友被推荐为"可能认识的人"。而此前他从未使用过抖音和多闪App,也从未在抖音和多闪上注册和上传他的任何信息,但这两款App却向他推荐了很多"可能认识的人",大部分都是他的微信好友,甚至包括前女友。小凌认为两款App非法获取、知悉、保存、利用其姓名、手机号码、社交关系、地理位置、手机通讯录等个人信息和隐私,构成侵权,应当依法承担停止侵害、赔礼道歉、赔偿损失等责任,并于2019年3月向北京互联网法院提起上诉。2020年7月30日,北京互联网法院对"凌某某诉北京微播视界科技有限公司侵权"一案进行一审宣判,认定北京微播视界科技有限公司在未征得原告同意的情况下处理其个人信息,构成对其个人信息权益的侵害。本案中,法官认为,个人社交关系属于个人信息而不是隐私。小凌未注册使用时,抖音不可能根据其通讯录好友进行推荐原告。然而注册后,抖音等App"从其他用户手机通讯录中收集到原告的姓名和手机号码后,通过匹配可以

---

① 李谦:《人格、隐私与数据:商业实践及其限度——兼评中国Cookie隐私权纠纷第一案》,《中国法律评论》2017年第2期。

知道App内没有使用该手机号码作为账户的用户，应当及时删除该信息，但被告并未及时删除，直至原告起诉时，该信息仍然存储于抖音的系统中，超出了必要限度，不属于合理使用，构成对原告该项个人信息权益的侵害”。①

结合访谈内容与上述案例，我们不难看到，对于自己的个人信息和隐私怎么保护，公众的认知较为模糊，在主张权益时希望通过隐私权的诉求进行保护。而实际司法裁定中，由于对个人信息的私密性、可识别性等存在争议，通过隐私权获得保护较难被支持。这点本书第一章第三节已有论证。目前，我国个人信息保护法已经落地，期待后续有相关案例和司法解释能够帮助公众更进一步提升相关的安全意识与认知。

二是，在信息隐私法律法规方面，受访者的知晓程度更差，几乎没有受访者了解具体的保护隐私或个人信息的法律法规条款。有的表示，不清楚自己的信息隐私被谁、在哪个环节被泄露，因此无法主张权利。有的认为，自己不是专业人士，不知道有哪些法律可以保护，甚至都不清楚隐私权属于民事权利。有的虽然感觉到自己的隐私被侵犯，但多会与名誉权、人身安全、财产安全等结合，但无法确定这是否是正确的理解。

比如，受访者57表示：

> 我会担心自己的隐私安全，但是不知道我的隐私被侵犯了，该去找谁？其实，有时候我连谁侵犯我的隐私都不清楚，我去告谁？谁会管？比如说，我刚生完孩子，还没从医院回来，手机上就收到了给婴儿拍照、洗澡、早教等各种广告。我去告医院吗？我没证据啊！我刚在京东里搜过婴儿玩具，微博广告就会给我推。这样很烦，但是也习惯了。我讲不清楚谁泄露了我的信息，所以也不知道该去找谁管这些。

受访者56表示：

> 如果有坏人偷了我的个人信息在网上把我的钱转走，这个我肯定要

---

① 蒋琳、李玲、李慧琪：《法学博士诉抖音案一审：抖音被判侵害个人信息权益 抖音：将上诉》2020年7月30日，见 https://www.sohu.com/a/410595118_161795。

告,这个属于经济问题吧?生活中要是有人偷窥我,是不是算损害我的名声?我不知道有法律可以保护隐私。我自己也不知道用哪个法律可以(正确地)保护。

受访者10表示:

我在学校上课知道的,最新的民法典规定了隐私权,但好像也没提什么具体保护办法,可能我还没学到。知道这些应该是很重要的,但我不是法学专业的,所以关注不多。如果真有问题的话,就请教律师吧。

受访者41、78表示:

我们都是老头老太太了,没有隐私。就算是隐私被侵犯了,我也不知道找谁,还要花钱打官司,折腾不起。除非是严重影响到我的生活,比如生命啊、健康啊,但我想一般不会。我只有尽量避免了。

受访者26表示:

我们不清楚有哪些法律可以保护自己的个人信息,感觉缺少相关宣传。还是国家不重视吧。交通安全法什么的电视可以经常看到,开车时广播里也会讲。(但是)没有听说过关于隐私权的法律宣传。感觉咱们国家和大家都不重视隐私,不像西方。

受访者62表示:

感觉隐私和自己的生活很近,就是生活的一部分。但是又很远,(因为)很少听到身边的人说,自己打官司是为了隐私。有听说名誉权纠纷的。我曾在《1818黄金眼》节目中看到过,有个小姑娘的整容手术照被整容店拿去做宣传了,她就觉得自己的隐私被侵犯了,要求赔偿。店家让她去起诉,但好像后面也不了了之。具体靠什么法律去起诉,不知道。

早前有研究认为,我国公众不知如何主张自己的隐私权,不熟悉相关法律法规,原因在于“传统文化浸润的社会对隐私权保护反应滞慢;内向型民族特点使个性与权利得不到自由张扬;古代家族隐私的形式使自主隐私的权利遭到禁锢；现行法律法规对公民隐私权保护的力度不够”。[①] 而我们的研究发现，今天公众并不是不知道隐私权，也并非不愿意主张权利，而是自我感觉接受相关法律教育较少，也没有太多关于此类的知识教育与宣传，很难说清楚真正被侵权该诉诸什么法律保护。如果缺乏群众对隐私权的认可和了解，整个社会对隐私权的重视还不够，对其没有客观正确的认识，缺少相应的文化土壤，即便个人信息和隐私权列入了法律保护，恐怕也很难产生应有的效果。“法律的生命深深植根于社会文化之中，法律能否顺利运行并不完全由国家意志决定，它还必须有文化的支持，能否为社会所接受，融入社会，法律所体现的价值取向是否与社会的价值取向一致。法律的有效运行不仅仅是国家意志的实现，也是社会文化的实现。”[②]我们现在处于数字经济时代，个人信息的流动与使用已经成为日常生活必需的一部分。社交媒体信息分享、移动支付等已经成为日常文化生活的一部分。如果我们都已经习惯了在社交平台晒生活、秀恩爱，而不是对个人生活羞于展示、刻意隐秘的话，我们关于隐私权保护、个人信息保护的相关法律培训和宣传应当跟上。

除了要考虑文化因素对法律下沉的影响之外，法律对信息隐私权益本身的规范和保护，也需要注意跟进。目前，隐私权在我国作为《民法典》认可保护的属于人格权的一种权利，但也有越来越多的学者主张其为宪法性的基本权利。而个人信息权益的性质是什么，在民法上一度有较大的争议，它究竟是人格权、财产权、知识产权，还是新型权利？[③] 目前尚无定论。有的学者认为，个人信息权属于人格权的一种，与个人隐私存在一定的重合，但又超出了隐私的范围。也有的学者认为，它属于继股权、知识产权之后的新型民事权利，需

① 王灏：《中国公民隐私权保护的法律意识及其根源》，《沈阳师范大学学报（社会科学版）》2007年第1期。

② ［奥］尤根·埃利希：《法律社会学基本原理》，叶名怡、袁震译，中国社会科学出版社2009年版，第49页。

③ 刘艳红：《侵犯公民个人信息罪法益：个人法益及新型权利之确证——以〈个人信息保护法（草案）〉为视角之分析》，《中国刑事法杂志》2019年第5期。

要专门立法保护。[①] 还有学者认为,“个人信息权既含有精神权利的部分内容,又兼有财产利益的内容,还包含有公民自由权利的部分等,它是一种综合性权利”。[②] 学界争论,也显示出对于信息隐私保护而言,从立法上明确区分保护隐私权和个人信息权存在一定难度。在我国隐私权属于具体人格权,人格权是使人“成为一个人”的权利,是主体为维护其独立人格而固有的基于自身人格利益的基本权利,有别于财产权等其他民事权益。然而,随着人们的生活越来越数字化,以个人信息为核心的个人数据的重要性更加凸显。隐私的一部分内容可以通过个人信息体现,而个人信息的范围明显广于隐私,其经济价值和财产属性更趋明显,因此立法上在明确隐私权的同时增加了个人信息保护。我国单独制定《个人信息保护法》也充分彰显了对个人信息保护的相对独立性和极端重要性的社会共识。

三是,除了不甚了解保护个人信息隐私的法律法规之外,大部分受访者对于有哪些保护个人信息的技术的了解也较少。他们不清楚对个人信息隐私保护还有专门的技术,也不知道从哪里可以获取相应的保护技术指导。受访者中仅有3位学生表示,在学校曾学习过一些网络安全技能,但并不系统。而绝大部分受访者认为,没有时间和精力去学习相关保护技术,担心保护自己信息隐私的技术会过于复杂,增加自己的负担。也有部分受访者指出,保护信息隐私安全,不应该是个人的问题,更多的是网络企业的问题,不应该将学习技能等负担转嫁给个人。

比如,受访者33表示:

> 我当然想手机里的(个人)信息都是安全的,但是我不知道有什么技术办法能够解决?设置密码还不够吗?现在手机里那么多应用,已经很

---

① 李伟民:《个人信息权性质之辨与立法模式研究》,《上海师范大学学报(哲学社会科学版)》2018年第5期。

② 刘艳红:《侵犯公民个人信息罪法益:个人法益及新型权利之确证——以〈个人信息保护法(草案)〉为视角之分析》,《中国刑事法杂志》2019年第5期。

烦了。有的是手势密码，有的是人脸识别，有的是要自己设置密码。设置密码还要中英文数字都在里面。我觉得很麻烦，容易忘记。如果再让我学习什么专门技能的话，我觉得自己没这个能力。

受访者 11 表示：

我们在学校里学过一些网络安全知识课程，但偏理论，在保护隐私方面，没有学过一些专门和系统的知识。比如，我们没有专门讲授怎么保护隐私。但一些关于网站网络使用安全的知识中，会告诉我们如果不注意这些安全问题，会影响到自己的隐私安全。

受访者 64 表示：

我在网上购物、交易，卖家和平台应该保护我的隐私吧？不然谁还敢再使用。我认为，这些网站、App 应该担负起保护我们隐私的责任。就像我去酒店吃饭，我的东西被偷，酒店肯定要负责。酒店要有保安，要有能力保护我的安全。你不能说是我自己没看好钱包，钱包丢了，是我的责任，对吧？

受访者 49 表示：

我平时很重视自己的隐私的。比如，朋友圈管理，我会专门在网上找帖子和攻略，学习怎么管理。我不知道，这算不算是一种专门的隐私保护技能。也没人教过。如果有的话，我愿意去学。

受访者 76 表示：

对于我们老年人来说，会用手机就很不错了，再学什么（隐私）保护技能，太难了。一个是没人教；再一个，就是有人教了，我们的手脚不灵活，眼睛也不好用，恐怕学不会。我想能不能开发一些保护我们这些弱势群体的软件，简单安全的，不要再增加负担了。

对信息隐私保护技能的了解与掌握与本研究的第三个问题信息隐私程序性知识有着密切关系。如果缺少了解保护信息隐私技能的渠道，公民的自我隐私管理和保护行为势必会受到影响。对信息隐私陈述性知识的了解，能够更新人们对信息隐私的认知,同时也是人们掌握更多信息隐私程序性知识的前提。提升信息隐私陈述性知识,提供系统的信息隐私教育迫在眉睫。

(三)信息隐私程序性知识较差,不同情境下的保护行为差异显著

整体看来,受访者利用程序性知识保护个人信息隐私的力度较弱,并且在不同生活情境中的表现不稳定。没有受访者表示,在自己的信息隐私被侵犯后采取过任何维权手段。而在感到信息隐私遭遇风险时,他们的保护手段往往都比较简单随意。主要体现在:

一是,大部分受访者通常采用“抑制”类的隐私保护行为,较少采取积极的保护行为。关于信息隐私保护行为,已有学者从间接保护和直接保护两个方面进行归类。直接保护行为又具体分为:伪造(Fabricate)、保护(Protect)和抑制(Withhold)三类。[①] 其中“伪造”是指人们通过在线提供虚假或不完整的个人信息来掩饰真实身份,保护自己的隐私信息。[②] “保护”是指通过技术手段(如设置密码保护)、确定网站安全性(如事先阅读隐私保护协议)等来保护自己的信息隐私免受侵犯。“抑制”是指通过拒绝提供个人信息或终止在线行为来保护个人隐私。[③] 与“保护”行为相比,“抑制”和“伪造”被视为一种消极的信息隐私保护行为,不利于个人信息的自由流动和网络企业的正常发展。[④]

① Jochen Wirtz, May O. Lwin & Jerome D. Williams, “Causes and Consequences of Consumer Online Privacy Concern”, *International Journal of Service Industry Management*, Vol. 18, No. 4 (Aug 2007), pp. 326-348.

② May Lwin, Jochen Wirtz & Jerome D. Williams, “Consumer Online Privacy Concerns and Response: A Power-Responsibility Equilibrium Perspective”, *Journal of the Academy of Marketing Science*, Vol. 35, No. 4 (Feb 2007), pp. 572-585.

③ Mary J. Culnan & Robert J. Bies, “Consumer Privacy: Balancing Economic and Justice Considerations”, *Journal of Social Issues*, Vol. 59, No. 2 (Feb 2003), pp. 323-342.

④ May O. Lwin & Jerome D. Williams, “A Model Integrating the Multidimensional Developmental Theory of Privacy and Theory of Planned Behavior to Examine Fabrication of Information Online”, *Marketing Letters*, Vol. 14, No. 4 (Dec 2003), pp. 257-272.

而“保护”类行为是运用一定的技能所采取的合理的网络隐私保护行为,既不会提供虚假信息,也不会随意终止网络使用行为,符合网络市场中个人信息流动的规律。[①] 间接保护行为,主要是指对侵犯信息隐私网络企业的抱怨,而非官方渠道的投诉。这些间接行为可能会直接影响网站与消费者之间的交易流程和关系,如减少对客户的吸引、客户维护和客户忠诚度等。[②] 学者孙再烈(Jai-Yeol Son) 和金成燮(Sung S. Kim)在 2008 年对互联网用户的隐私保护行为进行了系统的分类研究,将其分为六种:拒绝、误述、移除、负面口碑、对网上企业的直接抱怨和对第三方组织的间接抱怨,并进一步将这六种行为归纳为三种类型:直接的信息保护、间接的私人行为和公共行为。[③] 由于间接行为的复杂性,目前大量实证研究仍集中在直接的信息隐私保护行为方面。[④] 如有研究以大学生为样本,考察了网络消费者电子商务中的直接隐私保护行为,发现面临网络公司的隐私威胁时,他们会采取伪造个人信息、投诉等保护行为。[⑤]

在本研究中,当问及网上购物或者日常网上活动中会采用什么样的技能、技术保护自己的信息隐私安全时,大部分受访者表示,常使用一些被动的方式保护自己的信息隐私。能用假个人信息尽量用假的,能不填写真实的个人信息尽量不填写。或者,当意识到一些 App 或者网站必须要通过共享微信或者微博账号时,他们尽可能选择不使用,或者卸载。以密码设置为例,多数受访

① May Lwin, Jochen Wirtz & Jerome D. Williams, “Consumer Online Privacy Concerns and Response: A Power - Responsibility Equilibrium Perspective”, *Journal of the Academy of Marketing Science*, Vol. 35, No. 4 (Feb 2007), pp. 572-585.

② 高锡荣、杨康:《网络隐私保护行为:概念、分类及其影响因素》,《重庆邮电大学学报(社会科学版)》2012 年第 4 期。

③ Jai-Yeol Son & Sung S. Kim, “Internet Users’ Information Privacy-Protective Responses: A Taxonomy and a Nomological Model”, *MIS Quarterly*, Vol. 32, No. 3 (Sep 2008), pp. 503-529.

④ 蒋骁、仲秋雁、季绍波:《网络隐私的概念、研究进展及趋势》,《情报科学》2010 年第 2 期。

⑤ 蒋骁、仲秋雁、季绍波:《网络隐私的概念、研究进展及趋势》,《情报科学》2010 年第 2 期。

者表示因为害怕忘记密码或者嫌麻烦,往往不会设置复杂的密码,并且常常会在多个平台中使用相同的密码。仅有3位受访者表示,会通过经常变换(登录)密码的方式,或者使用更为复杂的密码来保护自己的信息隐私。这实际上是一种极具风险的保护行为,现有的技术可以轻易地破解简单的密码,并且多个账号使用相同的密码更是为不法分子留下可乘之机。著名信息安全专家在著作《捍卫隐私》中就重点讨论了密码设置的问题,并建议用户"应当用密码管理器来生成和保存独一无二的强密码"。[①] 访谈中,受访者普遍将设置密码视为便捷可靠的保护方式。然而,根据第47次《中国互联网络发展状况统计报告》,8.2%的网民表示在过去半年中遭遇过账号或密码泄露的问题。

并且根据访谈,我们发现,受访者关于信息隐私程序性知识的获取来源主要是媒体报道和个人经历,得到的信息往往是偶然的、零碎的、片面的。如不少受访者都提到从媒体报道中得知"公共 Wi-Fi 可能会导致手机上的信息泄露""手机号、姓名等的泄露可能带来电信诈骗"。也有受访者根据自身经历进行联想和推测。受访者的具体隐私保护行为多为抑制(如不使用某一项服务、不使用公共 Wi-Fi)和欺骗(如提供不真实的个人信息),而积极的保护(如设置密码、删除访问记录等)较少。不同年龄、性别和职业背景的受访者的信息隐私保护行为存在差异。明显可以看出,男性受访者比女性受访者更愿意采取积极的保护行为,并且掌握的保护技能也相对更为丰富。这与已有研究发现的男性大学生比女性大学生在隐私管理方面更多采取积极类保护行为的结果一致。[②] 然而在具体情境中,如微信朋友圈管理等方面,女性受访者又体现出比男性受访者更愿意管理朋友圈,更注意设置访问权限。这与伊登

① [美]凯文·米特尼克、罗伯特·瓦摩西:《捍卫隐私》,吴攀译,浙江人民出版社2019年版,第12页。

② 申琦:《网络信息隐私关注与网络隐私保护行为研究:以上海市大学生为研究对象》,《国际新闻界》2013年第2期。

·利特(Eden Litt)的研究发现,女性、年轻人更倾向于使用删除好友、设置访问权限等隐私保护手段,结果相一致。① 在进一步的询问中,我们发现,女性更愿意管理朋友圈的原因,如前文所述,多是受朋友展示信息的互惠性所致。她们更敏感和在乎朋友方是否向自己开放了朋友圈,因而这种信息隐私保护行为较为被动。在网络购物、App使用或者登录网页等环境下,女性受访者认为自己的信息隐私保护技能相对较弱。她们普遍认为,除了退出使用或者提供虚假名字之外,没有更为有效和积极的保护方式。

比如,受访者51、55表示:

我会比较在意自己的朋友圈,会根据不同人群做分类。一般加业务上的朋友时,我都会先设置权限。这算是一种比较积极的行为吧。但是在其他场合下,我不太会管理自己的隐私。如果上网时发现需要提供我的个人信息,大部分情况下,我选择不使用。比如有时候外出吃饭,必须要我扫码点单,我就很烦,但也不知该怎么办,只好换家餐厅喽。

受访者58、62表示:

微信朋友圈还是好管理的,但在其他应用中就很难了。特别是现在去吃饭、购物,甚至交停车费,都要扫码,我的微信号别人很容易知道。个人来说,很难有什么决定权,只能让别人知道。并且,我知道可以通过手机设置哪些信息可以不被商家使用或者分享。但是,这个要去学,我觉得有点难。

受访者43、44表示:

我们学生不管是用QQ、邮箱还是微信,都是用假名字。谁会用真名?用假名字感觉很酷,很好玩,而且大家都是这么做的。可能对于那些我们不想让知道的人,用假名字是为了保护自己。但是对于朋友或者知道我的人,用假名字是很正常的,也是我们个性的一种体现吧。

① Eden Litt, "Understanding Social Network Site Users' Privacy Tool Use", *Computers in Human Behavior*, Vol. 29, No. 4 (July 2013), pp. 1649-1656.

受访者14表示:

> 我淘宝浏览了一下Switch,微信朋友圈的广告就是售卖Switch,B站视频首页就有Switch的游戏视频,这让我感觉不同网站共享了我的个人信息,或者说我的个人信息被某个网站贩卖了。

二是,因为担心维权成本、不知如何维权,受访者较少因为信息隐私泄露而采取维权手段。个人信息隐私保护难,一个重要的原因是维权难。访谈发现,大部分受访者由于信息隐私陈述性知识不足,不知晓、不熟悉信息隐私保护的相关法律法规,导致他们往往很难作出维权的主张。同时,他们认为很难凭一己之力找到侵权人。个人信息在平台上被反复多次,通过无法溯源的渠道售卖,导致个体即使知道自己的个人信息被泄露和使用,也无能为力。进一步地,从整个信息隐私保护的社会管理来看,也存在着诸多现实问题。学者周汉华指出,个人信息保护难:一是职能划分不明确,市场监管、网信、工信、公安等各部门的"三定方案"均没有明确涉及个人信息保护的职责。机构改革之后,原工商总局消保局被撤销,市场监管部门没有专门维护消费者权益的内设机构。公安机关面临维护社会治安与公共安全的大量职责,不可能履行一般市场秩序维护职责。网信部门承担互联网信息内容管理、信息化推进与网络安全维护三大职能,个人信息保护只是网络安全维护中的一个部分,既不是核心职能,也远远不到"三分天下有其一"的地步。工信部门传统上只监管电信企业等特定主体,通信管理局(电信监管局)垂直设立到省级,不具备对一般市场主体的监管能力与手段。在这种格局下,各部门推诿扯皮现象难以避免,个人遇到违法行为投诉无门,违法行为蔓延现象难以得到扭转。二是消费者权益保护法、网络安全法等对于执法责任的规定都比较原则与模糊,个别机关长期不执法,直接影响法律的实施。比如,《消费者权益保护法》虽然明确规定个人信息保护的内容,但并未明确履行保护职责的行政主体,并且,第56条实际上进一步固化分散的执法体制,使个人信息保护职责陷入不明确状态,大家都不执法,影响法律有效实施。三是职能划分不明确情况下采取的多部门联合整治方式，临时性特点突出，规范性不足，也难以形成长效机制。四是在互联网快速发展的大背景下，行政管理部门与管理对象之间出现明显的信息不对称现象，监管能力滞后，获取证据难、固定证据难、处罚难、胜诉难，影响执法效果。[①] 这一观点，一针见血地指出我国个人信息保护的现实困境。本研究通过受访者的访谈，也一定程度印证了上述观点。

并且，本研究发现，即使已知自己的个人信息隐私被泄露或者侵犯，几乎没有受访者提出要去通过法律手段维权，最多会想到，以投诉平台或者商家的方式解决问题。而一些青少年和老年受访者，则表示会通过求助家人、朋友的方式，找到信息隐私泄露的漏洞，尽快止损。

比如，受访者75、79表示：

我们老年人老眼昏花，行动不便。不要说个人信息被谁盗走了都不知道，即便是知道了，我有什么办法？我去告谁？我也跑不动啊。我只能和儿女说，问问他们这个信息丢了，会不会有严重的后果。大不了，那个（手机、程序）我不用了，我卸掉。我们没有办法的。

受访者73表示：

知道隐私权，也知道个人信息要保护。可是，我们自己找谁维权？起诉的话，成本很高的，打官司浪费时间啊。我又不懂法律，找个律师要花钱，为了这点事情不值得吧。毕竟，我们现在都像裸奔一样，个人信息早就被银行、房产中介、网店不知卖了多少圈了。谁出头赔偿，怎么赔偿，赔我多少钱啊。我要一百万，人家肯给吗？这个很麻烦。

受访者37、68表示：

投诉商家的事情倒是做过，但是客服反反复复地找说辞，最后都是不了了之，这也算是维权了吧。但是，说真的，我还真不能完全确定信息是不是在这个平台被泄露的。只能自认倒霉，自己多加小心了。起诉什么

---

① 周汉华：《平行还是交叉个人信息保护与隐私权的关系》，《中外法学》2021年第5期。

的,我肯定不会去。我听说,侵权什么的,都要自己找证据的。这个太麻烦,工作量太大,我自己没这个时间和能力。

三是,当感到信息隐私风险时,大部分受访者表示删除、退出或者不使用是最常用的保护办法,并且保护办法会因情境的变化而不断发生变化。当受访者明确地察觉到有隐私泄露的风险,终止使用、删除相关应用程序,是他们常常采取的保护措施。也有部分受访者表示,会视情况而定,采取修改原密码,设置更为复杂、周全的密码进行保护。也有的表示,会参照他人的做法,有选择地设置安全保护。然而,他们的保护行为通常不稳定,会根据不同的情况和使用场景发生变化。

本研究发现,受访者在网络社交场景中实施信息隐私保护行为的主动性更强,如人们常常能够熟练地选择在不同类社交应用(如 QQ、微信、微博)发布不同类型的消息,对发布的信息进行脱敏处理,设置个人社交媒体的访问权限等。对此,受访者表示"社交应用给我更多的权利,我可以这么做""正是微信朋友圈有设置访问权限的功能,才提醒我个人隐私可能被有心人获取,因此我习惯去给我发布的信息分类""微信朋友圈中有许多现实中认识的人,我觉得表露真实的心态啊、发一些美颜照片啊会觉得尴尬,反而会选择大家都不相熟的微博发布个人的日常"。早期研究发现人们会更加注重与他人之间的社交隐私,而非网络机构对自己隐私的获取,认为主要原因是用户在保护社交隐私时更加具备主动权和选择权,而在面对机构时更加无力。然而,本研究根据受访者的回答,认为除了上述原因外,人们往往能够更加直接地感知到社交隐私泄露有可能对自己的名誉等的危害,而无法直接地感知到机构获取隐私带给自己的风险,故而愿意更加主动地采取行动保护社交隐私。并且,正如本章第一节阐释的,由于人们在实施信息隐私保护行为时通常有一个风险利益权衡的动态计算过程,实际上的隐私保护行为是在动态变化中的。

比如,受访者 13 表示:

我非常注意自己的银行账号安全,如果感觉到危险,我肯定会第一时间和银行联系或者挂失。如果在微博上,我肯定也不在意,因为我也很少展示自己的隐私生活。但是微信不一样,现在也有了分类、三天可见,还可以撤回。我觉得这样挺好,本身就是一个风险防范吧。

受访者8、44表示:

有些App在使用时,会让我提供各种信息,比如,要读取我的相册、麦克风等,我就很警惕,不会开放。这本身就会让我觉得不安全,是一种侵犯。如果真的被侵犯了,我肯定先会找到企业和平台方。但是我实际也并没有做过。

受访者15表示:

如果能让我明确知道我的隐私被谁侵犯,信息被谁泄露,我肯定要投诉或者寻找法律途径维权。但是,我也要看严重程度。比如,危害到自己或家人的人身安全,肯定要诉诸法律的。自己嘛,怎么讲,也就是删除不用,或者停止使用某些功能。

受访者31表示:

感到有风险,肯定就不用了呀。还能怎么办?这就像家里的防盗锁坏了,肯定换新的喽。要不,就升级。总归旧的不能用了。只能自己想办法解决。

另一方面,尽管对风险的感知会影响受访者的隐私保护行为,但是在很多情境中,当面对相似的隐私泄露风险时,用户会权衡风险与收益,根据自身需要作出不同的选择。一位受访者表示:"如果网站提示我有风险的话,我会看我浏览的网站内容对我来说是否重要。比如说我现在是在一个游戏网站,或者说我在学习的时候要用到的网站,我就会点进去。如果说看电影网站不安全的话,我就换一个。"著名信息安全学家阿奎斯蒂在其一系列隐私研究中,用"乐观偏见"的心理来解释诸如上述此类的"隐私悖论"现象。当风险模糊不清时,人们更加倾向于选择看得见的眼前的利益,而忽视未来可能发生的危害。这点在本章的第三节已有详细论述,在此不再赘述。

由此可见,用户对隐私保护的具体行为的实施并非完全由其掌握的信息隐私程序性知识决定,而是看用户在具体情境中对风险与利益的权衡,以及实施保护行为的成本。要提升人们程序性知识的信息隐私素养,不仅要促进个人掌握的信息隐私保护策略的升级,更要关注用户有可能披露隐私的具体场景。平台企业方应当通过有利于隐私保护的设计,如清晰的风险提示、便利的隐私保护设置等提高用户保护隐私的主动性;同时,用户也应当调整各类场景中的思维模式和心理偏见,理性决策。因此,面对复杂的隐私保护环境,我们需要升级既有的信息隐私保护程序性知识,掌握更多有力、有效的信息隐私保护技能,莫让主动的隐私保护行为成为无效防护。绝大部分受访者表示,不知道有哪些更为有效积极的途径保护自己的信息隐私,并且表示不知道上网浏览时可以删除自己的浏览记录等。仅有部分学生受访者表示在学校接受过信息隐私安全教育,超过半数受访者表示没有接受系统的信息隐私安全教育的需要。受访者仅仅掌握了少量基础的信息隐私保护技能,难以真正保护好个人的信息隐私。

(四)信息隐私反思中无力感与担心并存

整体看来,受访对象的信息隐私反思呈现无力、无感与无知并存的三种情况。

一是,受访者普遍表示对网络企业的“隐私保护政策”不会去看,看不懂,看了也没用。对他们而言网络平台企业发布的隐私保护政策与其说是对用户信息收集、使用情况的一种告知,不如说是它们为使自己信息合法化的一种掩饰。几乎所有的受访者都表示,在注册使用 App 或者某类服务的时候,几乎不会去阅读隐私使用/保护协议。原因主要为:看不懂、看了也白看(不勾选同意没办法使用)、看懂后企业怎么使用他们还是不知道。

比如,受访者 20 表示:

注册 App 就是急着用,一般看见隐私协议就直接勾选了“同意”。如果真的有空的话,一页页翻下去,感觉时间挺久,没有耐心。

受访者74、79、80表示:

我们老年人看文字本来就不方便,那些字体好小,根本看不清楚。有时候,比如在银行办事情,他非要让你下载个App,急着办事,哪能有时间看?我有时候连在哪里勾"同意"都看不清,银行的人都帮我操作了。

受访者35表示:

你觉得看那些协议书啥的,有用吗?我们知道他们真的会这么做吗?现在隐私泄露的渠道太多了,你就能知道,选择同意,他们真的就会保护?不保护,你也没证据啊。这就不是个协议,就是个告示。咱们老百姓,没权利的。

受访者7、45表示:

我知道有些应用程序有青少年模式,我自己也会用。但是我不知道这个模式,真的起到什么作用,因为我没有和别人比较过。其实你刚才问到的隐私保护协议、保护政策这类,我认为和这种保护模式是一个类型吧。都是企业自己做的,但是实际效果呢?政府有没有监管?查一两次,抓住几个企业也没什么用吧?

受访者36、52表示:

感觉这些协议和租房协议,或者银行的那些协议一样,都是霸王条款吧?不同意也要同意。我们没有力量抗衡的。

2021年8月19日,澎湃新闻一篇题为"App隐私协议现状调查:规范化程度较低,侵权风险高"的报道指出:77.8%的用户在安装App时"很少或从未"阅读过隐私协议,69.69%的用户会忽略App隐私协议的更新提示。用户普遍对于App隐私协议重视程度不高,对个人信息权益的敏感程度较低,存在遭受隐私侵权的风险。43.53%的用户认为隐私协议文字过小、排版过密,难以阅读,在被调查的150款App中,近三成(46/150)App存在制造障碍、刻意隐藏和诱导用户略过隐私协议的行为,如字体颜色过浅、字号过小导致难以阅读,无法直接点击文本链接,需要取消默认同意才能跳转界面,等等。受访对象对于隐私协议的认可程度处于较低水平。这一调查与本研究的访谈结果一致。

本书第三章已从对既有网络企业隐私保护政策的实证分析和平台技术资本运行逻辑层面,讨论了导致人们对网络企业隐私保护政策感到无力的原因,在此不再赘述。需要说明的是,企业隐私保护政策是个人信息隐私保护立法保护知情同意原则的落地与实施的一种体现。然而在我国,迄今为止隐私保护协议仍会让绝大部分用户感到无能为力,这一方面是网络企业长期对用户个人信息控制权的不尊重,在相关规制、监管,甚至处罚方面我们做的还远远不够。另一方面,从用户个体信息隐私素养角度看,他们能够具备的信息隐私知识与技能也相对较弱,并且越是认知与能力差的"弱势人群"信息隐私素养越差。这些人面对强势的平台企业巧取豪夺其信息隐私时,成为被视而不见的沉默的大多数,无力反抗。

二是,受访者普遍表示对当前法律法规保护个人信息隐私抱有信心,但是担心执法力度不够,没有相应的救济,立法会形同虚设。目前我国在个人信息隐私保护层面,已搭建了相对完备的保护体系。既有《民法典》这类基本法对隐私权利的保护和个人信息权益的确权,又有《个人信息保护法》这类专门法对个人信息权益的全方位保护。尽管在本节研究展开线上线下调查时,上述法律尚未出台或落地,但对于个人信息隐私保护在基本法层面有《刑法》《侵权责任法》,法律法规有《中华人民共和国电信条例》《互联网信息服务管理办法》,司法解释有《关于审理侵害信息网络传播权民事纠纷案件适用法律若干问题的规定》《关于审理利用信息网络侵害人身权益民事纠纷的若干规定》等,部门规章有《App违法违规收集使用个人信息行为认定方法》《儿童个人信息网络保护规定》,从立法保护结构层面看,较为完整系统。尽管大部分受访者不能准确说出个人信息隐私保护有哪些相关法律法规,但均普遍表示对立法保护有信心。他们担心的是:法律法规的执行;个人信息隐私被侵犯后,如何被补偿救济;对于不同的人,法律保护是不是一样;一次性的处罚后,网络平台企业能否悔改等问题。

比如,受访者 17 表示:

> 我相信互联网发展到今天,咱们国家的法律肯定是跟得上的。要不每年开世界互联网大会干什么呢?我相信国家无论从法律上还是技术上,肯定有能力保护隐私,关键就是看国家愿不愿意管,怎么管的问题。

受访者 5、8、9、47 表示:

> 我们在学校的网络安全教育课上了解到,我们国家有网络安全法,国家对网络安全是很重视的。比如黑客、网络恐怖主义、网络色情有害信息等这类大问题的管理,国家肯定是重视的。现在个人信息这么重要,国家肯定也重视。就是这方面的普法教育还有处罚力度不够。比如说,我就没听说哪家企业因为侵犯个人信息隐私被处罚或者关停了。这类报道,我没听说过,可能是我太年轻了。

受访者 58 表示:

> 我们相信国家会去管,肯定也有法律管。但是对于我们这种打工的,没啥文化的人,一是不知道这些法是啥,还有就是,其实也不太担心自己有啥隐私不隐私的,糊里糊涂地过吧。隐私都是当官的有钱人操心的事。

受访者 19、71 表示:

> 和我前面谈的一样,我不担心没有法律管隐私这个事,我担心的是管不了。政府那么忙,哪会为我们这点事花力气。再说,隐私真正被侵犯了,我也不知道找谁。找到了又怎么样,谁赔钱给我?给企业要钱,那是开玩笑。

可以看到,与前面的信息隐私陈述性这一维度相对应,受访者信息隐私反思中对信息隐私保护立法情况的了解程度一般。然而,他们却有较高的信心认为立法能够保护,只是在实际实施过程中可能存在执法力度低、救济不到位等问题。这也一定程度上印证了学者周汉华的观点,公法执法面临的共性问题在个人信息保护领域同样存在,如主要依靠自上而下的政治推动,法治化程度低,政策缺乏连贯性,重建设轻应用等,影响投入的实际效果,甚至投入与产出成反比,投入资源越多效果越差。①

本研究通过线上线下半结构化访谈,从信息隐私认知、信息隐私陈述性知识、信息隐私程序性知识和信息隐私反思四个维度考察了我国公众的信息隐私素养现状。一方面,弥补了我国既有研究中质性研究的不足,从外部环境、用户心理与行为、人群特征更加深入和现实的层面分析影响人们信息隐私素养的成因与机理。另一方面,进一步思考"知情—同意"原则能够实现的现实基础,个人信息隐私素养对形成合理、科学、积极、理性信息隐私决策可能产生的影响。主要结论如下:

第一,结合受访者获取信息隐私知识的习惯及披露信息隐私时的心理状态,研究发现在提升公众信息隐私素养方面,政府的"助推"力量不容忽视。研究发现,用户获取信息隐私陈述性知识和程序性知识的主要来源之一是个体与企业的互动;并且相比起相关法律、隐私保护政策中的复杂说明,企业在实际场景中提供的信息隐私相关设计更能推动用户对信息隐私的风险感知和保护行为的实施。例如,社交媒体访问权限的设置能够提示用户注意不同"好友"对隐私的接触程度应是不同的;网站对密码强弱等级的要求能够影响用户"忽视风险""追求简便"的心理偏见,直接促使用户使用保护力度更强的密码。因此,要提升信息隐私素养,需要企业在隐私政策文本、隐私设置选项等设计上作出细微的调整,如提供充分及时的风险提示、提供可供选择且成本较低的信息隐私保护方式,智能推荐合理可靠的信息隐私保护设置等,让用户在信息隐私披露实践中能够更加理性地作出评估,更加自主地参与选择。这点在本章前述部分已有论及,在此不再赘述。

① 周汉华:《平行还是交叉个人信息保护与隐私权的关系》,《中外法学》2021年第5期。

第二，注重信息隐私设计在日常实践中潜移默化的引导作用，系统的信息隐私教育亟待实施。访谈中发现，公众对信息隐私内涵和外延的认知狭隘，对信息隐私知识虽有掌握但往往只是流于表面。对于一些应用程序和系统、平台的隐私政策，都是浅阅读、粗掌握，以自己不熟悉技术为理由，缺少主动学习和掌握相关技能的动力和意识。这既是因为公众获取的信息隐私相关知识是碎片化的、片面化的，无法对信息隐私保护现状形成系统的、全面的、深入的思考；也是因为其自身信息隐私意识其实并不充足导致。实际上，近年来我国政府对平台企业的信息隐私安全监管方面已投入了很大力度，各平台企业的隐私保护政策、保护方式也在不断完善。但可惜的是，很多受访者其实并不知该如何使用。同时，我国对隐私安全教育投以了更多关注，然而多将隐私素养列为媒介素养、数据素养的一部分，仅仅从风险防范、技能学习等具体技巧方面加以教育。本研究认为，信息隐私素养教育应注重各维度之间的紧密联系，加强信息隐私素养理论方面的教育，建构符合实际的信息隐私价值观，深化信息素养知识的学习和应用，从根本上提高公众对信息隐私的重视，提高学习知识与实施具体保护行为的主动性和积极性。

第三，信息隐私素养教育要体现差异化，避免出现“信息隐私素养鸿沟”。从研究结果来看，不同年龄阶段、教育背景和职业背景的用户信息隐私素养的状况存在差异。例如，老年人群体最为紧迫的问题是由于互联网技能不足带来的信息隐私程序性知识落后，而青少年则面临着由于社会经验不足和自我效能过高带来的信息隐私价值感过低，风险判断过于乐观的问题。这与已有定量研究发现的，由于“认知偏差”人们的主观隐私素养会出现高估或者低估的情况一致。并且，高估的隐私素养会导致更多的自我表露，较少的隐私保护行为。① 不仅如此，不同群体面对的信息隐私侵害常见问题并不相同。本研究认为，在信息隐私保护中，不仅传统意义上的数字弱势群体面临着更艰难的

① 强月新、肖迪：《“隐私悖论”源于过度自信？隐私素养的主客观差距对自我表露的影响研究》，《新闻界》2021年第6期。

处境,行业性质、互联网依赖程度、个人的受教育水平等因素都会给用户的信息隐私问题带来特殊性。比如,从事社交相对活跃的职业的受访者表示经常受到手机号码泄露的困扰;部分企业员工也透露在工作中受到监视;年轻用户常受到社交隐私被不当传播的困扰;年老者则往往遇到诈骗带来的财产损失、健康信息泄露带来的名誉损失。而一些低收入和低学历人群,往往觉得自己的信息隐私微不足道,忽略了相应的保护,导致人身和财产安全隐患。他们也应当成为信息隐私素养教育的重要对象。因此,要提升信息隐私素养教育,必须进行更细致的人群划分,针对特点,进行有重点的教育;同时,立法和司法层面也要对相应人群进行有益的补充保护。

第四,亟须展开专门针对我国公众隐私素养的定量与定性研究。我们的研究发现,受访对象由于年龄、性别、职业背景等差异在信息隐私素养的四个维度——信息隐私认知、信息隐私陈述性知识、信息隐私程序性知识、信息隐私反思上存在较大差异。人群不同理解不同,个体认知不同。仅仅依靠定量研究问卷测量有失科学性,也难以了解隐私素养差距产生的深层原因及其背后的机理。而定性研究又面临着,访谈对象虽然可以细致深入谈自己的体会和想法,但通常结果难以形成一定的知识体系去解释问题。这不仅为我们的研究带来挑战,也为信息隐私保护工作带来困难。并且,西方的隐私素养量表在中国文化情境下的适用性也值得推敲。比如,信息隐私素养的信息陈述性知识和程序性知识两者有着交叉关系,在本研究的访谈中,较难作出明确区分。受访者的回答也比较模糊,特别是对于企业的隐私保护政策的了解程度这类问题,大部分受访者不太清楚,他们本身对于这类信息的了解和掌握就很少。深度访谈中,尚需要研究者的不断追问与适当解释受访者才能理解,如果在问卷调查中,受访者恐怕更难理解。这在一定程度上也说明,为什么我国隐私素养研究大部分是针对大学生青少年等在校学生展开。

第五,针对人们缺少对隐私保护方面的法律法规了解,除了运用各种媒体技术手段增强信息隐私保护相关内容的曝光力度,还需要在日常隐私教育中同时注重本土传统文化背景以及不断变化的国际和国内情境等。由于现代信息技术的速度、存储容量、智能和普遍存在(及其固有的脆弱性),处理问题的挑战大大增加,在国际上更应创造一个有着更好的处理安全和隐私前景的未来,在与他国的合作中使得我国隐私保护知识体系与时俱进,甚至走在前沿。另外要能运用与本土传统文化相适应的方式去讲述相关法律法规何以能帮助人们解决当下遇到的隐私问题,增强人们在实践中对隐私法律法规的理解和运用。既有观点认为在国内传统文化浸润下中国公民对隐私权重视程度不够,但其实"隐私权"和中国的传统文化不仅可以协调一致,而且还可能彼此互补,形成一个运行良好的社会和法律系统。"隐私权"事实上是"善"的一个先决条件。为了形成善的行为,做这些事情就必须要自主自决而且要有好的和有道德的动机。另外,由于当下处于不同于传统电子商务时期的共享经济中,个人隐私保护的要求自然也不同,除了线上交易,很多时候也需要交易双方线下面对面接触,共享经济的复杂性和非专业性更需要用户对企业平台隐私获取途径的了解,以更好地维护自身利益。因此信息隐私教育需要配套当下经济环境的分析教学。而个人信息利用与隐私保护之间的矛盾,根源于两者界限的模糊以及利益驱使下的信息滥用。在信息隐私教育过程中要与时俱进地更新个人信息和隐私的概念界定和从属类别划分。针对人们对隐私保护技能知识了解的欠缺,应疏通各学科间的渠道,再运用各学科间中介性关联搭建多向互动平台,为人们提供可选择性的隐私保护技能学习方式。应该同时注意,在信息隐私教育过程中注重嫁接在人们已有信息隐私保护知识和技能储备之上,便于人们对信息隐私知识的联系与调控。同时进一步创造信息隐私陈述性和程序性知识的价值延伸和增值,形成陈述性知识向程序性知识的持续转化。

第六,要以多种形式鼓励公众参与到信息隐私保护的社会治理中,减少信息隐私决策时的无力、无感与无知。研究中有许多受访者意识到信息隐私保护状况堪忧,但他们往往归因于外部因素,如个人与企业之间的地位不平等、信息不对称等。由此,在无奈接受—反思—无力抗争—无奈接受的循环中,信息隐私保护的能动性逐渐消磨。事实上,普通用户是信息隐私保护中最重要的监督者和反馈者。当前各类互联网应用层出不穷,不同类型的网络服务过度采集公众个人信息的情况普遍存在,涉及面广,仅仅依靠从上至下的治理本就存在困难,因此需要公众自身能够敏锐地感知信息隐私侵害问题,积极举报,主动维权。

附表 1　受访者基本情况

编号	性别	年龄	受教育程度	职业	所在地区
1	男	10 岁以下	小学及以下	学生	东部
2	男	10 岁以下	小学及以下	学生	西部
3	男	10—19 岁	初中	学生	东部
4	男	10—19 岁	初中	学生	东部
5	男	10—19 岁	初中	学生	东部
6	男	10—19 岁	初中	学生	中部
7	男	10—19 岁	高中/中专/技校	学生	东部
8	男	10—19 岁	高中/中专/技校	学生	东部
9	男	10—19 岁	高中/中专/技校	学生	中部
10	男	10—19 岁	大学本科及以上	学生	东部
11	男	20—29 岁	大学专科	学生	东部
12	男	20—29 岁	高中/中专/技校	学生	中部
13	男	20—29 岁	高中/中专/技校	商业服务/制造型企业人员	东部
14	男	20—29 岁	大学本科及以上	学生	东部
15	男	20—29 岁	初中	公司工作人员	东部
16	男	20—29 岁	初中	商业服务/制造型企业人员	中部
17	男	20—29 岁	初中	公司工作人员	西部
18	男	20—29 岁	初中	个体户/自由职业者	东部
19	男	20—29 岁	初中	个体户/自由职业者	中部

续表

编号	性别	年龄	受教育程度	职业	所在地区
20	男	20—29 岁	初中	个体户/自由职业者	西部
21	男	20—29 岁	小学及以下	农村外出务工人员	东部
22	男	30—39 岁	大学专科	公司工作人员	东部
23	男	30—39 岁	高中/中专/技校	公司工作人员	中部
24	男	30—39 岁	高中/中专/技校	公司工作人员	西部
25	男	30—39 岁	大学本科及以上	党政机关人员	东部
26	男	30—39 岁	初中	商业服务/制造型企业人员	东部
27	男	30—39 岁	大学本科及以上	个体户/自由职业者	中部
28	男	30—39 岁	初中	个体户/自由职业者	中部
29	男	30—39 岁	初中	个体户/自由职业者	西部
30	男	30—39 岁	初中	农林牧渔劳动人员	中部
31	男	30—39 岁	小学及以下	农村外出务工人员	中部
32	男	40—49 岁	大学专科	商业服务/制造型企业人员	东部
33	男	40—49 岁	高中/中专/技校	公司工作人员	中部
34	男	40—49 岁	高中/中专/技校	个体户/自由职业者	西部
35	男	40—49 岁	大学本科及以上	党政机关人员	中部
36	男	40—49 岁	初中	个体户/自由职业者	中部
37	男	40—49 岁	初中	个体户/自由职业者	西部
38	男	40—49 岁	小学及以下	农林牧渔劳动人员	西部
39	男	50—59 岁	大学专科	个体户/自由职业者	东部
40	男	50—59 岁	高中/中专/技校	个体户/自由职业者	中部
41	男	60 岁以上	大学专科	退休人员	东部
42	男	60 岁以上	高中/中专/技校	退休人员	西部
43	女	10 岁以下	小学及以下	学生	中部
44	女	10—19 岁	初中	学生	东部
45	女	10—19 岁	初中	学生	东部
46	女	10—19 岁	初中	学生	中部

续表

编号	性别	年龄	受教育程度	职业	所在地区
47	女	10—19 岁	高中/中专/技校	学生	东部
48	女	10—19 岁	高中/中专/技校	学生	东部
49	女	10—19 岁	高中/中专/技校	学生	中部
50	女	20—29 岁	大学本科及以上	学生	东部
51	女	20—29 岁	大学本科及以上	公司工作人员	中部
52	女	20—29 岁	初中	农林牧渔劳动人员	西部
53	女	20—29 岁	初中	商业服务/制造型企业人员	东部
54	女	20—29 岁	初中	个体户/自由职业者	东部
55	女	20—29 岁	初中	个体户/自由职业者	中部
56	女	20—29 岁	初中	农林牧渔劳动人员	西部
57	女	20—29 岁	初中	农林牧渔劳动人员	西部
58	女	20—29 岁	小学及以下	农村外出务工人员	东部
59	女	30—39 岁	大学专科	公司工作人员	中部
60	女	30—39 岁	大学本科及以上	党政机关人员	东部
61	女	30—39 岁	高中/中专/技校	公司工作人员	中部
62	女	30—39 岁	大学本科及以上	商业服务/制造型企业人员	东部
63	女	30—39 岁	小学及以下	个体户/自由职业者	中部
64	女	30—39 岁	小学及以下	个体户/自由职业者	中部
65	女	30—39 岁	小学及以下	个体户/自由职业者	西部
66	女	30—39 岁	小学及以下	农林牧渔劳动人员	西部
67	女	40—49 岁	高中/中专/技校	公司工作人员	东部
68	女	40—49 岁	初中	个体户/自由职业者	中部
69	女	40—49 岁	初中	无业/下岗/失业人员	中部
70	女	40—49 岁	小学及以下	个体户/自由职业者	中部
71	女	40—49 岁	小学及以下	个体户/自由职业者	西部
72	女	40—49 岁	小学及以下	无业/下岗/失业人员	西部
73	女	50—59 岁	大学专科	个体户/自由职业	中部

续表

编号	性别	年龄	受教育程度	职业	所在地区
74	女	50—59岁	高中/中专/技校	退休人员	中部
75	女	50—59岁	高中/中专/技校	无业/下岗/失业人员	西部
76	女	50—59岁	初中	退休人员	中部
77	女	60岁以上	大学专科	退休人员	中部
78	女	60岁以上	高中/中专/技校	退休人员	中部
79	女	60岁以上	初中	无业/下岗/失业人员	西部
80	女	60岁以上	初中	无业/下岗/失业人员	西部

第五章　重获控制:信息隐私决策何以可能

数字平台的崛起被誉为经济进步和技术创新的驱动力。人们从这一转变中受益匪浅,使得绕过公司或国家中介在网上建立企业、交易商品和交换信息成为可能。各类信息流动不断加深,对于信息隐私的保护反而似乎逐渐成为经济发展的阻力。毫无顾虑的平台经济发展希望所有信息都被自己掌控和利用,而个人最基本的人格与尊严却在对此做不断抗争。本章从信息隐私流动中多方权力的规制与相容、个人信息隐私决策的助推两个部分,在回应前四章研究的基础之上,对个人如何实现信息隐私控制进行探讨。第一节主要解决信息隐私流动中立法、监管、企业市场化竞争、平衡信息隐私的个人控制权与社会控制权等问题;第二节则主要从平台发展与建设角度考量平台应当承担的社会责任、隐私政策设计如何服务全年龄段对象,以及基于区块链平台中立技术的构建等问题。

第一节　个人信息隐私流动中权力的规制与相容

一、信息隐私的个人控制:"知情同意"原则再夯实

本书第二章已经介绍了知情同意权的发展脉络,并梳理了欧盟、美国与中国知情同意原则的具体运用情况。"知情同意"指信息业者在收集个人信息之时,应当对信息主体就有关个人信息被收集、处理和利用的情况进行充分告知,并征得信息主体明确同意的原则。① 知情同意在中国的起步要晚于欧盟和美国,因此在对个人信息保护的立法实践中,平衡欧美两地立法模式的优缺点,博采众长形成"中国模式",尤为重要。为了在立法上更加夯实知情同意原则,本书提出如下三条建议。

第一,明确知情同意的意思表示,避免默示同意的滥用。意思表示包含两个方面,作为行动的意思表示以及作为客观逻辑的意义构造的意思表示,需要同时将这两个方面联系起来,以行动展现对一种指向引发某种法律效果之意愿的宣告。② 同时,明确的意思表示至少需要具备两个条件:首先,意思表示作为一种民事行为,要求行为主体必须具备民事行为能力,这就对信息主体的年龄作出了限定。以中国为代表的部分国家法律就明确了 18 岁(特殊情况下为 16 岁)以下的未成年人尚未具备民事行为能力,他们所作出的同意行为并不能被判定为意思表示。因此,一部分国家法律通过对信息主体年龄进行划分,弥补了法律条例中的缺陷,保护了未成年人的信息自决权益。以欧洲法为例,《一般数据保护条例》就基于未成年人保护的特别考虑,专门规定"关于

① 张新宝:《个人信息收集:告知同意原则适用的限制》,《比较法研究》2019 年第 6 期。

② ［德］卡尔·拉伦茨:《法律行为解释之方法——兼论意思表示理论》,范雪飞、吴训祥译,法律出版社 2018 年版,第 35—36 页。

直接向儿童提供信息社会服务的,对16周岁以上儿童的个人数据的处理为合法。儿童未满16周岁时,数据处理在征得监护人同意或授权的范畴内合法。成员国可以通过法律对上述年龄进行调整,但不得低于13周岁"。[①]

其次,是意思表示的有效性。各国对用户意思表示的区别标准主要可分为两类:明示的意思表示和默示的意思表示。所谓明示的意思表示,是指行为人以作为的方式使得相对人能够直接了解到意思表示的内容,包括表意人采用口头、书面方式直接向相对人作出的意思表示;默示方式作出的意思表示,是指行为人虽没有以语言或文字等明示方式作出意思表示,但以行为的方式作出了意思表示。明示同意和默示同意作为知情同意的两种意思表示,均存在其合理性,不过对于默示同意是否具备和明示同意的同等效力,却仍然存在争议。事实上,必须将用户知情后的主动同意作为一项必需的采集正当化前提,还是可凭借用户的不作为表现径直推定用户的知情同意,转而赋予用户不同意继续被采集时的拒绝权利——这项区别标准是意思表示的划分之关键。有学者认为,"默许同意"的表达,容易混淆默示和沉默的规范差异,应当慎用。[②] 尤其是沉默仅在法律规定、当事人约定或者符合当事人之间的交易习惯时才可以视为意思表示。

在具体的实践中,欧盟的现行法就明确表示,同意必须以用户积极、主动的方式作出,沉默、默认勾选的对话框或者不作为不构成同意。例如在GDPR中,就将同意界定为是"数据主体通过声明或明确肯定方式,依照其意愿自愿作出的具体的、知情的及明确的意思表示,意味着数据主体同意其个人数据被处理"。[③] 而在我国,《个人信息保护法》出台以前,我国知情同意的意思表示

---

① 京东法律研究院:《欧盟数据宪章:〈一般数据保护条例〉GDPR评述及实务指引》,法律出版社2018年版,第35页。

② 陆青:《个人信息保护中"同意"规则的规范构造》,《武汉大学学报(哲学社会科学版)》2019年第5期。

③ 京东法律研究院:《欧盟数据宪章:〈一般数据保护条例〉GDPR评述及实务指引》,法律出版社2018年版,第35页。

主要依据的是《民法典》第一百四十条规定：行为人可以明示或者默示作出意思表示。沉默只有在有法律规定、当事人约定或者符合当事人之间的交易习惯时，才可以视为意思表示。工信部2013年颁布的首个个人信息保护国家标准《信息安全技术 公共及商用服务信息系统个人信息保护指南》中，第5.2.3条也作出了明确规定：处理个人信息前要征得个人信息主体的同意，包括默许同意或明示同意。收集个人一般信息时，可认为个人信息主体默许同意，如果个人信息主体明确反对，要停止收集或删除个人信息；收集个人敏感信息时，要得到个人信息主体的明示同意。[①]《个人信息保护法》的出台则规避了现行法中默示同意可能存在的法律风险，如第十四条明确了"基于个人同意处理个人信息的，该同意应当由个人在充分知情的前提下自愿、明确作出"。不过，《个人信息保护法》并未对"明确作出"的含义进行具体说明。而这可能会引发两个问题：首先，"明确"的含义不明，可能导致信息处理者将主体的其他意思表示作为授权同意的依据，例如默示同意甚至沉默等，而这可能引发信息处理者的肆意攫取行为。其次，如果将"明确作出"的含义等同于"明确的意思表示"，那也不能表明主体的行为是"引发特定法律效果意愿的宣告"。[②]例如，过于专业、复杂的隐私协议对信息主体理解内容造成了困难，而授权同意只需点击屏幕进行勾选，那么信息主体的授权同意或许只是一种形式上的同意，并不符合意思表示的第二层含义。本书认为，可以对信息主体的授权处理方式作出进一步规定，并考虑简化隐私协议，或使用动态同意的方式。

第二，减少撤回同意对数字经济发展的负面影响。设立撤回同意机制的目的，是为了最大限度地保障信息主体的个人信息自决权，避免个人尊严和行动自由受到之前同意表示的拘束，进而妨碍其人格的自由塑造。然而不可否认的是，撤回同意行为的发生必然使得信息处理者蒙受经济上的损失。

---

① 王进：《论个人信息保护中知情同意原则之完善——以欧盟〈一般数据保护条例〉为例》，《广西政法管理干部学院学报》2018年第1期。

② 万方：《个人信息处理中的"同意"与"同意撤回"》，《中国法学》2021年第1期。

以 GDPR 为代表的欧盟法案早在 2018 年就对信息主体的同意撤回权进行明确,其中第 7 条第 3 款规定,在作出同意前,信息主体必须在作出同意前被告知其撤回权,且撤回同意应与作出同意同样容易。不过,信息主体的同意撤回并不影响在撤回前基于同意对其个人数据的处理,对于这一点,信息主体也应当被告知。前述规定使得信息处理者获得了新的挑战与压力,相关企业不仅需要在确保合法性的基础上修订隐私条款,甚至可能需要相关组织内部流程的改变,以确保撤回同意与给出同意的便利程度相当。

在《个人信息保护法》颁布以前,我国尚未正式提出过有关知情同意的撤回机制。而《个人信息保护法》的颁布使得撤回同意得以明确:基于个人同意处理个人信息的,个人有权撤回其同意。个人信息处理者应当提供便捷的撤回同意的方式。此外,还明确:个人撤回同意,不影响撤回前基于个人同意已进行的个人信息处理活动的效力。该法第十六条也表明,个人信息处理者不得以个人不同意处理其个人信息或者撤回同意为由,拒绝提供产品或者服务;处理个人信息属于提供产品或者服务所必需的除外。

为了降低撤回同意可能对数字经济产生的负面作用,本书认为,应当鼓励平台向用户提供差异化的隐私协议,并依据用户授权同意的信息内容提供相应服务。实际上,信息主体对于自身信息的敏感度存在区别。美国学者威斯汀从隐私关注角度,将用户划分成三类:隐私基要主义者,无隐私论者和隐私实用主义者。隐私基要主义者会将大部分的个人信息视作隐私,极少公开自己的隐私信息;无隐私论者不会将自己的大多数个人信息视作隐私,并倾向于向他人提供个人信息以换取最大程度的利益;隐私实用主义者则介于两者中间,对于隐私和个人信息的界定,以及对于出让隐私获取利益的程度视实际情况而定。[①] 基于此,个体对信息隐私的管理与保护方式也应是多元且丰富的。他们不仅可以选择授权同意,也有权利拒绝同意、撤回同意,或是要求限制信

① 申琦:《利益、风险与网络信息隐私认知:以上海市大学生为研究对象》,《国际新闻界》2015 年第 7 期。

息处理者对本人信息的处理,隐私协议的差异化定制能够满足不同用户的多元需求。阿里巴巴旗下人工智能终端天猫精灵就采取了上述方式,其隐私协议政策中将信息主体提供的信息区分为个人信息和个人敏感信息,将天猫精灵提供的服务区分为基本功能和附加功能,并在协议中明确:如果用户拒绝授权天猫精灵收集并使用基于实现基本功能所必需的信息,那么用户将无法正常使用产品和相关服务;如果用户拒绝授权天猫精灵收集并使用基于实现附加功能所必需的信息,那么用户将无法正常使用产品拟达到的全部功能效果,但是不会影响基本功能的正常使用。表 5-1 是对天猫精灵隐私协议政策中部分内容的整理,该协议声明了其提供的基础功能所需对应获取的信息及其类别,如若用户需要使用天猫精灵的某项基础服务/功能,就必须提供该服务/功能所需要的个人信息,而无须提供其他个人信息。

这一举措无疑为用户提供了更多的选择权,用户将不必为了自己不需要的功能而被强制性出让个人信息的处理和使用权限,若其意图撤回对个人敏感信息的同意授权时,也不会妨碍对产品的正常使用。试想一下,如果一位隐私基要主义者基于保护自身隐私的需求选择撤回对个人敏感信息的授权同意,鉴于隐私协议中的分级制度,用户的信息自决权获得了充分的保障,商业机构的部分利益也得以保全。

表 5-1　天猫精灵提供的部分服务/功能与需要对应获取的信息及其类别

提供服务/功能	服务/功能类别	个人信息	信息类别
终端配网	基本功能	移动设备的位置权限; 选取的 Wi-Fi 网络和密码	个人信息
智能语音服务	基本功能	语音会话、音频信息	个人信息
安全保障	基本功能	设备信息、服务日志信息	个人信息
个性内容推荐	基本功能	语音输入内容、点击与浏览页面记录	个人信息

续表

提供服务/功能	服务/功能类别	个人信息	信息类别
完成下单	基本功能	收货人姓名、收货地址、收货人联系电话	个人敏感信息
完成支付	基本功能	支付宝账户及/或手机号码、订单信息	个人敏感信息
IoT(物联网)设备连接	基本功能	Wi-Fi信息、位置信息、登录账号信息、手机相关信息,IoT智能设备相关信息,天猫精灵(淘宝)账号	个人敏感信息

第三,企业和平台明确知情同意的事项告知。在各国的现行法律中,知情同意的事项告知主要以信息主体的"充分告知"为准则。"充分告知"指的是信息处理者应当将收集、处理信息的目的、方式和范围等内容悉数告知信息主体。可以明确的是,信息主体的充分知情必然要求信息处理者的充分告知,然而信息处理者的充分告知并不意味着信息主体的充分知情。信息主体的充分知情是一种十分理想的状态,在现实语境下存在相当的实践难度。究其原因,一方面,大段文字的事项告知给信息主体的阅知带来沉重的负担,信息主体往往选择略过阅知环节直接点同意,这导致隐私声明的作用被"架空",大大削弱了信息主体对其个人信息的控制权利;另一方面,隐私协议的签署往往早于信息收集和处理行为的发生,因而信息主体和信息处理者均不能在签署协议时预知信息利用的目的,这使得信息处理者的收集和处理工作在法律的保护之外,随时可能承担触犯法律的风险。

目前,各国的个人信息保护法案都将信息处理者的告知行为作为其采集和利用信息的义务之一,并对其需要告知的内容进行了具体罗列。以我国个人信息保护法为例,其中第十七条明确:个人信息处理者在处理个人信息前,应当以显著方式、清晰易懂的语言真实、准确、完整地向个人告知下列事项:(1)个人信息的处理目的、处理方式,处理的个人信息种类、保存期限;(2)个人信息处理者的名称或者姓名和联系方式;(3)个人行使本法规定权利的方式和程序；（4）法律、行政法规规定应当告知的其他事项。不过各国法案均未对告知的形式效果作出明确要求。本书认为，要避免知情同意沦落为形式上的同意，破除知情同意的实践困境，通过强制性告知、动态性告知和重点内容告知的形式，并鼓励通过答题奖励等模式强化告知效果，从而实现信息主体在最大限度上的充分知情。

所谓强制性告知，指的是通过时间限制，强制信息主体停留在隐私协议界面对信息授权协议进行阅览并授权同意，否则无法进行下一步操作。目前已有部分服务商采取了此类告知模式，例如中国银行 App 需要用户在指定界面停留 30 秒方可进行其他操作。然而这样的告知模式可能招致部分用户的抵触，因而目前采取此类告知模式的服务商较少，且大多采取此类告知模式的服务商强制信息主体在隐私协议界面停留的时间仅为 3—5 秒。

动态性告知指的是信息处理者依据自身对信息收集和处理的需求，分内容、分阶段地对信息主体履行告知义务，如此每一次弹出的用户协议内容篇幅能够相对缩短，对信息主体的阅览也更为友好。不过该模式对信息处理者的法律素养要求较高，操作也更为烦琐，目前极少有互联网服务商采用此类模式。

而第三类模式——重点告知则为较多服务商所采纳。重点告知是指通过特殊标识、重点前置等方式对重点内容进行突出强调，从而吸引信息主体对隐私协定中重要内容的关注，支付宝用户授权协议、微信支付用户协定都采用了此类方式。不过重点告知同样存在其固有缺陷，它默认了用户的主动阅知行为，但在实践中信息主体往往会略过这一环节。

除了告知形式以外，立法上也可以考虑追加信息处理者对告知效果进行测定的义务和责任。例如，用户需要在阅读隐私政策后对协议中的相关内容进行作答，以此测定用户对协议的知情程度。不过，这一模式仍然过于理想化地将信息利用方看作为信息主体的“守夜人”，在实践中，不乏信息利用方刻意借助“明确事项告知”的规则作为架空知情同意的手段，对信息主体的自决权进行大肆侵犯。

总的来说,如果能够在相关立法中对信息利用者的告知形式和告知效果进一步明确和规范,那将在极大程度上弥补知情同意的现有缺陷,从而加强信息主体对其个人信息的控制权利。

二、监管:信息隐私保护立法与决策落地的保障性路径

个人信息隐私决策在表面上赋予了个人极大的权利选择如何使用和保护自己的信息隐私。个人虽然被互联网赋能、赋权,但在社会权力结构中作为一支崛起力量的却是网络运营商,即“平台”。在当前数字经济为主导的信息社会中,互联网平台几乎已经逐渐成为组织和架构社会所有领域的新的方式,[①]也因其在社会生活的地位和作用而被称为“私权力”。过去,国家是信息生命周期的主要管理者,隐私保护主要针对公权力。新技术条件下,国家不再是处理、控制和管理信息生命周期的唯一实体,信息寡头企业获得过滤、聚合与协调信息的强大权力,更是一跃成为隐私侵犯的重要威胁。[②] “私权力”的崛起主要体现在以下四个方面:第一,数据成为互联网时代的重要生产资料,而这些生产资料主要由“私权力”掌握。第二,“私权力”成为网络空间的规则制定者,并深刻地影响着社会生活。第三,“公权力”和“私权利”的行使都越来越依赖“私权力”。网络运营商利用其平台和技术掌握着大量信息,使得公权力在履行职能的过程中越来越依赖其配合与协助。第四,“私权力”越来越深入地参与到社会管理中。[③] 有研究者认为,互联网“基于法律授权、公权力委托以及某些私主体在技术、平台和信息等方面的优势,打破了传统的‘公权力:

① 席志武、李辉:《平台化社会重建公共价值的可能与可为——兼评〈平台社会:连接世界中的公共价值〉》,《国际新闻界》2021 年第 6 期。

② 余成峰:《信息隐私权的宪法时刻规范基础与体系重构》,《中外法学》2021 年第 1 期。

③ 雷丽莉:《权力结构失衡视角下的个人信息保护机制研究——以信息属性的变迁为出发点》,《国际新闻界》2019 年第 12 期。

私权利'的二元架构，形成了'公权力：私权力：私权利'的新架构"。[1] 因此，"公权力"与"私权力"之间应如何平衡，以实现对"私权利"即个人信息隐私的保护，信息主体能重新控制个人信息隐私，这是本章需探讨的内容。将"私权力"置于"公权力"监管之下成为重要的解决的路径之一。目前治理多是事后救助，如工信部将制定 App 系列行业标准，应用商店违规将入不良名单，作为惩罚。但从周期上来讲，更严格准入机制，能够更加有效地实现监管的功能，亦是实现本书第一章所要讨论的个人信息社会控制的保障措施。

需要进一步细化规范。对何种类型的信息具有收集、控制和转移的权力，对何种信息不具备上述权力，需要进一步细化，如最少收集原则的细化。随着"同意"的规定越来越具体，被监管者在制定隐私政策时也会相应更加具体（实际上促成了被监管者有针对性逃避监管）。政府通过立法规范和政策制定，细化个人信息保护的既有法律规定，对《网络安全法》关于个人信息保护的原则性要求进行了细化说明。近年来，我国对个人信息保护的力度不断加大，各类法律规范、立法草案不断出台，其主要特点在于细化说明了《网络安全法》中规定的"必要""明示"等的具体含义和要求，结合不同场景下对企业保护隐私提出不同要求，明确了违法违规行为的具体表现形式等。2019 年 12 月，我国开展网络隐私专项治理活动期间，将"以默认选择同意隐私政策等非明示方式征求用户同意"认定为 App 违法违规收集使用个人信息行为。[2] 要求企业细化选项设置，真正保障个人的知情权与选择权，这是政府在治理实践过程中不断丰富对法条规定的阐释。比如，我国《刑法修正案（七）》《刑法修正案（九）》等将"向他人出售或者提供公民个人信息"定为"侵犯公民个人信息罪"。

---

① 周辉：《技术、平台与信息：网络空间私权力的崛起》，《网络信息法学研究》2017 年第 2 期。

② 《关于印发〈App 违法违规收集使用个人信息行为认定方法〉的通知》，2019 年 12 月 30 日，见 http://www.cac.gov.cn/2019-12/27/c_1578986455686625.htm。

又如 2019 年 12 月,中央网信办、工信部、公安部、市场监管总局四部门在近一年 App 违法违规专项治理工作基础上,制定发布了《App 违法违规收集使用个人信息行为认定方法》,确定了“必要”是指实现业务功能所必需,如改善服务质量、提升用户体验等不属于必要范围,“明示”要求逐项列举、目的明确、易于理解,收集使用规则更新时提示用户等;2020 年 3 月发布的《信息安全技术 个人信息安全规范》,明确规定收集个人生物识别信息需单独告知使用目的、方式和范围,并且原则上不应存储原始个人生物识别信息。法规强调企业必须“单独告知”和“明示同意”,正是对企业要依据情景改变风险提示设计作出的要求。再如 2019 年 8 月发布的《信息安全技术 移动互联网应用(App)收集个人信息基本规范(草案)》(以下简称《规范》)针对频繁申请获取权限的做法作出规定,“用户明确拒绝使用某服务类型后,App 不得频繁(如每 48 小时超过一次)征求用户同意使用该类型服务,并保证其他服务类型正常使用”。事实上,我国 2017 年 6 月起开始施行的《中华人民共和国网络安全法》,便已经强调网络用户的知情权和控制权,如要求网络运营者应当明示收集、使用信息的目的、方式和范围,并经被收集者同意。但是《网络安全法》的规定不够具体,《规范》则弥补了这一点,更为细致地对敏感信息和个人信息都提出不同的收集要求。

近年来,人脸识别技术在支付转账、换脸娱乐、政府办事、在线教育等场景落地加快。人脸识别在便利生活的同时,也存在滥用现象,“未经同意收集”和“强制收集”共存,带来了极大的信息泄露隐患。《人脸识别应用公众调研报告(2020)》①调研的 2 万余名公众中,超过三成的受访者表示已因人脸信息泄露、滥用等遭受损失或隐私被侵犯,六成受访者认为人脸识别有被滥用的趋

① App 违法违规收集使用个人信息专项治理工作组、南方都市报个人信息保护中心 · 人工智能伦理课题组:《人脸识别应用公众调研报告(2020)》,见 https://wenku.baidu.com/view/34e2c242ed06eff9aef8941ea76e58fafab045c8.html?_wkts_=1696926079957&bdQuery=%E4%BA%BA%E8%84%B8%E8%AF%86%E5%88%AB%E5%BA%94%E7%94%A8%E5%85%AC%E4%BC%97%E8%B0%83%E7%A0%94%E6%8A%A5%E5%91%8A%282020%29。

势。人脸识别场景中,有未征得主体同意就收集人脸信息的情况。曾经有记者探访北京多家售楼处,发现均安装摄像头对看房者进行人脸识别,带来价格歧视。[①] 部分人脸识别场景还存在强制使用问题,如“刷脸进社区频繁引争议”,[②]“杭州姚先生因未录入人脸识别被拒进健身房”。[③] 新京智库调研的《人脸识别技术滥用行为报告(2021)》显示,超五成的受访者表示是“被迫强制使用”人脸识别。其中门禁考勤、交通安检、身份核验成为最常见的强制使用场景。针对人脸识别遭滥用的情况,著名民法学家王利明指出,“有些使用已经明显超出公共利益范畴。未经权利人‘明确同意’的采集,应该符合公共利益的需要。这可能是防范人脸识别技术被滥用最重要的规则。并非所有的机构都能够进行人脸识别信息的收集”。[④]《个人信息保护法》将人脸信息等个人生物特征列为敏感信息,对此类信息的处理须具有“特定的目的和充分的必要性”,然而何为“特定的目的”与“充分必要性”在实践中仍会有较大争议,对人脸识别的使用边界需加快厘清。

在推进个人知情方面,近年来我国政府出台了大量的推进个人知情的管理细则,要求在网络信息隐私收集、处理、应用等各个环节,企业都应当明确告知个人并且给予个人充足的选择权。在 2019 年 12 月发布的《App 违法违规收集使用个人信息行为认定方法》中,细化“收集的个人信息类型或打开的可收集个人信息权限与现有业务功能无关”时可视为收集与服务相关的信息。然而,在智能视听时代,每款手机应用可以提供的服务范围和所需信息都相当广泛,这可能带来“与业务无关”的信息难以界定的情况,给予企业“打擦边

① 新华每日电讯:《售楼处看个房就被抓拍,人脸识别滥用又多一例》,2020 年 11 月 30 日,见 https://baijiahao.baidu.com/s? id=1684750100019916003&wfr=spider&for=pc。

② 《突然变成刷脸才能进小区:物业有权强制采集人脸信息吗?》,《工人日报》2020 年 10 月 1 日。

③ 《续卡要求“人脸识别”:杭州涉事健身房:不同意可退款或转店》,澎湃新闻,2021 年 2 月 8 日。

④ 《王利明:人脸信息是敏感信息和核心隐私应该强化保护》,2021 年 1 月 26 日,见 http://epaper.bjnews.com.cn/html/2021-01/26/content_796799.htm。

球”的空间,也导致用户不得不选择披露相关信息以获取相关服务。

除《网络安全法》不断细化外,在2021年8月《个人信息保护法》出台后,我国最高人民检察院随即下发了《关于贯彻执行个人信息保护法推进个人信息保护公益诉讼检察工作的通知》(下称《通知》)。正如第一章提到的,在加强个人信息隐私控制权的语境下,《通知》进一步规范了公益诉讼案件办理的相关问题,要求检察履行好公益诉讼检察的法定职责,减少因个人实力无法平等与信息处理者对话而导致的私权利受损,实现更有效的“公权力”对“私权力”的规范,加强信息隐私的“社会控制”。

对重点行业进行全方位重点监管。第三章提到,有限理性意味着人们会为了眼下的快捷与便利,不会过多关注各个平台的隐私保护具体条例与政策,直接勾选同意,以快速使用平台功能。因此公权力在保护个人信息隐私的时候,要先注重对重点行业的监管,涉及公民常用的、关切重要个人利益的部分,重点监管。而监管的内容则包括维护消费者的权利、制定隐私标准、对算法进行监管、对数据流的监督和调整,处理平台纠纷、反托拉斯、问责制、制定商业和税收法律等。① 有网友在微博上爆料,通过下载监测软件,发现美团App以5分钟为间隔,从凌晨到深夜持续索取个人定位信息。② 这种与平台主要服务内容不相关的要求,以如此高强度的频率监测个人信息,引发了网友们的担心和讨论。除此之外,频繁获取隐私的行为也将消耗系统内存,消耗电池续航,降低用户使用体验。美团有工程师对这种情况进行回应,称大部分主流App监测也会得到相似结果。后《南方都市报》记者实测也发现,金融支付类平台支付宝、中国农业银行,游戏类平台王者荣耀等App都有连续访问用户位置信息的记录,王者荣耀和大众点评曾在2分钟内连续获取3次位置信息。淘

① 席志武、李辉:《平台化社会重建公共价值的可能与可为——兼评〈平台社会:连接世界中的公共价值〉》,《国际新闻界》2021年第6期。

② 《美团被曝疯狂获取定位:5分钟一次、24小时不间断》,2021年10月,https://www.163.com/tech/article/GLUPIV2O000999LD.html。

宝、闲鱼均曾有多次读取用户相册的记录。对外经济贸易大学数字经济与法律创新研究中心执行主任许可认为,这种连续收集用户信息的行为,有可能是因互联网平台为了即时满足用户需要、迅速给出反馈而做的信息预收集和预处理。但对于普通消费者来说,则会担心自己的信息被滥用。对此类普通用户日常会使用的、关切到人们衣、食、住、行、娱乐等相关生活体验的服务提供商,应当被视为重点监管对象。①

私人汽车出行数据也越来越受到关注。2021 年,以自动驾驶为傲的特斯拉的行车数据问题引发热议。在上海车展期间,有特斯拉车主到现场维权,指责车辆刹车失灵,并表示特斯拉所声称的车辆行驶数据不实,特斯拉在 4 月 22 日将事故前 1 分钟行车数据公开,这就涉及车辆数据的权属问题。目前新能源汽车、智能驾驶技术进入大众出行场景,人们的出行信息在智能出行的语境中成为天然的电子数据。北京无人科技研究院院长李小光表示,一辆无人驾驶汽车每秒可产生海量数据,这些数据对于汽车制造商、移动运营商、保险公司、饭店、酒店和其他服务提供者来说,具有巨大的价值。象征着价值与商业化的数据被觊觎,就更容易被泄露。② 面对这种新型数据的权属问题,国内的法律目前还没有定论,但从各类新闻报道中我们也可得知,实际控制权还是在车企手中。那么当行车信息的真正主体需要调取或查看相关信息时,则面临较大的困难,国内目前也没有明确的法律法规支持或保护个人在此方面的相关利益,以至于出现争议时,若非企业自愿(如特斯拉在网友的压力下,公开事故前 1 分钟行车数据),车主索取行车数据的行为难有法律支撑。

2021 年 8 月 16 日,国家互联网信息办公室、国家发展和改革委员会、工业和信息化部、公安部、交通运输部联合发布《汽车数据安全管理若干规定

---

① 孙朝:《多款应用被指频繁定位,实测:王者荣耀支付宝美团有类似行为》,2021 年 10 月 13 日,见 https://3g.163.com/dy_x/article/GM70KP1005129QAF.html。

② 郭媛丹:《智能汽车信息安全如何保障?专家荐三项技术:中国有制定数据安全国际标准话语权》,2021 年 4 月 8 日,见 https://3w.huanqiu.com/a/5e93e2/42dl5wZkUw3? agt=10。

(试行)》(以下简称《规定》),对汽车数据作出如下定义:"包括汽车设计、生产、销售、使用、运维等过程中的涉及个人信息数据和重要数据。""汽车数据处理,包括汽车数据的收集、存储、使用、加工、传输、提供、公开等。"而此条《规定》适用对象,即"汽车数据处理者,是指开展汽车数据处理活动的组织,包括汽车制造商、零部件和软件供应商、经销商、维修机构以及出行服务企业等",可以说是覆盖了汽车从生产到销售到使用的上中下游各个环节、各个行业。另外,《规定》中的"重要数据"是指"一旦遭到篡改、破坏、泄露或者非法获取、非法利用,可能危害国家安全、公共利益或者个人、组织合法权益的数据"。《规定》不仅体现了公权力对私权利的保护,更是将国家安全、公共利益放到更为重要的地位,体现出信息安全的社会控制对宏观、中观、微观的总体保障。最后,《规定》新增了"车内""车外"的区域概念,是针对汽车使用真实场景而设置的概念,汽车在车内可以收集车主、驾驶员及乘客的信息,车外可以收集行人、沿途道路及城市的数据信息。再结合《规定》第六条及第八条,倡导汽车数据处理者在开展汽车数据处理活动中坚持下述原则:"车内处理原则,除非确有必要不向车外提供;……""因保证行车安全需要,无法征得个人同意采集到车外个人信息且向车外提供的,应当进行匿名化处理",场景化地规范了行车过程中对内外多个场景、多个可能被侵犯隐私的主体的权利保护。

规制的同时,也要考虑企业合规的成本。中国公司的合规实践有若干不同起源。在 2004 年,证监会于证券公司设立了合规总监,需要向公司和证监会负责。之后国资委借鉴设立了总法律顾问,银行业等也确立了这一职位。除此之外,商务部也曾发布了汽车业合规指南。当前看来,大企业不断平衡权益,每当新的法律法规出台后立刻进行合规操作,小企业未必有着完整的操作链条与法务组,从而难以准确表达信号,并使用户易于理解。对企业的保护也要在确保透明度的同时,保证企业的权利。一方面,在加强立法的基础上,要细化实施准则;另一方面,要思考如何降低企业的合规成本。过高的合规条件与合规成本,反而会影响信息经济的发展。

妥当的合规计划,可以帮助企业减免自身的刑事责任风险和其他法律责任风险。清华大学法学院教授黎宏认为,企业合规的主要目的:一是以公权力介入企业内部的经济活动,让其遵纪守法,换取企业在经营行为引起了危害结果时,可以从宽处理的优遇,从而达到事前预防企业犯罪的效果;二是在企业活动中出现违法犯罪时,将守法企业和违法员工的行为切割,从而达到保全企业,惩罚个人,将企业特别是大型企业因为犯罪受罚而产生的社会震荡效果降低到最低。① 2018年"中兴事件"以来,大企业合规的必要性开始为众人所知,美国商务部派驻合规员霍华德至中兴总部,可接触相关员工、账目、记录、文件、审计、报告和技术信息等众多企业运营核心内容,也给不少中国企业敲响了合规的警钟。

近年来,我国最高检对服务和保障民营企业发展高度重视,先后制定实施了《关于充分发挥检察职能依法保障和促进非公有制经济健康发展的意见》《关于充分履行检察职能加强产权司法保护的意见》《关于充分发挥职能作用营造保护企业家合法权益的法治环境支持企业家创新创业的通知》等指导意见与通知。2018年11月,最高检又在此基础上,发布《充分发挥检察职能为民营企业发展提供司法保障——检察机关办理涉民营企业案件有关法律政策问题解答》,以进一步统一、规范涉民营企业案件的执法司法标准,加强对民营企业的司法保护。②

单一政府监管,存在成本过高和效益不佳的问题。随着信息经济的迅速发展,各类信息服务平台如雨后春笋,形式创新,内容多样,但也带来了较大的监管问题。政府单方势力在面对海量新兴服务样式的时候,也难以万全。以

---

① 蒋安杰:《企业合规:企业治理模式的司法探索》,2021年3月17日,见 http://epaper.legaldaily.com.cn/fzrb/content/20210317/Articel09003GN.htm。

② 最高人民检察院:《最高检发布首批涉民营企业司法保护典型案例》,2019年1月17日,见 https://www.spp.gov.cn/xwfbh/wsfbt/201812/t20181219_405690.shtml#1。

App 治理为例,《北京商报》2021 年 3 月 22 日刊文《网络直播等无须收集个人信息 用户协议“强行同意”可不行》指出:“过去两年间,工信部曾多次牵头整顿 App 运营方过度收集个人信息的相关操作。为不同场景类型 App 画定了操作红线……但仍然存在机构脚踩红线、整而不改的情况。”记者在通报时过一年后,再次下载并注册问题软件时,发现仍旧存在不同意收集权限就无法使用服务的情况。除了整而不改外,不少机构存在打折整改,打擦边球的情况。[①] 在金融 App 领域,《北京商报》2020 年 12 月 25 日刊发《移动金融 App 治理周年:多数加速备案 少数屡犯不改》指出:“移动金融 App 治理核心问题就是个人信息违规收集,很多 App 屡犯不改,而且会改头换面,用各种伪造的借口收集个人信息……也有部分机构存在一定程度的侥幸心理,不开展合规工作、打折完成合规工作,在业务开展过程中浑水摸鱼。”[②]在娱乐 App 中,有网友反映壁纸 App 惊现万字长文隐私政策,虽然表面上看是符合规定,加强隐私政策的透明性;但实际上是为了保底将所有可能包含在内的信息全部列出来,加剧了隐私政策内容的晦涩难懂、冗长烦琐。App 专项治理工作组多次发文,批评“万字长文隐私政策”已经不是公开透明原则落实后的“亮点”,而是忽视必要原则的“痛点”。[③] 可见,当前移动 App 市场点小面广,面面俱到检测整改每个 App 恐成难事。

第三方规制,独立机构登场。政府监管范围难以覆盖日益膨胀的“私权力”时,个人信息隐私保护中的“盲点”即会出现,如强制收集个人信息、“大数据杀熟”、未经授权的个性化推送等。为了更好保护公民信息隐私数据,独立

① 陶凤、刘瀚琳:《网络直播等无需收集个人信息 用户协议“强行同意”可不行》,2021 年 3 月 22 日,见 https://baijiahao.baidu.com/s? id=1694932756626573889&wfr=spider&for=pc。

② 岳品瑜、刘四红:《移动金融 App 治理周年:多数加速备案 少数屡犯不改》,2020 年 12 月 25 日,见 https://baijiahao.baidu.com/s? id=1686980088723114514&wfr=spider&for=pc。

③ App 专项治理工作组:《关于督促 40 款存在收集使用个人信息问题的 App 运营者尽快整改的通知》,2019 年 7 月 25 日,见 https://cj.sina.com.cn/articles/view/1455153401/p56bbe0f902700gl6r。

于政府和企业的第三方机构需要评估企业信息收集与处理的过程。我国2021年出台的《个人信息保护法》已经开始在立法层面上提出为超级平台增设独立外部机构的要求。《个人信息保护法》第五十八条明确规定,“提供重要互联网平台服务、用户数量巨大、业务类型复杂的个人信息处理者,应当履行下列义务:(一)按照国家规定建立健全个人信息保护合规制度体系,成立主要由外部成员组成的独立机构对个人信息保护情况进行监督;……(三)对严重违反法律、行政法规处理个人信息的平台内的产品或者服务提供者,停止提供服务”,并要求独立机构定期发布个人信息保护社会责任报告,接受社会监督。

在此之前,法学家丁晓东教授提出,单一个体或消费者很难对企业等信息收集者与处理者进行监督,但各类公益组织和政府机构可以成为消费者集体或公民集体的代言人,对个人信息保护进行有效监督。各级消费者权益保护委员会可以针对企业在个人信息保护方面的一些不当行为提起公益诉讼,检察机关也可对此开展公益诉讼的探索。[①] 张新宝教授直言,“外部独立机构能够独立到什么程度、多大程度会受到头部企业掣肘,比如机构运行中的资金问题等,独立性在这个地方表现得是不充分的。只有独立机构不受到企业本身的制约,才能发挥其监督作用”[②]。

增设独立的外部机构评估信息数据保护安全性的做法并非中国首创,在欧盟,根据GDPR要求,核心活动涉及处理或存储大量的欧盟公民数据、处理或存储特殊类别的个人数据(健康记录、犯罪记录)的组织必须指定数据保护官(Data Protection Officer,简称DPO)。欧美国家早在2000年开始,已有至少数百家公司设有DPO的职位,如花旗集团、美国运通、惠普、微软、脸书等。

在欧盟,用户量超过4500万人的科技公司可能被认定为“守门人”企业。

① 丁晓东:《个人信息私法保护的困境与出路》,《法学研究》2018年第6期。

② 孙朝:《专家热议个保法二审稿:平台成立外部监督机构能真正独立吗?》,2021年5月28日,见https://www.sohu.com/a/465250390_161795。

中国社科院法学研究所副所长周汉华曾表示，“提供基础性互联网平台服务、用户数量巨大、业务类型复杂的个人信息处理者与国际上对‘守门人’企业的规定有异曲同工之处”①。在GDPR生效一年后，越来越多的证据表明，它代表着欧洲的一场代价高昂的胜利，尚不清楚大多数欧盟公民对GDPR限制他们获得全球市场创新收益有多大支持。与此同时，欧洲工业在与北美或亚洲竞争对手争夺自主汽车、可穿戴技术、虚拟医学、智能工厂或智能城市等尖端技术的市场上正步履蹒跚。

由于发展体量不同，无论是基础服务，还是用户数量，国内与欧盟对守门人的认定标准都将不一样，“这取决于后续的实施细则”②。周汉华指出，互联网公司的算法不透明，内部治理结构在某种程度上也不透明。对守门人企业而言，实施上述规定，让外部人士参与公司的内部治理，可加强它们的社会责任，增加它们的透明度。③

对于守门人企业与“超大平台承担更多个人信息保护义务”这一议题在本章第二节仍会进一步讨论。总体来说，将企业按照营业能力、影响范围等多个维度进行区分，对于信息隐私保护来说是一个重要的突破。成为守门人企业意味着更高的合规成本，那么率先应当承担起此责任的必定是更大的平台。在充满竞争的市场中找到盈利与信息保护的平衡木，守门人企业与“平台分级”都是不错的开始。

三、竞争：作为产品的平台何以在市场化环境中保护信息隐私

劳伦斯·莱斯格（Lawrence Lessig）教授提出：规制科技的方式方法除了

① 孙朝：《专家热议个保法二审稿：平台成立外部监督机构能真正独立吗?》，2021年5月28日，见https://www.sohu.com/a/465250390_161795。

② 尤一炜、孙朝、樊文扬：《个保法拟规定死者信息由近亲属处理，平台不能证明无过错应担责》，2021年4月28日，见http://smart-alliance.com/zh-cn/news_ms_5226.html。

③ 尤一炜、孙朝、樊文扬：《个保法二审稿拟规定：增设独立机构监督超大平台处理个人信息》，2021年4月26日，见https://new.qq.com/rain/a/20210426A0ERZQ00。

法律,还包括准则、市场以及架构。[①] 从“安全”的角度看,也不能过度限制“私权力”,反而需要更多地赋权于“私权力”。即在市场化的环境中,各类平台之间通过竞争与博弈,一方面从产品思维来看待信息隐私保护,将此举视为平台产品的一项竞争力;另一方面通过信息隐私保护增强企业与用户之间的信任纽带。平台从作为被监管的对象,向主动把握品牌竞争力转向,是一种更为健康的信息数据保护模式。

面对数据资源,企业与企业之间存在的是竞争关系。围绕着数据所有权和使用权,许多企业开启了法律诉讼,但存在许多争端。事实上,在许多市场恶性竞争中,已经将信息隐私作为攻击对手的一种手段。比如,在网络运营商之间的不正当竞争之诉中,屡屡看到网络运营商将保护个人信息作为对抗其他运营商使用数据的理由。例如,在“新浪微博”诉“脉脉”不正当竞争案中,“新浪微博”就以保护其用户的个人信息作为其禁止“脉脉”使用其数据的理由之一。可见,保护用户的个人信息往往成为网络运营商保护其竞争利益的借口和工具。在美国的 hiQ Labs 诉 LinkedIn 案中,LinkedIn 也以同样的理由禁止 hiQ Labs 使用其用户数据。LinkedIn 是微软旗下拥有 7 亿多用户的职场社交平台,大量用户在该平台上公开自己的教育背景、从业经历等个人信息。hiQ Labs 是一家数据分析公司,该公司官网介绍“运用机器学习技术向企业提供员工离职风险和技能分析,帮助 HR 更好地做决策”。LinkedIn 对 hiQ Labs 的诉讼始于 2017 年,反对 hiQ Labs 用机器人在网站上抓取用户资料。在该诉讼中,LinkedIn 援引了美国反黑客的《计算机欺诈和滥用法案》(Computer Fraud and Abuse Act,以下简称 CFAA),该法案禁止未经授权访问他人计算机。LinkedIn 称,hiQ Labs 对用户数据的大规模自动抓取,违反了 LinkedIn 用户协议中的访问和使用限制,等同于黑客行为,威胁到用户的隐私。有律师认

① Lawrence Lessig, *Code: And Other Laws of Cyberspace, Version* 2.0, New York: Basic Books, 2006, p. 124.

为,如果法律禁止机器人对互联网上的公开数据进行抓取,那么所有的搜索引擎都将不复存在。

虽然本书在第一章亦有从立法的角度来探讨对信息隐私保护的路径,但网络安全立法仍有两个重要矛盾需要解决:一是无限的网络信息和有限的行政执法资源之间的矛盾,二是不断推陈出新的信息技术和法律的稳定性要求之间的矛盾。[①] 因此跳脱立法思维,以市场化眼光再次审视以平台为表征的“私权力”如何保护信息隐私,本书认为平台品牌的建立与消费者信任的链接是重要的路径。

信息隐私保护成为企业及产品的一种竞争力,从产品思维来看待信息隐私保护。信息隐私保护作为一种衡量标准和产品规制,从隐私产品出发强化规制,以建立信任关系和防控风险为核心,对市场化的信息隐私体系构建更有主动促进的效应。世界著名的电子科技产品公司苹果公司在 2019 年 3 月推出其首部“隐私”为主题的广告片(*Private Side*),通过日常生活中的细节和场景的切换,如拉上窗帘、销毁文件、上锁等众多熟悉的场景,展示出人们对自己隐私的警惕和保护,从而突出苹果手机的隐私保护功能。在广告片的最后,苹果的广告语为“如果你在生活中很注重隐私,那么,你日常使用的手机也应该注重保护你的隐私。这就是 iPhone。”同年 9 月,苹果推出《这很 iPhone》广告,再次将广告中的产品卖点聚焦在用户隐私上。随后,苹果又推出两部广告片,从“过度分享”“隐私笑话”等角度宣示苹果公司保护用户信息隐私的决心。

广告层面之外,苹果公司也在从系统环境的构建上保护用户信息。2021 年 4 月,苹果 iOS14.5 系统上线,苹果手机上的 App 及运营商在此系统运作时若想访问用户手机上的广告客户标识符(Identifier for Advertising,以下简称

① 雷丽莉、王丹:《“私权力”崛起背景下的网络安全机制再思考——兼议建立网络 安全机制要解决的三个主要矛盾》,载张志安、卢家银等主编:《互联网与国家治理蓝皮书(2018)》,中国社科文献出版社 2018 年版,第 48—60 页。

IDFA),需要明确向消费者弹窗示意并请求许可,如果用户选择禁止信息跟踪,那么运营商就无法获得这台手机的 IDFA。过于严格的隐私保护政策,一方面保护了用户隐私,另一方面也会影响苹果的自身利益,广告服务方向相关收益更是如此。但苹果此次行为一方面保护消费者隐私,拒绝 App 或运营商随意获取用户信息,另一方面也凭借自己的硬件设备占有率,在移动广告市场获得独特的商业增长点及优势。

国产手机品牌也逐步开始将信息隐私保护作为产品竞争力的加分项来发展。小米米柚(MIUI)官微于 2020 年 4 月 23 日宣称,小米为保护用户隐私推出“小米隐私品牌标识”。米柚是小米公司旗下基于安卓系统深度优化、定制、开发的第三方手机操作系统,以小米手机为代表的小米旗下电子产品通常会搭建此款系统,而米柚配备小米隐私保护,意味着用户在使用小米产品时可以更加放心。小米隐私品牌标识主要利用 MACE(Mobile AI Compute Engine)框架与“差分隐私”算法对隐私进行多重保护。MACE 框架是专为移动终端开发的 AI 框架,用户数据无须传至云端,可以直接在移动终端完成离线运算。通过离线模型技术,能最大程度保护用户的隐私。米柚 12 测试版对外发布照明弹、隐匿面具、空白通行证等功能,开始提醒用户手机中有哪些应用程序正在侵犯自己的信息隐私。

当各产品将用户隐私安全作为自身产品卖点进行保护时,用户信息隐私保护体系就在市场环境里以良性的循环逐渐被建构起来。在商业化社会中,我们除了立法思维,更需要竞争思维。什么是让消费者满意的产品,本应是企业创造所需要考虑的问题,在人们对信息隐私越来越重视的今天,产品与服务的信息隐私保护也应当成为企业自我导向与深化发展的重要考虑因素。

四、构建平衡社会控制与个人控制的信息隐私立法体系

在第一章中,本书就欧盟、美国、中国展开了信息隐私保护法律渊源的研究,并梳理了个人控制与社会控制的立法体系。平台社会中,“私权力”利用

庞大的用户数据网络掌握话语权,公权力更是已经成为数据的监管者和利用者,这造成个人权利成为各方势力博弈中力量最为单薄的一方。因此在此前的监督环节,强调私权利的重要性,正是强调信息主体对个人信息的控制权,也是标题中"重获控制"里个人重新将信息隐私权握在手中之意。

在此我们希望结合第一章所讨论的信息隐私的社会控制论,力图探索出一条平衡个人控制与社会控制的信息隐私保护立法体系,通过社会控制保护个人信息,通过个人控制保护公民敏感个人信息及隐私,并对信息隐私保护立法体系的建设作出设想与建议。

(一) 博弈还是共济:信息隐私的个人与社会控制

提出构建平衡个人控制与社会控制的隐私保护立法体系,并非对个人信息隐私控制权的争夺与博弈的结果,而是对现有法律体系以及社会政治经济发展的综合考量。《个人信息保护法》出台之前,《民法典》将隐私定义为一种私权,侵权责任中又以"谁主张,谁举证"为原则,一方面私法保护是不全面的,涉及公法管理规范如果缺失将束手无策;另一方面则将个人单独地与侵权责任主体放在对立面,权益争取囿于个人力量。然而信息隐私本身涉及个人信息、隐私两个方面的内容,对其保护也理应具有公法和私法的双重属性。

《个人信息保护法》的出台正是在很大程度上弥补了上述问题。《个人信息保护法》第七十条明确规定:"个人信息处理者违反本法规定处理个人信息,侵害众多个人的权益的,人民检察院、法律规定的消费者组织和由国家网信部门确定的组织可以依法向人民法院提起诉讼。"在《个人信息保护法》出台的第二天,最高人民检察院随即下发了《关于贯彻执行个人信息保护法推进个人信息保护公益诉讼检察工作的通知》(以下简称《通知》),进一步规范了公益诉讼案件办理的相关问题,增强检察履职的责任感,要求其履行好公益诉讼检察的法定职责,事实上也是进一步提高个人在与侵权主体对话时的地位,在个体力量薄弱时,法律所保护的个人权益不至于落空。

但《个人信息保护法》并非旨在将个人信息隐私的控制权完全交付个人。首先,从法律地位上来看,《个人信息保护法》只是一部专门法,其法律效力弱于《网络安全法》。其次,《个人信息保护法》的相关规范仍较宽泛,如在数据可携带权中,涉及第三方权益的信息主体聊天记录应当如何转移,聊天数据转移是否会对他人造成影响等问题,在法律中并无规定。最后,《个人信息保护法》实施执行的程度还没有清晰标准。过于偏向信息隐私的个人控制,过于回归个人的控制权利,则对中小企业在技术上有更高的要求,并带来较大的合规成本,从而抑制信息经济发展的整体活力。倘若过度依赖社会控制,那么《个人信息保护法》中对个人信息与敏感个人信息的区分,《民法典》对个人信息与隐私的区分则又无法有效发挥其立法目的。

(二) 共进退:平衡社会与个人控制立法体系之现实基础

个人控制、全程参与自我信息汇集、储存、利用、传递、阅览、更正、销毁的各个进程,①无论是对于信息主体还是信息收集者来说,都需要花费大量的时间和精力,并不现实;而个人信息社会控制模式,则需要重新定位与设计我国现有的个人信息保护规则,②工程量巨大,成本过高。因此,在现有法律基础上,构建平衡个人控制与社会控制的信息隐私保护立法体系是本节的核心观点。信息隐私保护的社会与个人控制的平衡,有如下三方面的现实基础。

第一,平衡个人控制与社会控制的信息隐私保护,是立足国情并有效利用现有法律体系的需要。上文中已经有所提及,目前国内的立法尤其是以《民法典》《个人信息保护法》为代表的新立法,已很好地兼顾了信息隐私保护中的个人意志与国家社会调控。如《民法典》中关于个人信息与隐私保护的表述,正是对私密信息的个人控制、一般信息的社会控制提出要求。利用好个人控制与社会控制两个方面相对较为完备的立法,是在国情基础上以更低成本、

① 李震山:《人性尊严与人权保障》,元照出版公司2001年版,第282页。

② 高富平:《个人信息保护:从个人控制到社会控制》,《法学研究》2018年第3期。

更高效率保护个人信息隐私的路径。

第二,大数据时代的信息隐私保护,要求个人与社会共同承担个人信息责任主体的角色。法律正在不断强化互联网用户与互联网服务提供商的对话条件与基础,通过明确删除权、可携带权等多种方式,提高个人意志在个人信息的收集、储存与处理等环节中的地位。同时社会控制能够在总体战略思维上把握公民信息安全。如国家网信办依据《网络安全法》在应用商店内下架“滴滴出行”软件,正是相关职能部门对保护个人信息发挥常态化监管功能的结果。

第三,复杂多样的个人信息利益主体与相关方,要求在保留个人信息隐私控制的基础上,社会控制做一般个人信息保护的兜底保障。在信息社会中,信息从业者作为独立的利益相关者出现,国家不再是超然的规则制定者和执行者,同时也是公民个人信息最大的收集、处理、储存和利用者。① 因此社会控制在信息隐私保护中不能既当裁判员又当运动员,相关执行或责任主体理应在法律的规范下从事公民信息隐私保护的工作。

除此之外,社会控制与个人控制平衡的法律体系也可能存在如下问题:其一,现实生活中,信息隐私的个人控制权法律实践较少。虽然《消费者权益保护法》《网络安全法》等要求信息收集者在收集、处理个人信息之前须获得信息主体的同意,但并没有太多民事侵权案例支撑“未经同意收集和使用个人信息构成侵权的判断”。② 其二,目前《民法典》《个人信息保护法》等面临生效时间短问题。那么面对这些情况,在立法之外,我们也需要更多司法解释和判例做经验支持与参考,以达到保护个人信息隐私的情况下,保证社会政治经济高效流通与发展的目的。

---

① 张新宝:《从隐私到个人信息:利益再衡量的理论与制度安排》,《中国法学》2015 年第 3 期。

② 高富平:《个人信息保护:从个人控制到社会控制》,《法学研究》2018 年第 3 期。

（三）平台的边界:智能化媒介使用中的信息隐私保护控制权

在媒介智能化的今天,技术似乎正在逐渐替我们做决定。社交平台推算可能认识的好友、短视频平台精准推荐内容、购物平台猜你喜欢……各类个性化展示或“千人千面”,都是基于个人在平台上的行为轨迹、用户资料等信息数据进行计算的。诚然,个人信息本身是社会化媒体运转的基本生产资料,当用户黏在上面的时候,他们免费生产的信息可以同时吸引更多的用户,增加平台价值,①而海量个人信息与数据使商家得以精确地收集和分析消费者数据,预测用户的购买行为,或向用户推荐围绕个人偏好展开的新服务和功能,从而形成一个封闭的循环。更进一步地,平台服务提供者甚至试图打破数据和信息流通的障碍,提高自己在其中的势力范围和权重。② 最大效率地利用信息数据营利,这是互联网的本性,更是商业运作逻辑的思维方式。

但研究表明,即使经过匿名化处理的数据仍然可以追溯至具体的个人,可见“是否能够直接识别”为标准不足以保护用户的隐私。③ 因此《个人信息保护法》又针对上文描述的个性化展示作出相关规定,以保护个人信息隐私:“通过自动化决策方式向个人进行信息推送、商业营销,应当同时提供不针对其个人特征的选项,或者向个人提供便捷的拒绝方式。”即在社会控制层面,国家为个性化展示提供两种选择:一是主动停止个性化服务,二是个性化服务使用权利交由个人控制是否接受。

然而,推荐机制早已深度融合在普通人的生活中,已经习惯了地图软件自动提供从家到公司最佳路线的上班族,将何以代偿这种便利的信息服务？强制禁止自动化决策,将会带来诸多不便,在当下未必是一个好的选择。另有学

① 胡凌:《探寻网络法的政治经济起源》,上海财经大学出版社 2016 年版,第 257 页。

② 胡凌:《探寻网络法的政治经济起源》,上海财经大学出版社 2016 年版,第 23 页。

③ Paul Ohm,“Broken Promises of Privacy:Responding to the Surprising Failure of Anonymization,” *Ucla Law Review*,Vol. 57,No. 6 (Jun 2009),pp. 1701-1777.

者提出“算法透明”以破除技术黑箱所遮蔽的信息隐私侵犯行为,但计算机软件行业的高壁垒意味着公开的代码对于绝大多数普通用户并无意义,算法逻辑通过更多简洁易懂的价值观层面启发式的、“接地气”的科普解释,才能避免公众认知偏误因势利导,从而作出更符合切身利益的选择。

因此,推荐机制与信息隐私保护的关系问题,实质仍然在于用户的自主选择,是否有意愿自己掌控数据的流向与使用。① 推荐机制之外,还有无数基于个人信息甚至隐私做计算的形式。现代个人信息保护的立法价值取向涉及人格尊严与信息的自由流通,隐私权制度的立法价值取向往往更偏向人格尊严的保护。② 因而公民的信息隐私保护,无论是个人隐私控制还是社会信息控制,一定是二者的结合,才能筑起一道公民个人信息隐私保护的高墙。

第二节　个人信息隐私决策的助推

一、平台分级:影响能力匹配主体责任

经济社会的生产力发展使得社会权力结构发生了很大的变革,由私人资本掌权的互联网平台渗透人们生活的衣食住行之后,逐渐成为“公共平台”,为公民数字化生活提供公共空间。新空间意味着新的权力结构,背后的“私权力”不能也不可能无限膨胀,这就需要公权力更多地将互联网平台进行细分划分,并做好垂直管理。这不仅能够保证公民信息隐私相关权利依法受到保护,更有利于维护公权力结构下社会政治经济平稳运行。

2021 年 10 月,为了科学界定平台类别、合理划分平台等级,推动平台企业落实主体责任,促进平台经济健康发展,保障各类平台用户的权益,维护社

① 胡凌:《探寻网络法的政治经济起源》,上海财经大学出版社 2016 年版,第 24 页。

② 奚晓明:《最高人民法院利用网络侵害人身权益司法解释理解与适用》,人民法院出版社 2014 年版,第 177 页。

会经济秩序,国家市场监督管理总局组织起草了《互联网平台分类分级指南(征求意见稿)》[下文简称《分级指南(征求意见稿)》]《互联网平台落实主体责任指南(征求意见稿)》[下文简称《落实责任指南(征求意见稿)》],向社会征求意见。① 《分级指南(征求意见稿)》依据平台的连接对象和主要功能,将平台分为主要为交易功能、服务功能、社会娱乐功能、信息资讯功能、融资功能、网络计算功能的网络销售类平台、生活服务类平台、社交娱乐类平台、信息资讯类平台、金融服务类平台、计算应用类平台共六大平台,并通过举例的方式详细列举出了各类平台所含子平台类型。更重要的是,《分级指南(征求意见稿)》综合考虑用户规模、业务种类和限制能力之后,将互联网平台分为"超级平台""大型平台""中小平台"三类平台。所谓用户规模,就是指该平台年活跃用户的数量,而业务种类就是这个平台分类涉及的平台业务,限制能力则是指平台所具有的限制或阻碍商户接触消费者的能力,即该平台中的"私权力"在多大程度上掌握在平台自身手中。这些正有利于对平台进行筛选,哪些是掌握公民信息隐私较多的企业、哪些是掌握公民信息隐私较全的企业。

在此之前,民间已有戏谑,将互联网服务供应企业比作工厂,按规模分为"大厂"、"中厂"和"小厂"。而根据《分级指南(征求意见稿)》对"超级平台"的"四超"描述:用户规模超大(年度在中国的年活跃用户不低于 5 亿)、业务种类超广(核心业务至少涉及两类)、经济体量超高[上年底市值(估值)不低于 10000 亿人民币]、限制能力超强(限制商户接触消费者能力强),微信、淘宝、抖音、支付宝等常用 App,将被划分到超级平台的范围中。

有分类标准之后,不同规模的平台就应当担起对应自身影响力的责任。《落实责任指南(征求意见稿)》就提出了包含数据管理、网络安全等超大型平台为代表的网络平台经营者需要担当责任与义务的各个方面。针对数据安

① 国家市场监督管理总局:《关于对〈互联网平台分类分级指南(征求意见稿)〉〈互联网平台落实主体责任指南(征求意见稿)〉公开征求意见的公告》,2021 年 10 月 29 日,见 http://www.samr.gov.cn/hd/zjdc/202110/t20211027_336137.html。

全,《落实责任指南(征求意见稿)》提出,超大型平台经营者应当建立健全数据安全审查与内控机制,对涉及用户个人信息的处理、数据跨境流动,涉及国家和社会公共利益的数据开发行为,必须严格依法依规进行,确保数据安全。

具体到数据获取方面,未经用户同意,互联网平台经营者不得将经由平台服务所获取的个人数据与来自自身其他服务或第三方服务的个人数据合并使用。事实上,这也是对私权力之间的限制。有些平台服务提供者甚至试图打破数据和信息流通的障碍,提高自己在其中的势力范围和权重。① 如通过收购、合并其他掌握用户的企业,最大效率地利用信息数据营利,这是互联网的本性,更是商业运作的思维方式。而此类限定,正是要求平台保管好个人数据。

更进一步,涉及敏感个人信息、隐私的部分,《落实责任指南(征求意见稿)》要求互联网平台经营者在运营中应当切实遵守国家法律、法规以及与自然人隐私和个人信息保护相关的规定,履行自然人隐私与个人信息保护责任。互联网平台经营者处理的用户个人信息发生或者可能发生泄露、篡改、丢失的,应当及时采取补救措施,按照规定告知自然人;造成或者可能造成严重后果的,应当立即向监管部门报告,配合监管部门进行调查处理,并承担相应责任。

通过平台治理,实现对信息隐私的保护,用户对个人数据重获控制达成可能,不妨认为是市场监管总局平台治理的新思路。众多平台聚集了众多用户,从开始使用平台服务的那一刻起,公民信息数据就被掌握。平台的分类与责任划分,十分有利于保障各类平台用户的权益,尤其是使得信息隐私在可控范围内流动。目前,我国对平台治理与主体责任认定仍在征求意见的阶段,还需更进一步细分各垂直领域中对公民信息隐私掌握程度与管理方式、平台责任承担方式,更有效地保护公民信息隐私。

---

① 胡凌:《探寻网络法的政治经济起源》,上海财经大学出版社2016年版,第23页。

二、完善守门人制度:实现个人信息隐私保护制度共商前行

2022年10月12日,欧盟《官方公报》刊登《数字市场法》全文,标志着几经波折的《数字市场法》尘埃落定。① 2020年12月首次提出的《数字市场法》是首个正式确立平台“守门人”制度的法律,历经科技巨头和欧洲理事会的数次交锋,最终在2022年7月19日通过,并在2023年5月2日开始生效。守门人制度即通过事前义务和不对称治理的手段,对超大型平台实施特别管制的互联网治理制度,被誉为“欧盟20年来互联网治理领域的最大变革”②。信息隐私保护领域,《数字市场法》着眼于超大型平台在行业和用户之间的权力关系,着重解决权力关系中的公平和透明问题,体现为对超大型平台设置个人信息保护特别义务,创设强有力的透明度要求和问责制原则,对其不正当行为进行事前规制和严厉惩处。

守门人制度的规制对象是作为守门人的超大型平台。守门人不同于传播社会学领域的“把关人”,意为扼守互联网生态关键环节、具备处理个人信息最终能力的超大型平台。一方面,守门人控制数字社会中介权力,具有数据利用、支付限制、信息处理、通信控制等能力,通过打造数字社会基础设施,获得对其他社会主体的支配权力。尤其是在个人信息隐私保护领域,超大型平台在当下的移动互联网生态中对个人的渗透和触达深入且具有不可替代性,用户在“隐私—服务”的交换中基本处于丧失议价权的地位。另一方面,守门人构筑属于自己的“围墙花园”,单独依靠过去由政府主导的个人信息隐私保护

---

① “2022 Enlargement Package:European Commission Assesses Reforms in the Western Balkans and Türkiye and Recommends Candidate Status for Bosnia and Herzegovina”,Oct 12,2022,https://ec.europa.eu/commission/presscorner/detail/en/ip_22_6082.

② Electronic Frontier Foundation (EFF),“Digital Services Act:EU Parliament's Key Committee Rejects a Filternet but Concerns Remain”, Dec 15, 2021, https://edri.org/our-work/digital-services-act-eu-parliaments-key-committee-rejects-a-filternet-but-concerns-remain/.

体系,不仅难以覆盖守门人隐蔽的违法行为,而且层出不穷的新型不正当行为对现有信息隐私保护制度体系造成严峻的合规挑战,仅仅依靠过去以执法监管为主的个人信息隐私保护治理难出成效。

目前,针对具有强大控制力和影响力的守门人平台,欧盟、美国和我国在内的世界主要数字经济体都对其开启特别管制。在反垄断视角下,缺乏竞争意味着消费者被迫接受守门人的政策、隐私保护和对个人数据的使用,平台用户则需支付更高的费用和数据交换才能享受守门人提供的服务。欧盟制定《数字市场法》尝试以联盟层面的集中统一立法对个人信息隐私保护开展基于事前义务的审查、处理和救济,避免分散治理导致的效率低下。美国则从中央和地方两大层面同时推动守门人制度的建设,在制定政策的过程中相互补充,强化对数据资源的保护和掌控能力。地方率先开启了对超大型平台个人信息隐私保护的特别规制实践。比如,加州于 2018 年通过的 CCPA,以定量方式区分守门人平台,对年度收入、信息收集规模和信息收入占比超过一定比例的守门人实施特别管制,开美国一般性个人信息隐私特别保护之先河。联邦选择守门人制度作为整体的市场修复机制,调整市场经济和权力结构的失衡,进而填补对隐私个人保护和国家保护的缺口。2021 年 6 月 23 日,美国众议院司法委员会审议通过六项反垄断相关法案,其中有专门针对市值超过 6000 亿美元、在境内月活跃用户达到 4500 万人,且被视为关键贸易伙伴的守门人开展反垄断和算法透明特别规制,以促进竞争,在联邦层面强有力地保护美国人的个人信息隐私。

如前所述,2021 年 10 月 29 日,我国国家市场监督管理总局发布《互联网平台分类分级指南(征求意见稿)》和《互联网平台落实主体责任指南(征求意见稿)》两份文件,将超大型平台分为三级六类。其中,两份文件对超级平台数据安全和个人信息保护提出特别规制,要求超大型平台经营者健全数据安全审查和内控机制,对用户个人信息的处理必须严格依法依规进行。有声音认为,这是中国版守门人制度的先声。守门人制度逐渐成为全球个人信息隐私保护的选择之一,我们在对欧美守门人制度经验分析的基础上,深入考察实践中存在的困境,并对我国个人信息隐私保护制度的构建提出提高平台建设透明度与用户参与,从而实现信息隐私保护制度共建的路径。

(一)“红线禁区”:个人信息隐私守门人制度的转变

守门人制度的开启,促使个人信息隐私保护由过去一刀切式的“事后监管”向精准面向守门人的“红线禁区”转变。行为制度和主体制度构成了较完善的保护制度体系。① 目前世界范围内守门人的实践对红线禁区的设置在行为和主体两个制度层面的实践,分别是事前义务的行为制度和不对称管制的主体制度。

不对称管制的主体制度,主要体现为守门人制度中作为治理主体的监管机构、作为治理相对主体的守门人,主要由主体类型和主体资格构成。

第一,主体类型,是指守门人制度中监管机构作为治理主体、守门人作为治理相对主体两种类型。守门人制度可能存在两个或两个以上的相关主体,但作为监管与被监管基础关系的始终是作为治理主体的监管机构和作为治理相对主体的守门人。比如,欧盟的守门人制度由欧盟委员会进行直接监管,可通过定性或定量的方式认定守门人平台。美国守门人制度在联邦层面由众议院司法委员会、司法部和联邦贸易委员会“分权”,对作为守门人的主导平台进行市场调查、立法建制等方式的监管。

第二,主体资格,是指守门人制度中作为主体所需具有的条件。欧盟和美国守门人制度通过市场调查,确立了一套刚性认定和弹性认定相结合的认定方式,审查守门人主体在制度中的适格性。比如,欧盟采用欧盟委员会刚性标准与弹性认定相结合的方式对守门人主体的适格性进行审查。刚性标准为三个:“对欧盟内部市场具有重大影响”,作为“企业用户接触消费者用户的门

---

① 张曙光:《制度、主体、行为:传统社会主义经济学反思》,中国财政经济出版社1999年版,第10—42页。

户”,以及享有“根深蒂固和持久的地位”。具体为:在过去的三个财政年度,年营业额等于或超过75亿欧元;或在欧洲经济区所属企业的平均市值在上一个财政年度至少达到750亿欧元,并至少在三个成员国提供核心平台服务;提供的核心平台服务在上一个财政年度在欧盟的月活跃用户超过4500万人,在欧盟设立的年活跃商业用户超过10000个。在过去三个财政年度中,每年都达到上述门槛的互联网平台被认定为守门人。经认定的守门人每两年定期或根据要求在两年间随时接受审查,且欧盟委员会必须定期发布守门人的最新名单。而美国则在前期的市场调查中发现对监管造成结构性困境的只有“GAFA”(指Google,Apple,Fackbook和Amazon)四家,因而采用超高的刚性标准精准锁定,避免误伤其他的中小型平台。比如,守门人的认定标准为市值达到6000亿美元,刚好超越四家中市值最低的脸书(6200亿美元)。由于达到该标准的只有“GAFA”,这六部法案又被称为“GAFA”法案,视为“GAFA”与中小型平台分隔的分水岭。不对称管制的主体制度锁定守门人平台在制度适用中的适格性,以较为简洁明确的分级方式精准划定“红线”,确定守门人制度在个人信息隐私保护的可执行性和针对性。

事前义务的行为制度,主要体现为通过义务形式规范守门人的行为,主要包括事前义务生效、事前义务有效、事前义务效力等方面的内容。

第一,事前义务生效是指事前义务对守门人具有全部或部分的法律效力。守门人应遵守事前义务设定的红线,主动形成用户个人信息隐私的安全保障。欧盟和美国的守门人制度对具有主导地位甚至是特定控制权的守门人平台,通过专门立法和制度设计确立事前义务。比如,欧盟在《数字市场法》中规定守门人数据使用的事前禁止性义务清单,义务清单的更新由欧盟委员会根据市场情况按程序进行动态调整,以确保程序的合规性与合法性;美国也以反垄断法案的方式规定了守门人平台的禁止性义务,推动守门人平台在个人信息隐私保护中的程序合规和内容合规。

第二,事前义务有效是指守门人平台认可事前义务具有法律的效力。守门人愿意承担相应的责任与风险。这也是欧美守门人制度实践受阻的重要问题。在欧盟,以“GAFA”为代表的守门人平台认为守门人制度的事前义务“为中小型平台上了一道枷锁”。因为在欧盟的守门人制度的设计中,欧盟委员会随时可以将平台认定为守门人并根据义务清单施以事前义务,这可能会对“隐形冠军”创新的积极性产生极大的威胁。在美国,守门人的游说抵制使六项反垄断法案长期停留在讨论层面。在数次听证会上,守门人与国会、联邦贸易委员会和司法部等监管机构并未达成共识。未来个人信息隐私保护在守门人制度下何去何从,有待进一步观察。

第三,事前义务效力是指事前义务对守门人平台具有法律约束力。欧盟和美国的守门人制度试图通过一系列严厉的制裁和限制遏制守门人平台以其主导地位对个人信息隐私的侵犯和滥用。比如,欧盟《数字市场法》规定,如果将采集的用户数据移作他用,最高将处全球年营业额20%的罚款,甚至是强制剥离其在欧盟市场的业务等严厉惩罚。事前义务的行为制度提供了事前救济的可能性,将守门人对个人信息隐私保护以义务的形式确立,不仅与现有反垄断法和个人信息隐私保护的法律制度等事后工具箱形成互补,并且弥补了事后监管在个人信息隐私保护中反应速度慢和效率不足的缺陷,确保防患于未然。

(二)“欲说还休”:欧美个人信息隐私守门人制度实践的困境

在主体制度和行为制度的实践中,欧美守门人制度在个人信息隐私保护中面临突出的程序性、代表性和有效性等问题,减弱了个人信息隐私保护制度变革的动力,提升了从顶层设计到具体执行的合规风险。对欧美个人信息隐私守门人制度实践困境的考察,同样能够为我国未来个人信息隐私保护制度的构建提供有益的参考经验。

不对称管制的主体制度,面临程序正当性不足的程序性困境、主体多元性不足的代表性困境和主体认定的有效性困境。

第一,程序正当性不足的程序性困境。正当性源自“自然正义”(Nature Justice)和“正当法律程序”(Due Process of Law)。在近代正当程序原则已被确立为法律的基本原则之一,包含避免偏私、行政参与和行政公开三项基本内容。① 但在现有不对称管制的主体制度实践中,“旋转门”事件的发生致使制度偏私,缺乏申诉和反馈渠道导致守门人参与不足,弹性认定方式标准模糊致使公开性存疑,致使守门人制度程序正当性受损害。比如,过去 20 年有 75% 的美国联邦贸易委员会(FTC)官员曾在任职前或离任后服务于 FTC 监管的公司,不断发生“旋转门”事件。② 有声音认为,未来守门人制度中执法机构极有可能继续被守门人俘获,导致执法运作机制在最后一环“失守”。

第二,主体多元性不足的代表性困境。代表性即得到多数认同的法律原则,是制度合法性来源之一。制度本质上不是执法机构的单向治理,而是各主体间的“共同行动”和“全体责任”。多元化的代表性意味着治理主体、治理相对主体和利益相关主体间广泛的认同和参与,有效保证未来制度的落地与实施。范·迪克指出,平台参与式和联通式文化逐渐生成并转化,包括消费者、平台用户、平台和政府广泛卷入个人信息隐私保护的实践之中,③网络社会治理共同体已成为未来个人信息隐私保护的组织形态。④ 在现有不对称管制的主体制度中,多元性的不足备受诟病。比如,有声音指出,在欧盟的守门人制度实践中仅设置由各成员国组成的守门人监管机构“数字市场咨询委员会”(DMAC)为欧盟委员会执法提供咨询和参考意见,忽略了守门人、平台用户和消费者的行业自律和私人执法的参与。

---

① 章剑生:《从自然正义到正当法律程序——兼论我国行政程序立法中的“法律思想移植”》,《法学论坛》2006 年第 5 期。

② Allan T. R. S, “Why the Law is What it Ought to Be”, *Jurisprudence*, No. 4 (2020), pp. 574-596.

③ José Van Dijck, *The Culture of Connectivity: A Critical History of Social Media*, New York: Oxford University Press, 2013, p. 24.

④ 杜骏飞:《网络社会治理共同体:概念、理论与策略》,《华中农业大学学报(社会科学版)》2020 年第 6 期。

第三,主体认定的有效性困境。有效性即治理相对主体具有的服从和制度实际具有的约束力,及时筛选出适格的守门人并对其具有约束力,是制度有效性的核心要件之一。① 美国守门人制度以市场调查为先导,其立法制定过程建立在众议院2019—2020年为期一年余的市场竞争调查之上,简洁设定超高认定门槛虽能精准限定存在具体问题的守门人,但在技术进步和商业模式发展相互交织的数字化转型浪潮中,发展仍然是包括守门人在内的互联网平台的主题。未来是否有新的守门人或具备守门人能力的平台进入,亦是决定制度有效性的重要因素。

事前义务的行为制度,面临义务解释目标的程序性困境、过度移植的代表性困境和义务更新的有效性困境。

第一,事前义务本身是相较法律更模糊的概念,其作为制度构成要件面临意图不清的解释程序性困境。解释程序的目标,自萨维尼时代以来的争论便旷日持久。直至20世纪,德国著名法学家卡尔·拉伦茨(Karl Larenz)将解释总结为主观解释论和客观解释论两个层面,才算对这一问题有初步的回应。② 但事前义务的解释并不完全符合时代长河中形成的主观和客观解释论,事前义务不仅受到解释目的的拘束,还是一种可被凌驾的、与适用相关的道德要求。以事前义务形式对守门人个人信息隐私保护作出规制,对守门人而言可能存在难以合规且不可预期的困扰。比如,苹果公司在向欧盟提交的报告中指出,目前的守门人制度很难确定按照什么原则对现有事前义务进行解释,守门人也很难基于现有义务制度进行合理预期,导致创新受限,最终损害用户的利益。

第二,事前义务同样面临对过去法律过度移植的代表性困境。法律移植即引入已有特定的规范实现对特定目标的干预,其争论自孟德斯鸠时代持续至今。在当下,无论是欧盟还是美国的守门人制度实践中,现有守门人事前义

① 江必新:《中国行政合同法律制度:体系、内容及其构建》,《中外法学》2012年第6期。
② 陈坤:《论法律解释目标的逐案决定》,《中国法学》2022年第9期。

务并非创新,而是对过去已有法律的移植和总结。这类事前义务缺乏当下市场现状的代表性,在守门人制造的技术障碍和“围墙花园”背景下,过去一般化、静态化的规制已不完全符合当下特别化和动态化的守门人发展现状。比如,全球最大的旅游电商平台爱彼迎针对直接移植而来的静态化概念提出质疑,认为电商平台用户与脸书的“终端用户”不同。用户可以在非登录情况下访问脸书获取内容服务,又不会像实际登录者那样“参与”服务。那么,若以管理脸书的方式管理电商平台,“终端用户”是指进行购买的用户,还是访问和浏览网站产生数据的用户?

第三,事前义务更新机制的不足导致守门人制度的有效性存疑。数据在守门人采集、使用和流通中是动态变化的,但目前相应的事前义务仅通过法律加以确立,在静态的条文规章下难以跟上平台的动态变化且在形形色色的行为下存在一定适用模糊性。此外,监管机构往往难以觉察到守门人在自家生态中隐蔽的数据使用,因而具有相当程度的滞后性。比如,在针对“GAFA”市场调查的美国众议院听证会中有议员指出,平台交易形态的隐蔽难以确立个人信息隐私保护的正当秩序,当下的立法仅仅是权宜之计。欧盟在《数字市场法》中引入事前义务清单机制,及时更新相关的动态。但也有来自法国、荷兰和德国政府的批评声音指出,欧盟的动态清单由欧盟委员会进行,但他们远离执法一线,并不能及时有效反馈市场中的新情况,期待纳入更多执法主体修复。

(三)“共商前行”:未来个人信息隐私守门人制度实践的路径

我国守门人制度仍处于探索阶段。2021 年,国家市场监管总局出台《互联网平台分类分级指南(征求意见稿)》和《互联网平台落实主体责任指南(征求意见稿)》,将互联网平台分为“三级六类”,在公平竞争示范、平等治理、开放生态、数据获取等方面对互联网超大型平台设定事前红线。《分类分级指南(征求意见稿)》中明确依据用户规模、业务种类、经济体量和限制能力,将在中国上年度年活跃用户不低于5亿人、核心业务至少涉及两类平台业务、上年底市值(估值)不低于10000亿人民币、具有超强的限制商户接触消费者(用户)能力的互联网平台定义为超级平台;《责任指南(征求意见稿)》前九条提出超级平台需要遵守的事前义务。可见,我国互联网超大型平台治理不仅将迎来“超级监管”,一定程度上也是国际守门人制度中国化的一次积极探索。

想要守门人制度在中国本土化,需充分理解中西方互联网平台发展与治理的差异。发展上,欧美在自由主义和不干涉市场原则下,在半个世纪中形成“GAFA”巨头完全垄断的稳定格局。我国则形成中小型平台高度流动、超大型平台相对稳定的分层式垄断竞争发展结构。① 治理上,欧美强调政府有限性与“避风港”作用,在互联网治理与市场监管中贯彻“轻抚”(light touch)政策。② 我国强调党管互联网的集中统一原则,但也长期存在不同监管主体多头执法的“九龙治水”局面,逐渐形成网络治理综合体系。因而,结合具体国情,参照前述欧美实践,我国守门人制度应重点考虑以下几方面问题:

第一,畅通守门人申诉渠道,保障制度公正完善。守门人制度需要考虑保护守门人的合法权利,聆听各方声音,不可矫枉过正。欧盟守门人制度以欧盟委员会的认定和执行为主,并未设置相应的申诉和反馈制度,引致包括成员国在内的多方主体的批评。美国在对“主导平台”的规制中为守门人设置了包括国会听证会、企业圆桌会议、司法救济在内的多种反馈渠道。作为数字经济中用户数量、业务规模、数据资源和技术能力的制高点,守门人通常具有强大的经济实力和研发能力,在行业内作为创新的领头羊,为技术发展乃至经济业态打开了新的窗口。在守门人监管方式的设计中,通过行业组织、行政监管和司法救济等为守门人留足申诉渠道,不仅能避免监管权力的滥用和误用,实现

① 苏治、荆文君、孙宝文:《分层式垄断竞争:互联网行业市场结构特征研究——基于互联网平台类企业的分析》,《管理世界》2018年第4期。

② 黄河、邵逸涵:《智能内容的国际治理实践及启示》,《中国编辑》2022年第5期。

数字市场治理的规范运行,还能避免对守门人过度干预,促进技术乃至经济业态发展。申诉制度是程序正义的体现,客观上也将保障守门人制度的公正实施。

我国互联网新业态需“严监管”与“促发展”相结合,在治理实践中不能“一棒子打死”。良好的制度不仅源于政府治理实践,也需要平台自己的声音。我国守门人并未丧失创新主体的活力,鼓励创新与合理监管需要在实践与反馈中不断平衡。2022 年 3 月 16 日,国务院金融稳定发展委员会指出,平台经济治理要“通过规范、透明、可预期的监管”将“红灯、绿灯都要设置好”,为创新留足空间。[①] 我国在数字经济领域,一贯遵循“严监管”与“促发展”相结合的政策路径,未来在治理中对待守门人同样不能“一棒子打死”。设置畅通的申诉和反馈渠道,在行政监管中设立合法合规的复议制度,不仅可以避免守门人受到不当行政干预的侵害,还能及时完善和纠正制度守护创新,在促发展中防风险、防垄断。

第二,完善认定机制,保障守门人义务效力。守门人制度面向极具动态性的互联网市场,认定机制的灵活性、及时性和准确性能保障守门人义务效力。欧盟与美国在守门人实践中,既有以刚性和弹性相结合的守门人认定方式,又有相应的更新机制,能够保障守门人制度在互联网市场高度动态下仍具有规范效力。相较欧美守门人制度,我国《分类分级指南(征求意见稿)》和《责任指南(征求意见稿)》体现的认定思路更为细致,但缺少相应的市场调查认定和更新机制。我国尚未完全进入垄断市场,守门人的市场进入或退出相对频繁,且涵盖多种业务、横亘多种类别,与欧美不同,在分类分级的认定与适用上易产生重合和冲突。参考欧美实践经验和我国国情,未来应考虑建立周密性与灵活性相统一的守门人认定机制,有效匹配市场格局、产业生态、技术水平的变迁。

---

① 新华社:《刘鹤主持国务院金融委会议研究当前形势》,2022 年 3 月 16 日,见 https://www.gov.cn/xinwen/2022-03/16/content_5679356.htm。

2021 年 1 月,《法治中国建设规划(2020—2025 年)》发布,要求进一步探索“包容审慎”的“新型监管方式”,强调对新业态实行灵活性、及时性的监管。参考欧美实践经验和我国国情,应建立刚性与弹性相统一的守门人认定方式。一方面,明确专门机构进行守门人认定,设定相应的市场调查程序和机制,在确保执法确定性和预见性的同时,促使守门人认定能够灵活、快速地响应市场变化。在对待不同类别、不同级别互联网平台时,可设定不同义务实施不对称管制,实现精细化管理。另一方面,在高度动态的市场之中,我国守门人制度未来应纳入认定方式和义务责任的更新机制,学习欧盟设置动态义务清单和美国众议院反垄断小组委员会定期进行市场调查等手段,避免认定结果的重合和遗漏,在发现市场新问题中促进义务更新。在互联网金融治理中,我国部分地方已有分类分级的事前监管的相关探索经验。比如,2016 年,江苏省出台了《江苏省网贷平台产品模式备案管理办法》,对不同类别、业务模式的金融平台实行差异化监管,要求平台事前将产品或模式说明、风险提示和合法合规性说明进行备案。然而,这一管理办法最终以央行和原银监会紧急叫停网贷牌照审批落下帷幕。网贷平台以更为隐蔽的方式逃避监管,多种多样的新型违法行为层出不穷。由于管理办法并未明确相应的准入要求,而是以平台自身的合法合规性说明为主要依据,在此过程中,“入场审批”形同虚设,“不同分类”名不副实,“事前红线”终成“秋后算账”。以此为鉴,平台守门人制度应设定更为规范的负面清单制度,明确市场行为的违规红线,避免平台运行中“换汤不换药”。此外,守门人中可设置相应的黑名单制度,采用对守门人业务进行定期评估的方式,对屡次不合规的平台纳入管理“黑名单”,学习欧盟和美国经验,实行诸如超级罚款直至拆分业务等严厉措施,让经营合规的平台获得更多发展机会。

第三,严监管促发展,建设守门人中的社会企业。守门人作为用户接入互联网的基础设施,具有为全体社会成员服务的功能,天然具有社会企业的禀赋。社会企业即公益与市场的耦合主体,在市场行为中承担社会责任,遵循经济效益与社会发展的“双底线”原则，具有非营利组织与商业组织的双重性。[①] 然而，资本逻辑裹挟信息技术社会发展，并在长期宽松的监管环境中，可能以“数字殖民”“数字剥削”的方式侵蚀用户和中小型平台的权益。[②] 培育守门人自省自律实现公共性与市场性的有机统一，在守门人制度中纳入相对独立、民主化的企业和行业治理，击破平台依附或对立于监管的偏倚，对整个互联网市场的健康发展具有重要意义。[③] 纵观欧美执法方式的设计，守门人制度在规范平台行为的同时，也以“无禁止即可为”的方式默许平台在数字领域展开相对独立管理、民主化治理决策，一定程度上促进了守门人向平台社会企业的发展。

我国与欧盟和美国的数字经济与市场竞争结构不同，守门人仍是技术创新和消费者福利中的活跃因素。在新模式、新业态发展的萌芽时期，发现并解决执法过程中遇到的全新问题，充分关注独角兽企业和隐形冠军企业的问题与困境，坚持严监管和促发展并举，无疑是“下好先手棋”，培育我国自身平台国际竞争力的有效措施。未来，我国在守门人制度下，通过规范、透明、可预期的监管，纳入法律法规、政府、行业、用户多元共治，建立起具有市场逻辑与公益逻辑耦合的互联网平台社会企业，或许可以成为发展与规范并重、提升平台全球竞争力的“中国路径”。[④] 正如习近平总书记在中央财经委员会第九次会议时强调的，要从构筑国家竞争新优势的战略高度出发，坚持发展与规范并重，[⑤]两者不能畸轻畸重。

---

① 许艳芳、朱春玲：《社会价值、经济价值与社会企业创业策略的选择——基于制度逻辑理论的案例研究》，《管理案例研究与评论》2022 年第 1 期。

② Nick Srnicek, *Platform Capitalism*, Cambridge: Polity, 2017, pp. 102-107.

③ 冯建华：《存异而治：网络服务提供者权责配置的进路与理路》，《新闻与传播研究》2022 年第 4 期。

④ 陈璐颖：《互联网内容治理中的平台责任研究》，《出版发行研究》2020 年第 6 期。

⑤ 《推动平台经济规范健康持续发展 把碳达峰碳中和纳入生态文明建设整体布局》，《人民日报》2021 年 3 月 16 日。

三、青少年模式和适老化设计:全方位的个人信息隐私决策

各国在针对特殊人群的信息隐私保护时,都有专门的法律法规做保障。如第一章提到,美国在2000年开始施行《儿童网上隐私保护法》,要求互联网服务提供商在收集13岁以下儿童个人信息前,必须首先获得其家长的同意。欧盟则在《一般数据保护条例》第8条中规定,儿童不满16周岁的,需要对儿童具有父母监护责任的主体同意或授权,对儿童直接提供信息社会服务的处理才是合法的。在我国,第十三届全国人民代表大会常务委员会第二十二次会议第二次修订的《未成年人保护法》,于2021年6月生效。针对未成年人直播打赏、游戏充值等乱象,《未成年人保护法》要求信息处理者通过网络处理不满14周岁未成年人个人信息的,应当征得未成年人的父母或者其他监护人同意;而未成年人、父母或者其他监护人要求信息处理者更正、删除未成年人个人信息的,信息处理者应当及时采取措施予以更正、删除。法律修订以后,网络服务提供商则要配合相关工作,不能提供诱导未成年人沉迷网络的内容和服务,并应当针对未成年人使用其服务设置相应的时间管理、权限管理、消费管理等功能。

2021年4月13日,在《未成年人保护法》正式生效之前,抖音发布了全新升级的青少年模式,内容推荐、支付功能、直播功能等诸多功能都发生了变化,以限制为主,配合青少年更为适龄的内容。同年6月,快手上线"儿童实名认证通知监护人"新功能,平台增加青少年实名认证与监护人授权环节。而另一青少年大量聚集的视频平台哔哩哔哩,早在2019年就开始设置了青少年模式。青少年模式不仅意味着更短时间的浏览、更少功能的使用,更为重要的是针对青少年群体的信息隐私的保护。如在快手推出的隐私保护模式中,如有疑似未成年人的用户被系统识别到,账号就会自动开启隐私模式,并开启或关闭七大功能:"陌生人关注限制功能""隐藏未成年人位置""开启未成年人私信限制""关闭未成年人'熟人圈'功能""关闭未成年人动态展示功能""关闭

通过手机号搜索未成年人功能”“关闭未成年人通讯录推荐”①,全方位对可能涉及的青少年的信息隐私进行保护。

除了对未成年人群体的保护,正在快速步入老龄化的社会,也需要更多适老化设计。多数老年人由于生理行为和心理认知能力的下降,对科技学习的热情与信心都大幅下降,除了不解,甚至有一部分老年人会对互联网产生畏惧,更不用说当面对年轻人都难以理解的信息隐私安全相关协议时所产生的窘迫感与无助感,因此,适老化设计显得尤为重要。中国最大的社群应用程序微信,除了提供青少年模式,于 2021 年 9 月也推出了“关怀模式”,主打三个特点:文字更大、色彩更强、按钮更大,以适应老年人的生理与认知变化。开启关怀模式之后,智能手机也像是变成了“老年机”。

但是目前看来,一些适老化设计仍存在两个问题。第一,适老化设计过于简单。以微信的关怀模式为例,现有产品仅是放大了一些文字、图标、按钮,而这些功能此前也可以设置。针对软件使用与操作,老年人是否需要一些专属特权,如功能的简化、广告屏蔽等,微信并没有做相关工作。第二,适老化设计也要注意在人格与尊严上保护老年群体,考虑老年人的主体性。比如关怀模式的命名是否从字面上就进行了一种区隔,将老年人作为“需要关怀”的对象与一般人区隔开来,其中是否又暗含着年龄歧视的意味。技术可以成为人体的延伸,甚至替代人的“身体自然”,它正促逼着我们逐步走进“人物齐一”的后人类时代,而此时恰恰最应该考虑的是人性、自由和尊严。② 老年人更需要的是在适老设计中有更多主动权,能动地对信息进行选择,真正成为信息数据自决主体。适老化也不应成为资本权力下平台为应付政策的表演。

---

① 《快手首次发布未成年人保护报告:青少年模式 3.0 全新上线》,2021 年 6 月 1 日,见 https://baijiahao.baidu.com/s? id=1701356466403700099&wfr=spider&for=pc。

② 李河:《从“代理”到“替代”的技术与正在“过时”的人类?》,《中国社会科学》2020 年第 10 期。

四、发展基于区块链的平台中立技术

在第三章的第二节,本书讨论了平台主导的社会中个人信息隐私决策面临的资本与技术鸿沟,其具体的表现形式包括个人信息隐私决策的交换不公平、平台与用户之间技术资源的不对等、个人与平台的权力不对等三个方面,而区块链的发展将为信息隐私保护带来更大的契机。

区块链的实质是一种典型的分布式账本技术,通过共识等多边自治技术手段支持数据验证、共享、计算、存储等功能,其具有去中心化、可追溯性、不可篡改性、不可伪造性、不可否认性和可编程性等特点。① 区块链技术目前已经在数字金融领域,如比特币,信息记录及管理领域,如信用记录、教育医疗信息管理、打分评价,信息安全领域,如认证技术、访问控制、数据保护等具有广泛的应用,并表现出了极大的发展潜力。②

发展基于区块链的平台中立技术将为信息隐私保护带来新的拓展路径。

一是,通过区块链加密技术实现信息隐私的保护。2014 年,麻省理工学院学者康纳(Conner)提出构建基于分布式公钥管理基础设施(Public Key Infrastructure,简称 PKI)来实现对于用户身份的认证;2015 年埃克森对康纳的 PKI 模型作出改进,提出了一个隐私感知 PKI 模型(Privacy-Awareness in Blockchain-Based PKI),即不同于传统 PKI 直接通过公钥链接用户真实身份,其通过线下密钥对线上密钥进行保护,从而实现对用户真实身份的保护。同时,埃克森将用户隐私层次划分为全局隐私和邻近隐私,针对不同的应用场景可进行不同程度的隐私披露:对于可信的节点,用户真实身份与公钥直接关

① 韩璇、袁勇、王飞跃:《区块链安全问题:研究现状与展望》,《自动化学报》2019 年第 1 期。

② 刘敖迪、杜学绘、王娜等:《区块链技术及其在信息安全领域的研究进展》,《软件学报》2018 年第 7 期。

联;对于不可信的节点不关联真实身份,而是以匿名化的方式实现身份认证,减少了用户隐私信息泄露的风险。通过加密技术,用户应用使用被赋予了匿名性。在使用应用时,区块链中的用户只与公钥地址相对应,而不与用户的真实身份相关联,用户无须暴露自己的真实身份即可完成交易、参与区块链的使用,保护了用户的信息隐私安全。① 有研究者指出,“对于区块链来说,虽然存在各种封闭的去中心化系统(如金融业使用的许可区块链),但大多数公共区块链(如比特币或以太坊)都被设计为开放网络,任何人都可以加入并参与其中。只要他们遵守其协议和技术标准,即使他们是化名的(即没有中央平台负责核实用户的证书),也都可以自由参加这些网络”。② 基于区块链的匿名性,在实践中,用户信息隐私安全的保障以用户信息主权的再伸张实现,用户可以选择自己信任的一方或多方,通过自行决定何时向谁共享哪类个人信息,以此实现对于个人信息披露程度的控制。

二是,区块链技术可以解决当前在小微企业发展和传统企业转型中普遍面临的平台技术垄断和数据垄断问题。区块链技术的“最大的创新点就是以时间戳(Time Stamp)的方式把各个数据区块依次链接起来,形成一个不可篡改、不可伪造的信息可追溯的链条式数据库”③,可以有效解决当前在平台市场中普遍存在的数据垄断问题。数据垄断的最根本原因在于小微企业、传统企业、用户与巨头平台之间的技术不对等——巨头平台利用其技术优势地位垄断了小微企业和传统企业的基础设施和技术平台,导致小微企业和传统企业虽然拥有数据生产的能力却并未实际获得数据,处理数据。

三是,区块链技术可以解决用户与平台企业之间的权力不对等问题。用户与巨头平台之间因技术力量的悬殊,用户的信息隐私保护也屡屡失灵,在

① 刘敖迪、杜学绘、王娜等:《区块链技术及其在信息安全领域的研究进展》,《软件学报》2018 年第 7 期。

② 江海洋:《论区块链与个人信息保护之冲突与兼容》,《行政法学研究》2021 年第 4 期。

③ 林小驰、胡叶倩雯:《关于区块链技术的研究综述》,《金融市场研究》2016 年第 2 期。

"隐私—服务"交换中,用户也常处于弱势地位。比如,微信公众平台聚合了大量的企业生产内容和用户资源,占据了数据产业链的顶端位置,[①]企业借助平台可拥有的数据量和数据处理程度由微信平台决定。但是,区块链技术通过"分布式记账本"的属性促使平台企业在使用和收集用户以及小微企业、传统企业数据时须获得其同意,即单个节点的授权才能获得,这在一定程度上还归用户、小微企业、传统企业隐私披露和数据处理的控制权,解决了巨头平台无限收集、垄断用户数据的现实困境。比如,京东旗下的区块链大数据流通平台京东万象通过实现"数据提供方与需求方间最直接的数据对接"[②],来解决数据资源在不同平台之间的分配不均的问题,从而形成与以往巨头平台主导的数据流向不同的差异化竞争点。同时,区块链技术还可以通过共识机制的搭建倒逼小微企业、传统企业、用户和巨头平台之间建成相对平等的数据收益分配机制。[③] 共识机制是区块链系统中实现不同节点之间建立信任、获取权益的数学算法,[④]也是区块链网络搭建的必要条件之一。就其本质而言,共识机制是用户和平台企业在达成合意之后针对平台信息收集和用户网络使用等行为共同签订的智能合约。在区块链网络中,一方面,共识机制需在小微企业、巨头平台和用户三方达成合意后才能实现,这可以大大制约平台在网络服务协议制定中的支配地位,使小微企业和传统企业在提供服务后拥有相对开放充分的数据和技术资源,也让用户的数据收集和使用相对公平;另一方面,经过共识机制认证后的智能合约具有执行的强制性,区块链网络上的任何交易行为均需要在共识机制允许的范围内开展,且区块链平台范围内的一切行

① 周茂君、潘宁:《赋权与重构:区块链技术对数据孤岛的破解》,《新闻与传播评论》2018年第5期。

② 参见 https://fw.jd.com/main/detail/FW_GOODS-517405。

③ 周茂君、潘宁:《赋权与重构:区块链技术对数据孤岛的破解》,《新闻与传播评论》2018年第5期。

④ 中国工业和信息化部信息中心:《2018 中国区块链产业白皮书》,2018 年 5 月,见 https://www.miit.gov.cn/n1146290/n1146402/n1146445/c6180238/part/6180297.pdf。

为各方用户都可以相对透明清晰地进行监控,这可以大大缓解当前信息隐私收集中常出现的平台超范围收集等问题,也可以有效应对用户在信息隐私收集中的反馈机制滞后等问题。

参考文献

中文著作

1.胡凌:《探寻网络法的政治经济起源》,上海财经大学出版社 2016 年版。
2.齐爱民:《信息法原论》,武汉大学出版社 2010 年版。
3.郭瑜:《个人数据保护法研究》,北京大学出版社 2012 年版。
4.孔令杰:《个人资料隐私的法律保护》,武汉大学出版社 2009 年版。
5.齐爱民:《大数据时代个人信息保护法国际比较研究》,法律出版社 2015 年版。
6.曹险峰:《侵权责任法总则的解释论研究》,社会科学文献出版社 2012 年版。
7.王胜明:《中华人民共和国侵权责任法释义(第 2 版)》,法律出版社 2013 年版。
8.杨立新:《侵权法论》,吉林人民出版社 1998 年版。
9.杨立新:《侵权责任法(第二版)》,复旦大学出版社 2016 年版。
10.姚建宗等:《新兴权利研究》,中国人民大学出版社 2011 年版。
11.张千帆:《美国联邦宪法》,法律出版社 2011 年版。
12.张新宝:《侵权责任构成要件研究》,法律出版社 2007 年版。
13.马特:《隐私权研究》,中国人民大学出版社 2014 年版。
14.王利明:《人格权法研究》,中国人民大学出版社 2018 年版。
15.何晓兵等:《网络营销》,人民邮电出版社 2017 年版。
16.张新宝:《隐私权的法律保护》,群众出版社 2004 年版。
17.张新宝:《中国侵权行为法(第二版)》,中国社会科学出版社 1998 年版。
18.周友军:《侵权责任认定》,法律出版社 2010 年版。

19.安顿:《绝对隐私:当代中国人情感口述实录》,新世界出版社 1998 年版。

20.京东法律研究院:《欧盟数据宪章:〈一般数据保护条例〉GDPR 评述及实务指引》,法律出版社 2018 年版。

21.张志安、卢家银等主编:《互联网与国家治理蓝皮书(2018)》,中国社科文献出版社 2018 年版。

22.李震山:《人性尊严与人权保障》,元照出版公司 2001 年版。

23.张曙光:《制度,主体,行为:传统社会主义经济学反思》,中国财政经济出版社 1999 年版。

24.奚晓明:《最高人民法院利用网络侵害人身权益司法解释理解与适用》,人民法院出版社 2014 年版。

25.苏力主编:《法律和社会科学 · 第 15 卷》,法律出版社 2016 年版。

26.王平:《电子商务》,中国传媒大学出版社 2018 年版。

中文报刊文章、学位论文

1.何鋆灿:《数据权属理论场景主义选择——基于二元论之辩驳》,《信息安全研究》2020 年第 10 期。

2.黄升民、谷虹:《数字媒体时代的平台建构与竞争》,《现代传播(中国传媒大学学报)》2009 年第 5 期。

3.李多、彭兰:《2019 年中国新媒体研究的八大议题》,《全球传媒学刊》2020 年第 1 期。

4.万方:《个人信息处理中的“同意”与“同意撤回”》,《中国法学》2021 年第 1 期。

5.杨立新、赵鑫:《利用个人信息自动化决策的知情同意规则及保障——以个性化广告为视角解读〈个人信息保护法〉第 24 条规定》,《法律适用》2021 年第 10 期。

6.张新宝:《个人信息收集:告知同意原则适用的限制》,《比较法研究》2019 年第 6 期。

7.陈柏峰:《基层社会的弹性执法及其后果》,《法制与社会发展》2015 年第 5 期。

8.戴昕、申欣旺:《规范如何“落地”——法律实施的未来与互联网平台治理的现实》,《中国法律评论》2016 年第 4 期。

9.丰霏,陈天翔:《“推测信息”的权利属性及其法律规制》,《人权研究(辑刊)》2020 年第 1 期。

10.甘绍平:《信息自决权的两个维度》,《外国哲学》2019 年第 3 期。

11.高富平:《个人信息保护:从个人控制到社会控制》,《法学研究》2018 年第 3 期。

12.高兆明、高昊:《第二肉身:数据时代的隐私与隐私危机》,《哲学动态》2019 年第 8 期。

13.顾理平、杨苗:《个人隐私数据“二次使用”中的边界》,《新闻与传播研究》2018 年第 9 期。

14.顾理平:《无感伤害:大数据时代隐私权的新特点》,《新闻大学》2019 年第 2 期。

15.顾理平:《整合型隐私:大数据时代隐私的新类型》,《南京社会科学》2020 年第 4 期。

16.胡云华:《大数据时代下的被遗忘权之争——基于在搜索引擎中的实践困境》,《新闻传播》2021 年第 7 期。

17.江必新:《论司法自由裁量权》,《法律适用》2006 年第 11 期。

18.李兵、展江:《英语学界社交媒体“隐私悖论”研究》,《新闻与传播研究》2017 年第 4 期。

19.李春华、冯中威:《欧盟与美国个人数据保护模式之比较及其启示》,《社科纵横》2017 年第 8 期。

20.李春芹、金慧明:《浅论美国个人信息保护对中国的启示——以行业自律为视角》,《中国商界》2010 年第 2 期。

21.李许坚:《隐私权侵害行为分级研究——基于我国隐私案例的实证分析》,《中南大学学报(社会科学版)》2016 年第 6 期。

22.林凌、李昭熠:《个人信息保护双轨机制:欧盟〈通用数据保护条例〉的立法启示》,《新闻大学》2019 年第 12 期。

23.刘子龙、黄京华:《信息隐私研究与发展综述》,《情报科学》2012 年第 8 期。

24.齐爱民:《论大数据时代数据安全法律综合保护的完善——以〈网络安全法〉为视角》,《东北师大学报(哲学社会科学版)》2017 年第 4 期。

25.秦旺:《法理学视野中的法官的自由裁量权》,《现代法学》2002 年第 1 期。

26.冉从敬、张沫:《欧盟 GDPR 中数据可携权对中国的借鉴研究》,《信息资源管理学报》2019 年第 2 期。

27.任东来:《司法权力的限度——以美国最高法院与妇女堕胎权争议为中心》,《南京大学学报(哲学・人文科学・社会科学版)》2007 年第 2 期。

28.申琦:《风险与成本的权衡:社交网络中的“隐私悖论”——以上海市大学生的微信移动社交应用(App)为例》,《新闻与传播研究》2017 年第 8 期。

29.申琦:《利益、风险与网络信息隐私认知:以上海市大学生为研究对象》,《国际新闻界》2015 年第 7 期。

30.申琦:《网络信息隐私关注与网络隐私保护行为研究:以上海市大学生为研究对象》,《国际新闻界》2013 年第 2 期。

31.申琦:《自我表露与社交网络隐私保护行为研究——以上海市大学生的微信移动社交应用(App)为例》,《新闻与传播研究》2015 年第 4 期。

32.石佳友:《网络环境下的个人信息保护立法》,《苏州大学学报(哲学社会科学版)》2012 年第 6 期。

33.史永升、范玮娜:《侵犯公民隐私权民事判决实证研究——以 2017—2019 年 243 份生效判决为样本》,《上海法学研究》2020 年第 20 卷。

34.宋保振:《"数字弱势群体"权利及其法治化保障》,《法律科学(西北政法大学学报)》2020 年第 6 期。

35.唐皇凤、陶建武:《大数据时代的中国国家治理能力建设》,《探索与争鸣》2014 年第 10 期。

36.唐要家:《中国个人隐私数据保护的模式选择与监管体制》,《理论学刊》2021 年第 1 期。

37.王利明:《论个人信息权的法律保护——以个人信息权和隐私权的界分为中心》,《现代法学》2013 年第 4 期。

38.王利明:《论个人信息权在人格权法中的地位》,《苏州大学学报(社会科学版)》2012 年第 6 期。

39.王利明:《使人格权在民法典中独立成编》,《光明日报》2017 年 11 月 15 日。

40.王利明:《数据共享与个人信息保护》,《现代法学》2019 年第 1 期。

41.王利明:《我国案例指导制度若干问题研究》,《法学》2012 年第 1 期。

42.王利明:《我国侵权责任法的体系构建——以救济法为中心的思考》,《中国法学》2008 年第 4 期。

43.王利明:《隐私权内容探讨》,《浙江社会科学》2007 年第 3 期。

44.王敏:《大数据时代如何有效保护个人隐私?——一种基于传播伦理的分级路径》,《新闻与传播研究》2018 年第 25 期。

45.王秀哲:《大数据时代个人信息法律保护制度之重构》,《法学论坛》2018 年第 6 期。

46.王泽鉴:《人格权保护的课题与展望——人格权的性质及构造:精神利益与财

产利益的保护》,《人大法律评论》2009 年第 1 期。

47.王泽鉴:《人格权的具体化及其保护范围·隐私权篇(中)》,《比较法研究》2009 年第 1 期。

48.魏永征:《杨丽娟名誉权案与知情权》,《国际新闻界》2009 年第 10 期。

49.魏永征:《英国:媒体和隐私的博弈——以〈世界新闻报〉窃听事件为视角》,《新闻记者》2011 年第 10 期。

50.吴飞:《名词定义试拟:被遗忘权(Right to Be Forgotten)》,《新闻与传播研究》2014 年第 7 期。

51.肖志锋:《公共部门信息再利用中的个人信息法律保护》,《图书与情报》2013 年第 3 期。

52.许可:《欧盟"一般数据保护条例"的周年回顾与反思》,《电子知识产权》2019 年第 6 期。

53.杨帆、刘业:《个人信息保护的"公私并行"路径:我国法律实践及欧美启示》,《国际经济法学刊》2021 年第 2 期。

54.姚瑶、顾理平:《对隐私主体分级理论缺陷的修正——兼与王敏商榷》,《新闻与传播研究》2019 年第 10 期。

55.姚岳绒:《论信息自决权作为一项基本权利在我国的证成》,《政治与法律》2012 年第 4 期。

56.余承峰:《信息隐私权的宪法时刻:规范基础与体系重构》,《中外法学》2021 年第 1 期。

57.张虹、熊澄宇:《用户数据:作为隐私与作为资产?—个人数据保护的法律与伦理考量》,《编辑之友》2019 年第 10 期。

58.张礼洪:《隐私权的中国命运——司法判例和法律文化的分析》,《法学论坛》第 29 卷第 1 期。

59.张新宝:《从隐私到个人信息:利益再衡量的理论与制度安排》,《中国法学》2015 年第 3 期。

60.张新宝:《〈民法总则〉个人信息保护条文研究》,《中外法学》2019 年第 1 期。

61.郑文明:《个人信息保护与数字遗忘权》,《新闻与传播研究》2014 年第 5 期。

62.蔡培如:《被遗忘权制度的反思与再建构》,《清华法学》2019 年第 5 期。

63.蔡星月:《数据主体的"弱同意"及其规范结构》,《比较法研究》2019 年第 4 期。

64.曾尔恕、陈强:《社会变革之中权利的司法保护:自决隐私权》,《比较法研究》

2011 年第 3 期。

65.程啸:《论我国民法典中个人信息权益的性质》,《政治与法律》2020 年第 8 期。

66.丁晓东:《论个人信息法律保护的思想渊源与基本原理——基于“公平信息实践”的分析》,《现代法学》2019 年第 3 期。

67.丁晓强:《个人数据保护中同意规则的“扬”与“抑”——卡-梅框架视域下的规则配置研究》,《法学评论》2020 年第 4 期。

68.董晨宇、段采薏:《反向自我呈现:分手者在社交媒体中的自我消除行为研究》,《新闻记者》2020 年第 5 期。

69.范海潮、顾理平:《探寻平衡之道:隐私保护中知情同意原则的实践困境与修正》,《新闻与传播研究》2021 年第 2 期。

70.范为:《大数据时代个人信息保护的路径重构》,《环球法律评论》2016 年第 5 期。

71.高富平:《个人信息使用的合法性基础——数据上利益分析视角》,《比较法研究》2019 年第 2 期。

72.高富平:《论个人信息处理中的个人权益保护——“个保法”立法定位》,《学术月刊》2021 年第 2 期。

73.郭春镇:《数字人权时代人脸识别技术应用的治理》,《现代法学》2020 年第 4 期。

74.郭江兰:《数据可携带权保护范式的分殊与中国方案》,《北方法学》2022 年第 5 期。

75.胡泳:《危机时刻的公共利益与个人隐私》,《新闻战线》2020 年第 7 期。

76.黄文强、杨沙沙、于萍:《风险决策的神经机制:基于啮齿类动物研究》,《心理科学进展》2016 年第 11 期。

77.金晶:《欧盟〈一般数据保护条例〉:演进、要点与疑义》,《欧洲研究》2018 年第 4 期。

78.雷丽莉:《权力结构失衡视角下的个人信息保护机制研究——以信息属性的变迁为出发点》,《国际新闻界》2019 年第 12 期。

79.梁上上:《公共利益与利益衡量》,《政法论坛》2016 年第 6 期。

80.曲新久:《论侵犯公民个人信息犯罪的超个人法益属性》,《人民检察》2015 年第 11 期。

81.任龙龙:《论同意不是个人信息处理的正当性基础》,《政治与法律》2016 年第

1 期。

82.沈春晖:《法源意义上行政法的一般原则研究》,《公法研究》2008 年第 00 期。

83.石佳友:《个人信息保护的私法维度——兼论〈民法典〉与〈个人信息保护法〉的关系》,《比较法研究》2021 年第 5 期。

84.宋亚辉:《个人信息的私法保护模式研究——〈民法总则〉第 111 条的解释论》,《比较法研究》2019 年第 2 期。

85.孙健、孙也龙:《知情同意原则在美国法中的发展——兼论我国〈侵权责任法〉》,《中国医学人文》2018 年第 4 期。

86.万方:《隐私政策中的告知同意原则及其异化》,《法律科学(西北政法大学学报)》2019 年第 2 期。

87.汪庆华:《数据可携带权的权利结构、法律效果与中国化》,《中国法律评论》2021 年第 3 期。

88.王成:《个人信息民法保护的模式选择》,《中国社会科学》2019 年第 6 期。

89.魏书音:《从 CCPA 和 GDPR 比对看美国个人信息保护立法趋势及路径》,《网络空间安全》2019 年第 4 期。

90.吴伟光:《大数据技术下个人数据信息私权保护论批判》,《政治与法律》2016 年第 7 期。

91.夏燕:《"被遗忘权"之争——基于欧盟个人数据保护立法改革的考察》,《北京理工大学学报(社会科学版)》2015 年第 2 期。

92.项定宜:《比较与启示:欧盟和美国个人信息商业利用规范模式研究》,《重庆邮电大学学报(社会科学版)》2019 年第 4 期。

93.谢琳、曾俊森:《数据可携权之审视》,《电子知识产权》2019 年第 1 期。

94.谢远扬:《信息论视角下个人信息的价值——兼对隐私权保护模式的检讨》,《清华法学》2015 年第 3 期。

95.薛丽:《GDPR 生效背景下我国被遗忘权确立研究》,《法学论坛》2019 年第 2 期。

96.杨芳:《德国一般人格权中的隐私保护——信息自由原则下对"自决"观念的限制》,《东方法学》2016 年第 6 期。

97.杨婕:《我国个人信息保护立法完善路径分析——以微信读书、抖音侵犯个人信息权益案件为例》,《中国电信业》2021 年第 6 期。

98.姚朝兵:《个人信用信息隐私保护的制度构建——欧盟及美国立法对我国的启

示》,《情报理论与实践》2013 年第 3 期。

99.姚佳:《知情同意原则抑或信赖授权原则——兼论数字时代的信用重建》,《暨南学报(哲学社会科学版)》2020 年第 2 期。

100.于冲:《侵犯公民个人信息罪中“公民个人信息”的法益属性与入罪边界》,《政治与法律》2018 年第 4 期。

101.余建华、徐少华:《浙江一女子以携程采集非必要信息“杀熟”诉请退一赔三获支持》,《人民法院报》2021 年 7 月 13 日。

102.张雪纯:《合议制与独任制优势比较——基于决策理论的分析》,《法制与社会发展》2009 年第 6 期。

103.郑佳宁:《知情同意原则在信息采集中的适用与规则构建》,《东方法学》2020 年第 2 期。

104.周汉华:《平行还是交叉 个人信息保护与隐私权的关系》,《中外法学》2021 年第 5 期。

105.卓力雄:《数据携带权:基本概念,问题与中国应对》,《行政法学研究》2019 年第 6 期。

106.常江、田浩:《尼克 · 库尔德利:数据殖民主义是殖民主义的最新阶段——马克思主义与数字文化批判》,《新闻界》2020 年第 2 期。

107.陈成文、汪希:《西方社会学家眼中的“权力”》,《湖南师范大学社会科学学报》2008 年第 5 期。

108.戴昕:《重新发现社会规范:中国网络法的经济社会学视角》,《学术月刊》2019 年第 2 期。

109.范海潮:《作为“流动的隐私”:现代隐私观念的转变及理念审视——兼议“公私二元”隐私观念的内部矛盾》,《新闻界》2019 年第 8 期。

110.范慧茜、曾真:《搜索引擎企业隐私政策声明研究——以百度与谷歌为例》,《重庆邮电大学学报(社会科学版)》2016 年第 4 期。

111.韩朔:《〈个人信息保护法〉对 App 隐私政策的影响研究》,《知识管理论坛》2022 年第 6 期。

112.杭敏、张亦晨:《2020 年全球传媒产业发展报告》,《传媒》2021 年第 19 期。

113.郝森森、许正良、钟喆鸣:《企业移动终端 App 用户信息隐私关注模型构建》,《图书情报工作》2017 年第 5 期。

114.胡翼青:《为媒介技术决定论正名:兼论传播思想史的新视角》,《现代传播(中国传媒大学学报)》2017 年第 1 期。

115.华劼:《网络时代的隐私权——兼论美国和欧盟网络隐私权保护规则及其对我国的启示》,《河北法学》2008 年第 6 期。

116.李婕:《垄断抑或公开:算法规制的法经济学分析》,《理论视野》2019 年第 1 期。

117.李凯、于艺:《社会化媒体中的网络隐私披露研究综述及展望》,《情报理论与实践》2018 年第 12 期。

118.李欣倩:《德国个人信息立法的历史分析及最新发展》,《东方法学》2016 年第 6 期。

119.李卓卓、马越、李明珍:《数据生命周期视角中的个人隐私信息保护——对移动 App 服务协议的内容分析》,《情报理论与实践》2016 年第 12 期。

120.林曦、郭苏建:《算法不正义与大数据伦理》,《社会科学文摘》2020 年第 9 期。

121.刘娇、白净:《中外移动 App 用户隐私保护文本比较研究》,《汕头大学学报(人文社会科学版)》2017 年第 3 期。

122.刘雷、詹一虹、李晶晶:《我国公共信息资源 App 隐私侵犯风险比较研究——基于 9 所公共图书馆与 9 所高校图书馆的对比》,《贵州社会科学》2017 年第 12 期。

123.刘迎霜:《"使用即同意"规则与网络服务提供者的法律规制》,《社会科学》2015 年第 7 期。

124.刘震、蔡之骥:《政治经济学视角下互联网平台经济的金融化》,《政治经济学评论》2020 年第 4 期。

125.卢家银:《论隐私自治:数据迁移权的起源、挑战与利益平衡》,《新闻与传播研究》2019 年第 8 期。

126.曼纽尔·卡斯特尔、贺佳、刘英:《权力社会学》,《国外社会科学》2019 年第 1 期。

127.申琦:《网络素养与网络隐私保护行为研究:以上海市大学生为研究对象》,《新闻大学》2014 年第 5 期。

128.申琦:《我国网站隐私保护政策研究:基于 49 家网站的内容分析》,《新闻大学》2015 年第 4 期。

129.史卫民:《大数据时代个人信息保护的现实困境与路径选择》,《情报杂志》2013 年第 12 期。

130.唐远清、赖星星:《社交媒体隐私政策文本研究——基于 Facebook 与微信的对比分析》,《新闻与写作》2018 年第 8 期。

131.王驰、曹劲松:《数字新型基础设施建设下的安全风险及其治理》,《江苏社会科学》2021 年第 5 期。

132.王国霞、王丽君、刘贺平:《个性化推荐系统隐私保护策略研究进展》,《计算机应用研究》2012 年第 6 期。

133.王亮:《社交机器人"单向度情感"伦理风险问题刍议》,《自然辩证法研究》2020 年第 1 期。

134.温旭:《数字时代的治理术:从数字劳动到数字生命政治——以内格里和哈特的"生命政治劳动"为视角》,《新闻界》2021 年第 8 期。

135.席志武、李辉:《平台化社会重建公共价值的可能与可为——兼评〈平台社会:连接世界中的公共价值〉》,《国际新闻界》2021 年第 6 期。

136.肖雪、曹羽飞:《我国社交应用个人信息保护政策的合规性研究》,《情报理论与实践》2021 年第 3 期。

137.徐敬宏、赵珈艺、程雪梅等:《七家网站隐私声明的文本分析与比较研究》,《国际新闻界》2017 年第 7 期。

138.徐敬宏、张为杰、李玲:《西方新闻传播学关于社交网络中隐私侵权问题的研究现状》,《国际新闻界》2014 年第 10 期。

139.徐磊:《个人信息删除权的实践样态与优化策略——以移动应用程序隐私政策文本为视角》,《情报理论与实践》2021 年第 4 期。

140.薛星星:《滴滴致命顺风车:整改后仍有漏洞可钻 可看乘客性别》,《新京报》2018 年 8 月 26 日。

141.袁勇、王飞跃:《区块链技术发展现状与展望》,《自动化学报》2016 年第 4 期。

142.张大伟、谢兴政:《隐私顾虑与隐私倦怠的二元互动:数字原住民隐私保护意向实证研究》,《情报理论与实践》2021 年第 7 期。

143.张薇、池建新:《美欧个人信息保护制度的比较与分析》,《情报科学》2017 年第 12 期。

144.张学波、李铂:《信任与风险感知:社交网络隐私安全影响因素实证研究》,《现代传播(中国传媒大学学报)》2019 年第 2 期。

145.张兆曙、段君:《网络平台的治理困境与数据使用权创新——走向基于网络公民权的数据权益共享机制》,《浙江学刊》2020 年第 6 期。

146.赵静、袁勤俭、陈建辉:《基于内容分析的 B2C 网络商家隐私政策研究》,《现代情报》2020 年第 4 期。

147.赵秋雁:《网络隐私权保护模式的构建》,《求是学刊》2005 年第 3 期。

148.周辉:《技术,平台与信息:网络空间中私权力的崛起》,《网络信息法学研究》2017 年第 2 期。

149.周茂君、潘宁:《赋权与重构:区块链技术对数据孤岛的破解》,《新闻与传播评论》2018 年第 5 期。

150.周拴龙、王卫红:《中美电商网站隐私政策比较研究——以阿里巴巴和 Amazon 为例》,《现代情报》2017 年第 1 期。

151.周涛:《基于内容分析法的网站隐私声明研究》,《杭州电子科技大学学报(社科版)》2009 年第 3 期。

152.白红义、张恬:《社会空间理论视域下的新闻业:场域和生态的比较研究》,《国际新闻界》2021 年第 43 卷第 4 期。

153.曹畅、郭双双、赵岩等:《大学生微信朋友圈发帖特点及原因探讨》,《中国青年研究》2015 年第 4 期。

154.曾伏娥、邹周、陶然:《个性化营销一定会引发隐私担忧吗:基于拟人化沟通的视角》,《南开管理评论》2018 年第 5 期。

155.陈国富、李启航:《法律的认知基础、内生偏好与权利保护规则的选择》,《南开学报(哲学社会科学版)》2013 年第 4 期。

156.陈卫星:《关于中国传播学问题的本体性反思》,《现代传播》2011 年第 2 期。

157.谌涛、谢徽音:《社交网站网络隐私安全问题——基于十家社交网站隐私条例和用户协议分析》,《新闻知识》2020 年第 4 期。

158.戴昕:《"防疫国家"的信息治理:实践及其理念》,《文化纵横》2020 年第 5 期。

159.戴昕:《"看破不说破":一种基础隐私规范》,《学术月刊》2021 年第 4 期。

160.邓胜利、王子叶:《国外在线隐私素养研究综述》,《数字图书馆论坛》2018 年第 9 期。

161.丁晓东:《个人信息的双重属性与行为主义规制》,《法学家》2020 年第 1 期。

162.杜丹:《技术中介化系统:移动智能媒介实践的隐私悖论溯源》,《现代传播(中国传媒大学学报)》2020 年第 9 期。

163.杜骏飞:《框架效应》,《新闻与传播研究》2017 年第 7 期。

164.傅鑫媛、辛自强、楼紫茜等:《基于助推的环保行为干预策略》,《心理科学进展》2019 年第 11 期。

165.高山川、王心怡:《网络平台和收益的类型对信息隐私决策的影响》,《应用心理学》2019 年第 4 期。

166.高锡荣、杨康:《网络隐私保护行为:概念、分类及其影响因素》,《重庆邮电大学学报(社会科学版)》2012 年第 4 期。

167.顾理平、俞立根:《手机应用模糊地带的公民隐私信息保护——基于五大互联网企业手机端的隐私政策分析》,《当代传播》2019 年第 2 期。

168.郭春镇、王海洋:《个人信息保护中删除权的规范构造》,《学术月刊》2022 年第 10 期。

169.胡凌:《个人私密信息如何转化为公共信息》,《探索与争鸣》2020 年第 11 期。

170.黄立君:《理查德·塞勒对行为法和经济学的贡献》,《经济学动态》2017 年第 12 期。

171.黄伟峰:《个人信息保护与信息利用的利益平衡——以朱某诉北京百度网讯科技公司隐私权案为例的探讨》,《法律适用》2017 年第 12 期。

172.江淑琳:《流动的空间,液态的隐私:再思考社交媒体的隐私意涵》,《传播研究与实践》2014 年第 1 期。

173.蒋玲、潘云涛:《我国儿童网络隐私权的保护研究》,《图书馆学研究》2012 年第 17 期。

174.蒋骁、仲秋雁、季绍波:《网络隐私的概念、研究进展及趋势》,《情报科学》2010 年第 2 期。

175.金燕、李京珂、耿瑞利:《隐私视角下健康类 App 用户流失意愿研究》,《现代情报》2021 年第 1 期。

176.李凤华:《信息技术与网络空间安全发展趋势》,《网络与信息安全学报》2015 年第 1 期。

177.李佳洁、于彤彤:《基于助推的健康饮食行为干预策略》,《心理科学进展》2020 年第 12 期。

178.李芊:《从个人控制到产品规制——论个人信息保护模式的转变》,《中国应用法学》2021 年第 1 期。

179.李谦:《人格、隐私与数据:商业实践及其限度——兼评中国 cookie 隐私权纠纷第一案 》,《中国法律评论》2017 年第 2 期。

180.李伟民:《个人信息权性质之辨与立法模式研究》,《上海师范大学学报(哲学社会科学版)》2018 年第 5 期。

181.李晓明、谭谱:《框架效应的应用研究及其应用技巧》,《心理科学进展》2018年第12期。

182.李延舜:《位置何以成为隐私?——大数据时代位置信息的法律保护》,《西北政法大学学报》2021年第2期。

183.李永军:《论〈民法总则〉中个人隐私与信息的“二元制”保护及请求权基础》,《浙江工商大学学报》2017年第3期。

184.理查德·A.波斯纳、常鹏:《论隐私权》,《私法》2011年第2期。

185.林碧烽、范五三:《从媒介本位到用户至上:智媒时代隐私素养研究综述》,《编辑学刊》2021年第1期。

186.林颖、吴鼎铭:《网民情感的吸纳与劳动化——论互联网产业中“情感劳动”的形成与剥削》,《现代传播(中国传媒大学学报)》2017年第6期。

187.刘伟江、王广惠、张朝辉:《电子商务中的价格歧视现象》,《经济与管理研究》2004年第2期。

188.刘艳红:《侵犯公民个人信息罪法益:个人法益及新型权利之确证——以〈个人信息保护法(草案)〉为视角之分析》,《中国刑事法杂志》2019年第5期。

189.马骋宇、刘乾坤:《移动健康应用程序的隐私政策评价及实证研究》,《图书情报工作》2020年第7期。

190.马瑞聪:《论我国个人信息删除权的双重限制模式》,《网络安全与数据治理》2023年第8期。

191.毛俪蒙、陈思旭、张阚:《儿童网络隐私权保护现状及对策——基于10款手机App隐私条款的研究》,《视听界》2021年第4期。

192.彭焕萍、王龙珺:《美国儿童网络隐私保护模式对中国的启示》,《成都行政学院学报》2015年第2期。

193.彭丽徽、李贺、张艳丰等:《用户隐私安全对移动社交媒体倦怠行为的影响因素研究——基于隐私计算理论的CAC研究范式》,《情报科学》2018年第9期。

194.钱建成:《“脸”的跨文化隐喻认知》,《扬州大学学报(人文社会科学版)》2011年第5期。

195.强月新、肖迪:《“隐私悖论”源于过度自信?隐私素养的主客观差距对自我表露的影响研究》,《新闻界》2021年第6期。

196.邵国松、薛凡伟、郑一媛等:《我国网站个人信息保护水平研究——基于〈网络安全法〉对我国500家网站的实证分析》,《新闻记者》2018年第3期。

197.苏君华、郑静萍:《国内信息偶遇影响因素研究综述》,《情报杂志》2021 年第 8 期。

198.谭春辉、王一君:《微信朋友圈信息分享行为影响因素分析》,《现代情报》2020 年第 2 期。

199.宛玲、张月:《国内外隐私素养研究现状分析》,《图书情报工作》2020 年第 12 期。

200.王波伟、李秋华:《大数据时代微信朋友圈的隐私边界及管理规制——基于传播隐私管理的理论视角》,《情报理论与实践》2016 年第 39 期。

201.王灏:《中国公民隐私权保护的法律意识及其根源》,《沈阳师范大学学报(社会科学版)》2007 年第 1 期。

202.王敏:《大数据时代如何有效保护个人隐私? ——一种基于传播伦理的分级路径》,《新闻与传播研究》2018 年第 11 期。

203.温忠麟、张雷、侯杰泰:《有中介的调节变量和有调节的中介变量》,《心理学报》2006 年第 3 期。

204.文旭、吴淑琼:《英汉"脸、面"词汇的隐喻认知特点》,《西南大学学报(社会科学版)》2007 年第 6 期。

205.谢卫红、常青青、李忠顺:《国外网络隐私悖论研究进展——理论整合与述评》,《现代情报》2018 年第 11 期。

206.徐航:《〈个人信息保护法(草案)〉视域下信息删除权的建构》,《学习论坛》2021 年第 3 期。

207.徐艳东:《"脸"的道德形而上学——阿甘本哲学中的"脸、人、物"思想研究》,《哲学动态》2015 年第 2 期。

208.许天颖、顾理平:《人工智能时代算法权力的渗透与个人信息的监控》,《现代传播(中国传媒大学学报)》2020 年第 11 期。

209.殷乐、李艺:《互联网治理中的隐私议题:基于社交媒体的个人生活分享与隐私保护》,《新闻与传播研究》2016 年增刊。

210.喻国明:《互联网发展的"下半场":传媒转型的价值标尺与关键路径》,《当代传播》2017 年第 4 期。

211.袁向玲、牛静:《社会化算法推荐下青年人的隐私管理研究——个性化信息接受意愿与隐私关注的链式中介效应》,《新闻界》2020 年第 12 期。

212.张大伟、谢兴政:《隐私顾虑与隐私倦怠的二元互动:数字原住民隐私保护意向实证研究》,《情报理论与实践》2021 年第 7 期。

213.张丹、杨晨星、赵子骏:《信息时代下平台特征、构建策略及治理问题研究》,《中国电子科学研究院学报》2020 年第 12 期。

214.张璐:《个人网络活动踪迹信息保护研究——兼评中国 Cookie 隐私权纠纷第一案》,《河北法学》2019 年第 5 期。

215.张薇:《美欧个人信息保护制度的比较与分析》,《情报科学》2017 年第 12 期。

216.朱侯、张明鑫、路永和:《社交媒体用户隐私政策阅读意愿实证研究》,《情报学报》2018 年第 4 期。

217.庄睿、于德山:《作为情感劳动的隐私管理——中国留学生代购群体的社交媒体平台隐私管理研究》,《新闻记者》2021 年第 1 期。

218.陈坤:《论法律解释目标的逐案决定》,《中国法学》2022 年第 9 期。

219.陈璐颖:《互联网内容治理中的平台责任研究》,《出版发行研究》2020 年第 6 期。

220.丁晓东:《个人信息私法保护的困境与出路》,《法学研究》2018 年第 6 期。

221.杜骏飞:《网络社会治理共同体:概念、理论与策略》,《华中农业大学学报(社会科学版)》2020 年第 6 期。

222.冯建华:《存异而治:网络服务提供者权责配置的进路与理路》,《新闻与传播研究》2022 年第 4 期。

223.韩璇、袁勇、王飞跃:《区块链安全问题:研究现状与展望》,《自动化学报》2019 年第 1 期。

224.黄河、邵逸涵:《智能内容的国际治理实践及启示》,《中国编辑》2022 年第 5 期。

225.江必新:《中国行政合同法律制度:体系、内容及其构建》,《中外法学》2012 年第 6 期。

226.江海洋:《论区块链与个人信息保护之冲突与兼容》,《行政法学研究》2021 年第 4 期。

227.李河:《从“代理”到“替代”的技术与正在“过时”的人类?》,《中国社会科学》2020 年第 10 期。

228.林小驰、胡叶倩雯:《关于区块链技术的研究综述》,《金融市场研究》2016 年第 2 期。

229.刘敖迪、杜学绘、王娜等:《区块链技术及其在信息安全领域的研究进展》,《软件学报》2018 年第 7 期。

230.陆青:《个人信息保护中“同意”规则的规范构造》,《武汉大学学报(哲学社会科学版)》2019 年第 5 期。

231.苏治、荆文君、孙宝文:《分层式垄断竞争:互联网行业市场结构特征研究——基于互联网平台类企业的分析》,《管理世界》2018 年第 4 期。

232.王进:《论个人信息保护中知情同意原则之完善——以欧盟〈一般数据保护条例〉为例》,《广西政法管理干部学院学报》2018 年第 1 期。

233.许艳芳、朱春玲:《社会价值、经济价值与社会企业创业策略的选择——基于制度逻辑理论的案例研究》,《管理案例研究与评论》2022 年第 1 期。

234.章剑生:《从自然正义到正当法律程序——兼论我国行政程序立法中的“法律思想移植”》,《法学论坛》2006 年第 5 期。

235.《突然变成刷脸才能进小区:物业有权强制采集人脸信息吗?》,《工人日报》2020 年 10 月 1 日。

236.《推动平台经济规范健康持续发展 把碳达峰碳中和纳入生态文明建设整体布局》,《人民日报》2021 年 3 月 16 日。

237.《续卡要求“人脸识别”:杭州涉事健身房:不同意可退款或转店》,澎湃新闻 2021 年 2 月 8 日。

238.姚岳绒:《宪法视野中的个人信息保护》,博士学位论文,华东政法大学,2011 年。

239.马俊峰、王斌:《数字时代注意力经济的逻辑运演及其批判》,《社会科学》2020 年第 11 期。

240.蔡润芳:《平台资本主义的垄断与剥削逻辑——论游戏产业的“平台化”与玩工的“劳动化”》,《新闻界》2018 年第 2 期。

外文著作

1. [德]克里斯托弗・库勒:《欧洲数据保护法——公司遵守与管制(第二版)》,旷野、杨会永等译,法律出版社 2008 年版。

2.[美]阿丽塔・L.艾伦、查理德・C.托克音顿:《美国隐私法:学说、判例与立法》,冯建妹、石宏、郝倩等译,中国民主法制出版社 2004 年版。

3.[美]迈克尔桑德尔:《民主的不满》,曾纪茂译,江苏人民出版社 2008 年版。

4.[美]塞缪尔・D.沃伦、路易斯・D.布兰代斯:《论隐私权》,李丹译,载徐爱国主编:《哈佛法律评论》(侵权法学精粹),法律出版社 2005 年版。

5.[美]约翰·哈特·伊利:《民主与不信任——司法南查的一个理论》,张卓明译,法律出版社 2011 年版。

6.[日]芦布信言:《宪法》(第三版),林来梵、凌维慈、龙绚丽译,北京大学出版社 2006 年版。

7.[法]拉·梅特里:《人是机器》,顾寿观译,商务印书馆 1959 年版。

8.[法]托马斯·皮凯蒂:《21 世纪资本论》,巴曙松、陈剑、余江等译,中信出版社 2014 年版。

9.[荷]简·梵·迪克:《网络社会:新媒体的社会层面》,蔡静译,清华大学出版社 2014 年版。

10.[美] 路易斯·D.布兰戴斯等:《隐私权》,宦胜奎译,北京大学出版社 2014 年版。

11.[美]彼得·布劳:《社会生活中的交换与权力》,李国武译,商务印书馆 2008 年版。

12.[美]曼纽尔·卡斯特:《网络社会:跨文化的视角》,周凯译,社会科学文献出版社 2009 年版。

13.[美]塔尔科特·帕森斯:《现代社会的结构与过程》,梁向阳译,光明日报出版社 1988 年版。

14.[奥]尤根·埃利希:《法律社会学基本原理》,叶名怡、袁震译,中国社会科学出版社 2009 年版。

15.[德]瓦尔特·本雅明:《机械复制时代的艺术作品》,李伟译,重庆出版社 2006 年版。

16.[美]彼得·M.布劳:《社会生活中的权力与交换》,李国武译,商务印书馆 2012 年版。

17.[美]丹尼尔·卡尼曼:《思考,快与慢》,胡晓姣、李爱民、何梦莹译,中信出版社 2012 年版。

18.[美]凯文·米特尼克、罗伯特·瓦摩西:《捍卫隐私》,吴攀译,浙江人民出版社 2019 年版。

19.[德]卡尔·拉伦茨:《法律行为解释之方法——兼论意思表示理论》,范雪飞、吴训祥译,法律出版社 2018 年版。

20.Sonia Livingstone, Moira Bovill, *Children and Their Changing Media Environment: A*

European Comparative Study, London: Routledge, 2013.

21. José Van Dijck, Thomas Poell & Martijn De Waal, *The Platform Society: Public Values in a Connective World*, New York: Oxford University Press, 2018.

22. Alan F. Westin, *Privacy and Freedom*, New York: Atheneum, 1967.

23. Ari Ezra Waldman, *Privacy as Trust: Information Privacy for an Information Age*, Cambridge: Cambridge University Press, 2018.

24. Daniel J. Solove, Paul M. Schwartz, *Information Privacy Law*, Aspen Publishers, 2017.

25. Daniel J. Solove, *Understanding Privacy*, Cambridge: Harvard University Press, 2009.

26. Daniel Rücker and Tobias Kugler, *New European General Data Protection Regulation, A Practitioner's Guide, Ensuring Compliant Corporate Practice*, C.H.Beck, 2018.

27. Deckle Mclean, *Privacy and Its Invasion*, Connecticut: Praeger Publishers, 1995.

28. Irwin Altman, *The Environment and Social Behavior: Privacy, Personal space, Territory, and Crowding*, California: Brooks/Cole, 1975.

29. Judith Wagner DeCew, *In Pursuit of Privacy: Law, Ethics, and the Rise of Technology*, Ithaca: Cornell University Press, 1997.

30. Mireile Hildebrandt, *Smart Technologies and the End(s) of Law*, Cheltenham: Edward Elgar Publishing, 2015.

31. Ruth Macklin, *Enemies of Patients*, New York: Oxford University Press, 1993.

32. Ian Goldberg, Mikhail J. Atallah eds., *International Symposium on Privacy Enhancing Technologies Symposium*, Berlin: Springer, 2009.

33. Claudio Celis Bueno, *The Attention Economy: Labour, Time and Power in Cognitive Capitalism*, London: Rowman & Littlefield, 2017.

34. José Van Dijck, Thomas Poell & Martijn De Waal, *The Platform Society: Public Values in a Connective World*, New York: Oxford University Press, 2018.

35. Joshua A. T. Fairfield, *Owned: Property, Privacy, and the New Digital Serfdom*, London: Cambridge University Press, 2017.

36. Patrick Lin, Keith Abney & George A. Bekey eds., *Robot Ethics: the Ethical and Social Implications of Robotics*, Massachusetts: The MIT Press, 2012.

37. Shoshana Zuboff, *The Age of Surveillance Capitalism: The Fight for a Human Future at the New Frontier of Power*, New York: PublicAffairs, 2019.

38.Turkington R.C, Allen A.L., *Privacy law: Cases and Materials*, West Academic Publishing, 2002.

39.Jennifer King, *Privacy, Disclosure, and Social Exchange Theory*, Berkeley: University of California, 2018.

40.Andrew A. DiSessa, *Changing Minds: Computers, Learning, and Literacy*, Cambridge, MA: MIT Press, 2000.

41.Paulo Freire, *Pedagogy of the Oppressed*, New York: Herder and Herder, 1972.

42.Richard H. Thaler & Cass R. Sunstein, *Nudge: Improving Decisions About Health, Wealth and Happiness*, Connecticut: Yale University Press, 2008.

43.José Van Dijck, *The Culture of Connectivity: A Critical History of Social Media*, New York: Oxford University Press, 2013.

44.SabineTrepte & Leonard Reinecke eds., *Privacy Online: Perspectives on Privacy and Self-Disclosure in the Social Web*, Berlin, Heidelberg: Springer, 2011.

45.Francois Dubois & Ariane Lambert-Mogiliansky eds., *6th International Symposium on Quantum Interaction*, Jerome R. Busemeyer, Paris: Springer, 2012.

46.Harald Atmanspacher, Claudia Bergomi & Thomas Filk, et al eds., *8th International Symposium on Quantum Interaction*, Filzbach: Springer, 2014.

47.Walbert C. Kalinowski, HA Simon eds., *Models of Man, Social and Rational: Mathematical Essays on Rational Human Behavior in a Social Setting*, 1957.

48.Saras Sarasvathy, Nicholas Dew, Sankaran Venkataraman eds., *Shaping Entrepreneurship Research*, London: Routledge, 2020, pp. 104-119.

49.Lawrence Lessig, *Code: And Other Laws of Cyberspace, Version* 2. 0, New York: Basic Books, 2006, p. 124.

外文报刊文章、论文

1. Easwar A. Nyshadham, "Privacy Policies of Air Travel Web Sites: A Survey and Analysis", *Journal of Air Transport Management*, Vol. 6, No. 3 (July 2000).

2. Jonathan J. Kandell, "Internet Addiction on Campus: The Vulnerability of College Students", *CyberPsychology & Behavior*, Vol. 1, No. 1 (Jan 1998).

3. Julia B. Earp, Annie I. Antón & Lynda Aiman-Smith, et al, "Examining Internet Privacy Policies within the Context of User Privacy Values", *IEEE Transactions on Engineering*

Management, Vol. 52, No. 2 (May 2005), pp. 227-237.

4. Omri Ben-Shahar & Carl E. Schneider, "The Failure of Mandated Disclosure", *University of Pennsylvania Law Review*, Vol. 159, No. 3 (2011), pp. 647-749.

5. Robert S. Laufer, Harold M., Proshansky & Maxine Wolfe, "Some Analytic Dimensions of Privacy", In *Architectural Psychology: Proceedings of the Lund Conference*, Rikard Kuller (eds.), Pennsylvania: Dowden, Hutchinson & Ross, 1974.

6.Susan B. Barnes, "A Privacy Paradox: Social Networking in the United States", *First Monday*, Vol. 11, No. 9 (Sept 2006), pp. 4-9.

7.Avner Levin & Mary Jo Nicholson, "Privacy Law in the United States, the EU and Canada: the Allure of the Middle Ground", *University of Ottawa Law & Technology Journal*, Vol., No. 2 (2005).

8.Edward J. Janger, Paul M. Schwartz, "The Gramm-Leach-Bliley Act, Information Privacy, and the Limits of Default Rules", *Social Science Electronic Publishing*, Vol. 86, No. 6 (2001), pp. 1219-1261.

9.Eugene F. Stone, Hal G. Gueutal, Donald G. Gardner, et al, "A Field Experiment Comparing Information-Privacy Values, Beliefs, and Attitudes Across Several Types of Organizations", *Journal of Applied Psychology*, Vol. 68, No. 3 (1983), pp. 459-468.

10.Hai Liang, Shen Fei, King-wa Fu, "Privacy Protection and Self-Disclosure Across Societies: A Study of Global Twitter Users", *New Media & Society*, Vol. 19, No. 9 (Sept 2017), pp. 1476-1497.

11. Sonia Livingstone, "Taking Risky Opportunities in Youthful Content Creation: Teenagers' Use of Social Networking Sites for Intimacy, Privacy and Self-Expression", *New Media & Society*, Vol. 10, No. 3 (June 2008), pp. 393-411.

12.Mina Tsay-Vogel, James Shanahan, Nancy Signorielli, "Social Media Cultivating Perceptions of Privacy: A 5-year Analysis of Privacy Attitudes and Self-Disclosure Behaviors Among Facebook Users", *New Media & Society*, Vol. 20, No. 1 (Jan 2018), pp. 141-161.

13.Irwin Altman, "Privacy Regulation: Culturally Universal or Culturally Specific", *Journal of Social Issues*, Vol. 33, No. 3 (Summer 1977) pp. 66-84.

14.Joseph E. Stiglitz, "The Contributions of the Economics of Information to Twentieth Century Economics", *Quarterly Journal of Economics*, Vol. 115, No. 4 (Nov 2000), pp. 1441-1478.

15.Lemi Baruh, Ekin Secinti, Zeynep Cemalcilar, "Online Privacy Concerns and Privacy Management: A Meta-Analytical Review", *Journal of Communication*, Vol. 67, No. 1 (Feb 1977) pp. 26-53.

16.Rodolfo Sacco, "Legal Formants: A Dynamic Approach to Comparative Law", *The American Journal of Comparative Law*, Vol. 39, No. 1 (Winter 1991), pp. 1-34.

17.Daria Kim, "No One's Ownership as the Status Quo and a Possible Way Forward: A Note on the Public Consultation on Building a European Data Economy", *Gewerblicher Rechtsschutz und Urheberrecht Internationaler Teil*, Vol. 66, No. 8/9 (2017), pp. 697-705.

18.Peter Swire, Yianni Lagos, "Why the Right to Data Portability Likely Reduces Consumer Welfare: Antitrust and Privacy Critique", *Maryland Law Review*, Vol. 72, No. 2 (2012), pp. 335-380.

19.Robert C. Post, "Data Privacy and Dignitary Privacy: Google Spain, the Right to be Forgotten, and the Construction of the Public Sphere", *Duke Law Journal*, Vol. 67, No. 5 (Feb 2017), pp. 981-1072.

20.Tobias Dienlin, Miriam J. Metzger, "An Extended Privacy Calculus Model for SNSs: Analyzing Self-Disclosure and Self-Withdrawal in a Representative US Sample", *Journal of Computer-Mediated Communication*, Vol. 21, No. 5 (Sept 2016), pp. 368-383.

21.Alessandro Acquisti, Jens Grossklags, "Privacy and Rationality in Individual Decision Making", *IEEE Security & Privacy*, Vol. 3, No. 1 (Jan-Feb 2005), pp. 26-33.

22.Anja Bechmann, "Non-Informed Consent Cultures: Privacy Policies and APP Contracts on Facebook", *Journal of Media Business Studies*, Vol. 11, No. 1 (2014) pp. 21-38.

23.Bettina Berendt B, Sören Preibusch, Maximilian Teltzrow, "A Privacy-Protecting Business-Analytics Service for On-Line Transactions", *International Journal of Electronic Commerce*, Vol. 12, No. 3 (2008), pp. 115-150.

24.Chang Liu, Kirk P. Arnett, "An Examination of Privacy Policies in Fortune 500 Web sites", *American Journal of Business*, Vol. 17, No. 1 (April 2002), pp. 13-22.

25.Claudia Aradau, Tobias Blanke & Giles Greenway, "Acts of Digital Parasitism: Hacking, Humanitarian APPs and Phantomization", *New Media & Society*, Vol. 21, No. 11-12 (June 2019), pp. 2548-2565.

26.Daniel J. Solove, "Introduction: Privacy Self-Management and the Consent Dilemma", *Harvard Law Review*, Vol. 126, No. 7 (May 2013), pp. 1889-1893.

27.David Gefen, Detmar W. Straub, "Managing User Trust in B2C E-Services", *E-Service*, *Vol.* 2, No. 2(Jan 2003), pp. 7-24.

28.Erik Paolo S. Capistrano, Jengchung Victor Chen, "Information Privacy Policies: The Effects of Policy Characteristics and Online Experience", *Computer Standards & Interfaces*, Vol. 42, No. (Nov 2015), pp. 24-31.

29.Giulio Galiero, Gabriele Giammatteo, "Trusting Third-Party Storage Providers for Holding Personal Information. A Context-Based Approach to Protect Identity-Related Data in Untrusted Domains", *Identity in the Information Society*, Vol. 2, No. 2 (Nov 2009), pp. 99-114.

30.Irene Pollach, "Privacy Statements as a Means of Uncertainty Reduction in WWW Interactions", *Journal of Organizational and End User Computing* (*JOEUC*), Vol. 18, No. 1 (2006), pp. 23-49.

31.Joanne Kuzma, Kate Dobson, Andrew Robinson, "An Examination of Privacy Policies of Global Online E-pharmacies", *European Journal of Research and Reflection in Management Sciences*, Vol. 4, No. 6 (Sept 2016), pp. 23-28.

32.Milne G.R. & Culnan M.J. & Greene H., "A Longitudinal Assessment of Online Privacy Notice Readability", *Journal of Public Policy & Marketing*, Vol. 25, No2. (Sept 2006), pp. 238-249.

33.Namje Park, Marie Kim, "Implementation of Load Management Application System Using Smart Grid Privacy Policy in Energy Management Service Environment", *Cluster Computing*, Vol. 17, No. 3 (Match 2014) pp. 653-664.

34.Pamela Samuelson, "Privacy as Intellectual Property", *Stanford Law Review*, Vol. 52, No. 5 (May 2000), pp. 1125-1174.

35.Ramendra Thakur, John H. Summey, "E-Trust: Empirical Insights into Influential Antecedents", *Marketing Management Journal*, Vol. 17, No. 2(Jan 2007), pp. 67-80.

36.Ramnath K. Chellappa, Raymond G. Sin, "Personalization Versus Privacy: An Empirical Examination of the Online Consumer's Dilemma", *Information Technology & Management*, Vol. 6, No. 2-3 (April 2005), pp. 181-202.

37.Sanjay Goel, InduShobha N, Chengalur-Smith, "Metrics for Characterizing the Form of Security Policies", *The Journal of Strategic Information Systems*, Vol. 19, No. 4 (Dec 2010), pp. 281-295.

38.Shoshaa Zuboff,"Big Other:Surverillance Capitalism and the Prospects of an Information Civilization", *Journal of Information Technology*, Vol. 30, No. 1 (2015), pp. 75-89.

39.Steven Furnell, Kerry-Lynn Thomson, "Recognising and Addressing 'Security Fatigue'", *Computer Fraud & Security*, Vol. 2009, No. 11 (Nov 2009), pp. 7-11.

40.Acquisti Acquisti, Stefanos Gritzalis & Costos Lambrinoudakis, et al, "What can Behavioral Economics Teach Us about Privacy", in *Digital Privacy*, New York: Auerbach Publications, 2007, pp. 385-400.

41.Alessandro Acquisti & Hal R. Varian, "Conditioning Prices on Purchase History", *Marketing Science*, Vol. 24, No. 3 (Aug 2005), pp. 367-381.

42.Alessandro Acquisti & Jens Grossklags, "Privacy and Rationality in Individual Decision Making", *IEEE Security & Privacy*, Vol. 3, No. 1 (Jan-Feb 2005), pp. 26-33.

43.Alessandro Acquisti & Ralph Gross, "Imagined Communities: Awareness, Information Sharing, and Privacy on the Facebook", in *The Proceedings of the 6th International Workshop on Privacy Enhancing Technologies*, George Danezis & Philippe Golle (eds.), Cambridge: Springer, 2006, pp. 36-58.

44.Alessandro Acquisti, Idris Adjerid & Rebecca Balebako, et al., "Nudges for Privacy and Security: Understanding and Assisting Users' Choices Online", *ACM Computing Surveys*, Vol. 50, No. 3 (Aug 2017), pp. 1-41.

45.Alessandro Acquisti, Laura Brandimarte & George Loewenstein, "Privacy and Human Behavior in the Age of Information", *Science*, Vol. 347, No. 6221 (Jan 2015), pp. 509-514.

46. Alessandro Acquisti, Leslie K. John& George Loewenstein, "What is Privacy Worth", *The Journal of Legal Studies*, Vol. 42, No. 2 (Jun 2013), pp. 249-274.

47. Alexander Golland, "Die 'private' Datenverarbeitung im Internet", vol. 397, no. 398, 2020. pp. 397-403, https://opus.bibliothek.fh-aachen.de/opus4/frontdoor/index/index/docId/9845.

48.Alice E. Marwick & Danah Boyd, "I Tweet Honestly, I Tweet Passionately: Twitter Users, Ccontext Collapse, and the Imagined Audience", *New Media & Society*, Vol. 13, No. 1 (Feb 2011), pp. 114-133.

49.Alireza Heravi, Sameera Mubarak & Kim-Kwang Raymond Choo, "Information Privacy in Online Social Networks: Uses and Gratification Perspective", *Computers in Human Behavior*, Vol. 84, No. 7 (July 2018), pp. 441-459.

50.Andrew Gambino, Jinyoung Kim & S.Shyam Sundar, et al, "User Disbelief in Privacy Paradox: Heuristics that Determine Disclosure", in *Proceedings of the 2016 CHI Conference Extended Abstracts on Human Factors in Computing Systems*, (eds.), New York: Association for Computing Machinery, 2016, pp. 2837–2843.

51.Arun Vishwanath, Weiai Xu & Zed Ngoh, "How People Protect Their Privacy on Facebook: A Cost–Benefit View", *Journal of the Association for Information Science & Technology*, Vol. 69, No. 5 (Jan 2018), pp. 700–709.

52.Barbara F. Piper, Andrea M. Lindsey, Mary Jane. Dodd, "Fatigue Mechanisms in Cancer Patients: Developing Nursing Theory", *Oncology Nursing Forum*. Vol. 14, No. 6 (Nov 1987), pp. 17–23.

53.Bernhard Debatin, Jennette P. Lovejoy & Ann–Kathrin Horn, et al, "Facebook and Online Privacy: Attitudes, Behaviors, and Unintended Consequences", *Journal of Computer–Mediated Communication*, Vol. 15, No. 1 (Oct 2009), pp. 83–108.

54.Calin Veghes, Mihai Orzan & Carmen Acatrinei, "Privacy Literacy: What is and How it can be Measured?" *Annales Universitatis Apulensis Series Oeconomica*, Vol. 14, No. 2 (Dec 2012), p. 704.

55.Catherine D' Ignazio & Rahul Bhargava, "DataBasic: Design Principles, Tools and Activities for Data Literacy Learners", *The Journal of Community Informatics*, Vol. 12, No. 3 (Oct 2016), pp. 83–107.

56.Christopher S. Gates, Jing Chen & Ninghui Li, "Effective Risk Communication for Android APPs", *IEEE Transactions on Dependable & Secure Computing*, Vol. 11, No. 3 (May –Jun 2014), pp. 252–265.

57.Cornelia Pechmann & Guangzhi Zhao & Marvin E. Goldberg, et al, "What to Convey in Antismoking Advertisements for Adolescents: The Use of Protection Motivation Theory to Identify Effective Message Themes", *Journal of Marketing*, Vol. 67, No. 2 (April 2003), pp. 1 –18.

58.Dave W. Wilson & Joseph S. Valacich, "Unpacking the Privacy Paradox: Irrational Decision–making Within the Privacy Calculus", in *The Proceedings of the 33th International Conference on Information Systems*, (eds.), New York: Curran Associates, 2012, pp. 92–102.

59.Donna L. Floyd, Steven Prentice–Dunn & Ronald W. Rogers, "A Meta–Analysis of Research on Protection Motivation Theory", *Journal of Applied Social Psychology*, Vol. 30,

No. 2 (Feb 2000), pp. 407-429.

60. Doohwang Lee, Robert LaRose & Nora Rifon, "Keeping Our Network Safe: A Model of Online Protection Behavior", *Behaviour & Information Technology*, Vol. 27, No. 5 (Sept 2008), pp. 445-454.

61. Eden Litt, "Understanding Social Network Site Users' Privacy Tool Use", *Computers in Human Behavior*, Vol. 29, No. 4 (July 2013), pp. 1649-1656.

62. Elaine J. Yuan, Miao Feng & Jame A. Danowski, "'Privacy' in Semantic Networks on Chinese Social Media: the Case of Sina Weibo", *Joumal of Communication*, Vol. 63, No. 6 (Oct 2013), pp. 1011-1031.

63. Erin L. Spottswood & Jeffrey T. Hancock, "Should I Share That? Prompting Social Norms that Influence Privacy Behaviors on a Social Networking Site", *Journal of Computer Mediated Communication*, Vol. 22, No. 2, (Mar 2017), pp. 55-70.

64. Eszter Hargittai & Alice Marwick, "What Can I Really do? Explaining the Privacy Paradox with Online Apathy", *International Journal of Communication*, Vol. 10 (Jan 2016), pp. 3737-3757.

65. Evgenia Princi & Nicole C. Krämer, "Out of Control-Privacy Calculus and the Effect of Perceived Control and Moral Considerations on the Usage of IoT Healthcare Devices", *Frontiers in Psychology*, Vol. 11, (Nov 2020), 582054.

66. Finn Brunton & Helen Nissenbaum, "Vernacular Resistance to Data Collection and Analysis: A Political Theory of Obfuscation", *First Monday*, Vol. 16, No. 5 (May 2011), pp. 34-93.

67. George R. Milne & Maria-Eugenia Boza, "Trust and Concern in Consumers' Perceptions of Marketing Information Management Practices", *Journal of Interactive Marketing*, Vol. 13, No. 1, (Feb 1999), pp. 5-24.

68. George R. Milne & Mary J. Culnan, "Using the Content of Online Privacy Notices to Inform Public Policy: A Longitudinal Analysis of the 1998-2001 US Web Surveys", *The Information Society*, Vol. 18, No. 5 (Oct 2002), pp. 345-359.

69. Grant Blank, Gillian Bolsover & Elizabeth Dubois, "A New Privacy Paradox: Young people and Privacy on Social Network Sites", in *Annual Meeting of the American Sociological Association*, 2014, pp. 1-33.

70. He Li, Jing Wu & Yiwen Gao, et al, "Examining Individuals' Adoption of Healthcare

Wearable Devices: An Empirical Study from Privacy Calculus Perspective", *International Journal of Medical Informatics*, Vol. 88 (April 2016), pp. 8-17.

71.Idris Adjerid, Alessandro Acquisti & George Loewenstein, "Choice Architecture, Framing, and Cascaded Privacy Choices", *Management Science*, Vol. 65, No. 5, (Nov 2018), pp. 2267-2290.

72.Idris Adjerid, Alessandro Acquisti & Laura Brandimarte, et al, "Sleights of Privacy: Framing, Disclosures, and the Limits of Transparency", in *Proceedings of the 9th Symposium on Usable Privacy and Security*, (eds.), 2013, pp. 1-11.

73.Jai-Yeol Son & Sung S. Kim, "Internet Users' Information Privacy-Protective Responses: A Taxonomy and a Nomological Model", *MIS Quarterly*, Vol. 32, No. 3 (Sep 2008), pp. 503-529.

74.Jeff Langenderfer & Anthony D. Miyazaki, "Privacy in the Information Economy," *The Journal of Consumer Affairs*, Vol. 43, No. 3 (Sept 2009), pp. 380-388.

75.Jochen Wirtz, May O. Lwin & Jerome D. Williams, "Causes and Consequences of Consumer Online Privacy Concern", *International Journal of Service Industry Management*, Vol. 18, No. 4 (Aug 2007), pp. 326-348.

76.John Correia & Deborah Compeau, "Information Privacy Awareness (IPA): A Review of the use, Definition and Measurement of IPA", in *The Proceedings of the 40th Annual Hawaii International Conference on System Sciences*, (eds.), 2017, pp. 4021-4027.

77. Joseph Turow, Lauren Feldman & Kimberly Meltzer, "Open to Exploitation: America's Shoppers Online and Offline", Report from the Annenberg Public Policy Center of the University of Pennsylvania, 2005.pp. 3-32.

78.Joshua Tan, Khanh Nguyen & Michael Theodorides, et al, "The Effect of Developer-Specified Explanations for Permission Requests on Smartphone User Behavior", in *Proceedings of the Conference on Human Factors in Computing Systems*, (eds.), 2014, pp. 91-100.

79.Joy Peluchette & Katherine Karl, "Social Networking Profiles: An Examination of Student Attitudes Regarding Use and Appropriateness of Content", *CyberPsychology & Behavior*, Vol. 11, No. 1 (Feb 2008), pp. 95-97.

80.Judee K. Burgoon, Roxanne Parrott & Beth A. Le Poire, et al, "Maintaining and Restoring Privacy Through Communication in Different Types of Relationships", *Journal of*

Social & Personal Relationships, Vol. 6, No. 2 (May 1989), pp. 131-158.

81. Julie E. Cohen, "What Privacy is For", *Harvard Law Review*, Vol. 126, No. 7 (May 2013), pp. 1904-1933.

82. Kim Dongyeon, Kyuhong Park & Yongjin Park, et al, "Willingness to Provide Personal Information: Perspective of Privacy Calculus in IoT Services", *Computers in Human Behavior*, Vol. 92 (Mar 2019), pp. 273-281.

83. Kristen Martin & Katie Shilton, "Why Experience Matters to Privacy: How Context-based Experience Moderates Consumer Privacy Expectations for Mobile Applications", *Journal of the American Society for Information and Technology*, Vol. 67, No. 8 (Aug 2016), pp. 1871-1882.

84. Laugksch C. Rüdiger, "Scientific Literacy: A Conceptual Overview", *Science Education*, Vol. 84, No. 1 (Jan 2000), pp. 71-94.

85. Laura Brandimarte, Alessandro Acquisti & George Loewenstein, "Misplaced Confidences: Privacy and the Control Paradox", *Social Psychological and Personality Science*, Vol. 4, No. 3 (May 2013), pp. 340-347.

86. Lis Tussyadiah, Shujun Li & Graham Miller, "Privacy Protection in Tourism: Where We are and Where We Should be Heading For", in *Proceedings of the Information and Communication Technologies in Tourism*, Juho Pesonen & Julia Neidhardt (eds.), Nicosia: Springer, 2019, pp. 278-290.

87. Lixuan Zhang & William C. McDowell, "Am I Really at Risk? Determinants of Online Users' Intentions to Use Strong Passwords", *Journal of Internet Commerce*, Vol. 8, No. 3 (Dec 2009), pp. 180-197.

88. Louise Woodstock, "Media Resistance: Opportunities for Practice Theory and New Media Research", *International Journal of Communication*, No. 8, 2014, pp. 1983-2001.

89. Mariea Grubbs Hoy & George Milne, "Gender Differences in Privacy-Related Measures for Young Adult Facebook Users", *Journal of Interactive Advertising*, Vol. 10, No. 2 (Jul 2013), pp. 28-45.

90. Mark A. Graber, Donna M. D'Alessandro & Jill Johnson-West, "Reading Level of Privacy Policies on Internet Health Websites", *Journal of Family Practice*, Vol. 51, No. 7 (July 2002), pp. 642-645.

91. Mark J. Keith, Christopher Maynes & Paul Benjamin Lowry, et al, "Privacy fatigue:

The Effect of Privacy Control Complexity on Consumer Electronic Information Disclosure" ,in *International Conference on Information Systems*, (eds.) , Berlin : Springer , 2014 , pp. 14-17.

92.Mary J. Culnan & Pamela K. Armstrong,"Information Privacy Concerns,Procedural Fairness,and Impersonal Trust:An Empirical Investigation", *Organization Science*, Vol. 10, No. 1 (Feb 1999),pp. 104-115.

93.Mary J. Culnan & Robert J. Bies,"Consumer Privacy:Balancing Economic and Justice Considerations",*Journal of Social Issues*, Vol. 59,No. 2 (Feb 2003),pp. 323-342.

94.May Lwin,Jochen Wirtz & Jerome D. Williams,"Consumer online Privacy Concerns and Response:A Power-Responsibility Equilibrium Perspective",*Journal of the Academy of Marketing Science*,Vol. 35,No. 4 (Feb 2007),pp. 572-585.

95.May O. Lwin & Jerome D. Williams,"A Model Integrating the Multidimensional Developmental Theory of Privacy and Theory of Planned Behavior to Examine Fabrication of Information Online",*Marketing Letters*, Vol. 14,No. 4 (Dec 2003),pp. 257-272.

96.Mengxi Zhu,Chuanhui Wu & Shijing Huang,et al,"Privacy Paradox in mHealth Applications:An Integrated Elaboration Likelihood Model Incorporating Privacy Calculus and Privacy Fatigue",*Telematics and Informatics*,Vol. 61 (Aug 2021),101601.

97.Monika Taddicken,"The 'Privacy Paradox' in the Social Web:The Impact of Privacy Concerns,Individual Characteristics,and the Perceived Social Relevance on Different Forms of Self-Disclosure", *Journal of Computer-Mediated Communication*, Vol. 19, No. 2 (Jan 2014),pp. 248-273.

98. Moritz Büchi, Natascha Just & Michael Latzer, "Caring is not Enough: The Importance of Internet Skills for Online Privacy Protection", *Information Communication & Society*,Vol. 20,No. 8 (Aug 2017),pp. 1261-1278.

99.Naresh K. Malhotra,Sung S. Kim & James Agarwal,"Internet Users' Information Privacy Concerns (IUIP): The Construct, The Scale, and a Causal Model", *Information Systems Research*,Vol. 15,No. 4 (Dec 2004),pp. 336-355.

100.Patricia A. Norberg,Daniel R. Horne & David A. Horne,"The Privacy Paradox: Personal Information Disclosure Intentions versus Behaviors", *Journal of Consumer Affairs*, Vol. 41,No. 1 (Mar 2007),pp. 100-126.

101.Patricia A. Rippetoe & Ronald W. Rogers,"Effects of Components of Protection Motivation Theory on Adaptive and Maladaptive Coping with a Health Threat",*Journal of*

Personality and Social Psychology, Vol. 52, No. 3 (Mar 1987), pp. 596–604.

102. Patti M. Valkenburg & Peter Jochen, "The Effects of Instant Messaging on the Quality of Adolescents' Existing Friendships: A Longitudinal Study", *Journal of Communication*, Vol. 59, No. 1 (Mar 2009), pp. 79–97.

103. Philipp K. Masur, Doris Teutsch & Sabine Trepte, "Entwicklung und Validierung der Online-privatheitskompetenzskala (oplis).," *Diagnostica*, Vol. 63, No. 4 (Feb 2017), pp. 256–268.

104. Richard A. Posner, "An Economic Theory of Privacy," *Regulation*, Vol. 2, No. 19 (Nov 1978), pp. 19–26.

105. Richard E. Petty, John T. Cacioppo, "The Elaboration Likelihood Model of Persuasion", in *Communication and Persuasion*, New York: Springer, 1986, pp. 1–24.

106. Donna L. Floyd, Steven Prentice-Dunn & Ronald W. Rogers, "A Meta-Analysis of Research on Protection Motivation Theory", *Journal of Applied Social Psychology*, Vol. 30, No. 2 (Feb 2000), pp. 407–429.

107. Robert LaRose & Nora J. Rifon, "Promoting i-Safety: Effects of Privacy Warnings and Privacy Seals on Risk Assessment and Online Privacy Behavior", *Journal of Consumer Affairs*, Vol. 41, No. 1 (Mar 2007), pp. 127–149.

108. John T. Cacioppo and Richard Petty eds., *Social Psychophysiology*, New York: Guilford, 1983, pp. 153–176.

109. Seounmi Youn, "Teenagers' Perceptions of Online Privacy and Coping Behaviors: A Risk-Benefit Appraisal Approach", *Journal of Broadcasting & Electronic Media*, Vol. 49, No. 1 (Mar 2005), pp. 86–110.

110. Ronald W. Rogers, "A Protection Motivation Theory of Fear Appeals and Attitude Change", *Journal of Psychology*, Vol. 91, No. 1 (Jun 1975), pp. 93–114.

111. Donna L. Floyd, Steven Prentice-Dunn & Ronald W. Rogers, "A Meta-Analysis of Research on Protection Motivation Theory", *Journal of Applied Social Psychology*, Vol. 30, No. 2 (Feb 2000), pp. 407–429.

112. Sabine Trepte, Doris Teutsch & Philipp K. Masur, et al, "Do People Know About Privacy and Data Protection Strategies? Towards the 'Online Privacy Literacy Scale' (OPLIS)", *Law, Governance and Technology Series*. Law, Vol. 20, 2015, pp. 333–365.

113. Seounmi Youn, "Determinants of Online Privacy Concern and Its Influence on Pri-

vacy Protection Behaviors Among Young Adolescents", *The Journal of Consumer Affairs*, Vol. 43, No. 3 (Sep2009), pp. 389–418.

114. Shuwei Zhang, Ling Zhao & Yaobin Lu, et al, "Do You Get Tired of Socializing? An Empirical Explanation of Discontinuous Usage Behaviour in Social Network Services", *Information & Management*, Vol. 53, No. 7 (Nov 2016), pp. 904–914.

115. Siok Wah Tay, Pin Shen The & Stenhen J. Payne, "Reasoning About Privacy in Mobile Application Install Decisions: Risk Perception and Framing", *International Journal of Human–Computer Studies*, Vol. 145 (Jan 2021), 102517.

116. Stefano Taddei & Bastianina Contena, "Privacy, Trust and Control: Which Relationships with Online Self-Disclosure?" *Computers in Human Behavior*, Vol. 29, No. 3 (May 2013), pp. 821–826.

117. Susanne Ax, Vernon H Gregg, David Jones, "Coping and Illness Cognitions: Chronic Fatigue Syndrome", *Clinical Psychology Review*, Vol. 21, No. 2 (Mar 2001), pp. 161–182.

118. Tamara Dinev & Paul Hart, "Internet Privacy Concerns and Social Awareness as Determinants of Intention to Transact", *International Journal of Electronic Commerce*, Vol. 10, No. 2 (Apr 2005), pp. 7–29.

119. Tamara Dinev, Massimo Bellotto & Paul Hart, et al, "Privacy Calculus Model in E–commerce–A Study of Italy and the United States", *European Journal of Information Systems*, Vol. 15, No. 4 (Apr 2006), pp. 389–402.

120. Tobias Dienlin & Miriam J. Metzger, "An Extended Privacy Calculus Model for SNSs: Analyzing Self-Disclosure and Self-Withdrawal in a Representative US Sample", *Journal of Computer–Mediated Communication*, Vol. 21, No. 5 (Sept 2016), pp. 368–383.

121. Tobias Dienlin & Sabine Trepte, "Is the Privacy Paradox a Relic of the Past? An In–depth Analysis of Privacy Attitudes and Privacy Behaviors", *European Journal of Social Psychology*, Vol. 45, No. 3 (Apr 2015), pp. 285–297.

122. Tom Buchanan, Carina Paine & Adam N. Joinson, et al, "Development of Measures of Online Privacy Concern and Protection for Use on the Internet", *Journal of the American Society for Information Science and Technology*, Vol. 58, No. 2 (Nov 2007), pp. 157–165.

123. Turgay Dinev & Paul Hart, "Privacy Concerns and Internet Use–A Model of Trade–off Factors", In *Best Paper Proceedings of Annual Academy of Management Meeting*, Vol. 2003, No. 1 (Aug 2003), pp. 1–6.

124. Yong Jin Park, "Digital Literacy and Privacy Behavior Online", *Communication Research*, *Vol.* 40, No. 2 (April 2013), pp. 215-236.

125. Yoram Eshet-Alkalai, "Digital literacy: A Conceptual Framework for Survival Skills in the Digital Era", *Journal of Educational Multimedia and Hypermedia*, Vol. 13, No. 1 (Jan 2004), pp. 93-106.

126. Yuan Li, "Theories in Online Information Privacy Research: A Critical Review and an Integrated Framework", *Decision Support Systems*, Vol. 54, No. 1 (Dec 2012), pp. 471-481.

127. Allan T. R. S., "Why the Law is What it Ought To Be", *Jurisprudence*, No. 4 (2020), pp. 574-596.

128. Nick Srnicek, *Platform Capitalism*, Cambridge: Polity, 2017, pp. 102-107.

129. Paul Ohm, "Broken Promises of Privacy: Responding to the Surprising Failure of Anonymization," *UCLA Law Review*, Vol. 57, No. 6 (Jun 2009), pp. 1701-1777.

130. Charles Fried, "Privacy", *Yale Law Journal*, 1968.

131. Harper F.V., "The Law of Torts", by Thomas M. Cooley[J]. *Indiana Law Journal*, 1930.

132. Henkin L., "Privacy and Autonomy", *Columbia Law Review*, 1974.

133. Solove D.J., "Conceptualizing Privacy", *California Law Review*, 2002.

134. William L. Prosser, "Privacy", *California Law Review*, 1960.

135. Xuan Zhao, Niloufar Salehi, Sasha Naranjit, et al, "The Many Faces of Facebook: Experiencing Social Media as Performance, Exhibition, and Personal Archive", in *Proceedings of the SIGCHI Conference on Human Factors in Computing Systems* (CHI '13), Paris: ACM, 2013.

136. Rocky Slavin, Xiaoyin Wang, Mitra Bokaei Hosseini, et al, "Toward a Framework for Detecting Privacy Policy Violations in Android Application Code", in *Proceedings of the 38th International Conference on Software Engineering*. (eds) New York: Association for Computing Machinery, 2016.

137. Tatiana Ermakova, Annika Baumann A & Benjamin Fabian et al, "Privacy Policies and Users' Trust: Does Readability Matter?" in *Twentieth Americas Conference on Information Systems*, (eds), Savannah, 2014.

138. Tony Vila, Rachel Greenstadt, David Molnar, "Why We Can't be Bothered to Read

Privacy Policies Models of Privacy Economics as a Lemons Market",in *Proceedings of the 5th international conference on Electronic commerce*,(eds),New York:Association for Computing Machinery,2003.

139. Xinguang Sheng,Lorrie Faith Cranor,"An Evaluation of the Effect of us Financial Privacy Legislation through the Analysis of Privacy Policies",*A Journal of Law and Policy for the Information Society*,*SJLP*,2005.

网络文章及其他

1.王子扬:《瑞幸咖啡、必胜客等 App 被点名涉隐私不合规行为》,2020 年 4 月 11 日,见 https://baijiahao.baidu.com/s? id=1663683318406258737&wfr=spider&for=pc。

2.徐益彰:《算法更人性用户才不"透明"》,2021 年 10 月 13 日,见 https://m.gmw.cn/baijia/2021-10/13/35228942.html。

3.中国网信办:《关于下架"滴滴出行"App 的通报》,2021 年 7 月 4 日,见 http://www.cac.gov.cn/2021-07/04/c_1627016782176163.htm。

4.GDPR 中文全文翻译来自丁晓东译:《一般数据保护条例》,2018 年 6 月 23 日,见 https://www. sohu. com/a/232879825 _ 308467; https://www. sohu. com/a/233009559_297710。

5.国家市场监督管理总局:《关于对〈互联网平台分类分级指南(征求意见稿)〉〈互联网平台落实主体责任指南(征求意见稿)〉公开征求意见的公告》,2021 年 10 月 29 日,见 http://www.samr.gov.cn/hd/zjdc/202110/t20211027_336137.html。

6.杨婕:《2019 年美国隐私保护立法最新动态》,2019 年 5 月 17 日,见 https://www.secrss.com/articles/10728。

7.阿里云:《数据保护倡议书》,2015 年 7 月,见 https://security.aliyun.com/data。

8.澎湃:《以案释法——涉互联网纠纷面面观》,2019 年 12 月 13 日,见 https://m.thepaper.cn/baijiahao_5244293。

9.孙满桃:《"豆瓣"因涉侵犯隐私被起诉:未经同意获取用户地理位置信息》,2021 年 4 月 16 日,见 https://m.gmw.cn/baijia/2021-04/16/34770588.html。

10.王恬:《域外法治丨谷歌与 CNIL"被遗忘权"之争》,2019 年 4 月 11 日,见 https://mp.weixin.qq.com/s/mU6uW4x0gEy9CfjuMWTF_A。

11.许隽:《315 晚会曝光手机清理软件泄露隐私,老年人如何保护自己?》,2021 年 3 月 16 日,见 https://www. 163.com/dy/article/G574AR9I055004XG.html。

12.张倩蓉:《用户起诉侵犯隐私权“度小满金融”惹官司》,2019 年 2 月 27 日,见 https://www.163.com/dy/article/E91HTS810514TTKN.html。

13.中国消费者协会:《100 款 App 个人信息收集与隐私政策测评报告》,2018 年 11 月 28 日,见 http://www.cca.org.cn/jmxf/detail/28310.html。

14.《腾讯电子签用户注册与使用协议》,见 https://rule.tencent.com/rule/27e59edf-25aa-43b5-97f2-b9dfa5e68806。

15.《腾讯微信软件许可及服务协议》,见 https://weixin.qq.com/cgi-bin/readtemplate? lang=zh_CN&t=weixin_agreement&s=default。

16. 36 氪:《10 条实用指南,保护你的互联网隐私》,2021 年 4 月 25 日,见 https://36kr.com/video/1197205678156681。

17.参见《一般数据保护条例》(GDPR)第 5—11 条。GDPR 中文全文翻译来自丁晓东译:《一般数据保护条例》,2018 年 6 月 23 日,见 https://www.sohu.com/a/232879825_308467;https://www.sohu.com/a/233009559_297710。

18.国信办:《关于印发〈关于加强互联网信息服务算法综合治理的指导意见〉的通知》,2021 年 9 月 17 日,见 http://www.moe.gov.cn/jyb_xxgk/moe_1777/moe_1779/202109/t20210929_568182.html。

19.国信办:《关于印发〈关于加强互联网信息服务算法综合治理的指导意见〉的通知》,2021 年 9 月 17 日,见 http://www.moe.gov.cn/jyb_xxgk/moe_1777/moe_1779/202109/t20210929_568182.html。

20.刘舒:《居家隐私变“网络直播”?警惕家用摄像头被非法操控!》,2021 年 10 月 30 日,见 https://www.163.com/dy/article/GNJEOI2E0552ADWT.html。

21.美团:《让更多声音参与改变,美团外卖“订单分配”算法公开》,2021 年 11 月 5 日,见 https://mp.weixin.qq.com/s/qyegF_r_SPGnkEdZqkVjxA。

22.算法歧视和大数据杀熟指互联网平台通过大数据分析消费者的购买或浏览记录,对用户进行“画像”后,根据其喜好程度、收入水平的不同,在提供相同质量的商品或服务的情况下,分别实施“差异化定价”的不公平现象。参见新华社:《大数据时代的算法歧视及其法律规制》,2022 年 8 月 14 日,https://baijiahao.baidu.com/s? id=1674950305687212576&wfr=spider&for=pc。

23.腾讯:《腾讯个性化广告管理》,见 https://ads.privacy.qq.com/ads/optout.html。

24.王品芝:《79.2%受访者觉得个人信息被过度收集了》,2020 年 11 月 24 日,见 https://baijiahao.baidu.com/s? id=1684245562688137576&wfr=spider&for=pc。

25.央视市场研究:搜索引擎行业进入存量竞争 360 稳居搜索市场份额第二,2020 年 12 月,https://www.donews.com/news/detail/4/3128616.html,2021 年 11 月 13 日。

26.杨子晔、杨尚东:《协同构建保护个人信息删除权的治理体系》,2021 年 8 月 18 日,见 https://mp.weixin.qq.com/s/Oyw0s72UZPjrRF_iFbHphw?。

27.中国互联网络信息中心:《2016 年中国社交应用用户行为研究报告》,2017 年 12 月 27 日,见 https://www.cnnic.cn/NMediaFile/old_attach/P020180103485975797-840.pdf。

28.中国互联网络信息中心:《第 43 次中国互联网发展状况统计报告》,2019 年 2 月 28 日,见 http://www.cac.gov.cn/wxb_pdf/0228043.pdf。

29.中国日报网:《脸书再次承认出现安全漏洞 5000 万用户信息外泄》,2018 年 9 月 29 日,见 https://mp.weixin.qq.com/s/wbb5THiX9BdAYYETrbeCbA。

30.《腾讯发布隐私保护白皮书,首次对外披露腾讯数据安全技术能力》https://www.sohu.com/a/286075713_118622,27/12/2018。

31.《真的能挽回名誉? Facebook 推出这些隐私新措施》,2018 年 3 月 29 日,见 https://baijiahao.baidu.com/s? id=1596242919944950173。

32.App 专项治理工作组:《壁纸 App 惊现万字长文隐私政策,"亮点"还是"痛点"?》,2020 年 12 月 28 日,见 https://mp.weixin.qq.com/s/CN9oBSkBvV-XSsG72z4H0Wg。

33.CYCLONIS:《如何更改您的隐私设置以在 Twitter 上保护自己?》,2019 年 5 月 20 日,见 https://www.cyclonis.com/zh-hans/change-Privacy-settings-protect-twitter/。

34.艾媒咨询:《2020 年中国手机 App 隐私权限测评报告》,2020 年 2 月 25 日,见 https://report.iimedia.cn/repo1-0/39010.html? acPlatCode=sohu&acFrom=bg39010,2021 年 7 月 23 日。

35.百度:《当 iPhone 关闭用户画像,腾讯升级隐私保护,我们变成"隐形人"》,2021 年 6 月 17 日,见 https://baijiahao.baidu.com/s? id=1702814272208664232&wfr=spider&for=pc。

36.蒋琳、李玲、李慧琪:《法学博士诉抖音案一审:抖音被判侵害个人信息权益 抖音:将上诉》2020 年 7 月 30 日,见 https://www.sohu.com/a/410595118_161795。

37.凯度中国:《2014 中国社交媒体影响研究》,2014 年 8 月 22 日,见 http://cn.kantar.com;

38.库克:《一封给顾客的公开信》,2016 年 2 月 23 日,见 http://www.360doc.com/

content/16/0223/01/9771186_536568251.shtml。

39.李东格:《对 App 举报新信息的总结与举报受理工作的思考》,2021 年 2 月 5 日,见 https://mp.weixin.qq.com/s/nD8Am6QtFWBTjJTZzCcQyA。

40.搜狐:《腾讯发布隐私保护白皮书,首次对外披露腾讯数据安全技术能力》,2019 年 1 月,见 https://www.sohu.com/a/286075713_118622,2021 年 11 月 15 日。

41.腾讯:《腾讯隐私保护平台》,2020 年 12 月 21 日,见 https://privacy.qq.com/。

42.新华社:《国家计算机病毒应急处理中心监测发现十四款违法移动应用》,2020 年 9 月 11 日,见 https://baijiahao.baidu.com/s?id=1677507130201533310&wfr=spider&for=pc。

43.中国互联网络信息中心:《第 47 次中国互联网络发展状况统计报告》,2021 年 2 月 3 日,见 http://www.cac.gov.cn/2021-02/03/c_1613923423079314.htm。

44.App 违法违规收集使用个人信息专项治理工作组、南方都市报个人信息保护中心·人工智能伦理课题组:《人脸识别应用公众调研报告(2020)》,见 https://wenku.baidu.com/view/34e2c242ed06eff9aef8941ea76e58fafab045c8.html?_wkts_=1696926079957&bdQuery=%E4%BA%BA%E8%84%B8%E8%AF%86%E5%88%AB%E5%BA%94%E7%94%A8%E5%85%AC%E4%BC%97%E8%B0%83%E7%A0%94%E6%8A%A5%E5%91%8A%282020%29。

45.App 专项治理工作组:《关于督促 40 款存在收集使用个人信息问题的 App 运营者尽快整改的通知》,2019 年 7 月 25 日,见 https://cj.sina.com.cn/articles/view/1455153401/p56bbe0f902700gl6r。

46.大江网:《快手首次发布未成年人保护报告:青少年模式 3.0 全新上线》,2021 年 6 月 1 日,https://baijiahao.baidu.com/s?id=1701356466403700099&wfr=spider&for=pc。

47.郭媛丹:《智能汽车信息安全如何保障?专家荐三项技术:中国有制定数据安全国际标准话语权》,2021 年 4 月 8 日,见 https://3w.huanqiu.com/a/5e93e2/42dl5wZkUw3?agt=10。

48.国家市场监督管理总局:《关于对〈互联网平台分类分级指南(征求意见稿)〉〈互联网平台落实主体责任指南(征求意见稿)〉公开征求意见的公告》,2021 年 10 月 29 日,见 http://www.samr.gov.cn/hd/zjdc/202110/t20211027_336137.html。

49.蒋安杰:《企业合规:企业治理模式的司法探索》,2021 年 3 月 17 日,见 http://epaper.legaldaily.com.cn/fzrb/content/20210317/Articel09003GN.htm。

50.京东万象平台网址,见 https://fw.jd.com/main/detail/FW_GOODS-517405。

51.孙朝:《多款应用被指频繁定位,实测:王者荣耀支付宝美团有类似行为》,2021年10月13日,见 https://3g.163.com/dy_x/article/GM70KP1005129QAF.html。

52.孙朝:《专家热议个保法二审稿:平台成立外部监督机构能真正独立吗?》,2021年5月28日,见 https://www.sohu.com/a/465250390_161795。

53.陶凤、刘瀚琳:《网络直播等无需收集个人信息 用户协议"强行同意"可不行》,2021年3月22日,见 https://baijiahao.baidu.com/s? id=1694932756626573889&wfr=spider&for=pc。

54.网易新闻:《美团被曝疯狂获取定位:5分钟一次、24小时不间断》,2021年10月,见 https://www.163.com/tech/article/GLUPIV2O000999LD.html。

55.新华每日电讯:《售楼处看个房就被抓拍,人脸识别滥用又多一例》,2020年11月30日,见 https://baijiahao.baidu.com/s? id=1684750100019916003&wfr=spider&for=pc。

56.新华社:《刘鹤主持国务院金融委会议研究当前形势》,2022年3月16日,见 https://www.gov.cn/xinwen/2022-03/16/content_5679356.htm。

57.新京报:《王利明:人脸信息是敏感信息和核心隐私应该强化保护》,2021年1月26日,见 http://epaper.bjnews.com.cn/html/2021-01/26/content_796799.htm。

58.尤一炜、孙朝、樊文扬:《个保法拟规定死者信息由近亲属处理,平台不能证明无过错应担责》,2021年4月28日,见 http://smart-alliance.com/zh-cn/news_ms_5226.html。

59.岳品瑜、刘四红:《移动金融App治理周年:多数加速备案 少数屡犯不改》,2020年12月25日,见 https://baijiahao.baidu.com/s? id=1686980088723114514&wfr=spider&for=pc。

60.中国工业和信息化部信息中心:《2018中国区块链产业白皮书》,2018年5月,见 https://www.miit.gov.cn/n1146290/n1146402/n1146445/c6180238/part/6180297.pdf。

61.中国网信网:《关于印发〈App违法违规收集使用个人信息行为认定方法〉的通知》,2019年12月30日,见 http://www.cac.gov.cn/2019-12/27/c_1578986455686625.htm。

62.最高人民检察院:《最高检发布首批涉民营企业司法保护典型案例》,2019年1月17日,见 https://www.spp.gov.cn/xwfbh/wsfbt/201812/t20181219_405690.shtml#1。

63."2022 Enlargement Package: European Commission Assesses Reforms in the Western

Balkans and Türkiye and Recommends Candidate Status for Bosnia and Herzegovina", Oct 12, 2022, https://ec.europa.eu/commission/presscorner/detail/en/ip_22_6082.

64."Grindr Is Letting Other Companies See User HIV Status And Location Data", April 2, 2018, https://www.buzzfeednews.com/article/azeenghorayshi/grindr-hiv-status-privacy#.jqjNXBm2Pv.

65.European Data Protection Board, "Norwegian DPA: Intention to Issue € 10 Million Fine to Grindr LLC", Jan 26, 2021, https://edpb.europa.eu/news/national-news/2021/norwegian-dpa-intention-issue-eu-10-million-fine-grindr-llc_en#:~:text=Although%20Grindr%20does%20not%20have%20any%20establishments%20within, monitor%20the%20behaviour%20of%2C%20people%20in%20the%20EEA.

66.Forbrukerrådet, "Out of control: How consumers are exploited by online advertising industries", Jan 14, 2020, https://fil.forbrukerradet.no/wp-content/uploads/2020/01/2020-01-14-out-of-control-final-version.pdf.

67.Jon Porter, "Grindr Shares Personal Data with Ad Companies in Violation of GDPR, Complaint Alleges", Jan 14, 2020, https://www.theverge.com/2020/1/14/21065481/grindr-gdpr-data-sharing-complaint-advertising-mopub-match-group-okcupid-tinder.

68.Kashmir Hill, "The Secretive Company That Might End Privacy as We Know It", Jan 2020, https://www.nytimes.com/2020/01/18/technology/clearview-privacy-facial-recognition.html.

69."New Jersey Bars Police From Using Clearview Facial Recognition App", Jan 24, 2020, https://www.nytimes.com/2020/01/24/technology/clearview-ai-new-jersey.html.

70.Nicholas Iovino, "Judge Approves Historic $650M Facebook Privacy Settlement", Feb 26, 2021, https://www.courthousenews.com/judge-Approves-historic-650m-facebook-privacy-settlement/.

71.Robert Kyte, "Facial Recognition Startup Clearview AI Defends Use of Its Controversial Technology on Grounds of Free Speech", Feb 16, 2020, https://freespeechproject.georgetown.edu/tracker-entries/facial-recognition-startup-clearview-ai-defends-use-of-its-controversial-technology-on-grounds-of-free-speech/.

72.Dana Rotman, "Are You Looking At Me? -Social Media and Privacy Literacy", Feb 2009, https://www.ideals.illinois.edu/items/15369.

73.Electronic Frontier Foundation (EFF), "Digital Services Act: EU Parliament's Key

Committee Rejects A Filternet But Concerns Remain",Dec 15,2021,https://edri.org/our-work/digital-services-act-eu-parliaments-key-committee-rejects-a-filternet-but-concerns-remain/.

74.Article 29 Data Protection Working Party,Opinion 3/2012 on Developments in Biometric Technologies,WP193.

75.Article 4 of General Data Protection Regulation,2012/0011(COD); Regulation (EU) 2016/679 of the European Parliament and of Council of 27 April 2016.

后　　记

隐私如同人的影子,隐私保护永远是伴随人的一个重要命题,该命题也在大数据时代面临新的矛盾。一方面,个人隐私空间被层出不穷的生活 App、智能设备通过抓取个人信息的形式不断挤压;另一方面,技术已经嵌入了人们的生活,“戒断”这些“侵犯”隐私的设备越来越困难,甚至于人们需要主动让渡个人隐私来获取生活上的便利。与困境相应的,个人、平台、法律都在隐私这个重大命题上采取措施,新的问题、新的举措不断出现,老问题也在新环境中被赋予了新内涵。本书正是在这个大背景下决意书写的,里面包括我的一些梳理、一些研究和一些展望,诚然现在的隐私保护研究也可能在技术的更新换代下日新月异,但希望本书能为当下隐私研究注入新力量,也希望能有幸为后续的研究提供借鉴,当然我也会持续跟进该领域的最新动态。

隐私从沃伦与布兰代斯口中的独处权,到今天的个人信息隐私控制,人类原始遮蔽身体羞耻心起始的隐私观念,历经各个国家、社会、文化的形塑与规制,形成了多种信息隐私保护的体系。但随着媒介技术的发展变化,人们的日常生活被系统网络组织起来,技术超越工具属性,不断塑造我们的生活方式和组织方式。数据通过电脑端上每次鼠标的点击和光标的移动,手机端上的每次滑动和点触,被收集起来,匹配着地理位置与年龄性别,个人偏好、人物画像逐渐清晰……人们越来越依赖这些“懂”自己的服务,这些服务又越来越融入人们的衣食住行,并成为架构起社会各领域的方式。“旨在组织用户之间(包括企业实体和公共机构)进行交互的一种可编程的数字体系结构”的“平台”越来越多,平台生态系统逐步完善,人们进入充斥着大数据、5G、云计算、物联网等令人眼花缭乱的数字技术的平台社会。

平台化不仅是全球社会的一种发展趋势,平台的基础设施化与基础设施的平台化更是已成为新的社会变革力量。但新的社会环境意味着新的挑战,个体在平台社会中难免遇到困难,如数字平台上形成的数字劳工的控制与剥削机制、平台媒体中的数据泄露与隐私风险等。个体的困难累积出集体的困境,便利性、充满科技感与未来感的平台社会拖带的结构性问题也最终浮出水面:作为公共价值的信息隐私遭遇危机。

为了更好地理解信息隐私作为一种重要的社会公共价值在平台社会中所遭受的挑战,我们展开了大数据时代个人信息隐私决策的困境与出路的研究。在本书第一章中,我们沿着隐私概念的流变,梳理了欧盟、美国两个代表性的立法范本,洞察国家和地区在约束平台等利益方为个人信息隐私保护所做的努力。欧盟为个人信息保护颁布了 GDPR 为代表的多项法律,美国以隐私权保护为核心通过联邦立法、州立法、特定行业立法等方式不断完善自身隐私保护立法体系。近年来,我国在新的媒介环境下为保护个人信息隐私安全同样做了很多努力,《民法典》中体现的信息隐私个人控制论,《个人信息保护法》中体现的社会控制论,在不同层面上保护着个人隐私信息与一般信息。

随后我们通过多项实证研究,在第一章第三节、第二章等部分展开分析我国网络隐私权保护的司法现状;从心理学决策角度梳理信息隐私保护中的个人决策的含义、特点和表现;认为知情同意权、数据可携带权、被遗忘权等个人决策相关权益应当得到充分重视。基于此,在第三章,我们从内部市场和外部环境两个方面对平台主导下用户面临的权力不对等、技术不对等、资本不对等问题进行研究。我们发现,若想推动更高程度的信息隐私保护,仅仅依靠个人控制难以实现,还需要依靠政府和平台的共同推动,随后我们通过研究隐私计算、隐私悖论、隐私素养等内容，进一步理解信息隐私中个人自决并非易事，面临重重困境。

最后，我们在第五章提出复杂技术与社会权力环境中个人重新获得对信息隐私的决策权。通过对“知情同意”权的本土化建议，我们从立法的角度回应了第二章中信息隐私个人决策的相关权利的赋予；政府与第三方平台的监管承接了权利落地的路径。随后通过提出构建个人控制与社会控制相平衡的信息隐私保护立法体系，一方面总结欧盟、美国、中国在信息隐私保护方面所做的努力，一方面又为中国信息隐私保护的未来提供了发展路径建议。在第五章的第二节，我们通过引入国家市场监督管理总局组织起草的《互联网平台分类分级指南（征求意见稿）》，总结出平台分级下匹配平台影响能力与社会责任承担的平台治理方式，并为平台建设与发展提出提高平台透明度与设计的公共参与度、在全年龄段上（尤其是作为信息技术环境中弱势群体的青少年与老年人）把控信息隐私安全的建议。最后，我们通过提出发展基于区块链的平台中立技术，为信息隐私保护带来新的拓展路径，这亦是回应了第三章涉及的平台与用户之间技术资源的不对等、个人与平台的权力不对等多个方面的问题。

社会如何形成信息隐私规范、隐私期待？隐私居于社会公共价值中的什么位置，怎么去平衡？目前看来，我们需要格外警惕以关切到个人利益的信息隐私为代表的公共价值观和公共利益的变化。平台社会抑或生态系统本身，在算法、业务模型和用户活动的体系结构中的角色不是客观中性的；相反，我们需要不断提问，平台生态系统架构中的意识形态原则为谁建构起了一套公共价值，又服务了谁的利益。在平台快速扩张的背景下，超大型垄断平台的现象突出，在失去了良性竞争而一家独大的市场环境中，这些超大平台不论在受众还是政府方面都有极大的话语权，趋利的本质让平台不断深入个人隐私领域，且各方对超级平台的约束力较小，这就让个人隐私“决堤”的风险大大增加。

更重要的是,在日新月异的科学发展环境中,信息隐私保护如何应对技术的不断变化与挑战。例如生物识别技术,其所识别的是个人与生俱来的特征;又如尚未成熟的脑机接口技术,更进一步从思维层面洞察人心。这些“身体密码、思维奥秘”一旦泄露,后果将不堪设想。如何从技术、法律等层面限制这些应用对人类隐私的收集、分析、传播与使用?如何避免人类在脑机接口面前变成“透明人”?这些都是生物识别、脑机接口技术此类研发所必须解决的问题。

以上这些都是未来需要进一步思考与探索的问题。

本书的创作,离不开该领域学者的深厚积累,这让我“站在巨人的肩膀上”更透彻地看待隐私保护问题;离不开我所带领的南京大学智能传播与社会创新研究团队的莫大支持;也离不开我的学生们的帮助,为我的作品查漏补缺,在此对大家表示由衷的感谢。还要衷心感谢人民出版社,感谢出版社的许运娜老师。正是有了人民出版社的专业支持与严谨把关,许运娜老师的认真勘校与宝贵建议,才使本书最终顺利出版。

同时,本书经多次完善后最终定稿,其中可能有思考不周、分析欠妥之处,请读者批评指正。

责任编辑：许运娜
封面设计：石笑梦
版式设计：胡欣欣

图书在版编目(CIP)数据

平台社会：个人信息隐私决策的困境与出路/申琦 著. —北京：人民出版社，2024.4
ISBN 978-7-01-026149-2

Ⅰ.①平… Ⅱ.①申… Ⅲ.①互联网络-个人信息-隐私权-研究 Ⅳ.①TP393.083

中国国家版本馆 CIP 数据核字(2023)第 237557 号

平台社会：个人信息隐私决策的困境与出路
PINGTAI SHEHUI：GEREN XINXI YINSI JUECE DE KUNJING YU CHULU

申 琦 著

人民出版社 出版发行
(100706 北京市东城区隆福寺街 99 号)

北京九州迅驰传媒文化有限公司印刷 新华书店经销

2024 年 4 月第 1 版 2024 年 4 月北京第 1 次印刷
开本：710 毫米×1000 毫米 1/16 印张：26.5
字数：390 千字

ISBN 978-7-01-026149-2 定价：106.00 元

邮购地址 100706 北京市东城区隆福寺街 99 号
人民东方图书销售中心 电话 (010)65250042 65289539